内蒙古自治区“十四五”职业教育规划教材 自动化专业课程群

MECHANICAL ENGINEERING DRAWING

机械工程制图

主　编　覃国萍　刘百顺　禹　晨
副主编　赵　玮　郝　静　王海静　张枫叶
主　审　张云龙

中国水利水电出版社
www.waterpub.com.cn
·北京·

内 容 提 要

本教材根据职业教育改革发展方向和高端技术技能型人才培养目标，以及教育部“高职高专教育工程制图课程教学基本要求”、机械工程制图职业技能等级标准对职业技能及相关知识的要求，基于工作过程系统化课程的本质要求来设计学习情境，并结合多年教学经验精心编写而成，以实现现代职业教育对学生职业能力和职业素养的培养。

本教材内容包括绘制产品平面图形、组合体视图的识绘、轴测图、机械图样识绘 4 个学习情境，并以最新颁布的国家标准《技术制图》和《机械制图》为依据。各学习情境都有工作任务单、实施表、过程考核评价表；并配有视频，学生能够利用手机等移动终端通过扫描二维码进行自主学习。各学习情境有配套的任务跟踪训练及参考答案，与教材紧密结合，相互对应。本教材注重基础知识和基本技能的训练，注重加强学生空间想象能力的训练和解决实际问题能力的培养，可使学生获得从业的职业能力。

本教材可作为应用型本科、职业本科、高职工科学校的机械类及相关专业的教材，也可作为相关工程技术人员的参考用书。

图书在版编目（CIP）数据

机械工程制图 / 覃国萍，刘百顺，禹晨主编. -- 北京 : 中国水利水电出版社，2022.5（2025.8 重印）
内蒙古自治区“十四五”职业教育规划教材. 自动化专业课程群
ISBN 978-7-5226-0587-6

Ⅰ. ①机… Ⅱ. ①覃… ②刘… ③禹… Ⅲ. ①机械制图－高等职业教育－教材 Ⅳ. ①TH126

中国版本图书馆CIP数据核字(2022)第053339号

策划编辑：陈红华　　责任编辑：张玉玲　　封面设计：梁　燕

书　名	内蒙古自治区“十四五”职业教育规划教材（自动化专业课程群） 机械工程制图 JIXIE GONGCHENG ZHITU
作　者	主　编　覃国萍　刘百顺　禹　晨 副主编　赵　玮　郝　静　王海静　张枫叶 主　审　张云龙
出版发行	中国水利水电出版社 （北京市海淀区玉渊潭南路 1 号 D 座　100038） 网址：www.waterpub.com.cn E-mail：mchannel@263.net（答疑） sales@mwr.gov.cn 电话：（010）68545888（营销中心）、82562819（组稿）
经　售	北京科水图书销售有限公司 电话：（010）68545874、63202643 全国各地新华书店和相关出版物销售网点
排　版	北京万水电子信息有限公司
印　刷	三河市德贤弘印务有限公司
规　格	184mm×260mm　16 开本　15 印张　356 千字
版　次	2022 年 5 月第 1 版　2025 年 8 月第 2 次印刷
印　数	2001—3000 册
定　价	52.00 元

前　言

本教材根据职业教育改革发展方向和高端技术技能型人才培养目标，以及教育部“高职高专教育工程制图课程教学基本要求”、机械工程制图职业技能等级标准对职业技能及相关知识的要求，基于工作过程系统化课程的本质要求来设计学习情境，并结合多年教学经验精心编写而成，以实现现代职业教育对学生职业能力和职业素养的培养。

本教材包括：学习情境 1，绘制产品平面图形；学习情境 2，组合体视图的识绘；学习情境 3，轴测图；学习情境 4，机械图样识绘。

本教材的特点和理念：通过对机械制造相关行业、企业进行调研，对毕业生就业岗位群进行分析；与企业、行业技术专家进行沟通交流，校企合作共同制定了专业人才培养方案、课程标准；以机械工程制图职业技能等级标准为依据选择课程内容，整合了相应的知识、技能，实现了理论与实践的统一；课程内容编排由浅入深、由单一到综合，循序渐进，内容的深度以满足机械工程图样识绘工作需要为度，做到实际、实用、实效，突出应用性；采用最新颁布的国家标准《技术制图》和《机械制图》；着重培养学生的绘图、读图、计算机绘图能力和空间想象力；还根据时代要求在各学习情境融入了思政元素，以实现“教书育人”；各学习情境有配套的任务跟踪训练及参考答案，与教材紧密结合，相互对应；注重基础知识和基本技能的训练，注重加强学生空间想象能力的训练和解决实际问题能力的培养，可使学生获得从业的职业能力；配有视频，学生能够利用手机等移动终端通过扫描二维码进行自主学习。

本教材可作为应用型本科、职业本科、高职工科学校的机械类及相关专业的教材，也可作为相关工程技术人员的参考用书。

本教材由覃国萍、刘百顺、禹晨担任主编；赵玮、郝静、王海静、张枫叶担任副主编；张云龙担任主审。参与编写的还有周彦云、周建刚、杨新莲、杨晶、王婕、闫威、李雨田、包雪琴、姜旭。其中，本教材学习情境 1 和学习情境 3 由覃国萍、刘百顺、禹晨编写，学习情境 2 由赵玮、郝静、王海静、张枫叶编写，学习情境 4 由周彦云、周建刚、杨新莲、杨晶、王婕、闫威、李雨田、包雪琴、姜旭编写。

由于编者水平有限，书中难免有不足之处，欢迎读者指正和建议。

编　者

2022 年 3 月

目　录

学习情境 1　绘制产品平面图形

学习目标

知识目标：熟练掌握制图国家标准规范、几何作图、平面图形的画法及尺寸标注、徒手绘图的基本方法、计算机绘制平面图形的绘图和编辑命令。

能力目标：学会熟练利用绘图仪器及工具手工绘制产品平面图形；学会徒手绘制产品平面图形；学会熟练利用计算机绘制产品平面图形；培养创新和审美能力。

思政目标：培养学生的家国情怀、爱岗敬业精神；养成严谨细致、一丝不苟的工作作风，养成严格遵守制图国家标准规范和学校规章制度的习惯。

子学习情境 1.1　手工绘制产品平面图形

情境导入

手工绘制产品平面图形工作任务单

<table>
<tr><td>情　境</td><td colspan="6">绘制产品平面图形</td></tr>
<tr><td>学习任务</td><td colspan="4">子学习情境 1.1：手工绘制产品平面图形</td><td>完成时间</td><td></td></tr>
<tr><td>任务完成</td><td>学习小组</td><td></td><td>组长</td><td></td><td>成员</td><td></td></tr>
<tr><td>任务要求</td><td colspan="6">掌握：①常用绘图仪器、工具及使用；②国家标准规范；③几何作图；④平面图形尺寸分析、画法及尺寸标注</td></tr>
<tr><td>任务载体和资讯</td><td colspan="2">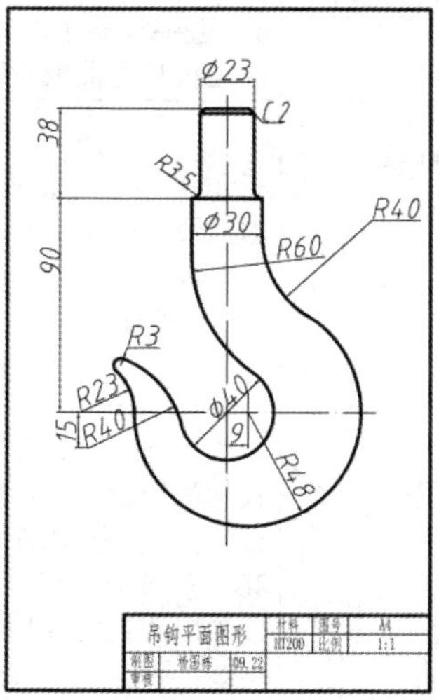
</td><td colspan="4">要求：在 A4 图纸上或在手工绘制产品平面图形任务实施表中，绘制任务载体的平面图形，标题栏尺寸见教材。
资讯：
1. 常用绘图仪器、工具及使用：图板、丁字尺、三角板、铅笔、圆规、分规、比例尺、曲线板、量角器等的使用。
2. 国家标准规范：图样、图纸幅面、图框格式、标题栏、线型、字体、比例、图样尺寸标注的规范。
3. 几何作图：线段、圆的等分、正多边形画法、斜度和锥度概念及画法、椭圆的近似画法、圆弧连接等。
4. 平面图形尺寸分析、画法及尺寸标注：定形尺寸、定位尺寸、尺寸基准、已知线段、中间线段、连接线段的概念；平面图形作图步骤、平面图形的尺寸标注</td></tr>
<tr><td>完成任务注意点</td><td colspan="6">①绘图布局要均匀；②圆弧连接要光滑；③尺寸标注要均匀、正确、完整、合理；④线条加深要均匀</td></tr>
</table>

知识链接

常用绘图工具及使用

1 常用绘图工具及使用

绘图工具		规格	使用
图板	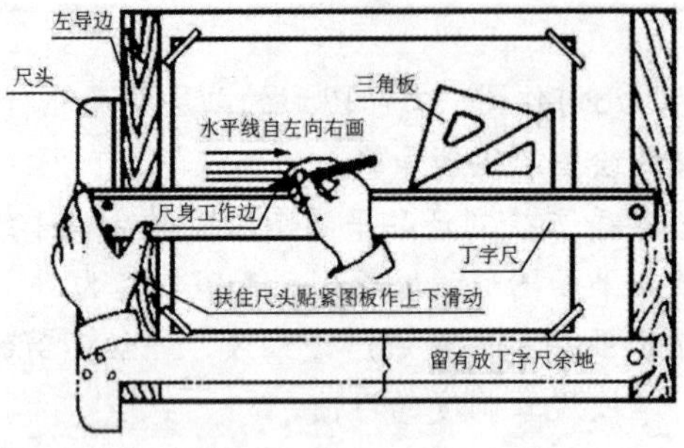 图 1-1 图板 图板是供铺放图纸用的空心木板	常用图板规格有 0 号（900mm×1200mm）、1 号（600mm×900mm）、2 号（450mm×600mm），可根据图纸幅面的大小选取	板面应平整光滑，左右两导边要平直，绘图时用胶带纸将图纸固定在图板的适当位置
丁字尺	丁字尺由互相垂直的尺头和尺身构成，如图 1-2 所示。丁字尺，又称 T 形尺，为一端有横挡的“丁”字形直尺。在工程设计绘图时配合绘图板、三角板使用。丁字尺一般可直接用于画平行线或用作三角板的支承物来画各种角度的直线，如图 1-1 和图 1-3 所示 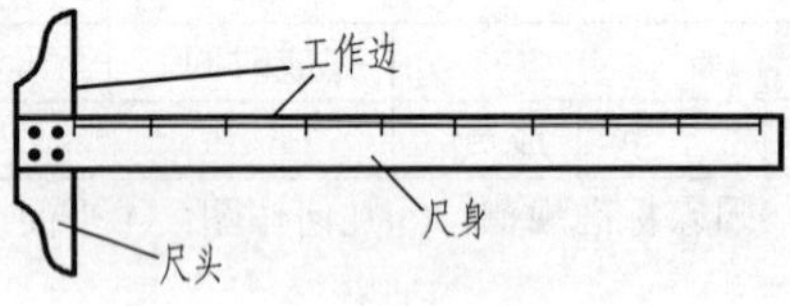 图 1-2 丁字尺	丁字尺多用木料、塑料、透明有机玻璃制成，一般有 600mm、900mm、1200mm 三种规格，可根据图板的规格选取	1．应将丁字尺尺头放在图板的左侧，并与边缘紧贴，可上下滑动使用。丁字尺尺头不得在图板的其他各边滑动，也不能用来画垂直线。 2．只能在丁字尺尺身上侧画线，画水平线必须自左至右。 3．过长的斜线可用丁字尺来画。 4．较长的直平行线组也可用具有可调节尺头的丁字尺来画。 5．应保持工作边平直、刻度清晰准确、尺头与尺身连接牢固，不能用工作边来裁切图纸。 6．丁字尺不用时，应垂直悬挂，以免尺身弯曲或折断
三角板	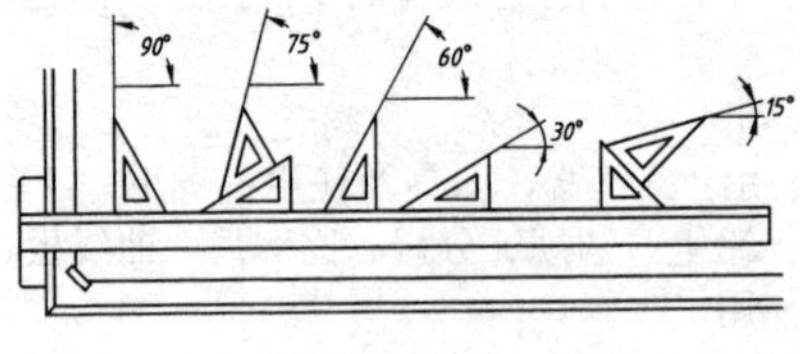 图 1-3 三角板	45° 的等腰直角三角形和一块 30°、60° 的直角三角形	三角板与丁字尺配合使用可画出垂直线和 15°整倍数的斜线。两块三角板配合可画出任意角度线，如图 1-3 所示
铅笔	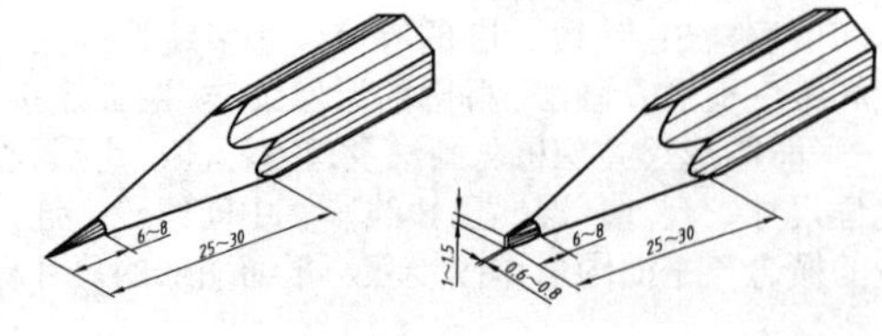 （a）锥状铅芯的长度与形状 （b）四棱柱状铅芯的长度与形状 图 1-4 铅芯的长度与形状	绘图铅笔的铅芯有软硬之分：软（B、2B）、硬（H、2H）、中性（HB）三种	一般用 H、2H 打底稿（铅芯削成较长的锥状）；用 HB（铅芯削成较长的锥状）描深细线与写字；用 B、2B（铅芯削成较短的四棱柱状，保证画出的粗实线均匀一致）描深粗实线。画圆时铅芯应比画直线的铅芯软一号。铅芯的长度与形状如图 1-4 所示

还有分规、圆规、比例尺、曲线板和量角器等的使用，读者自己查阅。

2　国家标准规范（思政元素：严格遵守制图国家标准规范和学校规章制度）

国家标准规范

2.1　图样的概念和用途（思政元素：家国情怀、爱岗敬业）

<table>
<tr><th>图样的概念</th><th>图样的用途</th></tr>
<tr><td>由正投影法、国家标准和有关规定绘制的，用来表示工程对象的结构、形状、连接、工作原理、性能要求、装配关系和必要的技术要求的图称为图样。不同的工程对象有不同的工程图样，如建筑图样、机械图样等。机械图样有表达零件结构的零件图和表达机器设备或部件结构的装配图。如图 1-5 和图 1-6 所示

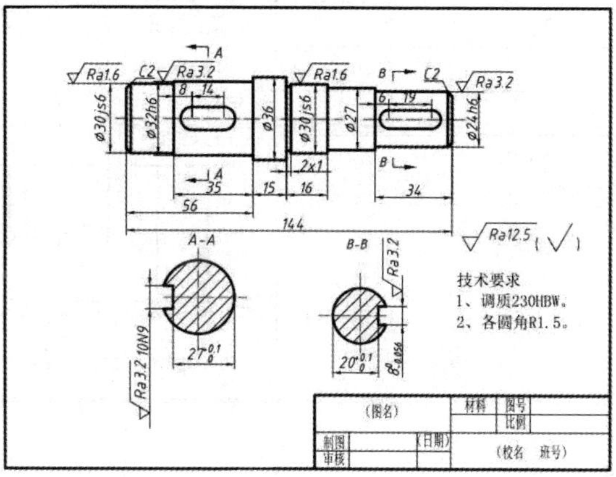

图 1-5　轴套类零件的零件图

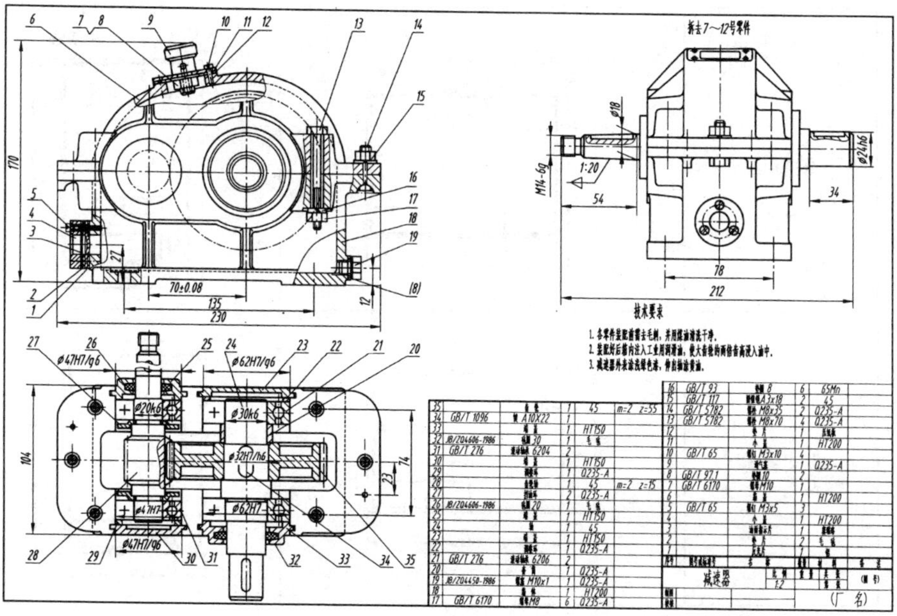

图 1-6　减速器的装配图</td>
<td>图样是现代生产中的重要技术文件，工程图样是工程上借以表达和交流技术思想的工具，并称为“技术语言”。设计者通过图样来表达设计意图；制造者通过图样了解设计要求，组织制造和指导生产；使用者通过图样了解机器设备的结构和性能，并进行检验、调试、操作、维修和保养</td></tr>
</table>

2.2 图纸幅面

基本幅面

GB/T 14689－2008 规定，绘制图样时应优先采用表 1-1 所列的图纸幅面。B 是短边，L 是长边，各种幅面的关系为：$L=\sqrt{2}B$。A0 幅面为 1m^2，长边是短边的 $\sqrt{2}$ 倍。A1 图纸的面积是 A0 的一半，其他以此类推。图 1-7 中粗实线部分为基本幅面

表 1-1 图纸幅面

<table>
<tr><td colspan="2">基本幅面代号</td><td>A0</td><td>A1</td><td>A2</td><td>A3</td><td>A4</td></tr>
<tr><td colspan="2">幅面尺寸 B×L</td><td>841×1189</td><td>594×841</td><td>420×594</td><td>297×420</td><td>210×297</td></tr>
<tr><td rowspan="2">装订型</td><td>a</td><td colspan="5">25</td></tr>
<tr><td>c</td><td colspan="3">10</td><td colspan="2">5</td></tr>
<tr><td>非装订型</td><td>e</td><td colspan="2">20</td><td colspan="3">10</td></tr>
</table>

加长幅面

必要时允许加长幅面，但按基本幅面的短边数整数倍增加（长边不变）。图 1-7 中细实线部分为第一选择的加长幅面；虚线为第二选择的加长幅面。加长后幅面代号记作：基本幅面代号×倍数。如 A3×3，表示按 A3 图幅的短边加长为 297 的 3 倍，即加长后图纸尺寸变为 420×891

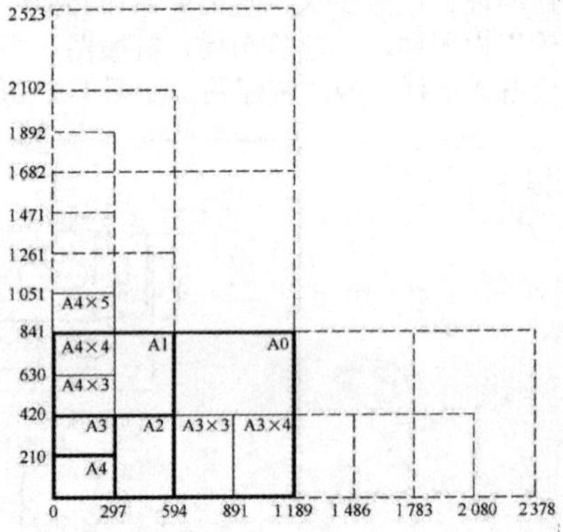

图 1-7 基本幅面与加长幅面尺寸

2.3 图框

<table>
<tr><td rowspan="3">图框格式（绘图时必须在图幅内画出图框，图框线用粗实线绘制）有两种：装订型和非装订型</td><td>图纸类型</td><td>X 型（横放）</td><td>Y 型（竖放）</td></tr>
<tr><td>装订型</td><td>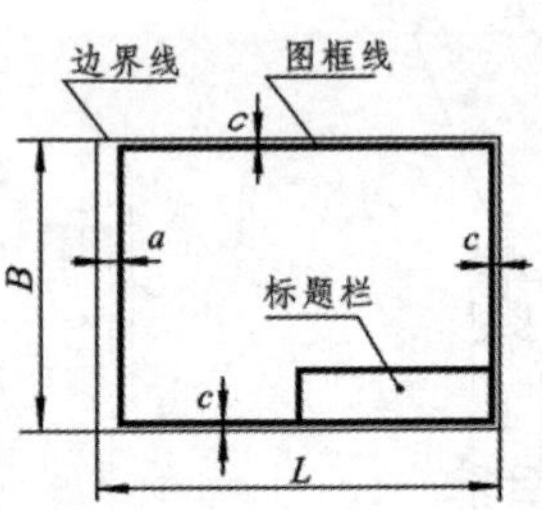</td><td>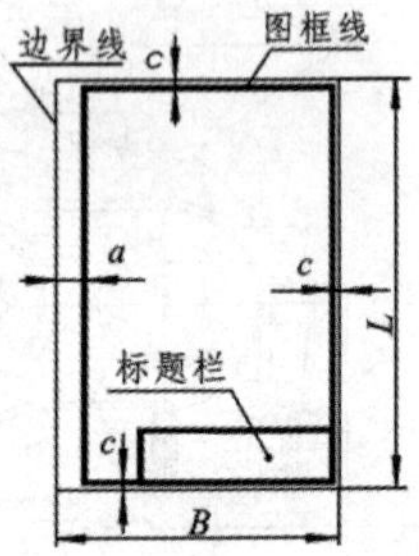</td></tr>
<tr><td>非装订型</td><td>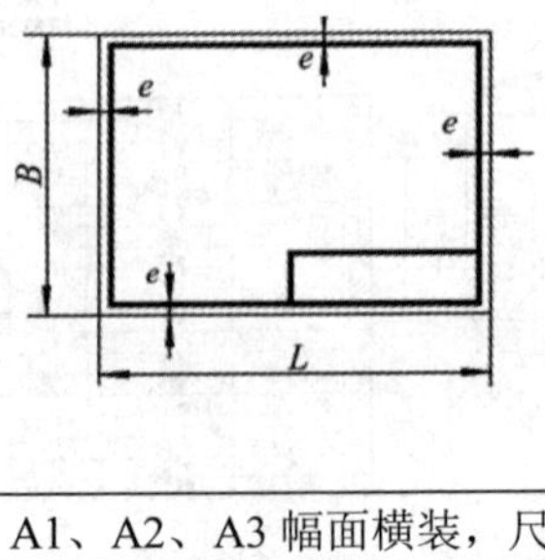</td><td>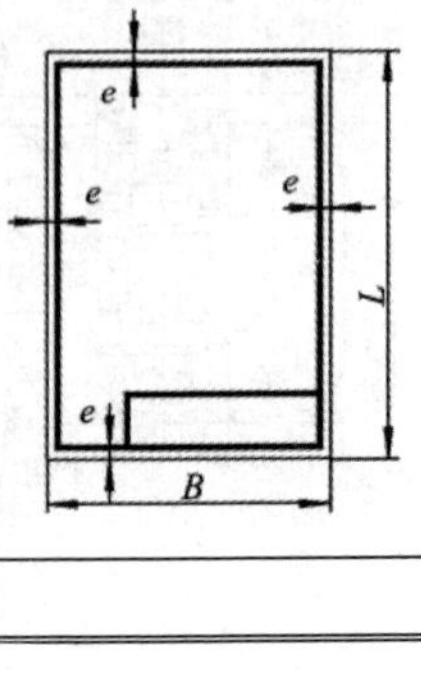</td></tr>
<tr><td>放置</td><td colspan="3">一般 A4 幅面竖装，A0、A1、A2、A3 幅面横装，尺寸见表 1-1</td></tr>
</table>

2.4　标题栏

每张图样都必须有标题栏，其位置一般位于图框右下角。标题栏的格式和尺寸要符合 CB/T 10609.1－2008 的规定，标题栏中文字的书写方向即为读图方向，标题栏的外框是粗实线，其右边和底边与图框线重合，其余用细实线绘制，如图 1-8 所示	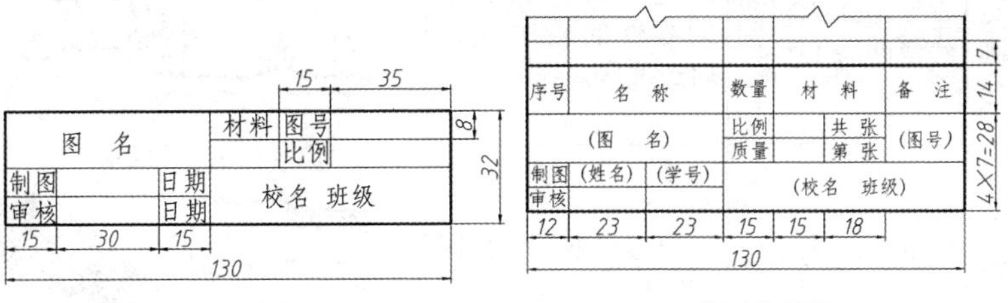（a）零件图标题栏　（b）装配图标题栏 图 1-8　学生制图作业的标题栏

附加符号参见《机械制图》国家最新标准。

2.5　线型

根据 GB/T 4457.4－2002 的规定，机械图样上的线型及应用				绘制图线注意点
线名	图线型式及宽度	一般应用	图示	1．同一图样中同类图线的宽度应基本一致，细虚线、细点画线及细双点画线的线段长度和间隔应各自大致相同。 2．两条平行线（包括剖面线）之间的距离应不小于粗实线的两倍宽度，其最小距离不得小于 0.7mm。 3．绘制圆的对称中心线时，圆心应为画线的交点，且超出图形的轮廓线约为 2～5mm，如图 1-9 所示。 4．点画线和双点画线的首末两端应是画线而不是点，点画线应超出图形的轮廓线 2～5mm，如图 1-9 所示。 5．在较小的图形上绘制点画线和双点画线有困难时，可用细实线代替。
粗实线	宽度（d）优先选用0.5mm、0.7mm	可见轮廓线、可见棱线、可见截交线、可见相贯线、螺纹牙顶线、齿顶圆（线）等	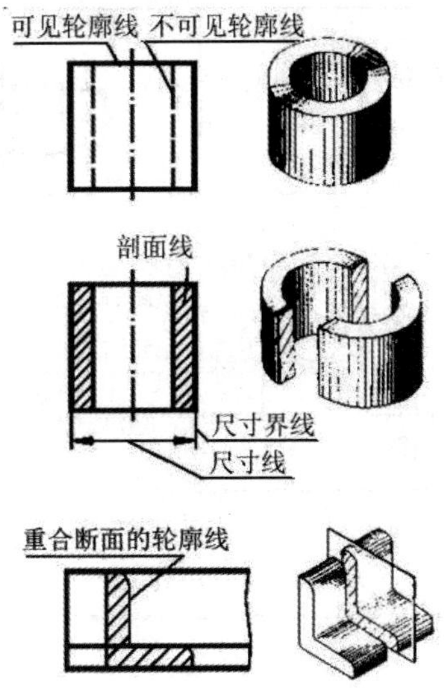	
细虚线	0.5~1　3~6 宽度（d）为粗实线宽度的 1/2	不可见轮廓线、不可见棱线、不可见截交线、不可见相贯线		
细实线	宽度（d）为粗实线宽度的 1/2	尺寸线、尺寸界线、剖面线、重合断面的轮廓线、过渡线、辅助线、引出线、螺纹牙底线、齿轮的齿根线、短中心线等		
细点画线	15~20　15~20 各 0.5~1 宽度（d）为粗实线宽度的 1/2	轴线、对称中心线、分度圆（线）、孔系分布的中心线等	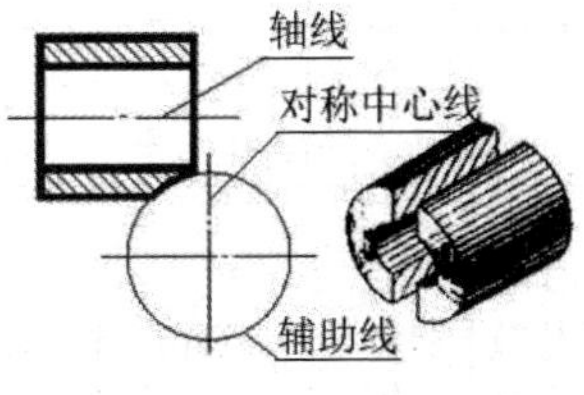	

细双点画线	15~20 15~20 各0.5~1 宽度（d）为粗实线宽度的 1/2	可动零件极限位置的轮廓线、相邻辅助零件的轮廓线、轨迹线等	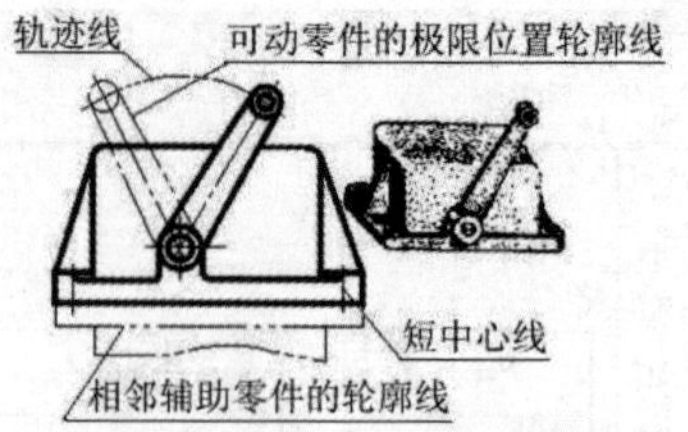	6．虚线与虚线相交或虚线与其他线相交，应在画线处相交，如图1-9 所示；当虚线处在粗实线的延长线上时，粗实线应画到分界点而虚线应留有空隙，如图 1-9 所示；当虚线圆弧与直线相切时，虚线圆应留有空隙，如图 1-9 所示。 7．计算机绘图时，圆心处的中心线可用圆心符号代替。 8．当图中的线段重合时，优先次序为粗实线、虚线、细点画线、细实线。 9．粗实线的线宽为细实线的 2 倍，如粗实线线宽为 0.5，细实线线宽为 0.25。 线型应用还可参见《机械制图》国家最新标准
波浪线	宽度（d）为粗实线宽度的 1/2	断裂边界线 、视图与剖视图的分界线	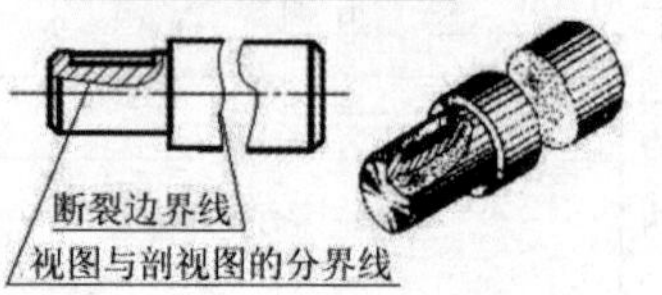	
双折线	宽度（d）为粗实线宽度的 1/2	断裂边界线、 视图与剖视图的分界线	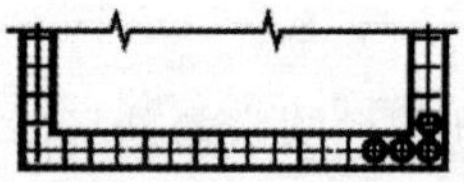	
粗点画线	宽度（d）优先选用 0.5mm 、0.7mm	限定范围表示线	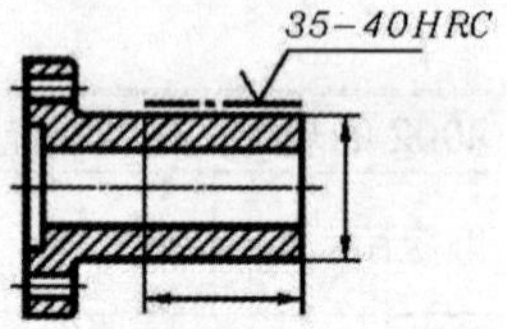	
粗虚线	宽度（d）优先选用 0.5mm 、0.7mm	允许表面处理的表示线	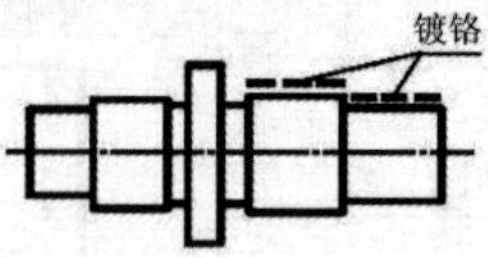	
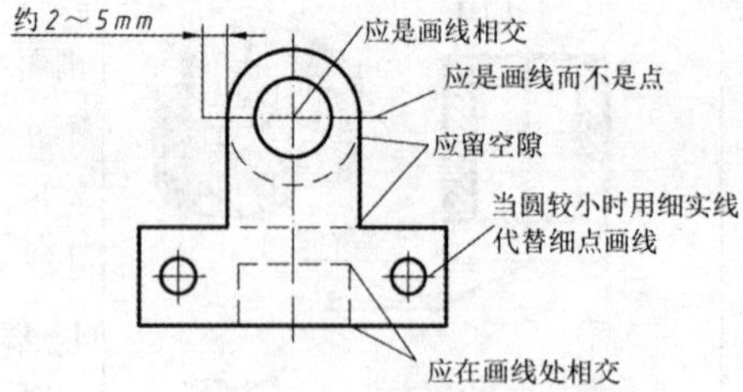 图 1-9 图线画法注意事项				

2.6 字体

基本要求：图样中除了用来表示机件形状的图形外，还要用文字、数字和字母表达机件的大小、技术要求等内容，书写时必须做到“字体端正、笔画清楚、间隔均匀、排列整齐”。各种字体	汉字	图样上的汉字应写成长仿宋体，应采用国家正式公布推行的简化字。汉字的高度 h 不应小于 3.5mm，字宽为 $h/\sqrt{2}$（约为字高的 2/3）
	阿拉伯数字、罗马数字、拉丁字母和希腊字母	字母和数字有直体和斜体之分，一般情况下常用斜体。斜体字字头向右倾斜，与水平基准线成 75°角。用作指数、分数、极限偏差、注脚的数字及字母的字号一般应采用小一号的字体。字体示例见表 1-2

的大小要选择适当。字体大小分为 **20、14、10、7、5、3.5、2.5、1.8** 八种号数。**字体的号数即字体的高度（单位 mm）**。字母和数字按笔画宽度分为 A 型和 B 型两种，A 型字体的笔画宽度为字高的 1/14，B 型字体的笔画宽度为字高的 1/10。同一张图样上只允许用同一种形式的字体	字体示例	表 1-2　字体示例（见下表）

表 1-2　字体示例

字体		示例
长仿体汉字	5 号	学好机械制图，培养和发展空间想象能力
	3.5 号	计算机绘图是工程技术人员必须具备的绘图技能
拉丁字母	大写	ABCDEFGHIJKLMNOPQRSTUVWXYZ
	小写	abcdefghijklmnopqstuvwxyz
阿拉伯字母	斜体	*0123456789*
	正体	0123456789
字体应用示例		10Js5(±0.003)　M24-6h　R8　10^3　S^{-1}　5%　D_1 $\phi20^{+0.010}_{-0.023}$　$\phi25\frac{H6}{f5}$　$\frac{II}{1:2}$　$\frac{3}{5}$　$\frac{A}{5:1}$　6.3　460

2.7　比例

比例	比例是指图中图形与其实物相应要素的线性尺寸之比。画图时尽量采用 1:1 的比例画图。所用比例应符合表 1-3 中的规定，优先选用第一系列，不论缩小或放大，在图样上标注的尺寸均为机件设计要求的实际尺寸，同一张图样上的各图形一般采用相同的比例绘制。比例一般应注写在标题栏的比例栏内。必要时（当图样中个别视图采用了与标题栏中不相同的比例），可在该视图名称的上方或右侧另行标注比例
比例系列注：表中 *n* 为正整数	表 1-3　比例系列（见下表）
图示	（见下图）

表 1-3　比例系列

种类	比例	
	第一系列	第二系列
原值比例	1:1	
缩小比例	1:2　1:5　$1:10^n$ $1:2\times10^n$　$1:5\times10^n$	1:1.5　1:2.5　1:3　1:4　1:6 $1:1.5\times10^n$　$1:2.5\times10^n$　$1:3\times10^n$ $1:4\times10^n$ $1:6\times10^n$
放大比例	2:1　5:1　$1\times10^n:1$ $2\times10^n:1$　$5\times10^n:1$	2.5:1　4:1　$2.5\times10^n:1$　$4\times10^n:1$

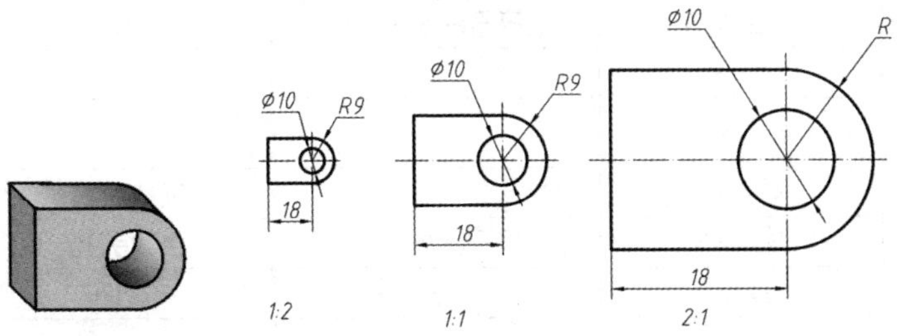

2.8 图样的尺寸

<table>
<tr><td>尺寸标注</td><td>图样中的尺寸是确定机件大小的依据，在图样上标注尺寸时，要严格遵守制图标准中有关尺寸注法的规定。要做到：正确、完整、清晰、合理</td></tr>
<tr><td>基本规则</td><td>1．机件的真实大小应以图样上所标注的尺寸数值为依据，与图形大小及绘图的准确度无关。
2．图样中的尺寸以 mm 为单位时，不需标注计量单位的代号或名称，如采用其他单位，则必须注明相应的计量单位的代号或名称。
3．图样中所标注的尺寸为该图样所示机件最后完工的尺寸，否则应另加说明。
4．对机件的每一尺寸，一般只标注一次，并应标注在反映该结构最清晰的图形上</td></tr>
<tr><td>尺寸的组成</td><td>一个完整的尺寸应由尺寸数字、尺寸线、尺寸界线、尺寸线的终端符号组成，如图 1-10 所示。
1．尺寸数字按标准字体书写，且同一张图上的字高要一致，一般写在尺寸线上方或中断处，同一张图样中应采用同一种形式。尺寸数字在图中遇到图线时，需将图线断开。如图线断开影响图形表达，需调整尺寸标注的位置。特殊情况下可标注在尺寸线延长线上或引出标注。字头方向：水平尺寸数字朝上；垂直尺寸数字朝左；倾斜尺寸数字垂直于尺寸线且字头趋于向上；避免在 30°内注写数值，若不可避免则引出标注；角度数值一律水平注写，且在尺寸线中断处。如常见尺寸的标注方法所示。
2．尺寸线表示尺寸的度量方向，必须用细实线单独绘制，尺寸线不能用其他图线代替，也不得与其他图线重合或画在其延长线上。尺寸线相互不能相交，且应尽量避免与尺寸界线相交，同方向的尺寸线间距应均匀，且间隔不小于 7mm。
3．尺寸线的终端有两种形式：箭头和斜线，机械图样多采用箭头，同一张图上箭头（或斜线）大小要一致，一般应采用同一种形式。箭头尖端应与尺寸界线接触，其画法如图 1-10 所示。当采用箭头时，在位置不足的情况下，允许用圆点或斜线代替箭头。尺寸线和斜线用细实线绘制。
4．尺寸界线表示尺寸的起止范围，用细实线绘制。应自图形的轮廓线、轴线、对称中心线引出。也可由图形的轮廓线、轴线、对称中心线代替。尺寸界线一般与尺寸线垂直，且超出尺寸线 2～3mm。
5．标注尺寸时，应尽可能使用符号和缩写词</td></tr>
<tr><td>尺寸组成图示</td><td>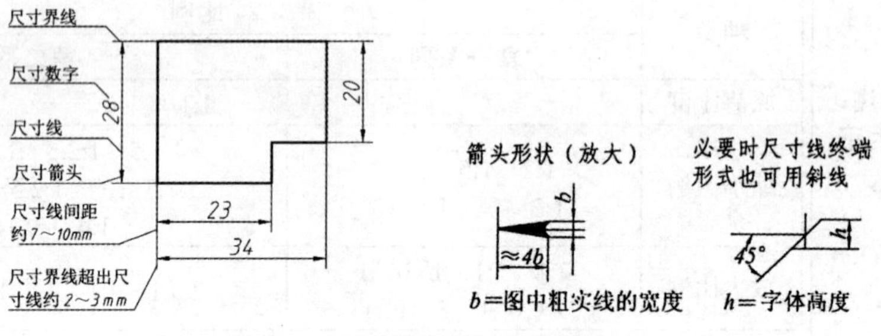

图 1-10　尺寸的组成和尺寸线的终端形式</td></tr>
</table>

常用的符号和缩写词

名称	符号和缩写词	名称	符号和缩写词
直径	ϕ	45°倒角	C
半径	R	深	↧
球直径	$S\phi$	沉孔或锪平	⌴
球半径	SR	埋头孔	⌵
厚度	t	均布	EQS
正方形边长	□		

	尺寸要素	图例	说明
常见尺寸的标注方法	尺寸界线	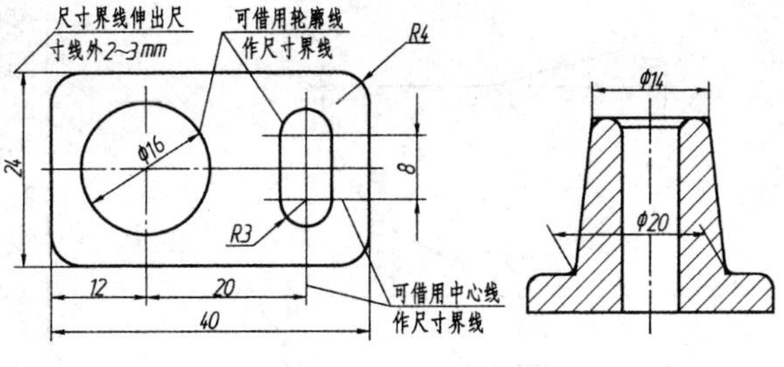 （a）　（b）	1．尺寸界线用细实线绘制，一般由图形轮廓线、轴线或对称中心线引出。 2. 必要时也可用轮廓线、轴线或中心线作尺寸界线，如图（a）所示。 3．尺寸界线与尺寸线成直角且超出尺寸线约 2～3mm，尺寸界线与尺寸线也可成其他角度，常成 60°，如图（b）所示
	尺寸线	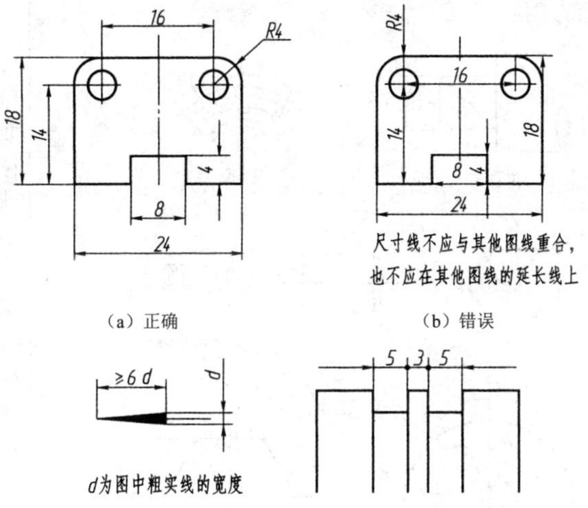 （a）正确　（b）错误 （c）　（d）	1．尺寸线用细实线绘制，且平行于所标注的线段。 2．尺寸线不能用其他图线代替，也不能与其他图线重合或在其他图线的延长线上。 3．平行的尺寸线小尺寸在里，大尺寸在外，且均匀排列，如图（a）所示。 4．当空间不够时允许将箭头画在尺寸线外，如图（b）所示。 5．标注连续的小尺寸可用圆点代替箭头，如图（d）所示
	尺寸数字	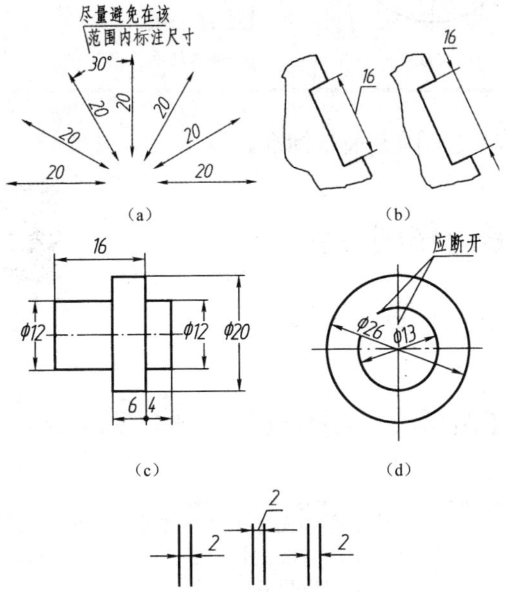 （a）　（b） （c）　（d） （e）	1．线性尺寸的数字应按图(a)所示的方向填写。 2．图示 30°范围内的尺寸，应按图（b）所示标注。 3．尺寸数字一般注写在尺寸线上方且垂直于尺寸线方向。 4．尺寸线为垂直方向时尺寸数字注写在尺寸线左侧。 5．尺寸数字也可注写在尺寸线的中断处，如图（c）所示。 6．尺寸数字与图线重合时，需将图线打断。 7．狭小部位的尺寸数字按图（e）所示标注

常见尺寸的标注方法	角度	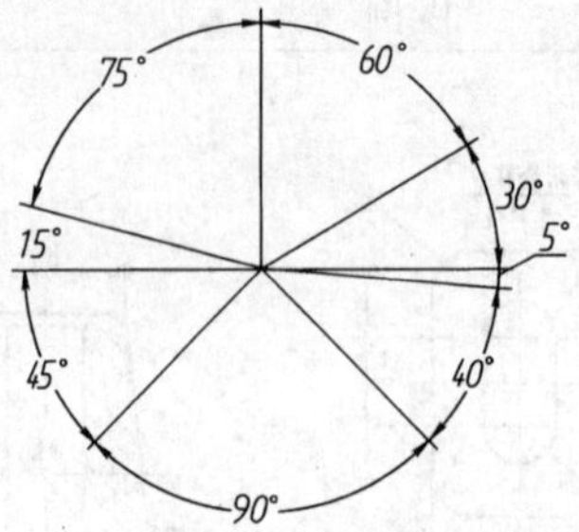	1．角度的尺寸界线应沿径向引出，尺寸线是以角度的顶点为圆心画出的圆弧线。 2．角度尺寸数字一律水平注写。 3．角度较小时可用指引线引出标注
	标注有关符号	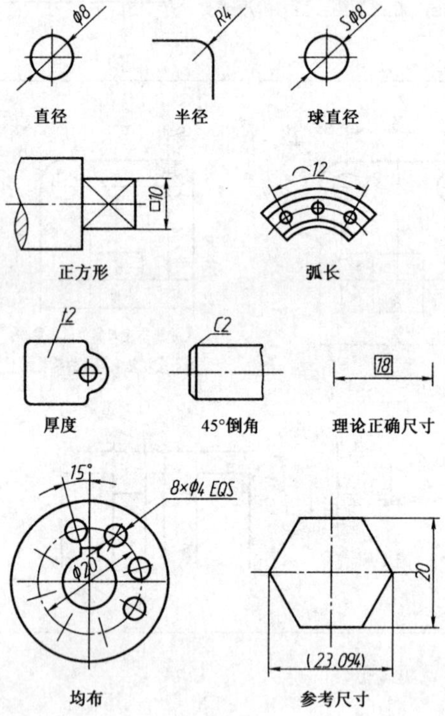	1．在尺寸数字的前面或后面加上符号表达设计要求，常用的符号有：直径为“ϕ”，半径为“R”，球的直径为“$S\phi$”，球的半径为“SR”，正方形为“□”，弧长为“⌒”，厚度为“t”，45°角为“C”，均匀分布为“EQS”等。 2．大于半圆标注直径尺寸。 3．小于或等于半圆标注半径尺寸

简化注法参见《机械制图》国家最新标准。

3 常见的几何图形的作图方法

几何作图

平面图形画法及尺寸标注

常见的几何图形的作图方法参见其他资料（略）。

4 平面图形的尺寸分析、画法及尺寸标注（思政元素：严谨细致、一丝不苟）

平面图形的尺寸分析	定形尺寸	确定平面图形上几何要素大小的尺寸，称为定形尺寸。如圆的大小、直线的长短等，图 1-11 中$\phi5$、$R10$、$R12$、$R15$、$\phi20$ 等均为定形尺寸

<table>
<tr>
<td rowspan="2">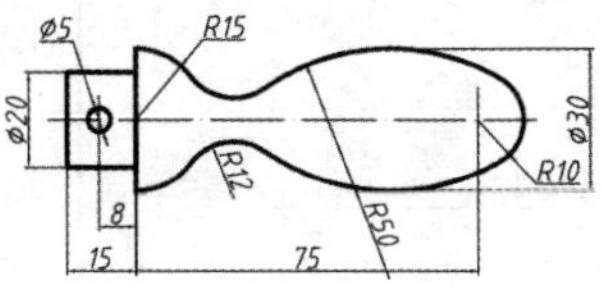
图 1-11　手柄平面图</td>
<td>定位
尺寸</td>
<td>确定平面图形上几何要素位置的尺寸，称为定位尺寸，一般有两个方向的定位尺寸（长和宽两个方向）。图 1-11 中 8 确定了 $\phi 5$ 的圆心位置，75 确定了 *R*10 的圆心位置。定位尺寸应从基准出发标注。有时一个尺寸兼有定形和定位两种作用</td>
</tr>
<tr>
<td>尺寸
基准</td>
<td>尺寸基准指标注尺寸的起点。对平面图形而言，有上下和左右两个方向的尺寸基准，相当于 *X*、*Y* 坐标两个方向。通常以图中的对称线、较大圆的中心线、较长的直线、图形的底线和边线等为尺寸基准。图中水平中心线为 *Y* 方向的尺寸基准；距左端 15mm 处的端面（铅垂线）为 *X* 方向的尺寸基准</td>
</tr>
<tr>
<td rowspan="3">平面图形的线段分析</td>
<td>已知
线段</td>
<td>定形、定位尺寸齐全的线段，作图时该类线段可以直接根据尺寸作图。在图 1-11 中 *R*15、*R*10 的圆弧，它们的半径尺寸和圆心位置（两个坐标方向）尺寸都已知，是已知线段</td>
</tr>
<tr>
<td>中间
线段</td>
<td>只有定形尺寸和一个定位尺寸的线段。在图 1-11 中 *R*50 的圆弧，已知圆弧的半径尺寸和圆心的一个坐标方向位置尺寸，少一个坐标方向的位置尺寸，必须利用与 *R*10 圆弧的内切关系才能画出，所以 *R*50 的圆弧是中间线段</td>
</tr>
<tr>
<td>连接
线段</td>
<td>只有定形尺寸没有定位尺寸的线段。在图 1-11 中 *R*12 的圆弧，已知圆弧的半径尺寸，缺少圆心坐标的两个尺寸，必须利用与 *R*15、*R*50 圆弧的相切关系才能定出圆心位置画出其圆弧，所以 *R*12 的圆弧是连接线段</td>
</tr>
<tr>
<td>平面图形的作图步骤</td>
<td colspan="2">1. 准备工作
（1）准备好所需的绘图仪器与工具。
（2）确定比例，选用图幅，固定图纸。
（3）分析图形的尺寸和线段，拟定具体的作图顺序。
2. 绘制底稿
（1）画图幅线、图框、标题栏。
（2）画图形，先画尺寸基准，并根据图形的定位尺寸画出线段的定位线，再画已知线段、中间线段、连接线段。
（3）画尺寸界线、尺寸线、箭头及其他图形符号等。
3. 画底稿时的注意事项
（1）画底稿用 H 或 2H 铅笔，笔芯应经常修磨以保持尖锐。
（2）画底稿时，各种线型均暂不分粗细，并要画得很轻很细，作图力求准确。
（3）画错的地方，在不影响画图的情况下，可先做标记，待底稿完成后一起擦掉。
4. 检查、描深底稿
在铅笔描深以前，必须检查底稿，擦掉画错的线条及作图辅助线。描深后的图纸应整洁、无误，线型层次清晰，线条粗细、浓淡均匀。描深步骤如下：
（1）先粗后细。先描深全部粗实线，再描深全部细虚线、细点画线及细实线等。可保证同一线型粗细一致，不同线型比例准确。
（2）先曲后直。同一线型应先描深曲线后描深直线，以保证连接圆滑。
（3）先水平后倾斜。画直线时，先画出全部同一线型的水平线，再画竖直线，最后画斜线。
5. 填写尺寸数字、标题栏等</td>
</tr>
</table>

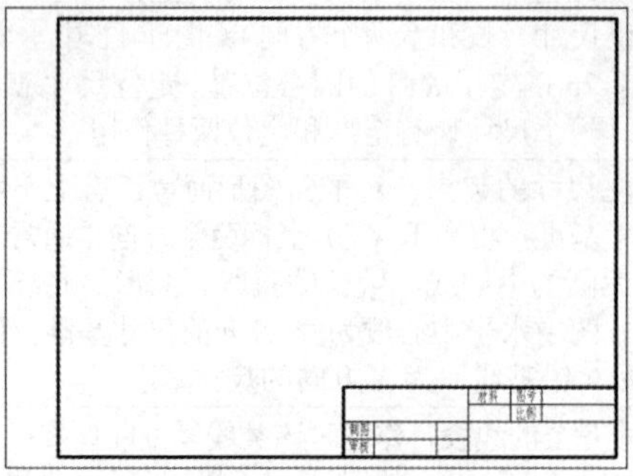

画图幅线、图框、标题栏

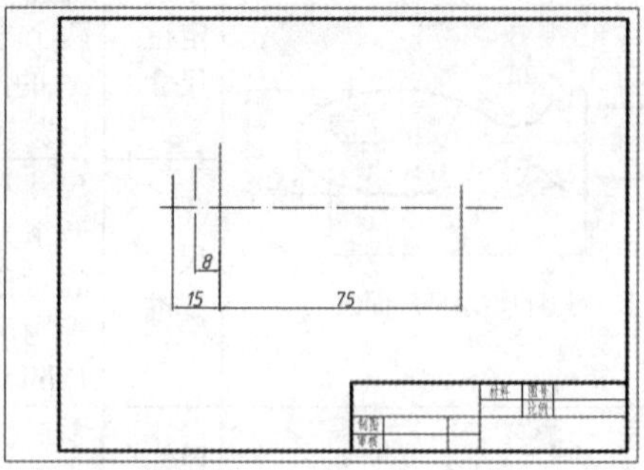

由 8、15、75 画基准线、定位线

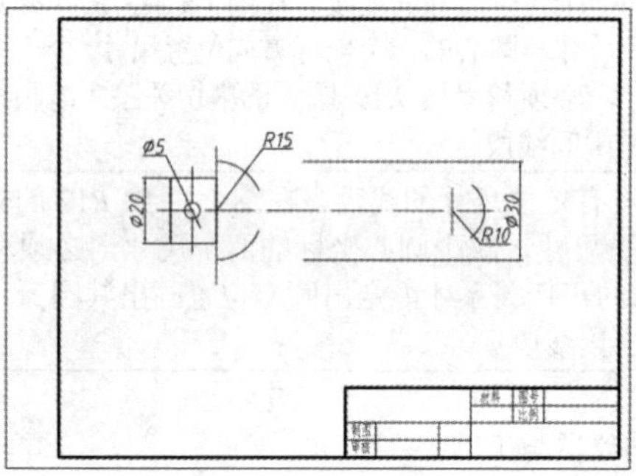

画已知线段$\phi5$、15、$\phi20$、$\phi30$、*R*15、*R*10

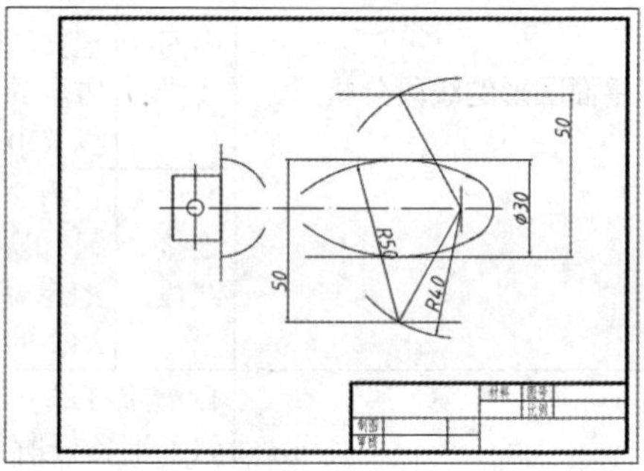

画中间线段 *R*50

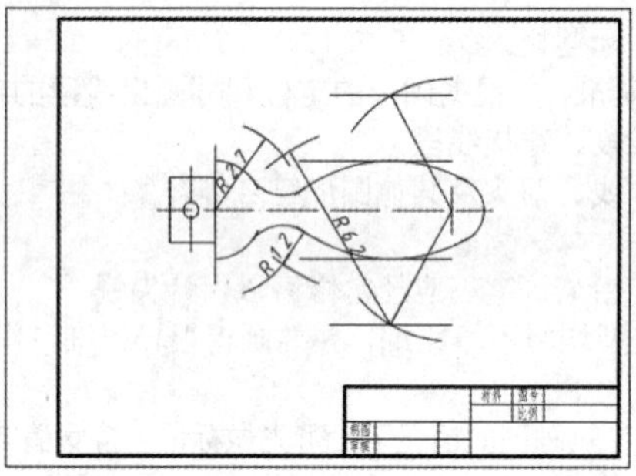

画连接线段 *R*12

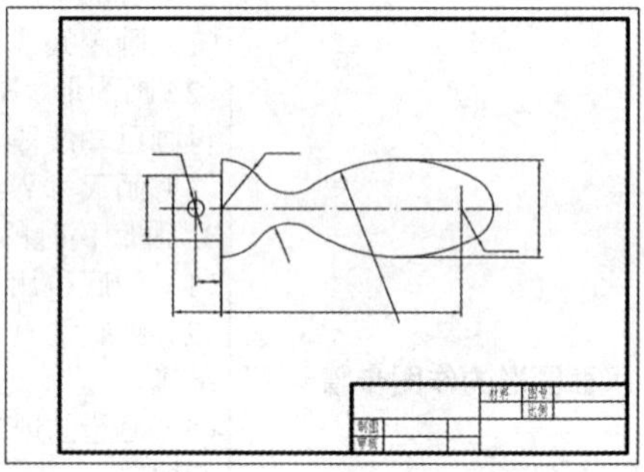

画尺寸界线、尺寸线、箭头

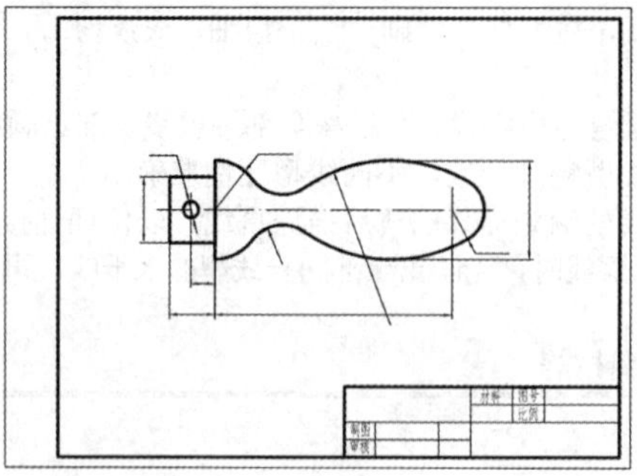

检查、描深

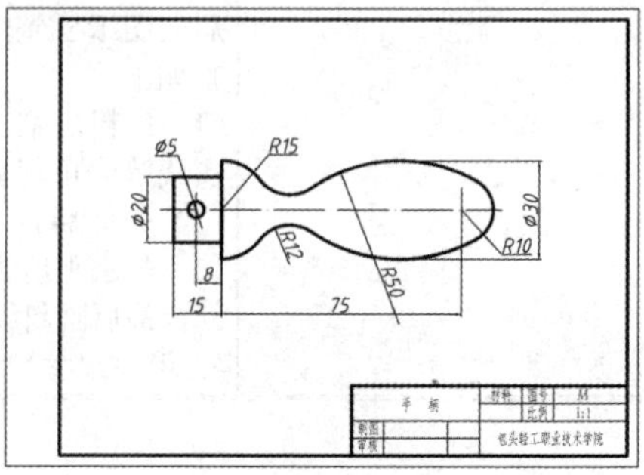

填写尺寸数字和标题栏

平面图形的尺寸标注的要求	正确：符合国家标准。 完整：不多余、不遗漏。 清晰：图面布局合理，整洁
平面图形尺寸标注的注意点	1．标注作图最方便、直接用以作图的尺寸。 2．不标注交线、切线的长度尺寸，如图 1-12 所示。 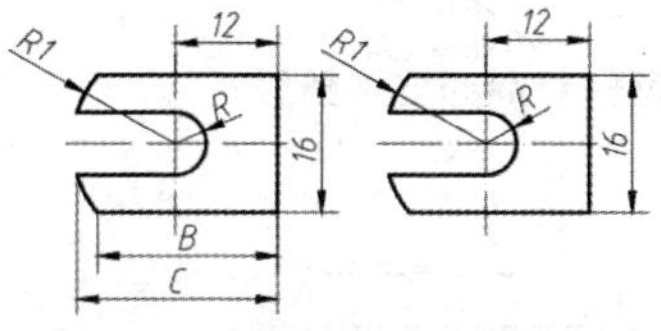 （a）错误　　（b）正确 图 1-12　*B* 和 *C* 无需标注 3．不要标注成封闭尺寸链，如图 1-13 所示。 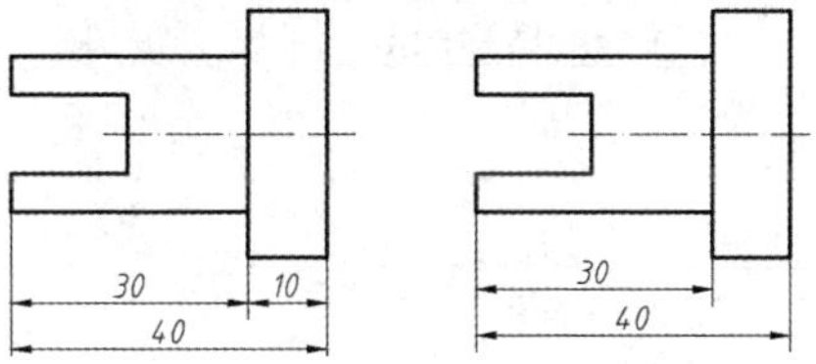 （a）错误　　（b）正确 图 1-13　尺寸不封闭 4．能够计算出的总体尺寸不标注，如图 1-14 所示。 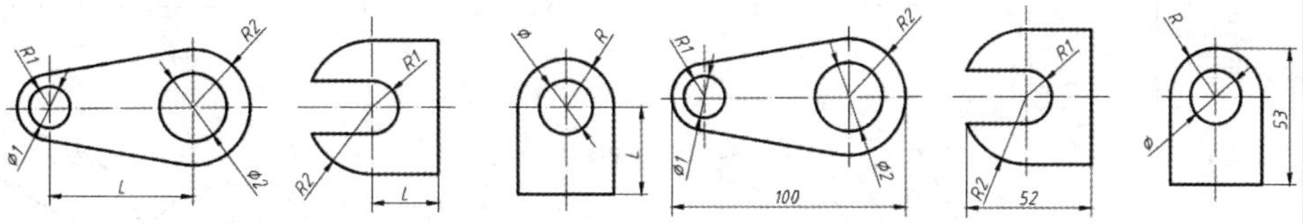 （a）正确　　（b）错误 图 1-14　总体尺寸标注
平面图形的尺寸标注步骤	1．确定尺寸基准，在水平方向和铅垂方向各选一条直线作为尺寸基准。 2．确定图形中各线段的性质，确定出已知线段、中间线段和连接线段。 3．按确定的已知线段、中间线段和连接线段的顺序逐个标注出各线段的定形和定位尺寸。通过几何作图可以确定的线段不标注尺寸。 4．标注总体尺寸，能计算出的总体尺寸不标注。 5．尺寸标注完应检查，看是否重复和遗漏。可以按画图过程进行检查，画图时没有用到的尺寸是重复尺寸，应去掉；如果按所标注的尺寸无法完成作图，说明尺寸不足，应补上所需尺寸

平面图形尺寸的标注图示

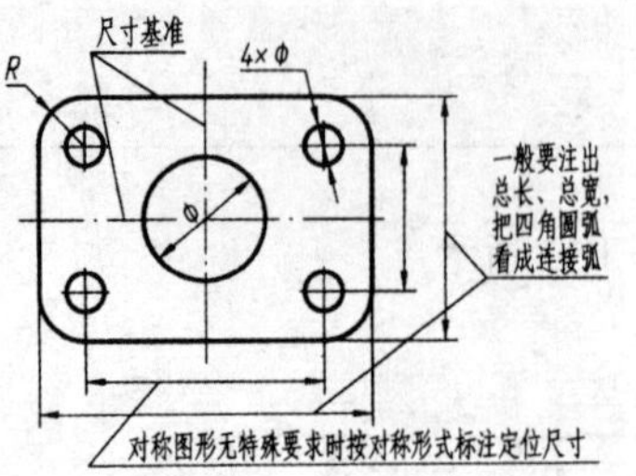

（a）

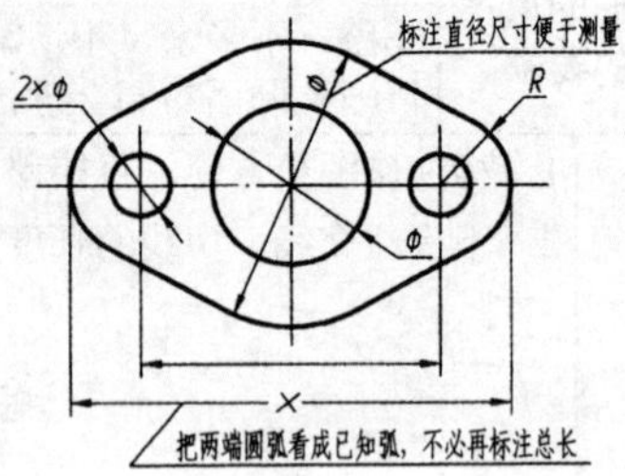

（b）

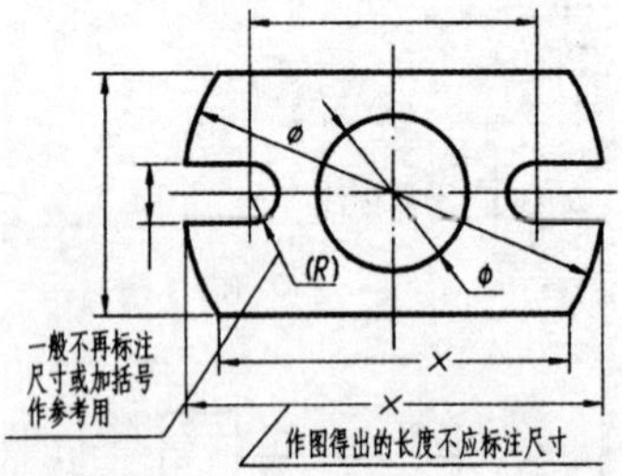

（c）

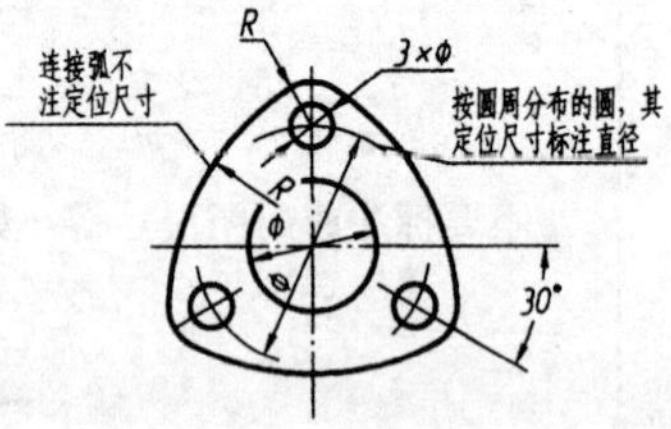

（d）

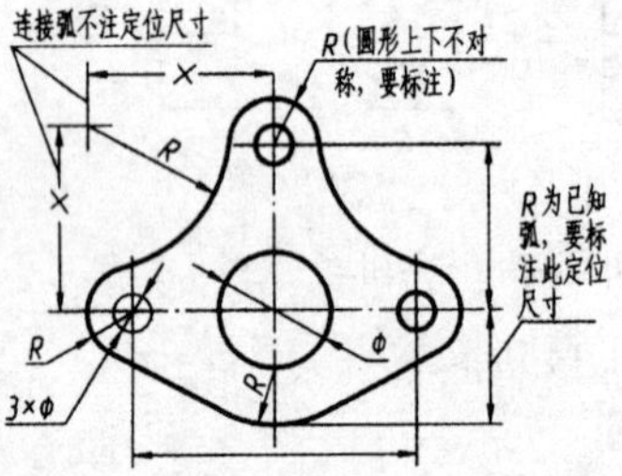

（e）

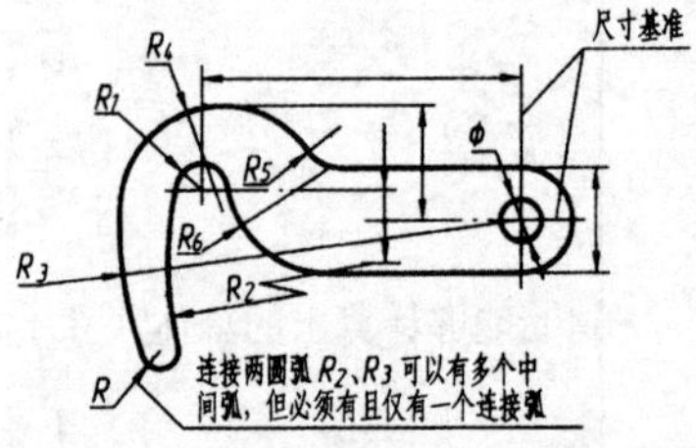

（f）

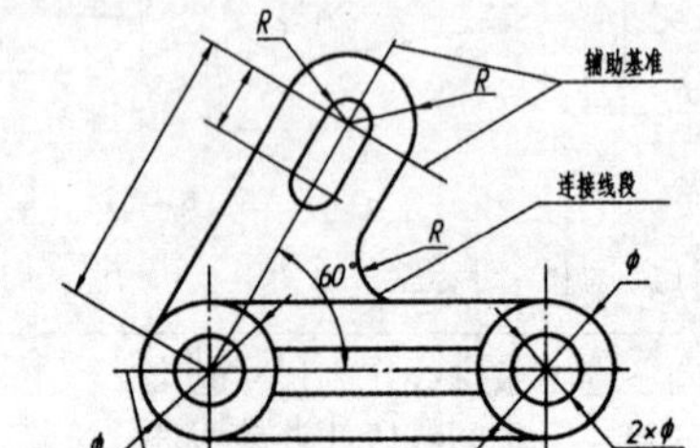

（g）

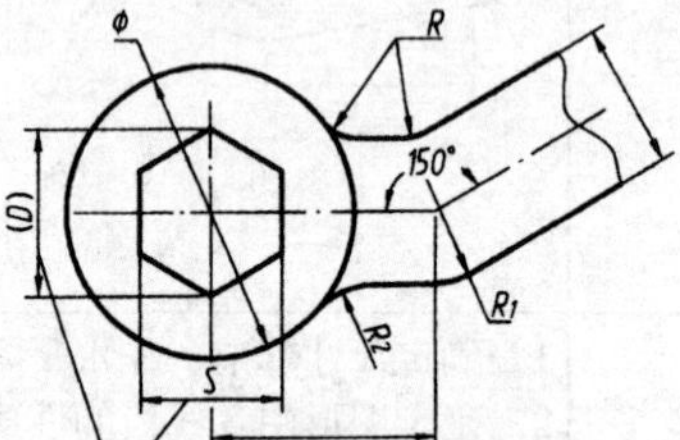

（h）

任务实施

手工绘制产品平面图形任务实施表

<table>
<tr><td>情　境</td><td colspan="7"></td></tr>
<tr><td>学习任务</td><td colspan="5"></td><td>完成时间</td><td></td></tr>
<tr><td>任务完成人</td><td>学习小组</td><td></td><td>组长</td><td></td><td>成员</td><td colspan="2"></td></tr>
<tr><td colspan="8">应用获得的知识和技能，手工绘制任务载体的平面图形</td></tr>
<tr><td colspan="8"></td></tr>
</table>

考核评价

手工绘制产品平面图形过程考核评价表

情　境					
学习任务		完成时间			
任务完成人	学习小组	组长	成员		
评价项目	评价内容	评价标准	得分		
			自评	互评（组内互评，取平均分）	教师评价
知识目标（40%）	自主学习	通过自主学习，对知识的理解、掌握及接受新知识的能力 □优（10）□良（8）□中（6）□差（4）			
	课堂学习	通过课堂学习，对知识的理解、掌握及接受新知识的能力 □优（30）□良（26）□中（22）□差（18）			
能力目标（40%）	手工绘制产品平面图形任务实施表	□优（10）□良（8）□中（6）□差（4）			
	任务跟踪训练	□优（25）□良（21）□中（17）□差（13）			
	创新能力	能够创新设计并绘制产品平面图形 □优（5）□良（3）□中（2）□差（1）			
思政目标（20%）	团结协作、沟通能力	相互沟通、交流、协作、互帮互学，具备良好的群体意识 □优（5）□良（3）□中（2）□差（1）			
	家国情怀、爱岗敬业；严谨细致，一丝不苟；遵守制图国家标准规范	□优（10）□良（8）□中（6）□差（4）			
	遵守学校规章制度（纪律、出勤、卫生）	□优（5）□良（4）□中（3）□差（2）			
总分（自评 25%+互评 25%+教师评价 50%）					

子学习情境 1.2　徒手绘制产品平面图形

情境导入

徒手绘制产品平面图形工作任务单

<table>
<tr><td>情　境</td><td colspan="6">绘制产品平面图形</td></tr>
<tr><td>学习任务</td><td colspan="4">子学习情境 1.2：徒手绘制产品平面图形</td><td>完成时间</td><td></td></tr>
<tr><td>任务完成</td><td>学习小组</td><td></td><td>组长</td><td></td><td>成员</td><td></td></tr>
<tr><td>任务要求</td><td colspan="6">掌握：①徒手绘图的概念；②徒手画直线的方法；③徒手画圆、圆弧的方法；④徒手画椭圆的方法和徒手绘制产品平面图形</td></tr>
<tr><td>任务载体和资讯</td><td colspan="3">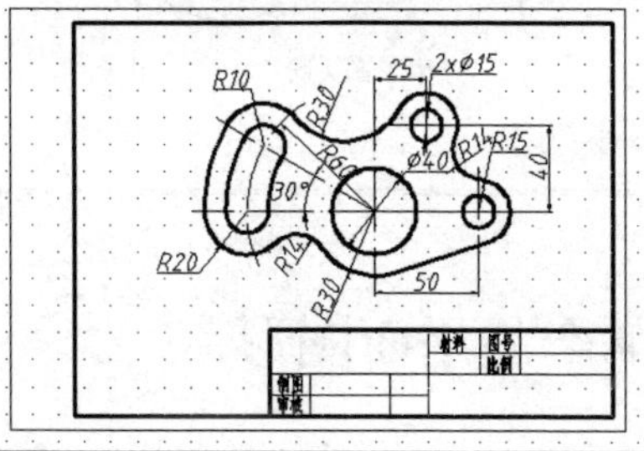</td><td colspan="3">要求：在方格纸上或在徒手绘制产品平面图形任务实施表中，徒手绘制任务载体的平面图形，标题栏尺寸自定。
资讯：
1．徒手绘图的概念。
2．徒手画直线的方法。
3．徒手画圆、圆弧的方法。
4．徒手画椭圆的方法和徒手绘制产品平面图形</td></tr>
<tr><td>完成任务注意点</td><td colspan="6">画出的草图应做到表达合理、投影正确、图线清晰、字体工整、比例匀称、尺寸无误</td></tr>
</table>

知识链接

1　徒手绘图的概念

徒手绘图的方法	徒手绘图的作用
不借助绘图工具，依靠目测大致估计物体各部分的比例，并徒手绘制的图样称为草图。画出的草图应做到表达合理、投影正确、图线清晰、字体工整、比例匀称、尺寸无误。绘制草图一般选用 HB 或 B 铅笔，且采用浅色方格纸绘制，图纸不固定，可随时将要画的线段转到自己顺手的位置	在设计、维修、仿造、计算机绘图等场合，经常需要借助草图来表达技术思想。因此，工程技术人员应具备徒手绘图的能力，以便针对不同的条件和要求都能迅速地绘制工程图样或表达、交流设计思想

2　徒手画直线的方法

直线的画法

徒手画直线时，运笔力求自然，小手指靠着纸面，笔尖前进方向应看得清楚，眼睛要随时注意直线终点。若直线较长，应分段画出，如图 1-15 所示

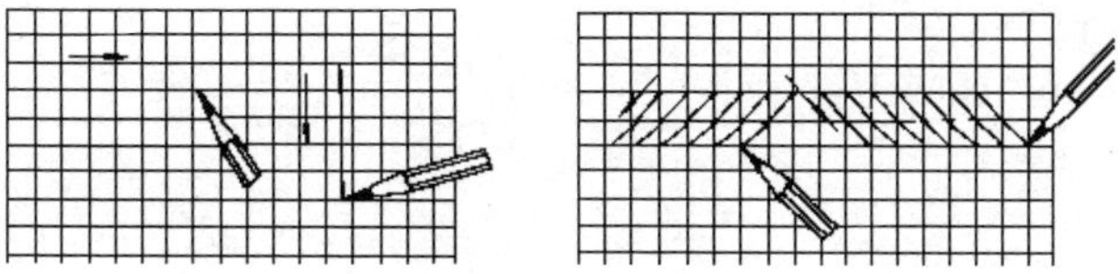

图 1-15　徒手画直线

3 徒手画圆、圆弧的方法

圆、圆弧的画法

先用相互垂直的两段细点画线确定圆心。若画小圆可先在中心线上定出距离圆心约等于半径的四个点，然后依次画四段圆弧线，每段都转到自己顺手的方位画出，如图 1-16（a）所示。画较大圆时，可再加画一对或几对相互垂直的直线，可以多取些点，分段画出圆弧，最后擦去不用的线，如图 1-16（b）所示

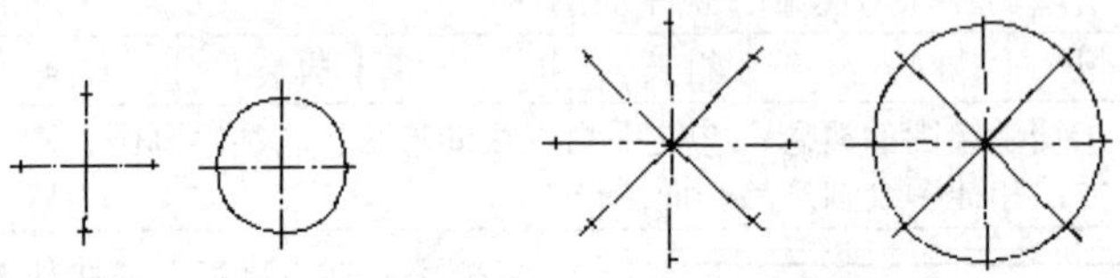

（a）徒手画小圆　　（b）徒手画大圆

图 1-16　徒手画圆

4 徒手画椭圆的方法和徒手绘制产品平面图形

4.1 椭圆的画法

画椭圆时，先画垂直相交的两条点画线，作为长、短轴，目测定出椭圆长、短轴上的四个端点，再画出其外切矩形或外切平行四边形，并在对角线上按相同比例取四个点（E1:E0=3:7），最后用四段徒手圆弧连成椭圆，如图 1-17 所示

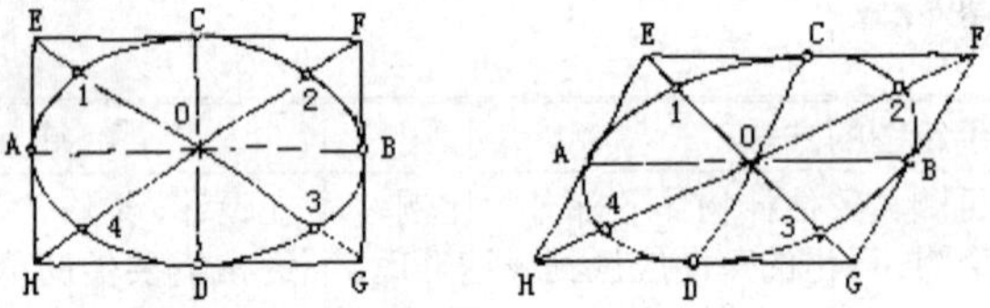

（a）外切矩形　　（b）外切平行四边形

图 1-17　徒手画椭圆

4.2 徒手绘制产品平面图形

徒手绘制产品平面图形的方法和步骤参见子学习情境 1.1 中 4 平面图形的尺寸分析、画法及尺寸标注中的平面图形的作图步骤

任务实施

徒手绘制产品平面图形任务实施表

<table>
<tr><td>情　境</td><td colspan="6"></td></tr>
<tr><td>学习任务</td><td colspan="4"></td><td>完成时间</td><td></td></tr>
<tr><td>任务完成人</td><td>学习小组</td><td></td><td>组长</td><td></td><td>成员</td><td></td></tr>
<tr><td colspan="7">应用获得的知识和技能，徒手绘制任务载体的平面图形</td></tr>
<tr><td colspan="7"></td></tr>
</table>

考核评价

徒手绘制产品平面图形过程考核评价表

<table>
<tr><td>情　境</td><td colspan="9"></td></tr>
<tr><td>学习任务</td><td colspan="5"></td><td>完成时间</td><td colspan="3"></td></tr>
<tr><td>任务
完成人</td><td>学习小组</td><td></td><td>组长</td><td></td><td>成员</td><td colspan="4"></td></tr>
<tr><td rowspan="2">评价项目</td><td rowspan="2">评价内容</td><td colspan="5" rowspan="2">评价标准</td><td colspan="3">得分</td></tr>
<tr><td>自评</td><td>互评（组内互评，取平均分）</td><td>教师评价</td></tr>
<tr><td rowspan="2">知识目标
（40%）</td><td>自主学习</td><td colspan="5">通过自主学习，对知识的理解、掌握及接受新知识的能力
□优（10）□良（8）□中（6）□差（4）</td><td></td><td></td><td></td></tr>
<tr><td>课堂学习</td><td colspan="5">通过课堂学习，对知识的理解、掌握及接受新知识的能力
□优（30）□良（26）□中（22）□差（18）</td><td></td><td></td><td></td></tr>
<tr><td rowspan="2">能力目标
（40%）</td><td>徒手绘制产品平面图形任务实施表</td><td colspan="5">□优（10）□良（8）□中（6）□差（4）</td><td></td><td></td><td></td></tr>
<tr><td>任务跟踪训练</td><td colspan="5">□优（30）□良（26）□中（22）□差（18）</td><td></td><td></td><td></td></tr>
<tr><td rowspan="3">思政目标
（20%）</td><td>团结协作、沟通能力</td><td colspan="5">相互沟通、交流、协作、互帮互学，具备良好的群体意识
□优（5）□良（3）□中（2）□差（1）</td><td></td><td></td><td></td></tr>
<tr><td>家国情怀、爱岗敬业；严谨细致，一丝不苟；遵守制图国家标准规范</td><td colspan="5">□优（10）□良（8）□中（6）□差（4）</td><td></td><td></td><td></td></tr>
<tr><td>遵守学校规章制度（纪律、出勤、卫生）</td><td colspan="5">□优（5）□良（4）□中（3）□差（2）</td><td></td><td></td><td></td></tr>
<tr><td colspan="4">总分（自评 25%+互评 25%+教师评价 50%）</td><td colspan="3"></td><td></td><td></td><td></td></tr>
</table>

子学习情境 1.3　计算机绘制样板图和产品平面图形

情境导入

计算机绘制样板图和产品平面图形工作任务单

<table>
<tr><td>情　境</td><td colspan="6">绘制产品平面图形</td></tr>
<tr><td>学习任务</td><td colspan="4">子学习情境 1.3：计算机绘制样板图和产品平面图形</td><td>完成时间</td><td></td></tr>
<tr><td>任务完成</td><td>学习小组</td><td></td><td>组长</td><td></td><td>成员</td><td></td></tr>
<tr><td>任务要求</td><td colspan="6">掌握：①AutoCAD 的图层设置和管理，文件的打开、关闭和保存；②AutoCAD 的绘图命令；③AutoCAD 的编辑命令；④AutoCAD 绘制样板图和产品平面图形</td></tr>
<tr><td>任务载体和资讯</td><td colspan="4">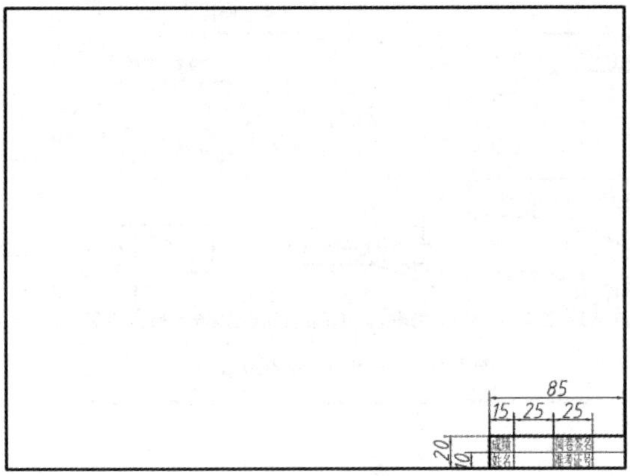

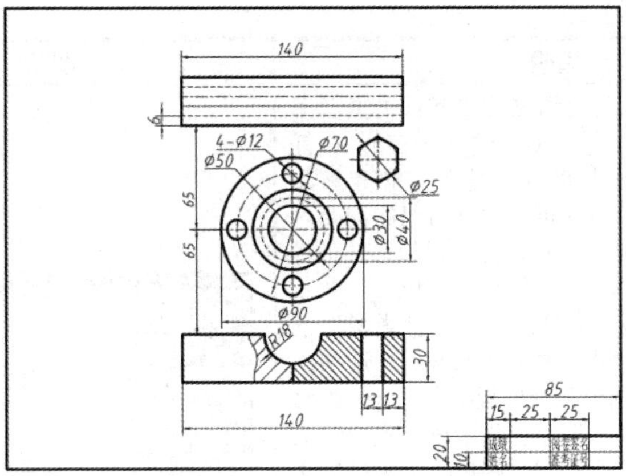
</td><td colspan="2">要求：在计算机上利用 AutoCAD 在 A4 图幅上绘制任务载体的平面图形，或在计算机绘制样板图和产品平面图形任务实施表中手工绘制任务载体的平面图形。
资讯：
1．AutoCAD 的图层设置和管理，文件的打开、关闭和保存。
2．AutoCAD 的绘图命令：数据的输入、直线、圆和圆弧、矩形、正多边形、椭圆、样条曲线、图案填充、多段线、文字样式设置和输入、图块、尺寸标注设置和标注及编辑、快速引线标注。
3．AutoCAD 的编辑命令：修剪、延伸、偏移、镜像、删除、阵列、复制、移动、旋转、打断、缩放、圆角、倒角、拉长及文本编辑。
4．AutoCAD 绘制样板图和产品平面图形</td></tr>
<tr><td>完成任务注意点</td><td colspan="6">①绘图布局要均匀，线型要画在相应的图层上；②熟练应用 AutoCAD 的绘图命令；③熟练应用 AutoCAD 的编辑命令；④尺寸标注要均匀、正确、完整、合理</td></tr>
</table>

知识链接

1 AutoCAD 的图层设置和管理，文件的打开、关闭和保存

1.1 AutoCAD 用户界面

启动 AutoCAD	图示
双击桌面上的 AutoCAD 快捷图标即可启动 AutoCAD，也可以在“开始”按钮的“程序”列表中运行 AutoCAD。启动后，AutoCAD 的默认工作空间如图 1-18 所示	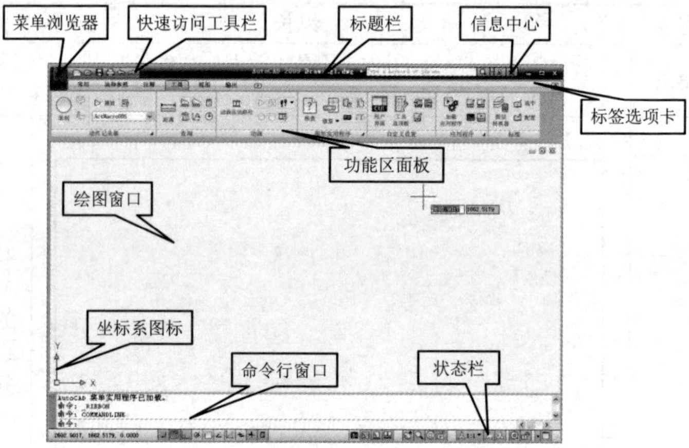 图 1-18 AutoCAD 的默认工作空间

1.2 管理图形文件

1.2.1 创建新图形文件

命令	说明	图示
菜单命令：菜单浏览器→文件→新建或菜单栏→文件→新建 快速访问工具栏：“新建”按钮 命令行：NEW 快捷方式：Ctrl+N 启动“新建”命令后，系统会打开“选择样板”对话框，如图 1-19 所示	1. 在“选择样板”对话框的“文件类型”下拉列表框中选择“图形（*.dwg）”选项，在打开方式中选择“无样板打开-公制”创建新图形。用户利用这种方式可以根据自己的需要对绘图环境进行设置，创建自己的模板，并可将其保存为*.dwt 文件，在绘图时调用。 2. 在“选择样板”对话框的“文件类型”下拉列表框中选择“图形样板（*.dwt）”选项，在样板列表框中选中某一样板文件。这时在对话框右侧的“预览”框中将显示该样板的预览图像。单击“打开”按钮，则以选中的样板文件为样板，创建新图形。 利用样板创建新图形，可以避免每次绘制图形时要进行的有关绘图设置等重复操作，提高了绘图效率。 在 AutoCAD 提供的样板文件中，以 GB-ax（x 为 0～4 的数字）开头的样板文件基本符合我国的制图标准。	 图 1-19 “选择样板”对话框

	创建新图形如下： （1）在命令行中输入 STARTUP，按 Enter 键，并设置其新值为 1，再按 Enter 键，然后使用相同的方法，在命令行中输入 FILEDIA，将其设置为 1。 （2）在命令行中输入 NEW，按 Enter 键，打开“创建新图形”对话框，如图 1-20 所示，单击“从草图开始”或“使用样板”按钮选择创建类型，单击“确定”按钮。默认情况下，图形样板文件存储在 Template 文件夹中，以便访问	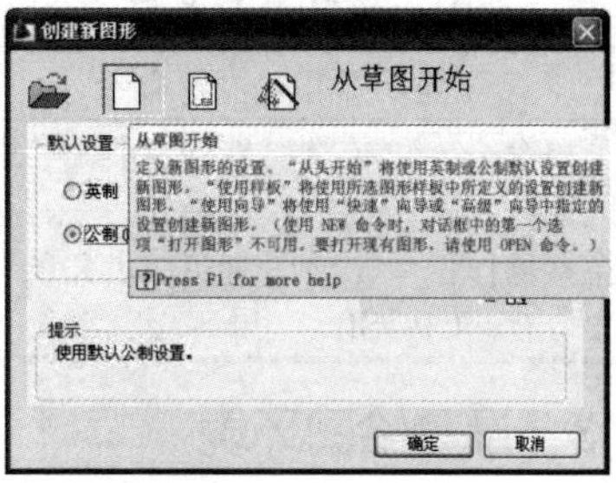 图 1-20　“创建新图形”对话框

1.2.2　打开图形文件

命令	说明	图示
菜单命令：菜单浏览器→文件→打开或菜单栏→文件→打开 快速访问工具栏：“打开”按钮 命令行：OPEN 快捷方式：Ctrl+O 执行“打开”命令后，系统会打开“选择文件”对话框，从中打开已有的图形文件，如图 1-21 所示	在“选择文件”对话框的文件列表框中，选择需要打开的图形文件，在右侧的“预览”框中将显示出该图形文件的预览图像。默认情况下，打开的图形文件为*.dwg 格式。 在 AutoCAD 中，可以“打开”“以只读方式打开”“局部打开”和“以只读方式局部打开”4 种方式打开图形文件。当以“打开”“局部打开”方式打开图形文件时，可以对打开的图形进行编辑；如果选择“以只读方式打开”“以只读方式局部打开”方式打开图形，则无法对打开的图形进行编辑。 如果选择“局部打开”“以只读方式局部打开”方式打开图形，这时将打开“局部打开”对话框，如图 1-22 所示。可以在“要加载几何图形的视图”选项组中选择要打开的视图，在“要加载几何图形的图层”选项组中选择要打开的图层，接着单击“打开”按钮，可在选定的视图中打开选中图层上的对象	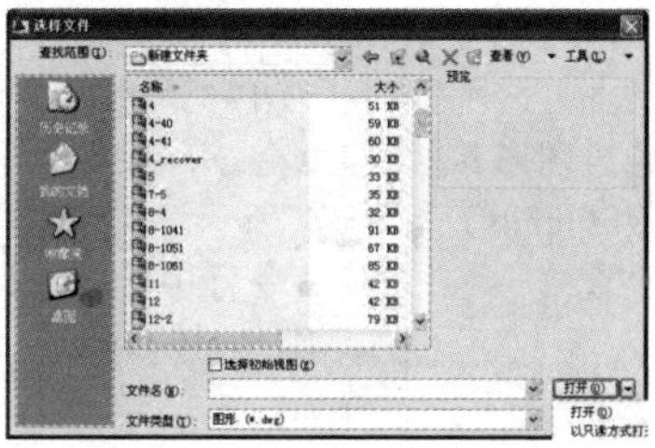 图 1-21　“选择文件”对话框 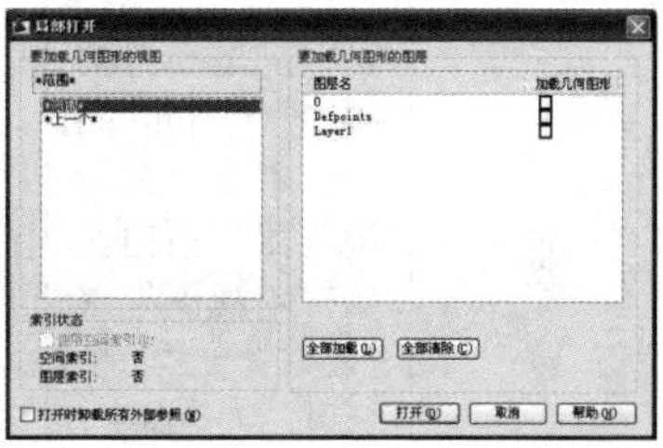 图 1-22　“局部打开”对话框

1.2.3　保存图形文件

命令	说明	图示
菜单命令：菜单浏览器→文件→保存或菜单栏→文件→保存 快速访问工具栏：“保存”按钮 命令行：SAVE 快捷方式：Ctrl+S	通过以上操作都可以打开“图形另存为”对话框，如图 1-23 所示。在“图形另存为”对话框中指定路径，单击“保存”按钮，便保存了文件。如果要创建已修改图形的备份文件而不影响原图形文件，可以使用“另存为”命令来保存，也可以通过改变 AutoCAD 自动保存图形的时间间隔方式来维护设计的完整性	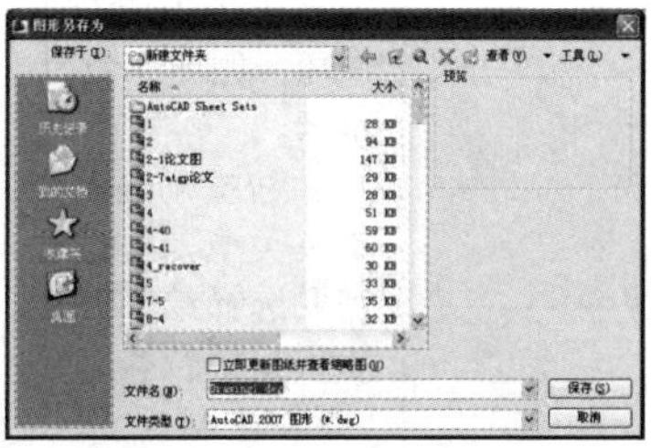 图 1-23　“图形另存为”对话框

1.2.4 关闭图形文件

命令	说明
菜单命令：菜单浏览器→文件→关闭或菜单栏→文件→关闭 直接操作：单击绘图窗口右上角的“关闭”按钮 ✖ 命令行：CLOSE	进行以上操作都会弹出保存疑问对话框，在此对话框中，可根据需要选择相关选项进行操作

1.3 设置绘图环境

1.3.1 图幅设置

设置方式	说明	图示
通过图形界限（limits）设置	在AutoCAD 2009工作空间中，单击“菜单浏览器”按钮，执行“格式”→“图形界限”菜单命令，如图1-24所示。或者在命令行中输入LIMITS，按Enter键	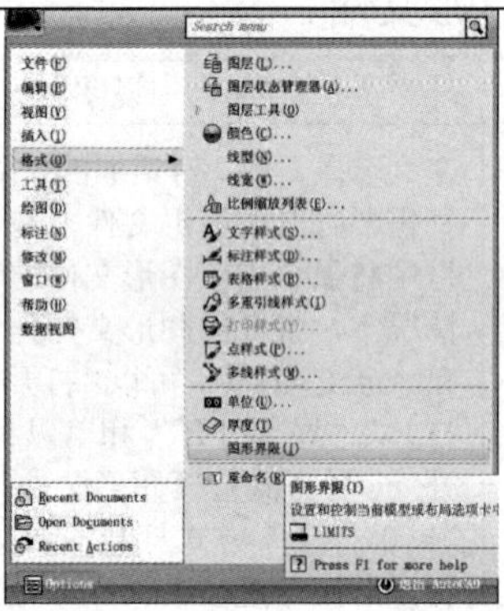 图1-24 选择“图形界限”菜单命令
通过初始化图幅（mvsetup）设置	1. 在AutoCAD 2009工作空间中，单击“菜单浏览器”按钮，执行“视图”→“视口”→“一个视口”菜单命令，如图1-25所示。然后在命令行中输入MVSETUP，并按Enter键，此时系统会提示是否启用图纸空间，选择“否”选项，如图1-26所示。 2. 系统提示输入单位类型，根据需要选择绘图时所用的单位类型（如公制M），如图1-27所示；在弹出的如图1-28所示的文本窗口	 图1-25 选择“一个视口”菜单命令 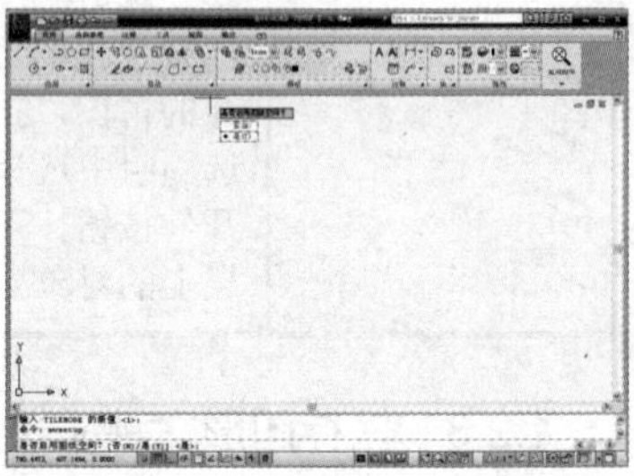 图1-26 选择显示模式 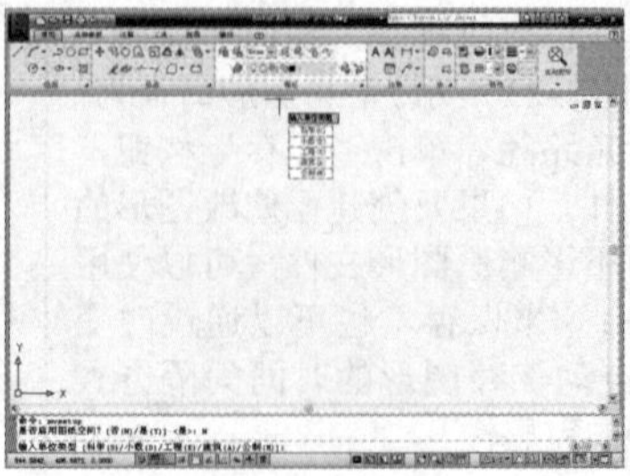 图1-27 选择单位类型 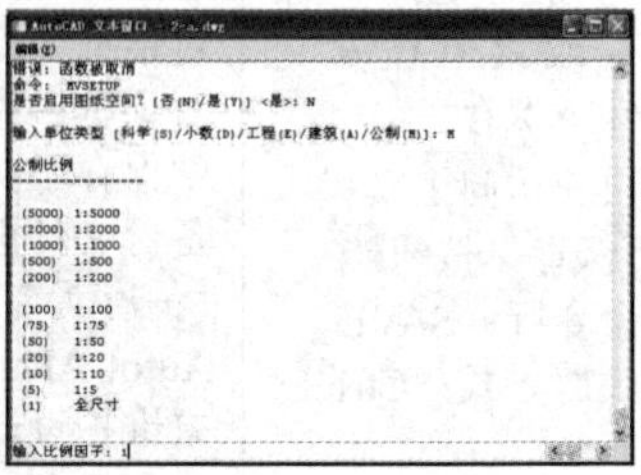 图1-28 输入绘图比例

	中输入绘图时需要的比例大小（如比例因子为 1）。 3. 在文本窗口中依次输入绘图时用的比例因子、图纸的宽度和高度，如图 1-29 所示。最后完成的图幅设置，如图 1-30 所示	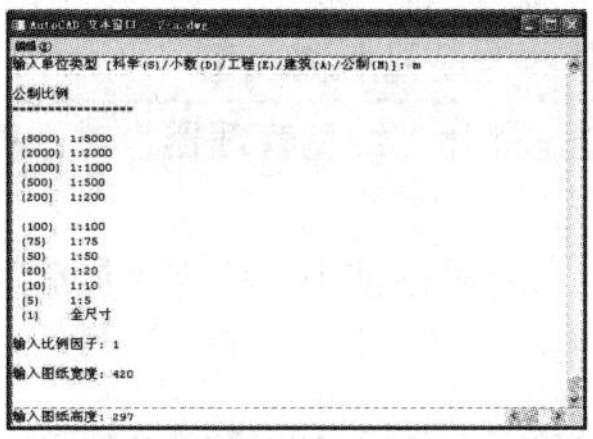 图 1-29　设置图纸大小 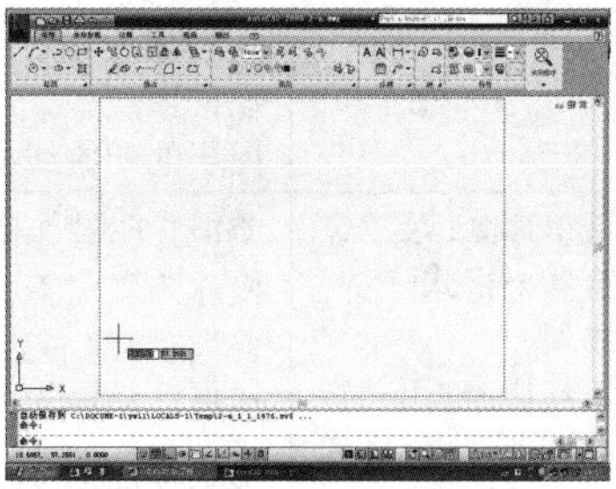 图 1-30　完成图幅设置

1.3.2 图层管理

1.3.2.1 图层和图层的性质

图层	图层的性质
图层就像透明的覆盖层，用户可以在上面组织各种不同的图形信息，即把图形中具有相同的线型、线宽、颜色和状态等的属性放置于一层。当把各层画完，再把这些层对齐重叠在一起，这样就构成了一张完整的图形，如图 1-31 所示。 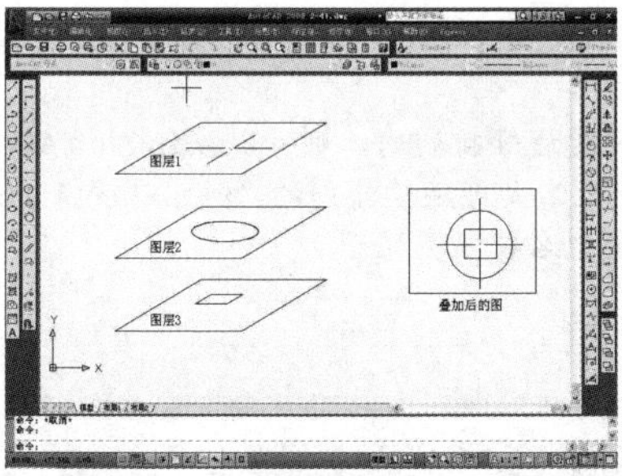 图 1-31　图层的假想和实际效果	1. 一幅图形最多可以包含 32000 个图层，所有图层均采用相同的图限、坐标系和缩放比例因子。每一图层上可以绘制的图形对象不受限制，可以满足绘图的需要。 2. 每一个图层都有图层名，以便在各种命令中引用某图层时使用。该图层名最多可以由 255 个字符组成，这些字符可以包括字母、数字、专用符号，例如“粗实线”“点画线”等。 3. 每一图层被指定有颜色号、线型名、线宽和打印样式。对于新的图层都有系统默认的颜色号（7 号）、线型名（实线）、线宽（0.25mm）。 4. 在一幅工程图中包含多个图层，但是只能设置一个“当前层”。用户只能在当前层上绘图，并且使用当前层的颜色、线型、线宽。因此，在绘图前首先要选择好相应的当前层。 5. 图层可以被打开或关闭、冻结或解冻、锁定或解锁。 使用图层绘图时，0 层是系统自动创建的图层。新对象的各种特性将默认为随层。如果要使用图层重新绘制自己的图形，就需要先创建新图层。重新设置的图形特性将覆盖原来的随层特性

1.3.2.2 创建新图层

命令	说明和步骤
菜单命令：菜单浏览器→格式→图层或菜单栏→格式→图层 图层面板：“图层”按钮 命令行：LAYER 通过上述操作打开“图层特性管理器”对话框，如图 1-32 所示	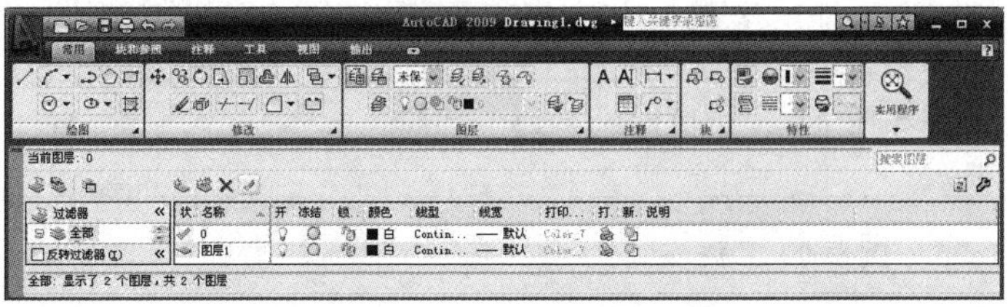 图 1-32　“图层特性管理器”对话框 在对话框中单击“新建”按钮。在图层列表中将出现一个名称为“图层 1”的新图层。新对象的各种特性将默认为随层，与 0 层的状态、颜色、线型及线宽等设置相同。此时，可以在“名称”列对应的文本框中输入新的图层名（如

<table>
<tr><td></td><td>“粗实线”)，表示将要绘制的图形元素的特性，对图层的各类设置应符合我国的技术标准。
在该图层中，单击颜色图标，打开“选择颜色”对话框，设置所需颜色。单击该图层的初始线型名称，设置所需线型</td></tr>
<tr><td>菜单命令:菜单浏览器→格式→线型
工具栏:常用→特性面板→选择线型→其他
命令行：LINETYPE
单击该图层的初始线宽名称,可以设置所需线宽。
方法一:
1. 单击“菜单浏览器”→“格式”→“图层”命令，打开“图层管理器”对话框。
2. 在对话框中单击与层名相应的“线宽”标志，打开“线宽”对话框，如图 1-35 所示。在对话框中选择一种符合制图要求的线宽。
3. 单击“确定”按钮,即可将线宽值赋给所选图层。
方法二:
单击“菜单浏览器”→“格式”→“线宽”命令，打开“线宽设置”对话框。通过调整线宽比例,使图形中的线宽显示得更宽或更窄，如图 1-36 所示</td><td>激活“线型”命令，打开“线型管理器”对话框，如图 1-33 所示，即可加载线型。
操作步骤如下：
1. 在如图 1-33 所示的对话框中，单击“加载”按钮，出现“加载或重载线型”对话框，如图 1-34 所示。
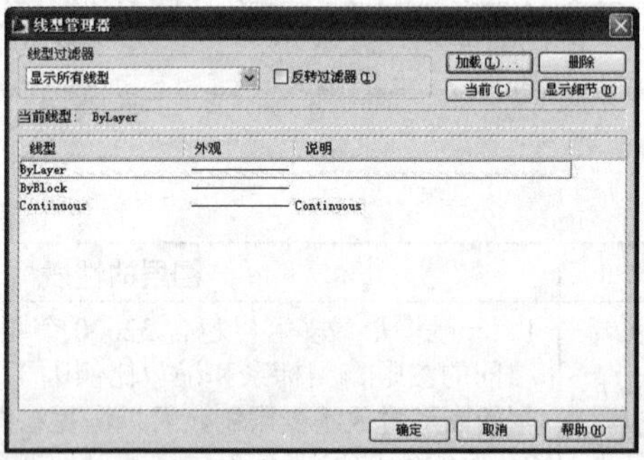

图 1-33 “线型管理器”对话框
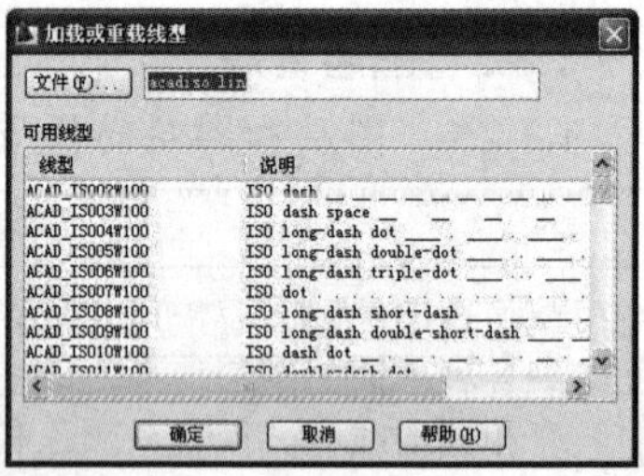

图 1-34 “加载或重载线型”对话框
2. 在“加载或重载线型”对话框中单击所需线型名，单击“确定”按钮，返回“线型管理器”对话框，在“线型”列表中就可以看到选择的线型已被加载。
3. 选中被加载的线型，单击“确定”按钮，关闭“线型管理器”对话框，完成线型加载。
注意：要同时指定多个线型时，如果线型名是连续排列的，则可以按住 Shift 键，然后单击第一个和最后一个线型名；如果线型名是非连续排列的，则可以按住 Ctrl 键，分别单击要加载的线型名。被选中的线型名将高亮显示
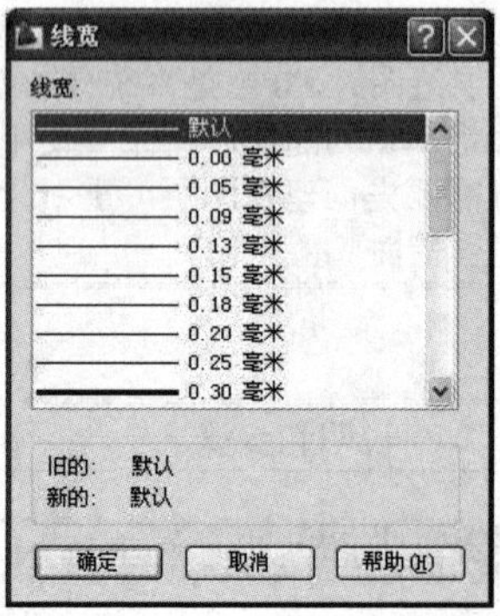

图 1-35 “线宽”对话框
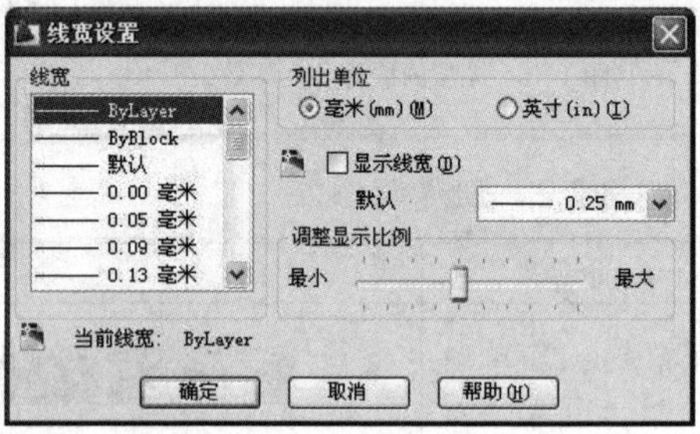

图 1-36 “线宽设置”对话框</td></tr>
</table>

1.3.2.3 图层的控制

图层状态	说明
打开/关闭	在“图层特性管理器”对话框中单击“开”列中对应图层的小灯泡图标，就可打开或关闭图层。打开状态下，灯泡显示黄色，表明该层上的图形可以在显示器上显示；关闭状态下，灯泡显示灰色，关闭的图层上的图形不能被显示或打印出来。重新生成图形时，层上的对象仍将重新生成

冻结/解冻	在“图层特性管理器”对话框中单击“冻结”列中对应的小太阳图标，可以冻结或解冻图层。冻结状态下，太阳图标变成雪花图标，表明该层上的图形不能显示，也不能被打印输出，而且不能编辑或修改该图层上的图形对象；处于解冻层的图形则与之相反。 用户不能冻结当前层，也不能将冻结层改为当前层。 冻结的图层与关闭的图层的区别如下： 1．可见性：冻结的图层与关闭的图层是相同的。 2．可操作性：冻结的图形对象不参加图形处理过程中的运算，而关闭的图层上的图形对象则要参加运算。在工程设计时，往往在复杂图样中冻结不需要的图层，可以大大加快系统重新生成图形的速度
锁定/解锁	在“图层特性管理器”对话框中，单击“锁定”列中对应的图标，可以锁定或解锁图层。锁定图层并不影响图形的显示状况，可以在锁定的图层上绘制新图形对象、使用查询命令和对象捕捉命令，只是不能对锁定图层上的图形进行编辑。 在“图层特性管理器”对话框的图层列表中双击图层名称可以对其进行修改；也可以右击需要重命名的图层，在弹出的管理图层的快捷菜单中选择“重命名图层”命令进行修改。 打开“图层特性管理器”对话框，选择需要删除的图层，然后单击“删除图层”按钮，或者按下 Delete 键即可删除该图层。但 0 层、当前层和含有实体的图层不能被删除

1.3.2.4　图层的切换

方式	图示
建立多个图层时，在每个图层上都可以绘制图形，要将图形画在哪个图层上，就要将该图层设置为当前层。 设置当前层的方式如下： 1．设置当前层最简单的方法是在“图层”面板中单击  按钮右边的 ，打开图层下拉列表，单击要设置为当前层的图层名称。 2．在“图层特性管理器”对话框的图层列表中选择某一层后，单击“置为当前”按钮，即可将该层设置为当前层。或选择某一层后右击，在弹出的快捷菜单中选择“置为当前”命令，如图 1-37 所示	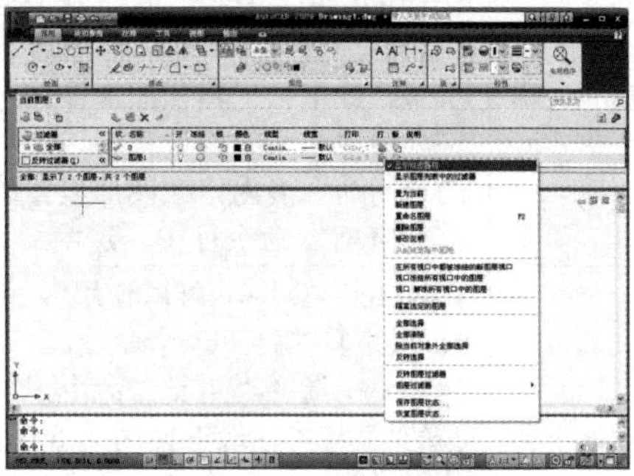 图 1-37　切换当前层

1.4　命令输入

输入	说明
命令输入方式	可以选择以下任何一种方式激活命令： 1．单击功能区面板的按钮执行命令。 2．使用命令行输入命令。 3．使用菜单浏览器中的菜单执行命令。 4．使用菜单栏中的菜单执行命令。 系统接收命令后，会在命令行中显示命令选项及每一条指令的所选项，可根据提示信息按步骤完成命令
使用命令行	在 AutoCAD 2009 中，可以在当前命令行提示下输入命令、对象参数等内容。其基本格式如下： 命令: _circle 指定圆的圆心或[三点(3P)/两点(2P)/相切、相切、半径(T)]: 指定圆的半径或[直径(D)]<50.0000>:100 在使用时应遵循以下约定：

	“[ ]”中是系统提供的选项，用“/”隔开。 “( )”中是执行该选项的快捷键。 “<>”中是系统提供的默认值，默认值如满足要求，直接按 Enter 键即可。 在“命令行”中右击，AutoCAD 将弹出一个快捷菜单。可以通过它选择最近使用过的 6 个命令、复制选定的文字或全部命令历史、粘贴文字，以及打开“选项”对话框。 在命令行中，还可以按 Backspace 或 Delete 键删除命令行中的文字，也可以选中命令历史，并执行“粘贴到命令行”命令，将其粘贴到命令行中
使用鼠标执行命令	在绘图窗口中，光标通常显示为“十”形式。当光标移至菜单选项、工具与对话框内时，它会变成一个箭头。无论光标是“十”形式还是箭头形式，当单击或者按鼠标键时，都会执行相应的命令或动作。在 AutoCAD 中，鼠标键是按照下述规则定义的。 拾取键：通常指鼠标左键，用于指定屏幕上的点，也可以用来选择 Windows 对象、AutoCAD 对象、工具栏按钮和菜单命令等。单击、双击都是对拾取键而言的。 回车键：指鼠标右键，相当于 Enter 键，用于结束当前使用的命令，也常用于右击弹出快捷菜单的操作。 弹出菜单：当按 Shift+鼠标右键的组合时，系统将弹出一个快捷菜单，用来设置捕捉点的方法
使用键盘输入命令	在 AutoCAD 中，大部分的绘图、编辑功能都需要通过键盘输入来完成。通过键盘输入命令和系统变量。此外，键盘还是输入文本对象、数值参数、点的坐标和进行参数选择的唯一方法
使用透明命令	在 AutoCAD 中，透明命令是指在执行其他命令的过程中可以执行的命令。例如，在画圆时希望缩放视图，此时可以激活透明命令 ZOOM，激活的方法是在输入透明命令前输入单引号，或单击工具栏的命令图标，完成透明命令后，将继续执行画圆命令。 许多命令和系统变量都可以穿插使用透明命令，这对编辑和修改大图形特别方便。常使用的透明命令多为修改图形设置的命令和绘图辅助工具的命令，例如 PAN、SNAP、GRID、ZOOM 等。命令行中，透明命令的提示前有“>>”作为标记
命令的重复	在 AutoCAD 中，可以使用多种方法来重复执行 AutoCAD 命令。 1．要重复执行上一个命令，可以按 Enter 键或空格键，或在绘图区域中右击，从弹出的快捷菜单中选择“重复”命令。 2．要重复执行最近使用的 6 个命令中的某一个命令，可以在命令窗口或文本窗口中右击，从弹出的快捷菜单中选择“近期使用的命令”子菜单中最近使用过的 6 个命令之一。 3．多次重复执行同一个命令，可以在命令提示下输入 MULTIPLE 命令，然后在“输入要重复的命令名”提示下，输入需要执行的命令。这样，AutoCAD 将重复执行该命令，直到按 Esc 键为止
终止命令	在命令执行过程中，可以随时按 Esc 键终止执行任何命令。Esc 键是 Windows 程序用于取消操作的标准键
撤消前面进行的操作	1．在 AutoCAD 中，可以使用 UNDO 命令按顺序放弃最近一步或撤消前面进行的多步操作。在命令提示行中输入 UNDO 命令或单击工具栏的按钮，这时命令行提示： 命令: UNDO 输入要放弃的操作数目或[自动(A)/控制(C)/开始(BE)/结束(E)/标记(M)/后退(B)]<1>: 各选项的意义如下： (1)在命令行中输入要放弃的操作数目。例如，要放弃最近的 5 个操作，应输入 5。AutoCAD 将显示放弃的命令或系统变量设置。 (2) 用户可以使用“标记(M)”选项来标记一个操作，然后用“后退(B)”选项放弃在标记的操作之后执行的所有操作。 (3) 可以使用“开始(BE)”选项和“结束(E)”选项来放弃一组预先定义的操作。 2．如果要重做使用 UNDO 命令放弃的一步或几步操作，可以使用 REDO 命令来进行。可以在命令提示行中输入 REDO 命令，或单击工具栏的按钮执行命令

1.5　数据的输入

点的输入

<table>
<tr><th>方式</th><th colspan="3">表示方法</th><th>输入格式</th><th>说明</th></tr>
<tr><td rowspan="4">键盘输入</td><td rowspan="2">绝对坐标</td><td rowspan="2">给定点相对于当前坐标原点的坐标，可采用直角坐标、极坐标、球面坐标和柱面坐标方式实现</td><td>直角坐标：数据间用英文“,”分隔</td><td>X,Y,Z</td><td>通过键盘输入 X,Y,Z，二维图形没有 Z，$A(40,40)$，如图 1-38 所示</td></tr>
<tr><td>极坐标：数据间用“<”分隔</td><td>$L<\alpha$</td><td>L：极半径，表示给定点距离坐标原点的距离。α：极角，表示给定点和坐标原点连线与 X 轴正向间的夹角，由 X 轴正向转到该连线是逆时针转动形成的极角为正；否则为负。如 $C(40<60)$，如图 1-39 所示</td></tr>
<tr><td rowspan="2">相对坐标</td><td rowspan="2">给定点相对于前一个已知点的坐标增量，也有直角坐标、极坐标、球面坐标和柱面坐标方式，在输入的数据前面加@</td><td>直角坐标</td><td>@ X,Y,Z</td><td>@表示相对坐标，如 B(@60,60)，如图 1-38 所示</td></tr>
<tr><td>极坐标</td><td>@ $L<\alpha$</td><td>如 D(@65<45)，如图 1-39 所示</td></tr>
<tr><td rowspan="3">用定标设备在屏幕上拾取点</td><td colspan="2">一般位置点</td><td colspan="2">直接拾取光标点</td><td rowspan="3">常用的定标设备是鼠标，当不需要准确定位时，用鼠标移动光标到所需的位置，按下左键就将十字光标所在位置的点的坐标输入到计算机中。当需要精确确定某点的位置时，需要用对象捕捉功能捕捉当前图形中的特征点</td></tr>
<tr><td colspan="2">特殊位置点或具有某种几何特征的点</td><td colspan="2">利用对象捕捉功能</td></tr>
<tr><td colspan="2">按指定的方向定点</td><td colspan="2">利用极轴追踪、对象捕捉和正交模式</td></tr>
</table>

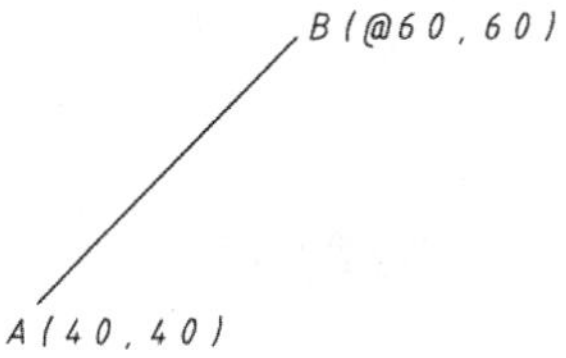

图 1-38　绝对和相对直角坐标

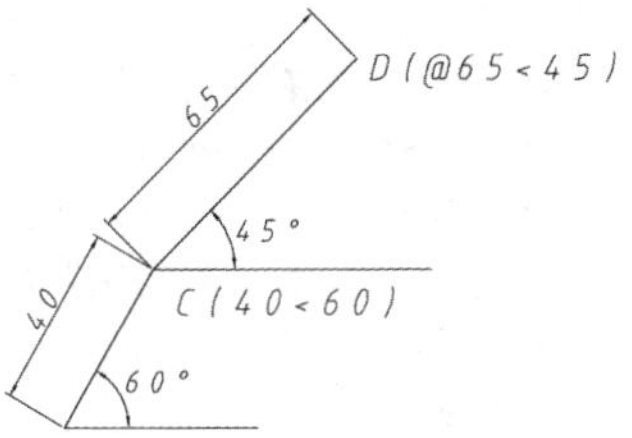

图 1-39　绝对和相对极坐标

当系统提示输入数值时，可用键盘直接输入，也可以通过定标设备指定的两点来输入。用键盘输入数值后一定要按下 Enter 键确认。常见的数值输入方式如下所示

数据的输入

数值含义	系统提示符	输入方式
长度或距离	长度/高度/宽度/半径(R)/直径(D)/列距/行距	1．通过键盘直接输入距离的数值。 2．通过定标设备指定两点输入距离。 3．移动光标指定方向，然后直接输入距离
角度	角度(A)	1．通过键盘直接输入角度的数值。 2．通过定标设备指定两点输入角度

	位移量	位移量/基点或位移量	1．用键盘输入。 2．用定标设备指定两点输入位移。 3．移动光标指定方向，然后直接输入距离

2 AutoCAD 绘图命令

2.1 直线

命令	说明	图示
菜单命令：菜单浏览器→绘图→直线或菜单栏→绘图→直线 绘图面板：“直线”按钮 命令行：LINE	直线命令用于绘制两点之间的线段，可以通过鼠标或键盘来确定线段的起点和终点。当绘制了一条线段后，可以以该线段的终点为起点，指定另一终点来绘制另一线段。最后按 Enter 或 Esc 键终止命令。绘制如图 1-40 所示的图形	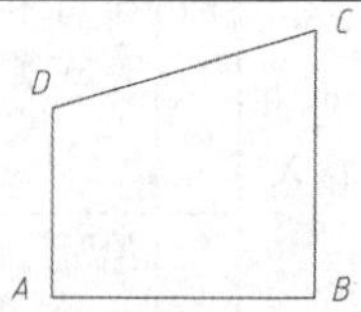 图 1-40 用直线命令绘制多边形

2.2 矩形

命令	说明	图示
菜单命令：菜单浏览器→绘图→矩形或菜单栏→绘图→矩形 绘图面板：“矩形”按钮 命令行：RECTANG 矩形命令通过指定两个点的方式绘制矩形，或绘制带有倒角和倒圆的矩形	1．画矩形（默认项）。该选项将按所给的两个对角点及当前线宽绘制一个矩形，如图 1-41 所示。 命令: rectang 指定第一个角点或 [倒角(C)/标高(E)/圆角(F)/厚度(T)/宽度(W)]:点取 1 点 指定另一个角点或 [尺寸(D)]:点取 2 点 2．画有倒角的矩形。该选项将按指定的倒角距离，画出一个四角有相同倒角的矩形，如图 1-42 所示。 命令: rectang 指定第一个角点或 [倒角(C)/标高(E)/圆角(F)/厚度(T)/宽度(W)]: 输入 C（选择“倒角”） 指定矩形的第一个倒角距离 <0.0000>: 6 指定矩形的第二个倒角距离 <10.0000>:6 指定第一个角点或 [倒角(C)/标高(E)/圆角(F)/厚度(T)/宽度(W)]:点取 *A* 点 指定另一个角点或 [尺寸(D)]:点取 *B* 点 3．画有圆角的矩形。该选项将按指定的圆角半径，画出一个四角有相同圆角和线宽的矩形，如图 1-43 所示。 命令: rectang 指定第一个角点或[倒角(C)/标高(E)/圆角(F)/厚度(T)/宽度(W)]: 输入 F（选择“圆角”） 指定矩形的圆角半径 <0.0000>: 4 指定第一个角点或 [倒角(C)/标高(E)/圆角(F)/厚度(T)/宽度(W)]: W（选择“宽度”） 指定矩形的线宽 <0.0000>: 3 指定第一个角点或 [倒角(C)/标高(E)/圆角(F)/厚度(T)/宽度(W)]:点取 *A* 点 指定另一个角点或 [尺寸(D)]:点取 *B* 点 结果如图 1-43 所示	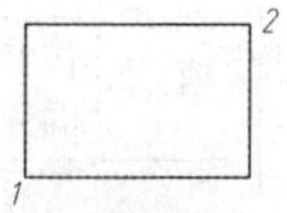 图 1-41 用默认方式画矩形 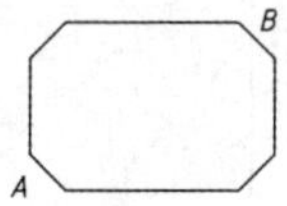 图 1-42 画倒角矩形  图 1-43 有圆角的一定线宽的矩形

2.3　圆

命令	说明	图示
菜单命令：菜单浏览器→绘图→圆或菜单栏→绘图→圆 绘图面板："圆"按钮 命令行：CIRCLE 在 AutoCAD 2009 中文版中，可以用 6 种方式绘制圆。用户选择"绘图"→"圆"命令的子命令，如图 1-44 所示。图 1-45 给出了对应的画圆示例	圆命令中各子命令的功能 圆心、半径（R）：可通过指定圆的圆心和半径绘制圆。 圆心、直径（D）：可通过指定圆的圆心和直径绘制圆。 两点（2）：可通过指定两点，并以两个点之间的距离为直径绘制圆。 三点（3）：可通过指定的三个点来绘制圆。 相切、相切、半径（T 或 TTR）：可以指定的值为半径，绘制一个与两个对象相切的圆。在绘制时，需要先指定与圆相切的两个对象，然后指定圆的半径。 相切、相切、相切（A）：可通过依次指定与圆相切的三个对象绘制圆	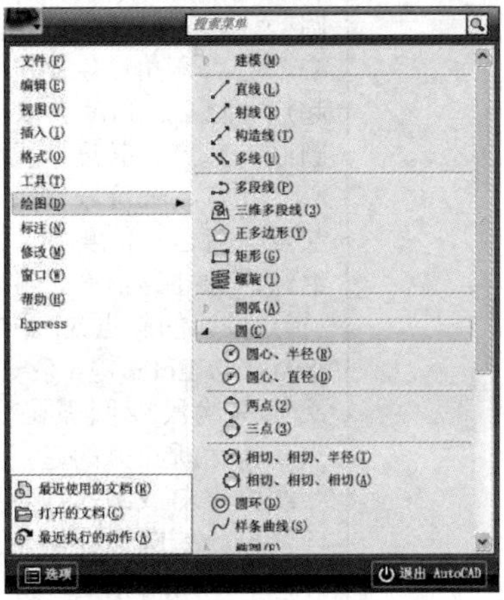 图 1-44　"圆"命令的子命令 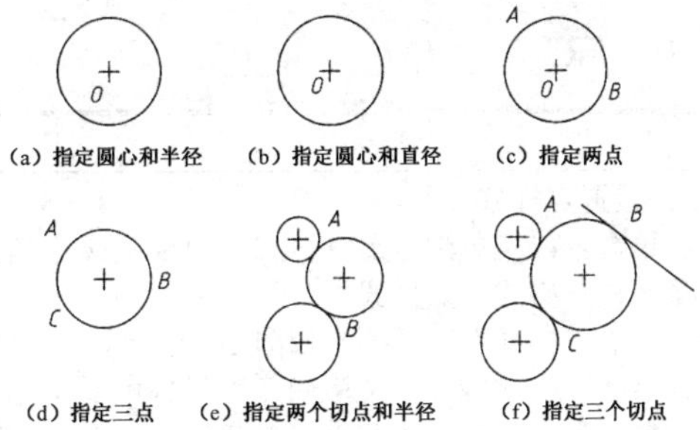 （a）指定圆心和半径　（b）指定圆心和直径　（c）指定两点 （d）指定三点　（e）指定两个切点和半径　（f）指定三个切点 图 1-45　圆的 6 种绘制方法

2.4　圆弧

命令	说明	图示
菜单命令：菜单浏览器→绘图→圆弧或菜单栏→绘图→圆弧 绘图面板："圆弧"按钮 命令行：ARC 圆弧的绘制方法有 11 种，如图 1-46 所示。可通过绘制方法画出相应的圆弧，如图 1-47 所示	圆弧命令中各子命令的功能 三点：通过给定的 3 个点绘制一段圆弧。 起点、圆心、端点：指定圆弧的起点、圆心和端点绘制圆弧。 起点、圆心、角度：指定圆弧的起点、圆心和角度绘制圆弧。逆时针为角度正方向，否则为负方向。 起点、圆心、长度：指定圆弧的起点、圆心和长度绘制圆弧。 起点、端点、角度：指定圆弧的起点、端点和角度绘制圆弧。 起点、端点、方向：指定圆弧的起点、端点和方向绘制圆弧。 起点、端点、半径：指定圆弧的起	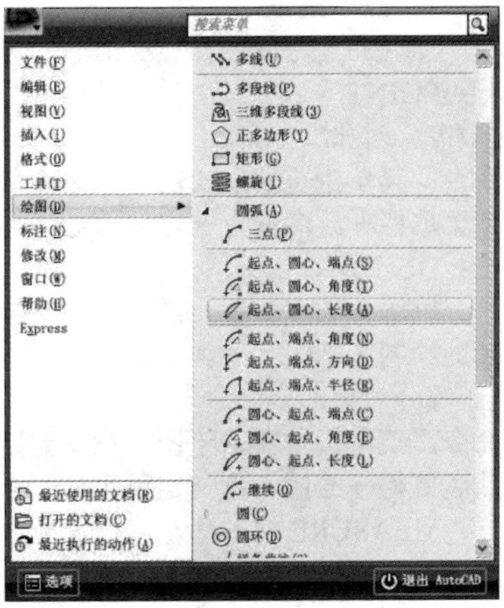 图 1-46　圆弧绘制方法

	点、端点和半径绘制圆弧。 圆心、起点、端点：指定圆弧的圆心、起点、端点绘制圆弧。画法与起点、圆心、端点类似。 圆心、起点、角度：指定圆弧的圆心、起点、角度绘制圆弧。画法与起点、圆心、角度类似。 圆心、起点、长度：指定圆弧的圆心、起点、长度绘制圆弧。画法与起点、圆心、长度类似。 继续：选择该命令，并在命令行的“指定圆弧的起点或[圆心(C)]:”提示下直接按 Enter 键，系统将以最后一次绘制线段或圆弧确定的最后一点，作为新圆弧的起点，以最后所绘线段方向或圆弧终点处的切线方向，作为新圆弧在起始点处的切线方向。然后再指定一点，就可以绘制出一段圆弧	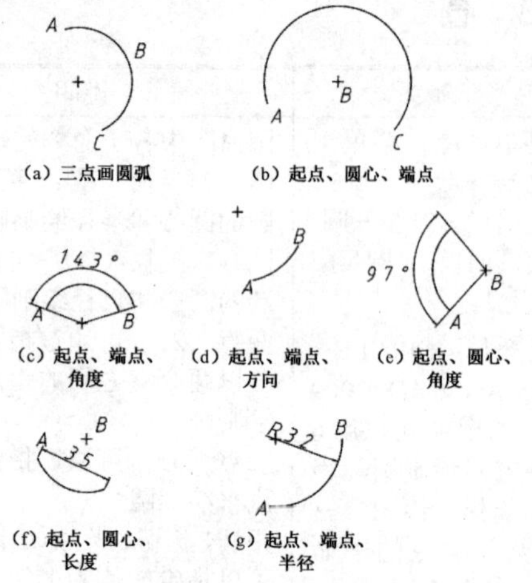 图 1-47 圆弧的绘制方法示例

2.5 点

命令	应用	图示
1．设置点样式 菜单命令：菜单浏览器→格式→点样式或菜单栏→格式→点样式 打开“点样式”对话框，如图 1-48 所示。在 AutoCAD 2009 中文版中，点对象可用作捕捉和偏移对象的节点或参考点。可以通过“单点”“多点”“定数等分”和“定距等分”4 种方法创建点对象 2．点的绘制 菜单命令：菜单浏览器→绘图→点→单点/多点或菜单栏→绘图→点→单点/多点 绘图面板：“点”按钮 工具栏：“绘图”工具栏的“点”按钮 命令行：POINT 3．定数等分对象 菜单命令：菜单浏览器→绘图→点→定数等分或菜单栏→绘图→点→定数等分 命令行：DIVIDE 定数等分以等分长度放置点或图块，一般用于辅助绘制图形。 4．定距等分对象 菜单命令：菜单浏览器→绘图→点→定距等分或菜单栏→绘图→点→定距等分 命令行：MEASURE 定距等分对象可以将所选对象用给定的距离放置点或图块	1．用如图 1-48 所示设置的点将线段 5 等分。 命令: DIVIDE （执行等分命令） 选择要等分的对象:(拾取要等分的线段)。 输入线段数目或[块(B)]:5 （输入要等分的线段数目），如图 1-49 所示。 2．用如图 1-48 所示设置的点以每 20mm 插入一点，定距等分线段。 命令: MEASURE (执行等分命令） 选择要定距等分的对象:（拾取要等分的 *AB* 线段） 指定线段长度或[块(B)]: 20 （输入定距距离），如图 1-50 所示	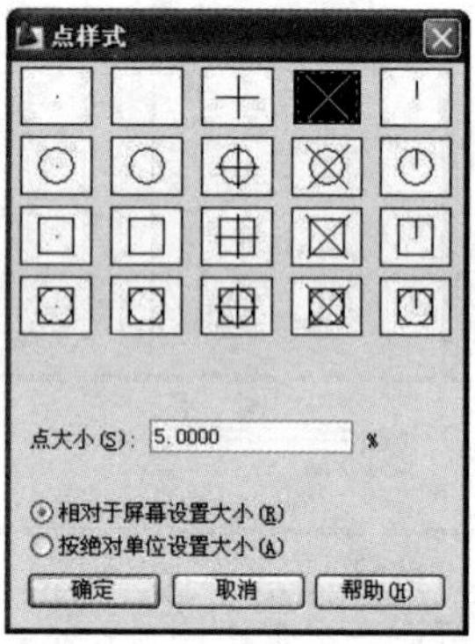 图 1-48 点样式设置 图 1-49 定数等分线段 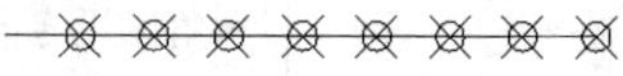 图 1-50 定距等分线段

2.6　正多边形

命令	应用	图示
菜单命令： 菜单浏览器→绘图→正多边形或菜单栏→绘图→正多边形 绘图面板：“正多边形”按钮 工具栏：“绘图”工具栏的“正多边形”按钮 命令行：POLYGON	1．边长方式。 命令: polygon 输入边的数目 <4>: 5 指定正多边形的中心点或 [边(E)]: 输入 E（选择“边长”） 指定边的第一个端点:点取 *A* 点 指定边的第二个端点:点取 *B* 点或输入边长值，结果如图 1-51 所示。 2．内接于圆方式。 命令: circle 指定圆的圆心或 [三点(3P)/两点(2P)/相切、相切、半径(T)]:点取圆心 *A* 点 指定圆的半径或 [直径(D)] <46.0777>:输入半径 50，结果如图 1-52 所示。 命令: polygon 输入边的数目 <4>: **5** 指定正多边形的中心点或 [边(E)]:点取圆的圆心 *A* 点 输入选项 [内接于圆(I)/外切于圆(C)] <I>: I（选择“内接于圆”方式） 指定圆的半径:输入 50 或捕捉与圆的交点。结果如图 1-52 所示。 3．外切于圆方式。 命令: circle 指定圆的圆心或 [三点(3P)/两点(2P)/相切、相切、半径(T)]:点取圆心 *A* 点 指定圆的半径或 [直径(D)] <46.0777>:输入半径 50 命令: polygon 输入边的数目 <7>: **8** 指定正多边形的中心点或 [边(E)]: 点取圆的圆心 *A* 点 输入选项 [内接于圆(I)/外切于圆(C)] <I>: C（选择“外切于圆”方式） 指定圆的半径: 输入 50 或捕捉与圆的交点，结果如图 1-53 所示	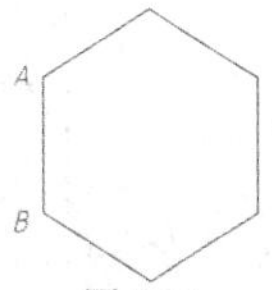 图 1-51 边长式画正多边形 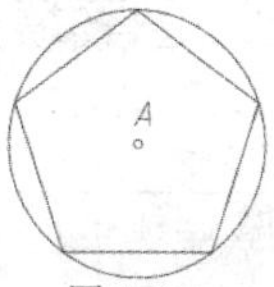 图 1-52 内接圆式画正多边形 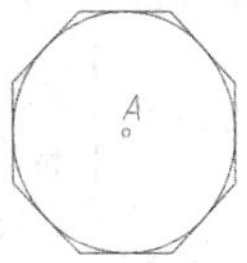 图 1-53 外切圆式画正多边形

2.7　多段线

命令	应用	图示
菜单命令： 菜单浏览器→绘图→多段线或菜单栏→绘图→多段线 绘图面板：“多段线”按钮 工具栏：“绘图”工具栏的“多段线”按钮	绘制如图 1-54 所示图形。 命令: pline　（执行多段线命令） 指定起点: 点取 *A* 点　（指定多段线起点） 当前线宽为 0.0000　（显示当前线宽） 指定下一个点或 [圆弧(A)/半宽(H)/长度(L)/放弃(U)/宽度(W)]: W（键入 W 改变线宽） 指定起点宽度 <0.0000>: 10　（键入直线起点线宽为 10） 指定端点宽度 <10.0000>:　（按回车键确定端点线宽值为 10） 指定下一个点或 [圆弧(A)/半宽(H)/长度(L)/放弃(U)/宽度(W)]:点取 *B* 点（确定直线的端点 *B*） 指定下一点或 [圆弧(A)/闭合(C)/半宽(H)/长度(L)/放弃(U)/宽度(W)]: A（键入 A，转化为绘制圆弧方式） 指定圆弧的端点或[角度(A)/圆心(CE)/闭合(CL)/方向(D)/半宽(H)/直线	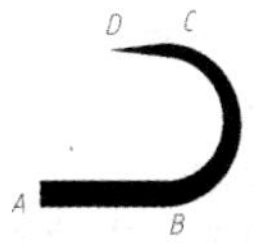 图 1-54　绘制多段线

命令行：PLINE	(L)/半径(R)/第二个点(S)/放弃(U)/宽度(W)]: H（键入 H 改变为半宽） 指定起点半宽 <5.0000>:（按回车键确定圆弧起点线半宽值为 5） 指定端点半宽 <5.0000>: 2.5（输入圆弧端点线半宽值为 2.5） 指定圆弧的端点或[角度(A)/圆心(CE)/闭合(CL)/方向(D)/半宽(H)/直线(L)/半径(R)/第二个点(S)/放弃(U)/宽度(W)]:指定圆弧的端点 *C*（确定圆弧的端点 *C*） 指定圆弧的端点或[角度(A)/圆心(CE)/闭合(CL)/方向(D)/半宽(H)/直线(L)/半径(R)/第二个点(S)/放弃(U)/宽度(W)]: L（键入 L 转化为直线方式） 指定下一点或 [圆弧(A)/闭合(C)/半宽(H)/长度(L)/放弃(U)/宽度(W)]: W（键入 W 改变直线宽度） 指定起点宽度 <5.0000>:（指定直线的起点宽度为 5） 指定端点宽度 <5.0000>: 0（指定直线的端点宽度为 0） 指定下一点或 [圆弧(A)/闭合(C)/半宽(H)/长度(L)/放弃(U)/宽度(W)]:（按回车键结束命令）指定直线的端点 *D*	

2.8 图案填充

命令	说明	图示
“图案填充”选项卡用于绘制工程图样中的剖面线。 命令输入 菜单命令：菜单浏览器→绘图→图案填充或菜单栏→绘图→图案填充 绘图面板：“图案填充”按钮 工具栏：“绘图”工具栏的“图案填充”按钮 命令行：BHATCH 执行该命令，打开“图案填充和渐变色”对话	1．类型：在图 1-55 中的下拉列表中包含预定义、用户定义、自定义 3 个选项。图案：在下拉列表中列出可用的预定义图案。只有选择“预定义”类型后，该项才能使用。单击按钮，打开“填充图案选项板”对话框，有 ANSI 标准图案、ISO 标准图案、其他预定义、自定义 4 个选项卡，如图 1-56 所示。 2．角度：设置填充图案的角度，用于指定填充图案相对于当前 UCS 坐标系统的 X 轴的角度。角度的默认设置为“0”。可以通过下拉列表选择，也可以直接输入。 3．“边界”选项组中的各项功能如下： （1）“添加：拾取点”按钮：以拾取点的方式确定填充区域的边界。单击按钮，切换到绘图区，用鼠标指定要填充的封闭区域内部点，则被选封闭区域以虚线显示，按 Enter 键返回对话框。如果所选区域边界为不封闭，系统提示信息如图 1-57 所示。 （2）“添加：选择对象”按钮：以选取对象方式确定填充区域的边界。通过选择对象的方式来产生一个封闭的填充边界。图案填充边界可以是形成封闭区域的任意对象的组合，如直线、圆、圆弧和多段线。单击“选择对象”	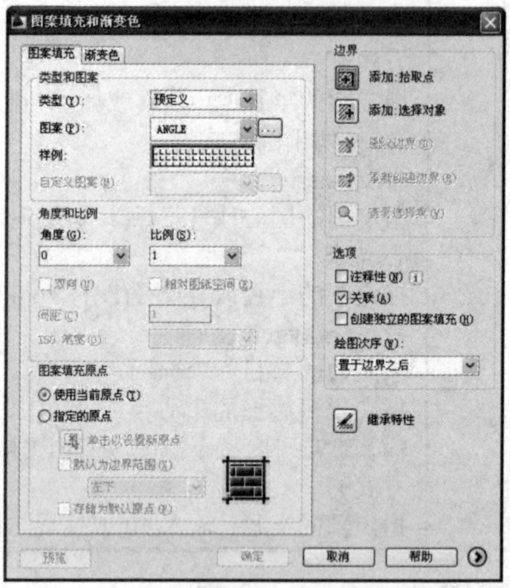 图 1-55 “图案填充和渐变色”对话框 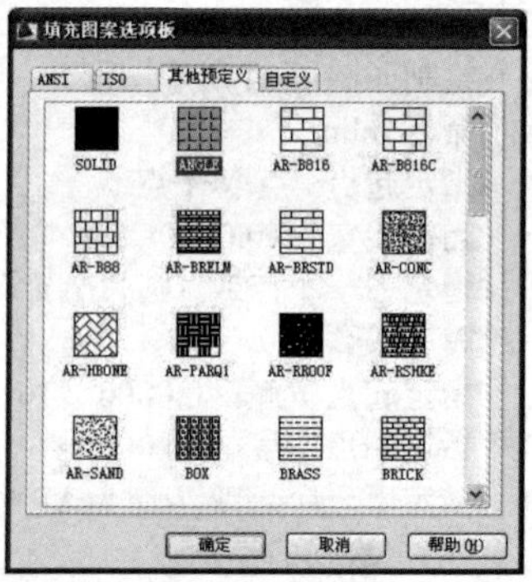 图 1-56 “图案填充选项板”对话框

框，如图 1-55 所示。在该对话框中包含两个选项卡：图案填充和渐变色。

按钮，对话框关闭。在绘图区中选择组成填充区域的边界，然后按 Enter 键，需要填充区域即确定。注意：用“拾取点”确定填充边界，要求其边界必须是封闭的。否则 AutoCAD 将提示出错信息，显示未找到有效的图案填充边界。通过选择边界的方法确定填充区域，不要求边界完全封闭，如图 1-58 所示。

（3）“删除边界”按钮：用于取消系统自动计算或用户指定的边界。

（4）“重新创建边界”按钮：用于重新创建图案填充边界。

（5）“查看选择集”按钮：用于显示当前所定义的填充边界。单击该按钮，切换到绘图窗口，已定义的填充边界将亮显。

4．“关联”复选框：勾选该复选框，图案填充对象与填充边界对象关联，如图 1-59 所示。

5．设置孤岛和边界。

在进行图案填充时，通常将填充区域内部的封闭边界称为孤岛。单击“图案填充和渐变色”对话框右下角的按钮，将显示更多选项，可以对孤岛和边界进行设置，如图 1-60 所示。

外部“样式：从最外边界向里面绘制填充线，遇到与之相交的内部边界时断开填充线，不再继续往里面绘制，如图 1-61 所示。

“忽略”样式：忽略所有孤岛，所有内部结构都被填充覆盖，如图 1-61 所示。

6．使用渐变色填充图案。

使用“图案填充和渐变色”对话框的“渐变色”选项卡，可以创建单色或双色渐变色进行图案填充，如图 1-62 所示。

图 1-63 为图案填充中的实体（SOLID）填充和渐变填充。

7．双向填充。

在“图案填充和渐变色”对话框的“图案填充”选项卡中，选择“用户定义”类型，“双向”填充方式才可以启用。对于文本、尺寸标注等特殊对象，在确定填充

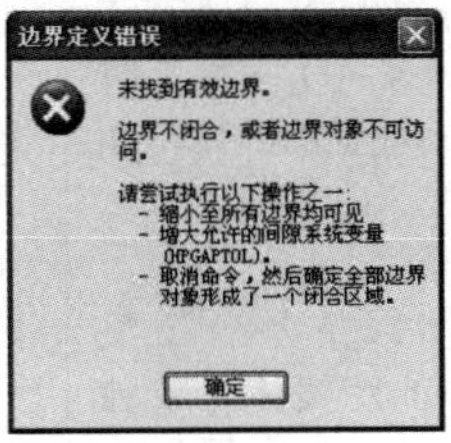

图 1-57　“边界定义错误”对话框

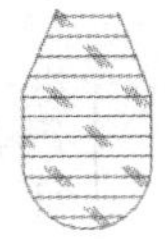

图 1-58　不封闭区域填充

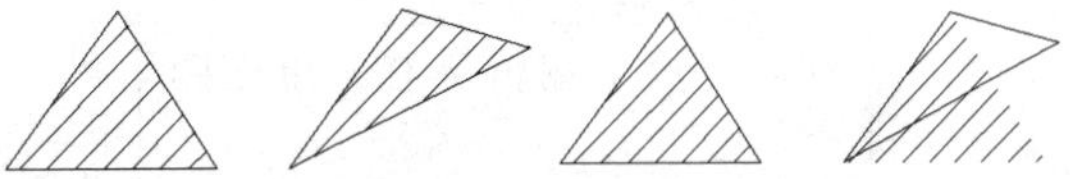

（a）原图　（b）关联拉伸后的图　（c）原图　（d）不关联拉伸后的图

图 1-59　“关联”和“未关联”修改图形的结果

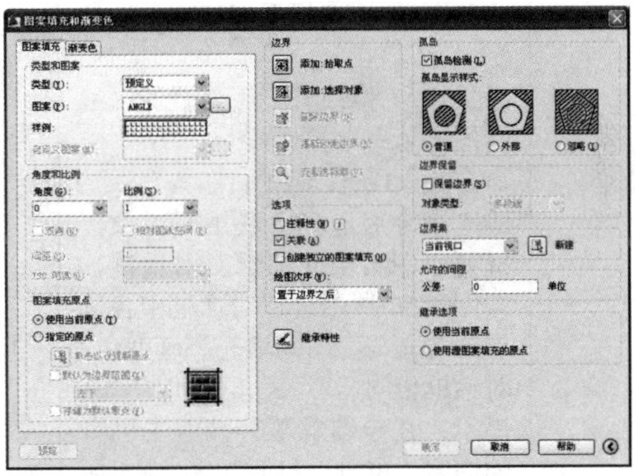

图 1-60　设置孤岛和边“图案填充和渐变色”对话框

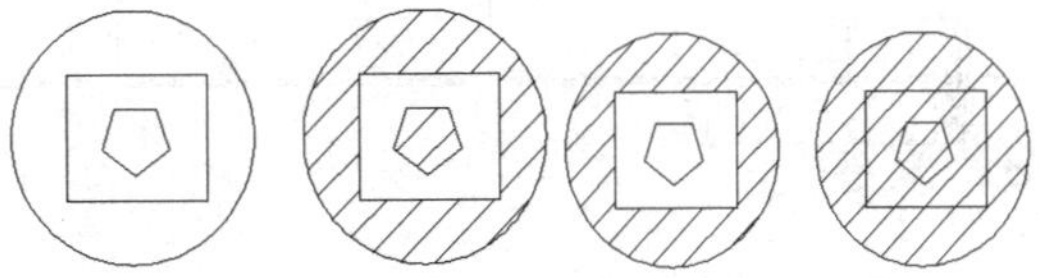

（a）原图　（b）普通　（c）外部　（d）忽略

图 1-61　孤岛检测样式实例

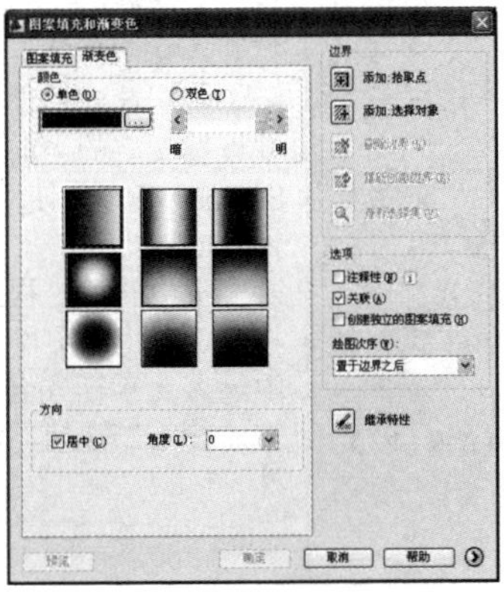

图 1-62　“渐变色”选项卡

	区域时，可以将它们作为填充边界的一部分。AutoCAD 在填充时会把这些对象作为孤岛断开，如图 1-64 所示。 8．图案填充分解。 图案填充通常情况下是一个整体，不能对其中的图线进行单独编辑。如果需要编辑，则采用分解命令，如图 1-65 所示。 9．编辑填充图案。 该功能用于编辑已有的填充图案。 菜单命令：菜单浏览器→修改→对象→图案填充或菜单栏→修改→对象→图案填充 修改面板：“编辑图案填充”按钮 工具栏：“修改Ⅱ”工具栏的“编辑图案填充”按钮 命令行：HATCHEDIT 输入命令后选择关联填充对象，打开“图案填充编辑”对话框，如图 1-66 所示。该对话框中各选项的含义与“图案填充和渐变色”对话框相同。 提示：在绘图屏幕直接双击已有的图案，也可以打开如图 1-66 所示的“图案填充编辑”对话框，利用其进行对应的编辑	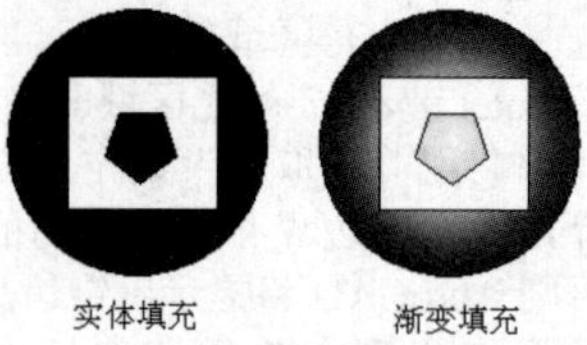 （a）实体填充 （b）渐变填充 图 1-63 实体填充和渐变填充效果 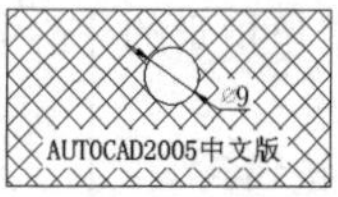 图 1-64 双项填充 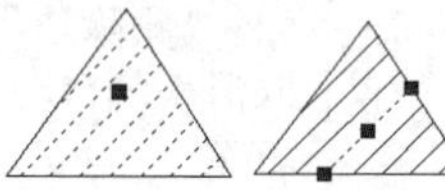 （a）未分解 （b）已分解 图 1-65 图案填充分解效果  图 1-66 “图案填充编辑”对话框

2.9 文字

2.9.1 设置文字样式

命令	说明	图示
菜单命令：菜单浏览器→格式→文字样式或菜单栏→格式→文字样式 注释面板：“文字样式”按钮 工具栏：“样式”工具栏的“文字样式”按钮 命令行：DDSTYLE/STYLE	设置文字样式 打开“文字样式”对话框，如图 1-67 所示。利用该对话框修改或创建文字样式，并设置文字的当前样式。系统默认类型为 STANDARD，使用基本字体，字体文件为 txt.shx。 若要生成新文字样式，单击“新建”按钮，打开“新建文字样式”对话框。在文本框中输入文字样式名称，如“样式 1”，单击“确定”按钮，如图 1-68 所示	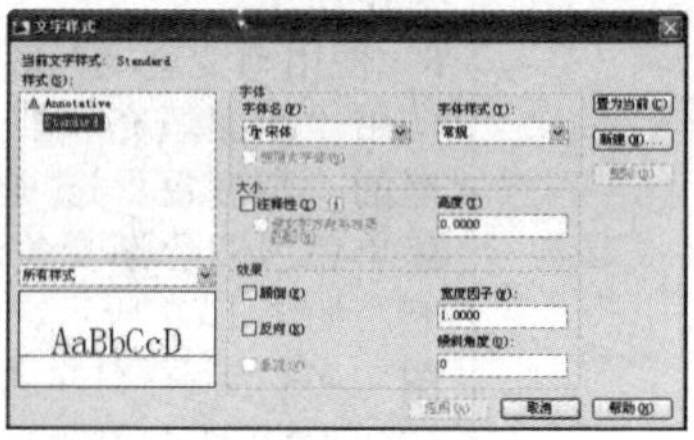 图 1-67 “文字样式”对话框  图 1-68 “新建文字样式”对话框

2.9.2　输入和编辑单行文字

输入单行文字	说明	编辑单行文字
菜单命令：菜单浏览器→绘图→文字→单行文字或菜单栏→绘图→文字→单行文字 注释面板："单行文字"按钮 工具栏："文字"工具栏的"单行文字"按钮 命令行：DTEXT	激活 DTEXT 命令后，命令行的提示如下： 当前文字样式：Standard 当前文字高度：2.5 指定文字的起点或[对正(J)/样式(S)]: 此时可以输入一个点，作为该行文字第一个字符的基线左下角位置，在对齐方式中，它也是该行文字的"插入点"。其中： 对正(J)：设置文字对齐方式。 样式(S)：设置文字使用的文字样式	菜单命令：菜单浏览器→修改→对象→文字→编辑或菜单栏→修改→对象→文字→编辑 工具栏："文字"工具栏的"编辑"按钮 命令行：DDEDIT

2.9.3　输入多行文字

命令	说明和应用	图示
菜单命令：菜单浏览器→绘图→文字→多行文字或菜单栏→绘图→文字→多行文字 工具栏："文字"工具栏的"多行文字"按钮 或"绘图"工具栏的"多行文字"按钮 注释面板："多行文字"按钮 命令行：MTEXT	执行"多行文字"命令后，在绘图窗口中指定一个用来放置多行文字的矩形区域，这时将打开"文字格式"工具栏和文字输入窗口，如图 1-69 所示。利用它们可以设置多行文字的样式、字体及大小等属性。 在命令行窗口中提示如下信息： 指定对角点或 [高度(H)/对正(J)/行距(L)/旋转(R)/样式(S)/宽度(W)/栏(C)]: 如果在多行文字中插入特殊符号，单击"多行文字"面板上的"符号"按钮，在打开的下拉列表中选择"其他"命令，如图 1-70 所示；或在文字编辑框中右击，在弹出的快捷菜单中选择"符号"→"其他"命令，即弹出"字符映射表"对话框，如图 1-71 所示。在此对话框中，选择需要插入的符号。 如果创建堆叠文字，在多行文字的编辑框中输入要堆叠的文字，此文字是一种垂直对齐文字或分数。使用时，需要分别输入分子和分母，其间使用/、^或#分隔，然后按空格键，在弹出的如图 1-72 所示的"自动堆叠特性"对话框中选择文字的堆叠方式，并单击"确定"按钮即可。 "/"：创建垂直堆叠文字。 "#"：创建对角堆叠文字。 "^"：创建公差，不用直线分隔文字。 应用：在多行文字编辑框中分别输入 2008/2009、2008^2009、2008#2009，创建堆叠文字。 1．选择"菜单浏览器"→"绘图"→"文字"→"多行文字"，打开多行文	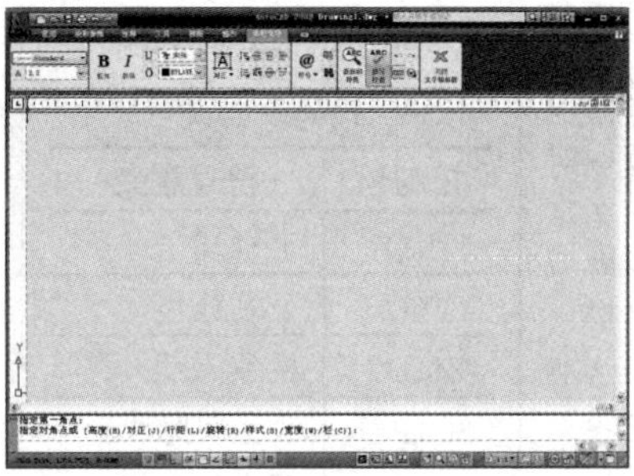 图 1-69　多行文本的"文字格式"工具栏和文字输入窗口 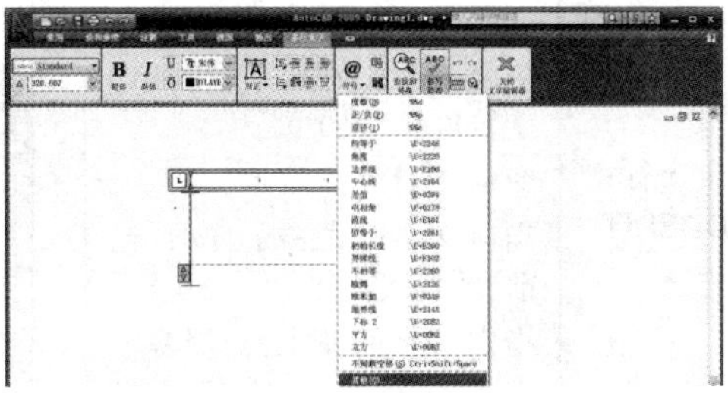 图 1-70　插入特殊符号 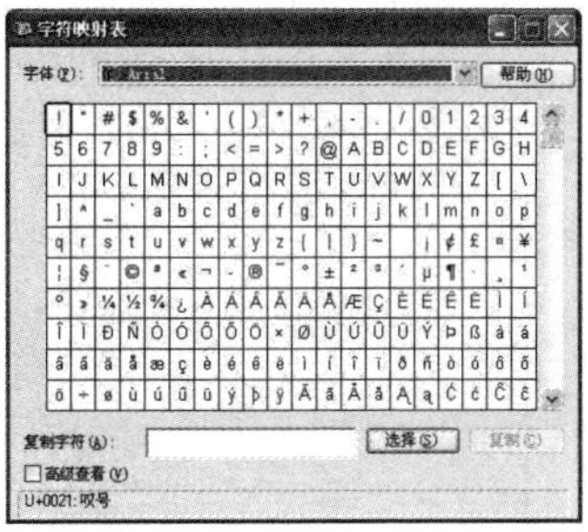 图 1-71　"字符映射表"对话框

<table>
<tr><td></td><td>字编辑框。
2．输入 2008/2009，按空格键，在弹出的“自动堆叠特性”对话框中选择文字的堆叠方式，并单击“确定”按钮。对 2008^2009 和 2008#2009 执行同样的操作。
操作效果如图 1-73 所示</td><td>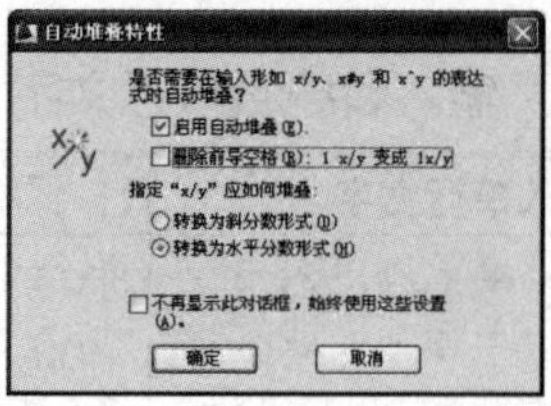
图 1-72　“自动堆叠特性”对话框
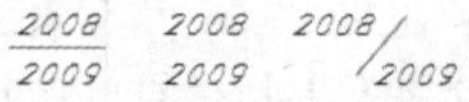
图 1-73　文字的不同堆叠效果</td></tr>
</table>

2.9.4　编辑多行文字和输入特殊符号

<table>
<tr><th>编辑多行文字</th><th>单行文字输入特殊符号</th><th>多行文字输入特殊符号</th></tr>
<tr><td>菜单命令：菜单浏览器→修改→对象→文字→编辑或菜单栏→修改→对象→文字→编辑
工具栏：“文字”工具栏的“编辑”按钮
命令行：DDEDIT</td><td>AutoCAD 特殊符号的代码及含义
<table><tr><th>控制码</th><th>符号意义</th></tr><tr><td>%%O</td><td>上划线</td></tr><tr><td>%%U</td><td>下划线</td></tr><tr><td>%%D</td><td>度数“°”</td></tr><tr><td>%%P</td><td>公差符号“±”</td></tr><tr><td>%%C</td><td>圆直径“ϕ”</td></tr><tr><td>%%%</td><td>单个百分比符号“%”</td></tr></table>应用：输入文字（轴径ϕ50，旋转角度为 60°）。
命令: DTEXT
当前文字样式:Standard；当前文字高度:2.5
指定文字的左上点:屏幕上点取任意点　指定高度<2.5>:20
指定文字的旋转角度<0>:0
输入文字:轴径%%C50，旋转角度 60%%d　输入文字:(按 Enter 键结束文字输入)</td><td>利用多行文字输入特殊符号比用单行文字具有更大的灵活性。
应用：输入字符串 6×ϕ12±0.02。操作步骤如下：
1．选择“菜单浏览器”→“绘图”→“文字”→“多行文字”菜单命令，单击两个对角点设置输入框，打开“文字格式”编辑窗口，在“字体”下拉列表框中选择“宋体”选项，在“字体高度”文本框中输入数值 5。
2．在文字编辑区中输入数字“6”，然后进入中文输入状态。右击输入法提示条的软键盘，从弹出的菜单中选择“数字符号”选项，打开数字符号软键盘。
3．单击数字符号软键盘中的“×”，将其输入文字编辑区中，如图 1-74 所示。
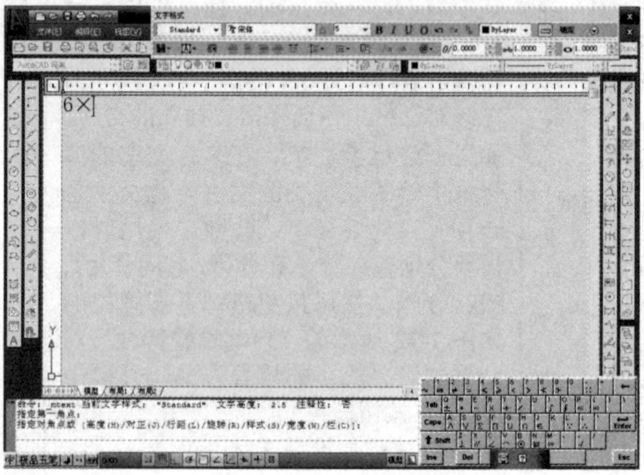
图 1-74　利用软键盘输入“×”
4．在文字编辑区中右击显示出编辑文字快捷菜单，选择“符号”菜单中的“直径”选项，如图 1-75 所示，然后输入 12。
5．再次显示编辑文字快捷菜单，选择“符号”菜单中的“正/负”选项，然后输入 0.02。</td></tr>
</table>

		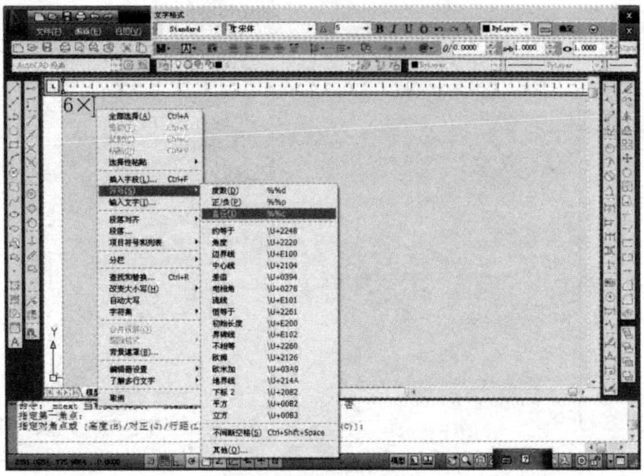 图 1-75　选择“直径”选项 6．单击“确定”按钮，结果如图 1-76 所示。 此外，也可以选择编辑文字快捷菜单中的“符号”→“其他”选项，打开“字符映射表”对话框，在“字体”下拉列表中选择字体名，在“符号”选项组中选择需要的特殊符号，单击“选择”按钮后，再单击“复制”按钮，返回文字编辑区，右击，在快捷菜单中选择“粘贴”选项 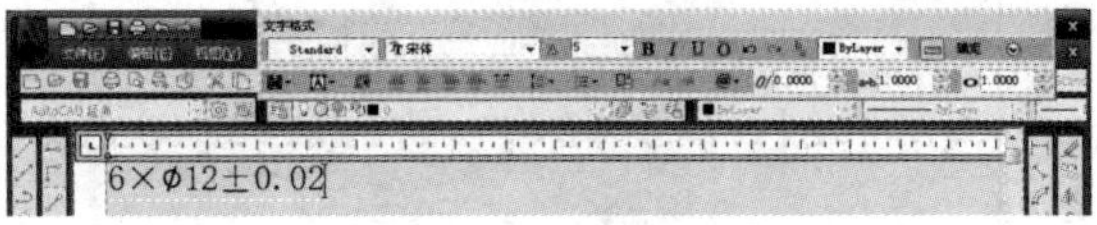 图 1-76　特殊符号输入效果

2.10　图块

块的类别	1．内部块。内部块只能存在于定义该块的图形中，而其他图形文件不能使用该图块。 2．外部块。外部块作为一个图形文件单独存储在磁盘等媒介上，可以被其他图形引用，也可以单独打开
定义块属性	图块包含两种信息：图形信息和非图形信息。图形信息是与图形对象的几何特征直接相关的属性，例如日期、粗糙度值、设计者、材料等。我们把这种附加的文字信息称为块属性。非图形信息不能通过图形表示，而是由文本标注的方法表现出属性，可以将图形的这些属性附加到块上，成为块的一部分。 块属性的操作方法如下： 1．定义属性。要创建块属性，首先要创建描述属性特征的属性定义。特征包括标记、插入块时显示的提示、值的信息、文字格式、位置和可选模式。 2．在创建图块时附加属性。 3．在插入图块时确定属性。 菜单命令：菜单浏览器→绘图→块→定义属性或菜单栏→绘图→块→定义属性 命令行：ATTDEF 打开“属性定义”对话框，如图 1-77 所示。可以定义属性模式、属性标记、属性值、插入点及属性的文字设置

	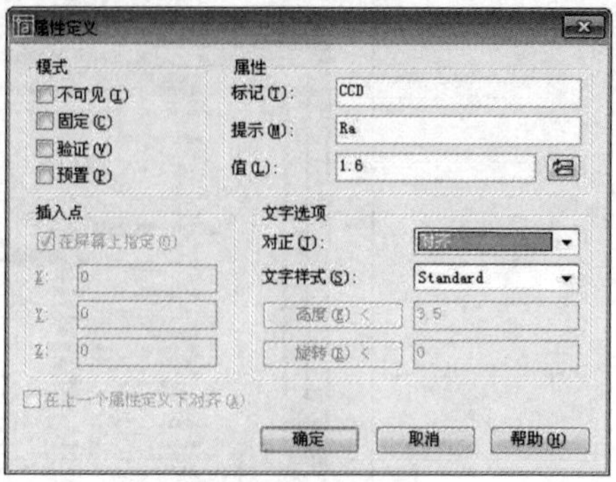 图 1-77 “属性定义”对话框
创建块	根据选定对象在图形内部创建块。 菜单命令：菜单浏览器→绘图→块→创建或菜单栏→绘图→块→创建 工具栏：“绘图”工具栏的“创建块”按钮 命令行：BLOCK 执行该命令后，打开“块定义”对话框，如图 1-78 所示。图 1-79 是完成创建块属性的块。 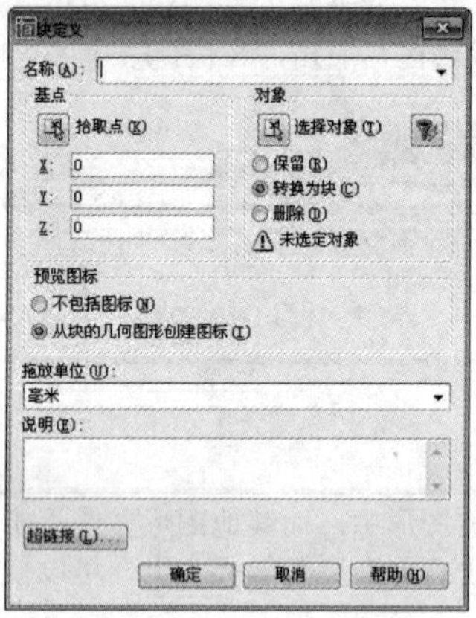 图 1-78 “块定义”对话框  图 1-79 完成创建块属性的块 创建好图块后，就可以在图形中反复使用。将块插入到图形中，在插入块的过程中还可以缩放和旋转块
定义块属性和创建块应用	为“表面粗糙度”符号添加属性。 1．在绘图区绘制表面粗糙度符号的图形，如图 1-80 所示。 2．选择菜单命令“绘图→块→属性定义”，打开“属性定义”对话框，如图 1-77 所示。 3．在“属性”选项组中，在“标记”文本框中键入 CCD，“提示”文本框中键入 Ra，“值”文本框中键入 1.6，如图 1-77 所示。 4．插入点选择在“在屏幕上指定”。 5．在“文字选项”选项组中，“对正”选择“对齐”，“文字样式”选择 Standard，“文字高度”键入 3.5，旋转角度为 0，如图 1-77 所示。 6．单击“确定”按钮，在屏幕上如图 1-80 所示的符号中间适当位置点取，完成属性定义操作，如图 1-81 所示。 7．在命令行键入 WBLOCK，打开“写块”对话框，如图 1-82 所示；或执行“绘图”→“创建块”操作，弹出“块定义”对话框，如图 1-78 所示。

<table>
<tr>
<td></td>
<td>
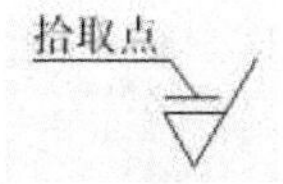

图 1-80　粗糙度符号

图 1-81　完成属性定义

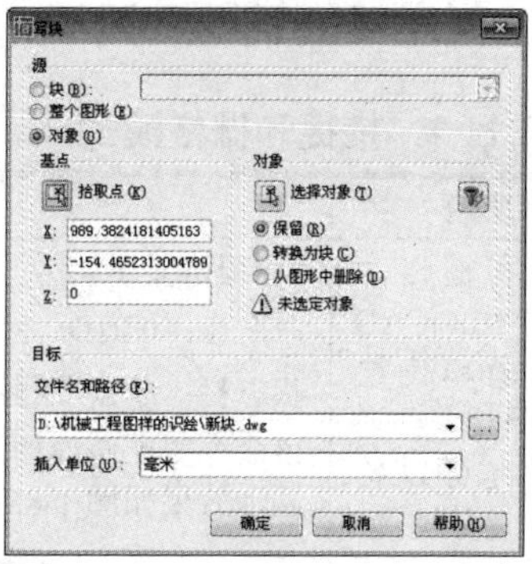

图 1-82　“写块”对话框

8．在图 1-82 的“目标”选项组中，为新块确定路径和名称。在图 1-78“名称”文本框中填写“名称”为“新块”。在图 1-82 中的“源”区域选中“对象”单选按钮。
9．在图 1-82 和图 1-78 的“基点”选项组中，单击“拾取点”按钮，在绘图区中捕捉并单击图形下端点。
10．在图 1-82 和图 1-78 的“对象”选项组中，单击“选择对象”按钮，将图形和文字全部选中，按 Enter 键。
11．在图 1-82“插入单位”下拉列表中选择“毫米”选项。在图 1-78 的“预览图标”选项组中选其中之一，在“拖放单位”下拉列表中选“毫米”选项，说明可不填。
12．单击“确定”按钮，完成创建块属性的操作，如图 1-79 所示
</td>
</tr>
<tr>
<td>插入块和应用</td>
<td>
菜单命令：菜单浏览器→插入→块或菜单栏→插入→块
工具栏：“绘图”工具栏的“插入块”按钮
命令行：INSERT
打开“插入”对话框，如图 1-83 所示。
将图 1-82 的块插入到图形中。
1．选择菜单命令“菜单浏览器→插入→块”，打开“插入”对话框，如图 1-83 所示。
2．在“名称”下拉列表中选择“新块”。
3．在“插入点”选项组中，勾选“在屏幕上指定”复选框。
4．在“比例”选项组中，将 X、Y、Z 都设为 1。
5．在“旋转”选项组中，将角度设置为 0。单击“确定”按钮，完成插入块的设置过程。
6．在屏幕上指定插入位置并单击；按 Enter 键；在命令行中输入 3.2 并按 Enter 键，完成插入块的操作，如图 1-84 所示

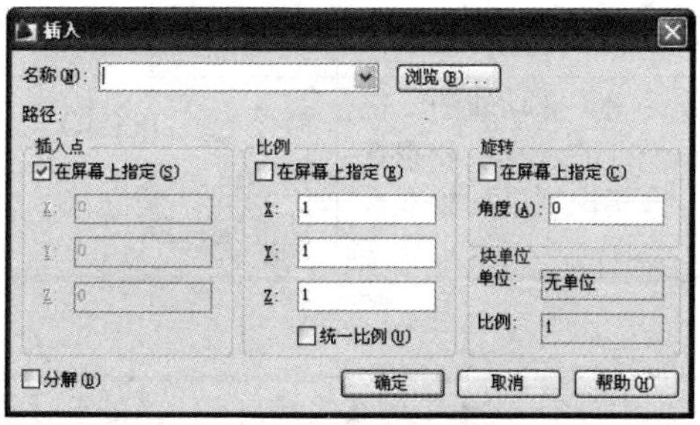

图 1-83　“插入”对话框

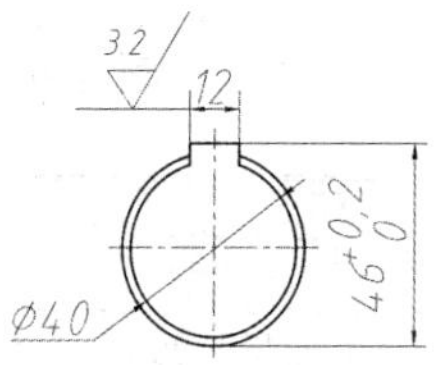

图 1-84　插入块
</td>
</tr>
</table>

2.11 常用绘图辅助工具

2.11.1 捕捉和栅格模式

功能	命令
捕捉和栅格功能是 AutoCAD 提供的精确绘图工具之一。通过捕捉可以拾取锁定绘图区的特定点，栅格是显示在绘图区内具有指定间距的点，捕捉栅格点可以掌握尺寸的大小。栅格不是图形的组成部分，也不能被打印出来	1．栅格显示。 命令行：GRID 状态栏：单击“栅格显示”按钮 该命令用于修改栅格间距并控制是否在屏幕上显示栅格，是一个透明命令。栅格的显示效果如图 1-85 所示。 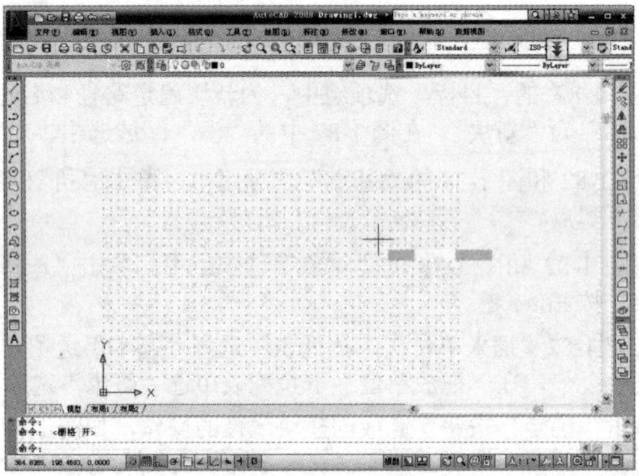 图 1-85　栅格显示效果 2．栅格捕捉。 命令行：SNAP 状态栏：单击“捕捉模式”按钮 栅格捕捉命令与栅格显示命令相配合使用。执行该命令将使鼠标所给的点落在栅格捕捉间距所定的点上。此功能还能将栅格旋转任意角度，SNAP 是一个透明命令。当栅格捕捉打开时，从键盘输入点的坐标将不受栅格捕捉的影响。 3．栅格与栅格捕捉设置。 菜单命令：菜单浏览器→工具→草图设置或菜单栏→工具→草图设置 单击“捕捉和栅格”选项卡，根据需要设置各项后，单击“确定”按钮

2.11.2 正交模式

功能	命令
状态栏中的“正交模式”按钮是用于打开或关闭正交功能的，在正交模式下可以方便地绘制与 X 轴或 Y 轴平行的水平线和垂直线。正交模式不能控制键盘输入点的位置，只能控制鼠标拾取点的方位	命令行：ORTHO 状态栏：单击“正交模式”按钮 功能键：F8

2.11.3 对象捕捉

功能	对象捕捉功能用于辅助用户精确地拾取图形对象上的某些特定点。当处于对象捕捉模式时，只要将光标移到一个捕捉点，AutoCAD 就会显示出一个几何图形（称为“捕捉标记”）和捕捉提示。通过在捕捉点上显示的捕捉标记和捕捉提示，可以表明所选的点及捕捉模式是否正确。不同的捕捉模式会显示不同形状的捕捉标记

对象捕捉模式	1．端点：捕捉直线、圆弧、多段线、椭圆线、射线、样条曲线等对象的一个离拾取点最近的端点。 2．中点：捕捉线段（包括直线和弧线）的中点。 3．交点：捕捉两个对象（如直线、圆弧、多段线和圆等）的交点。如果第一次拾取时选择了一个对象，则系统接着提示用户选择第二个对象。 4．圆心：捕捉圆、圆弧、椭圆、椭圆弧的中心点。 5．象限点：捕捉圆、圆弧、椭圆、椭圆弧上的象限点，即位于弧上 0°、90°、180°和 270°处的点。 6．节点：捕捉由 POINT 命令绘制的点对象。 7．插入点：捕捉一个块、文本对象或外部引用等的插入点。 8．垂足：捕捉从预定点到与所选择对象所做垂线的垂足。 9．切点：捕捉与圆、圆弧、椭圆、椭圆弧及样条曲线相切的切点。 10．最近点：捕捉在直线、圆、圆孤、多段线、椭圆、椭圆弧、射线、样条曲线等处对象上离光标最近的点。 11．快速：捕捉在当前所选择的目标捕捉模式集内找到的第一个点。 12．无：删除或覆盖任何运行的目标捕捉模式
对象捕捉模式的设置	工具栏： 菜单命令：工具→草图设置→“对象捕捉”选项卡 　　　　　菜单浏览器→工具→草图设置→“对象捕捉”选项卡 命令行：OSNAP 或 DDOSNAP（或 OS） 打开图 1-86 所示的对话框进行对象捕捉模式设置。在经常使用的一种或几种对象捕捉方式前的复选框中打“√”，单击“确定”按钮，就设置好了在绘图过程中的对象捕捉模式。不要选中所有的对象捕捉方式，以避免相互干扰，只要选几种常用的方式即可（需打开状态行上的“对象捕捉”按钮）。 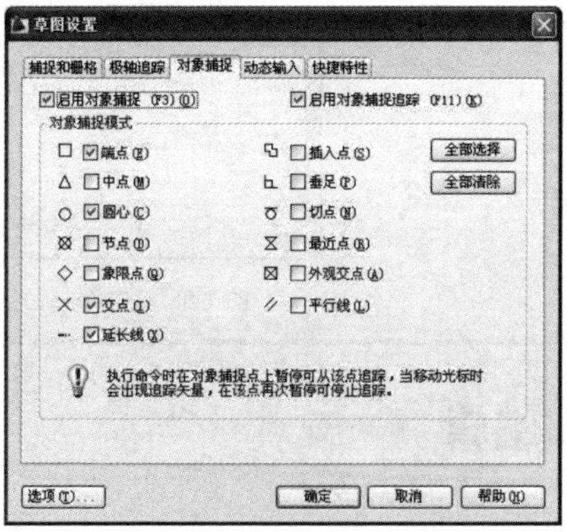 图 1-86　“草图设置”对话框中的“对象捕捉”选项卡 **注意：** 对象捕捉是一种工具而不是命令，不能在“命令:”提示符后直接输入，必须与绘图编辑命令结合起来才能使用
对象捕捉的执行方式	在绘图过程中，对象捕捉模式可用两种方式来执行：自动捕捉和临时捕捉。 1．自动捕捉方式。单击状态栏中的“对象捕捉”按钮，可打开或关闭当前的对象捕捉设置。按 F3 键或 Ctrl+F 组合键，也可以实现打开或关闭当前的对象捕捉设置。自动捕捉的对象捕捉模式一旦设置，则在关闭系统、改变设置或者使用临时方式之前一直有效。在设置对象捕捉模式时，可以同时设置多种对象捕捉模式，可按 Tab 键来循环选择该对象上的捕捉目标。 2．临时捕捉方式。如果在画图过程中系统要求指定一个点，可以用所需要的对象捕捉模式

	来响应，此时的对象捕捉模式为临时捕捉方式。临时捕捉方式是最优先的方式。它将中断任何当前运行的对象捕捉模式，而执行临时捕捉方式所设定的捕捉模式。临时捕捉方式是临时打开了相应的对象捕捉模式，捕捉到一个点后，该对象捕捉模式自动关闭。因此，这种方式是一次性的、临时的。 设置临时方式的对象捕捉模式，对于在命令运行过程中选择单个点极为有用。设置方法如下： （1）使用“对象捕捉”工具条，如图 1-87 所示。

图 1-87 “对象捕捉”工具条

	（2）使用快捷菜单。按住 Shift 键并右击，将在当前光标所在位置弹出快捷菜单。 （3）在命令行键入每一种对象捕捉模式名字的头 3 个字母。例如，end 表示端点，cen 表示圆心

2.11.4 极轴追踪

功能	设置
极轴追踪是按事先给定的角度增量来追踪点。当 AutoCAD 要求指定一个点时，系统将按预先设置的角度增量来显示一条无限延伸的辅助线，用户可以沿着辅助线追踪得到光标点	单击状态栏上的“极轴追踪”按钮或按 F10 键，可切换极轴追踪的打开或关闭。在默认情况下，极轴追踪的角度增量是 90°。可以根据自己的需要另行设置角度增量值，或新建角度的增量，还可以选择不同的角度测量方式。 右击状态栏上的“极轴追踪”按钮，在出现的菜单中单击设置，在打开的“草图设置”对话框中的“极轴追踪”选项卡中进行设置，如图 1-88 所示

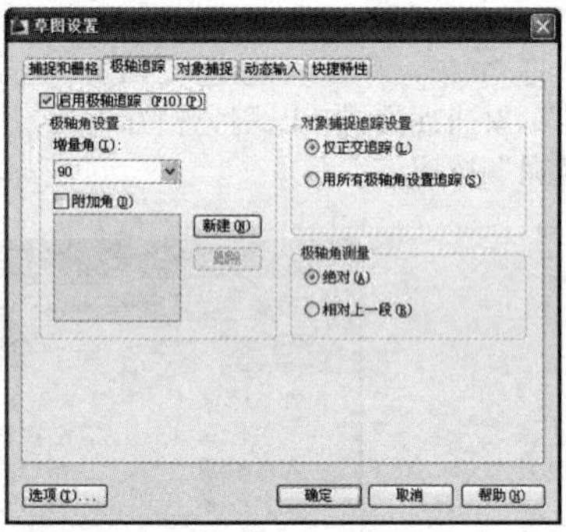

图 1-88 “极轴追踪”选项卡

3 图形的修改和编辑

3.1 选择对象

在对图形进行编辑修改操作时，选择确定所要编辑的对象。选择的对象既可以是单个对象，也可以是对象编组。可通过“工具”→“选项”命令，打开“选项”对话框，利用选项卡来确定模式、拾取框的大小等。选择对象的方法有单击对象逐个选取和利用矩形窗口或交叉窗口选择。 命令: SELECT 需要点或窗口(W)/上一个(L)/窗交(C)/框(BOX)/全部(ALL)/栏选(F)/圈围(WP)/圈交(CP)/编组(G)/添加(A)删除(R)/多个(M)/上一个(P)/放弃(U)/自动(AU)/单个(SI) 根据上面的提示信息，输入其中的大写字母即可指定对象选择模式

选择方式	说明	图示
窗口（W）	可通过两个角点绘制一个矩形区域来选择对象，区域内的对象被选中，区域外的对象则不被选中，从左向右或从右向左设置拾取框的两角点执行，如图 1-89 所示	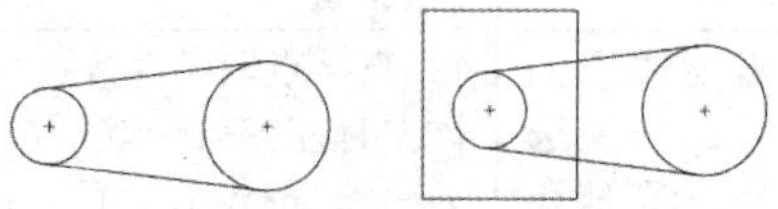 图 1-89　使用“窗口”选择对象
上一个（L）	可选取图形窗口内可见对象中最后创建的对象，无论使用几次该选项，都只有一个对象被选中	
窗交（C）	使用交叉窗口选择对象与用窗口选择对象类似，但使用此选项会使全部位于窗口之内或与窗口边界相交的对象全被选中，并以虚线显示矩形窗口，以区别窗口选择，从右向左或从左向右设置拾取框的两角点执行，如图 1-90 所示	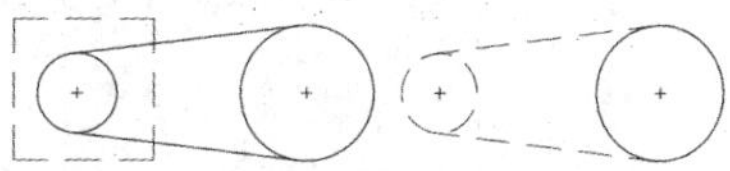 图 1-90　使用“窗交”选择对象
框（BOX）	是由“窗口”和“窗交”组合的一个选项，从左到右设置拾取框的两角点执行“窗口”选项，从右到左设置拾取框的两角点执行“窗交”选项	
全部（ALL）	用来选取图形中没有被锁定、关闭或冻结的图层上的所有对象	
栏选（F）	通过绘制一条开放的多点栅栏来选择，所有与栅栏线相接触的对象均会被选中，如图 1-91 所示	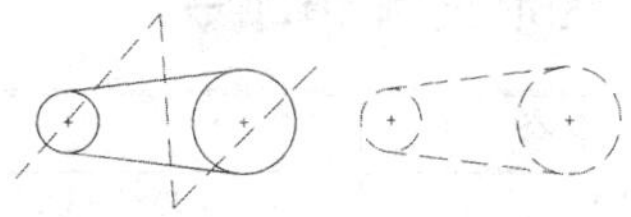 图 1-91　使用“栏选”选择对象
圈围（WP）	绘制一个不规则的、将被选对象包围在里面的封闭多边形，并用它作为拾取窗口。例如，多边形不封闭，系统自动将其封闭，多边形可以是任何形状，但不能自身相交，如图 1-92 所示	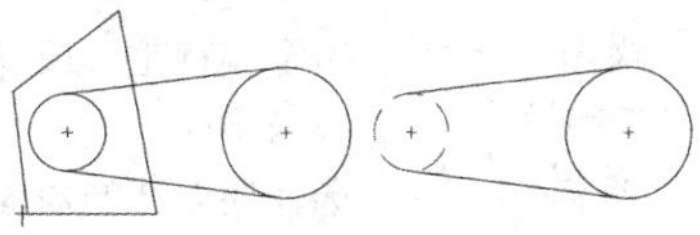 图 1-92　使用“圈围”选择对象
圈交（CP）	与“窗交”选项的功能类似，也是通过绘制一个不规则的封闭多边形作为交叉式窗口来选取对象，所有在多边形内或与多边形相交的对象都被选中，如图 1-93 所示	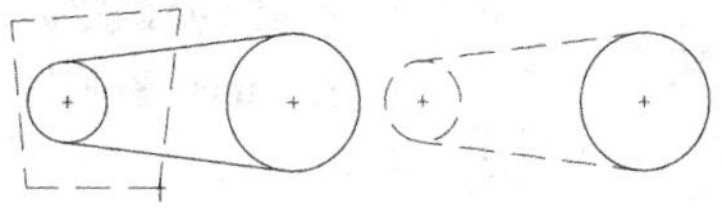 图 1-93　使用“圈交”选择对象
编组（G）	使用组名字来选择一个已定义的对象编组	
添加（A）	通过设置 PICKADD 系统变量把对象加入到选择中，设置 1（默认）则后面所选择的对象均加入到选择中，设置 0 则最近所选择的对象均加入到选择中	
删除（R）	可从选择对象中（不是图中）移出已选取的对象，只需单击要移出的对象即可	
多个（M）	可以选取多个点但不醒目显示对象，这样可加速选取对象。如图 1-94 所示，选中左边圆及下切线	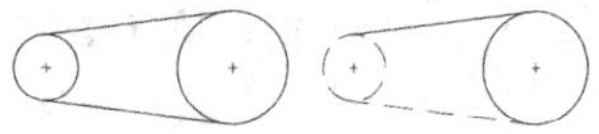 图 1-94　使用“多个”选择对象
上一个（P）	将最近的选择设置为当前选择	
放弃（U）	取消最近的对象选择操作，如最后一次选取的对象超过一个，将删除最后一次选取的所有对象	
自动（AU）	为自动选取对象，一旦第一次拾取一个对象，则被选取而“框模式”取消	

单个(SI)	与其他选项配合使用，但提前使用“单个”选项，则对象选取自动结束，而不用按 Enter 键	
需要注意的是：如果选择对象是在单击编辑命令之前，这时选择对象的方法只有三种	1．直接点取：直接点取选择对象，每单击一次鼠标左键可选取一个对象，如图 1-95 所示。 2．窗口（W）：可以从左向右设置拾取框的两角点执行，凡是被矩形窗口完全包围的对象都被选中，如图 1-96 所示。 3．窗交（C）：可以从右向左设置拾取框的两角点执行，凡是被矩形窗口完全包围和交叉的对象都被选中，如图 1-97 所示	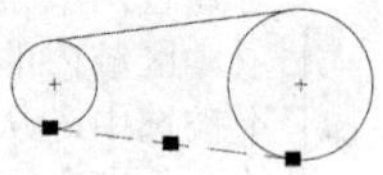 图 1-95　直接点取选择对象 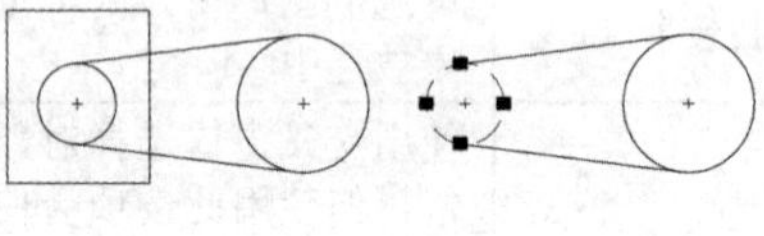 图 1-96　使用“窗口”选择对象 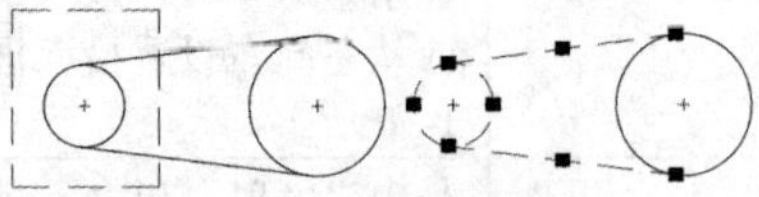 图 1-97　使用“窗交”选择对象

3.2　图形的编辑命令

命令	说明和应用	图示
1．偏移 菜单命令：菜单浏览器→修改→偏移或菜单栏→修改→偏移 修改面板：“偏移”按钮 工具栏：“修改”工具栏的“偏移”按钮 命令行：OFFSET	通过设置偏移距离 10，偏移复制如图 1-98（a）所示的大圆。 命令: _offset　　（选择偏移命令按钮） 指定偏移距离或 [通过(T)] <10.0000>: 10 （指定偏移距离 10） 选择要偏移的对象或 <退出>: （拾取要偏移的最大的圆） 指定点以确定偏移所在一侧: （指定 1 点确定偏移的方向，如图 1-98（a）所示） （按 Enter 键确认，如图 1-98（b）所示）	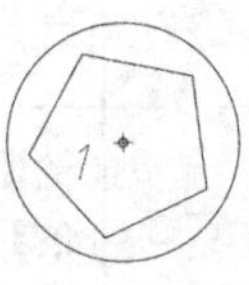 （a）偏移前的图  （b）偏移后的图 图 1-98 通过指定点偏移对象
2．移动 菜单命令：菜单浏览器→修改→移动或菜单栏→修改→移动 修改面板：“移动”按钮 工具栏：“修改”工具栏的“移动”按钮 命令行：MOVE	对图 1-99（a）中的圆进行移动，如图 1-99（b）所示。 命令: move　　（按 Enter 键确认） 选择对象:用窗口选择，找到 1 个 （选择要移动的对象，如图 1-99（a）所示） （按 Enter 键或右键结束对象选择） 指定基点或位移: （指定任一点作为基点，选择圆心为基点） 指定位移的第二点或<用第一点做位移>:@8,10 （输入相对坐标作为位移，如图 1-99（b）所示）	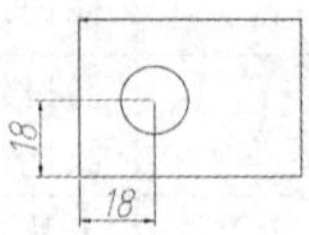 （a）移动前的图 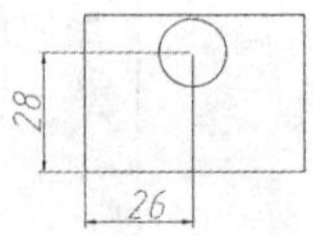 （b）移动后的图 图 1-99　移动对象

3．阵列 菜单命令：菜单浏览器→修改→阵列或菜单栏→修改→阵列 修改面板："阵列"按钮 工具栏："修改"工具栏的"阵列"按钮 命令行：ARRAY	1．执行该命令，打开"阵列"对话框进行设置，如图 1-100 所示，默认为矩形阵列 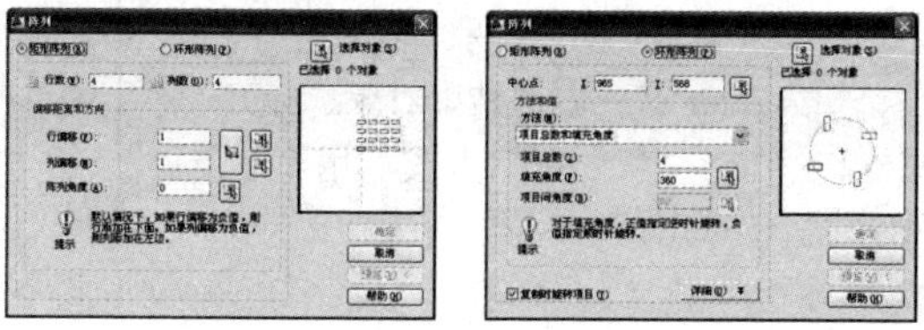 （a）矩形阵列　（b）环形阵列 图 1-100　"阵列"对话框 2．环形阵列复制图 1-101 所示的小圆。 命令: _array 选择对象: （选中半径为 3 的圆，项目总数为 6，填充角度为 360 度） 选择对象: 找到 1 个　（用鼠标点取） 指定阵列中心点:　（用鼠标点取） 选择对象:　（结束对象选择，单击对话框的"确定"按钮，得到如图 1-102 所示的图形）	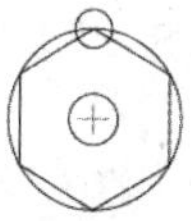 图 1-101　绘制源对象 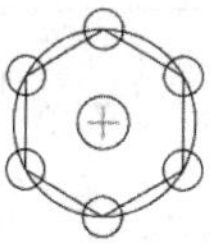 图 1-102　环形阵列复制对象
4．修剪 菜单命令：菜单浏览器→修改→修剪或菜单栏→修改→修剪 修改面板："修剪"按钮 工具栏："修改"工具栏的"修剪"按钮 命令行：TRIM	把图 1-103（a）所示对象修剪成图 1-103（b）所示对象。 命令: _trim 选择剪切边... 选择对象: 找到 1 个 （选择大圆上的六个小圆为修剪边界） 选择对象:　（按 Enter 键或右键确认） 选择要修剪的对象，或按住 Shift 键选择要延伸的对象，或 [投影(P)/边(E)/放弃(U)]: （按 Enter 键或右键结束操作） 注：把需要的线条作为修剪边界	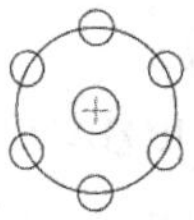 （a）修剪的原图 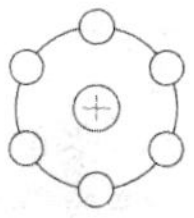 （b）修剪的结果 图 1-103　修剪对象
5．镜像 菜单命令：菜单浏览器→修改→镜像或菜单栏→修改→镜像 修改面板："镜像"按钮 工具栏："修改"工具栏的"镜像"按钮 命令行：MIRROR	镜像如图 1-104 所示的竖线左边的图形。 1．命令: _mirror　（用鼠标选择镜像命令） 选择对象: 指定对角点: 找到 4 个 选择对象:　（按 Enter 键结束选择） 指定镜像线的第一点: 点取直线的上端点 （指定镜像线上第一点） 指定镜像线的第二点: 点取直线的上端点　（指定镜像线上第二点） 要删除源对象？[是(Y)/否(N)]<N> 2．选项说明 是（Y）：镜像复制对象的同时删除源对象。 否（N）：镜像复制对象的同时保留源对象。 系统变量：系统变量 MIRRTEXT 控制文字对象的镜像方向，值=1 时文字镜像，镜像的文字不可读[图 1-104（b）]；值=0 时文字不镜像［图 1-104（a）]	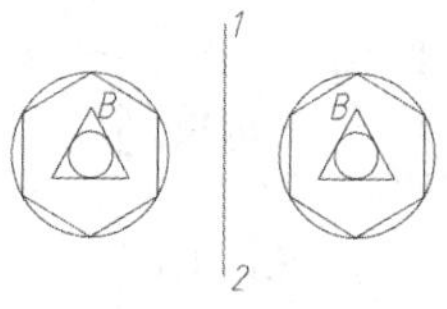 （a）值=0 时文字不镜像 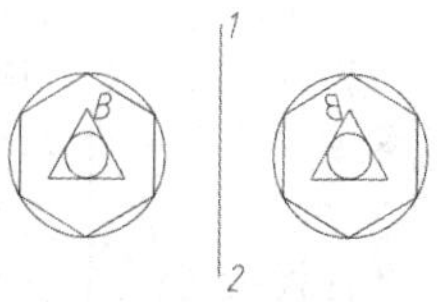 （b）值=1 时文字镜像 图 1-104　镜像对象

6．复制 菜单命令：菜单浏览器→修改→复制或菜单栏→修改→复制 修改面板："复制"按钮 工具栏："修改"工具栏的"复制"按钮 命令行：COPY	利用复制命令，复制如图 1-105 所示的小圆。 命令: copy　　　　　　（按 Enter 键确认） 选择对象: 找到 1 个　　（用鼠标点取） 选择对象:　（按 Enter 键或右键结束对象选择） 指定基点或位移: 指定位移的第二点或 <用第一点做位移>:（指定圆心为基点） 指定位移的第二点: （依次指定各交点为第二点），如图 1-106 所示	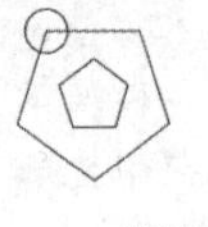 图 1-105　复制圆 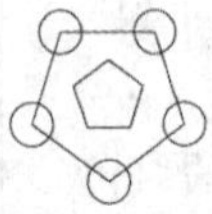 图 1-106　复制对象
7．旋转 菜单命令：菜单浏览器→修改→旋转或菜单栏→修改→旋转 修改面板："旋转"按钮 工具栏："修改"工具栏的"旋转"按钮 命令行：ROTATE 命令：rotate（按 Enter 键确认）	复制（C）：选择该选项将保留源对象。 参照（R）：该选项可以输入一个参照角度和一个新角度，使用新角度和参照角度的差值作为旋转角度。 指定参照角<0>：通过输入值或指定两点来指定一个参照角度。指定两点确定的参照角度是指由 X 轴的正向转到两点的连线方向时，如果是逆时针转动形成的角度，则为正角度，否则为负角度。 指定新角度：指定新绝对角度，也可输入一点，以该点和旋转基点连线与 X 轴正向所成角度作为新角度。 如图 1-107（a）所示，利用参照选项，以点 O 为旋转基点，指定参照角时选择 O 点和 A 点，指定新角度时输入 90，指定的参照角度是 30°，旋转角度是 90°-30°=60°，所选物体将从 90°位置转到 150°位置。如图 1-107（b）所示	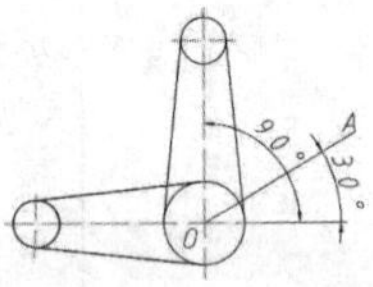 （a）原图 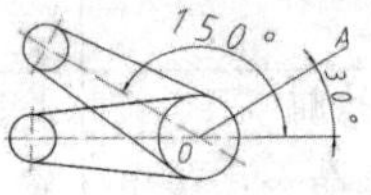 （b）旋转后的图 图 1-107　旋转对象
8．圆角 菜单命令：菜单浏览器→修改→圆角或菜单栏→修改→圆角 修改面板："圆角"按钮 工具栏："修改"工具栏的"圆角"按钮 命令行：FILLET	多段线（P）：可以用当前所设置的圆角半径对多段线的各交点修圆角。 半径（R）：指定圆角半径的尺寸。 修剪（T）：设置修圆角后是否保留原拐角边，修圆角后是否对圆角边进行修剪。 多个（U）：可以对多个对象修圆角。 操作如图 1-108 所示	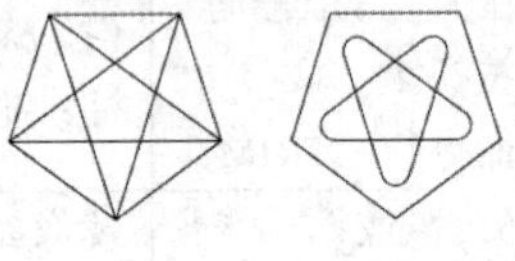 （a）原图　（b）圆角后的图 图 1-108　圆角
9．倒角 菜单命令：菜单浏览器→修改→倒角或菜单栏→修改→倒角 修改面板："倒角"按钮 工具栏："修改"工具栏的"倒角"按钮	多段线（P）：以当前设置的倒角大小对多段线的各顶点修倒角。 距离（D）：指定倒角距离的尺寸值。 角度（A）：根据第一个倒角距离和自第一条倒角线的角度来设置倒角尺寸。 修剪（T）：设置倒角后是否保留原拐角边，命令行显示"输入修剪模式选项[修剪(T)/不修剪(N)]<修剪>:"提示。 方式（M）：设置倒角的方法，命令行显示"输入修剪方法[距离(D)/角度(A)]<距离>:"提示，"距离(D)"是	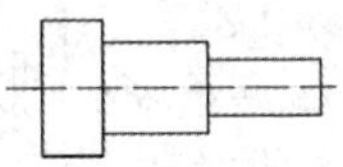 （a）原图 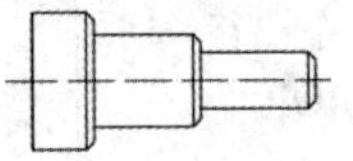 （b）倒角后的图 图 1-109　倒角

命令行： CHAMFER	以两条边的倒角距离来修倒角；“角度(A)”是以一条边的距离及相应的角度来修倒角。 多个（U）：可以对多个对象修倒角。 操作如图 1-109 所示	
10．打断 菜单命令：菜单浏览器→修改→打断或菜单栏→修改→打断 修改面板：“打断”按钮 工具栏：“修改”工具栏的“打断”按钮 命令行：BREAK	第一点（F）：可以重新确定第一个断点。 默认情况下，以选择对象时的拾取点作为第一个打断点，然后再指定第二个打断点。如果直接选取对象上的另一点或者在对象的一端之外拾取一点，这时将删除对象上位于两个拾取点之间的部分。在确定第二个打断点时，如果在命令行输入@，可以使第一个和第二个断点重合，从而将对象一分为二。如果对圆、矩形等封闭图形使用打断命令，AutoCAD 将沿逆时针方向把第一断点至第二断点之间的那段圆弧删除。 例：将图 1-110（a）中的点 1 与点 2 间打断。 命令: _break 选择对象:　（选择 1～2 线，选择点 1 为第一打断点） 指定第二个打断点或 [第一点(F)]: ［选择点 2 为第二打断点，结果如图 1-110（b）所示］	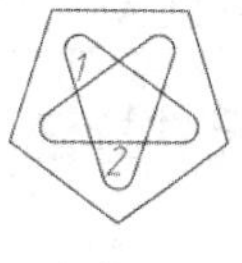 （a）原图 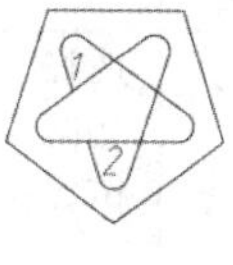 （b）打断后的图 图 1-110　打断
11．延伸 菜单命令：菜单浏览器→修改→延伸或菜单栏→修改→延伸 修改面板：“延伸”按钮 工具栏：“修改”工具栏的“延伸”按钮 命令行：EXTEND	延伸如图 1-111 所示图形的 *AB* 弧至 *C* 点。 命令: _extend 选择边界的边... 选择对象: 找到 1 个　（拾取辅助线 *AC* 为边界） 选择对象:　　　　（按 Enter 键或右键确认） 选择要延伸的对象，或按住 Shift 键选择要修剪的对象，或 [投影(P)/边(E)/放弃(U)]: （拾取延伸圆弧 *AB*） 选择要延伸的对象，或按住 Shift 键选择要修剪的对象，或[投影(P) / 边(E) / 放弃(U)]: （按 Enter 键或右键结束操作）结果如图 1-112 所示	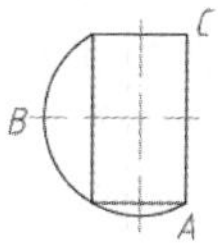 图 1-111　延伸原图 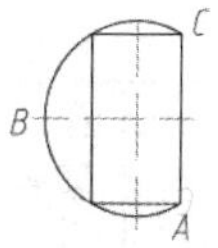 图 1-112　延伸结果
12．拉长 菜单命令：菜单浏览器→修改→拉长或菜单栏→修改→拉长 修改面板：“拉长”按钮 命令行：LENGTHEN	拉长图 1-113（a）所示的圆的中心线。 命令: _lengthen 选择对象或 [增量(DE)/百分数(P)/全部(T)/动态(DY)]: dy 选择要修改的对象或 [放弃(U)]: （选择圆的中心线） 指定新端点:　　　　（指定合适的一点） 选择要修改的对象或 [放弃(U)]: （按 Enter 键或右键结束操作）结果如图 1-113（b）所示	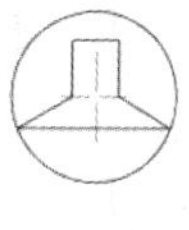 （a）原图 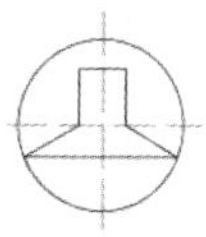 （b）拉长后的图 图 1-113　拉长圆弧中心线
13．分解 菜单命令：菜单浏览器→修改→分解或菜单栏→修改→分解 命令行：EXPLODE		

14．缩放 菜单命令：菜单浏览器→修改→缩放或菜单栏→修改→缩放 修改面板："缩放"按钮 工具栏："修改"工具栏的"缩放"按钮 命令行：SCALE	放大或缩小选择对象，缩放后保持对象的比例不变。缩放对象时，要指定基点和比例因子，基点作为缩放操作的中心保持静止。当比例因子大于 1 时将放大对象，否则缩小对象

3.3 尺寸标注

3.3.1 设置标注样式

设置项目	操作说明
1．新建标注样式	选择"菜单浏览器"→"格式"→"标注样式"命令，打开"标注样式管理器"对话框，如图 1-114 所示。单击"新建"按钮，打开"创建新标注样式"对话框，如图 1-115 所示，可以创建新标注样式。 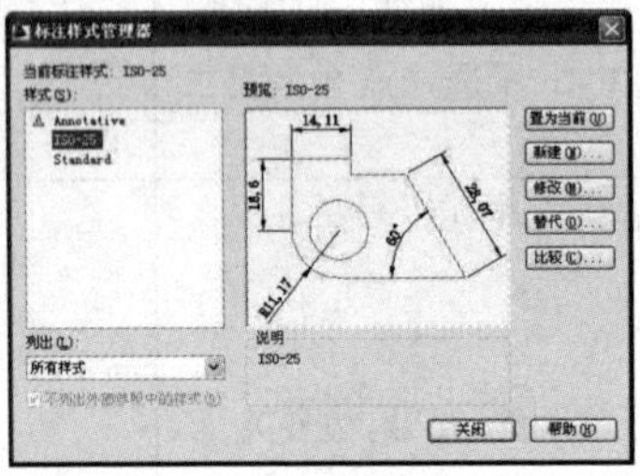 图 1-114 "标注样式管理器"对话框 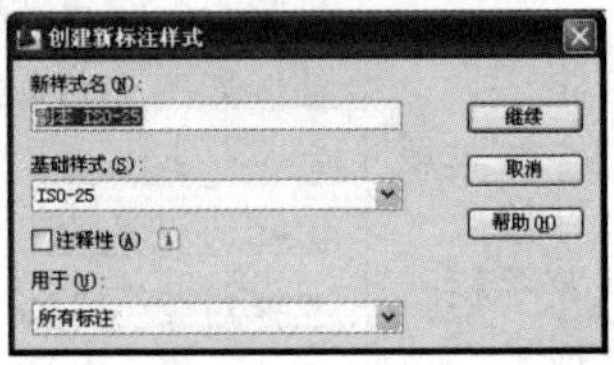 图 1-115 "创建新标注样式"对话框 单击对话框中的"继续"按钮，将打开"新建标注样式"对话框，如图 1-116 所示。可以对"新建标注样式"对话框各选项卡进行设置
2．设置尺寸线	在"尺寸线"选项组中，可以设置尺寸线的颜色、线型、线宽、超出标记及基线间距等属性，如图 1-116 所示。 在"基线间距"微调框中，进行基线尺寸标注时，可以设置各尺寸线之间的距离，也可以用变量 DIMDLI 设置，一般为 7～10mm，如图 1-117 所示。 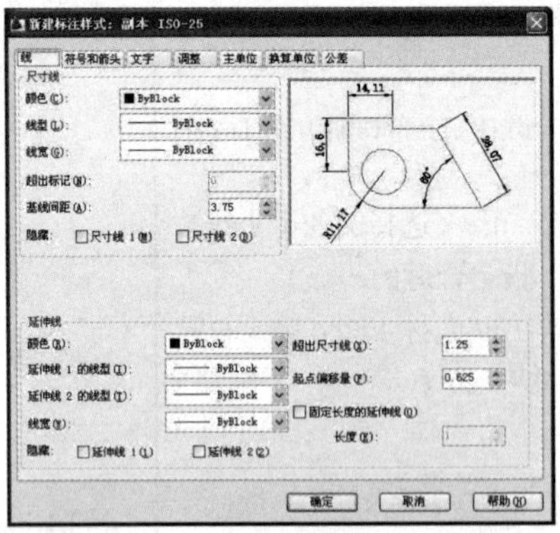 图 1-116 "新建标注样式"对话框 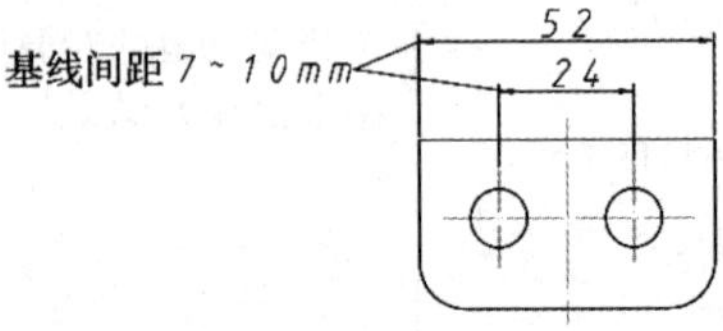 图 1-117 设置基线间距 在"隐藏"选项中，通过选择"尺寸线 1"或"尺寸线 2"复选框，可以隐藏第 1 段或第 2 段尺寸线及其相应的箭头，也可以使用变量 DIMSDl 和 DIMSD2 设置，如图 1-118 所示

<table>
<tr>
<td></td>
<td>
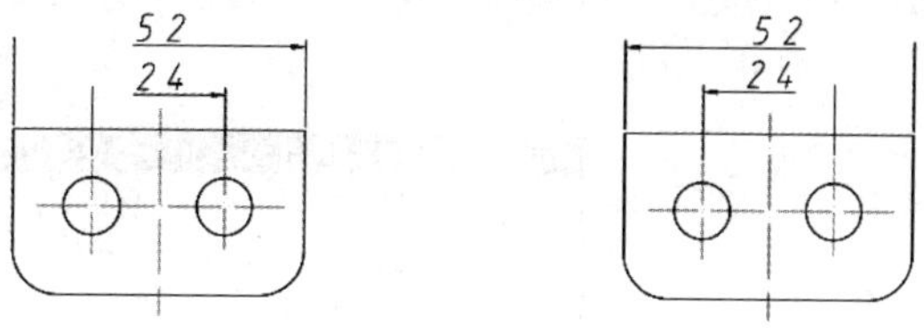

（a）隐藏第 1 段尺寸线及其相应的箭头　（b）隐藏第 2 段尺寸线及其相应的箭头
图 1-118　隐藏尺寸线效果
</td>
</tr>
<tr>
<td>3．设置延伸线</td>
<td>
延伸线是指“尺寸界线”。在“延伸线”选项组中，可以设置尺寸界线的颜色、线宽、超出尺寸线的长度和起点偏移量、隐藏控制等属性。
“超出尺寸线”微调框用于设置尺寸界线超出尺寸线的距离，也可以用变量 DIMEXE 设置，如图 1-119 所示。
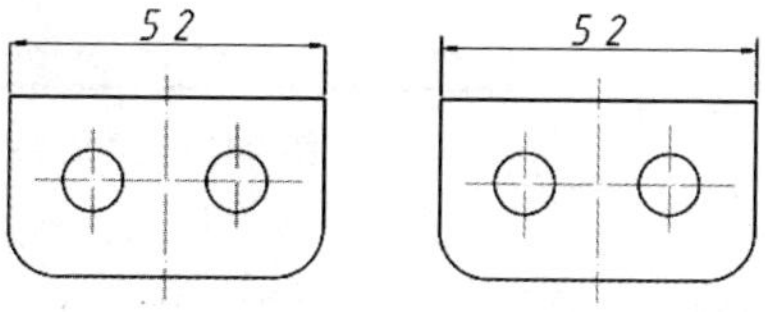

图 1-119　尺寸界线超出尺寸线为 0 与不为 0 的效果对比
“起点偏移量”微调框用于设置尺寸界线的起点与标注定义点的距离，也可以用变量 DIMEXO 控制，如图 1-120 所示。
在“隐藏”选项中，通过选择“延伸线 1”或“延伸线 2”复选框，可以隐藏尺寸界线，也可以用变量 DIMSEl 和 DIMSE2 设置，如图 1-121 所示。
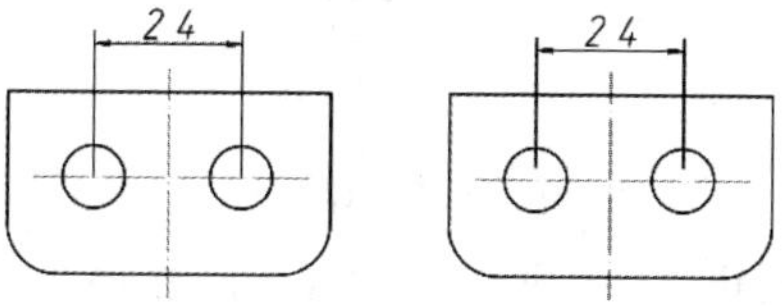

图 1-120　起点偏移量为 0 与不为 0 的效果对比
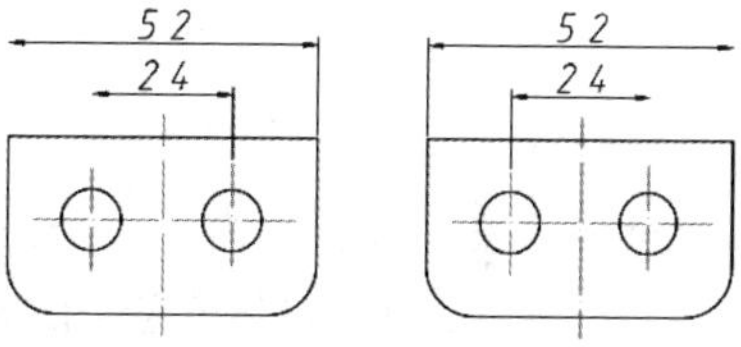

图 1-121　隐藏尺寸界线的效果
</td>
</tr>
<tr>
<td>4．符号和箭头</td>
<td>
在“符号和箭头”选项卡中，可以设置箭头类型和大小、圆心标记类型、折断标注大小、弧长符号、半径折弯角度和线性折弯高度因子等，如图 1-122 所示。
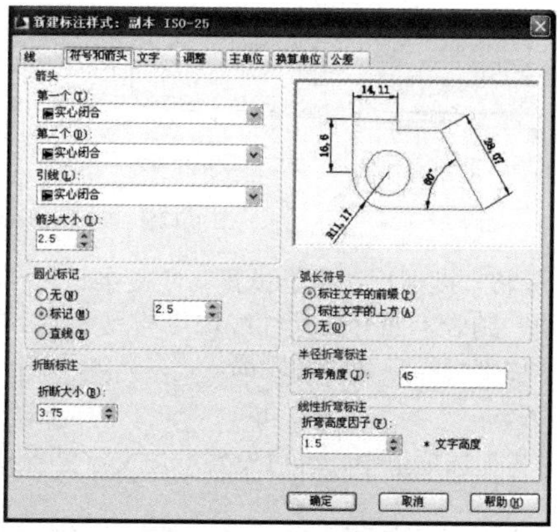

图 1-122　设置符号和箭头
</td>
</tr>
</table>

5．设置文字	在“新建标注样式”对话框中，使用“文字”选项卡可以设置标注文字的外观、位置和对齐方式，如图 1-123 所示。

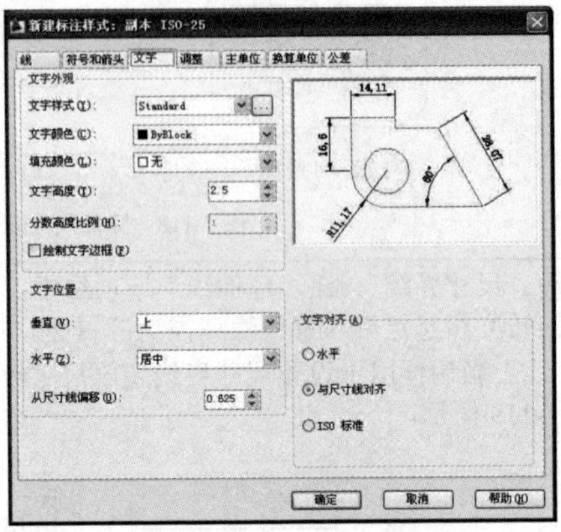

图 1-123 “文字”选项卡

1．文字位置。

在“文字位置”选项组中，可以设置文字的垂直、水平位置及距尺寸线的偏移量，如图 1-123 和图 1-124 所示。

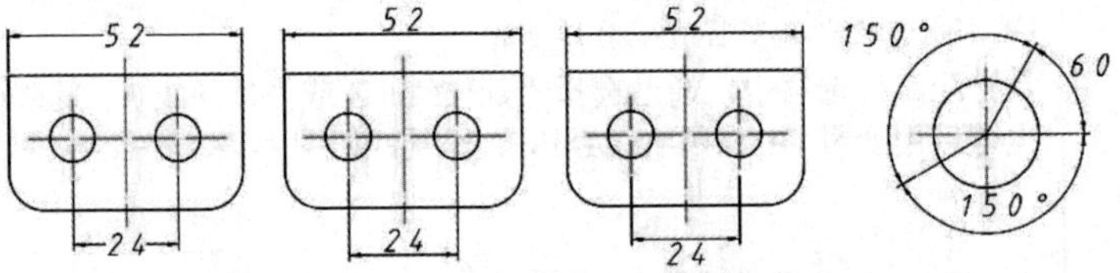

（a）居中 （b）上 （c）外部 （d）JIS

图 1-124 文字垂直位置 4 种形式

用户也可以使用变量 DIMTAD 设置，其对应值分别为 0、1、2、3。

“水平”下拉列表框：用于设置标注文字相对于尺寸线和尺寸界线在水平方向的位置，如图 1-125 所示，也可以用变量 DIMJUST 设置，对应值分别为 0、1、2、3、4。

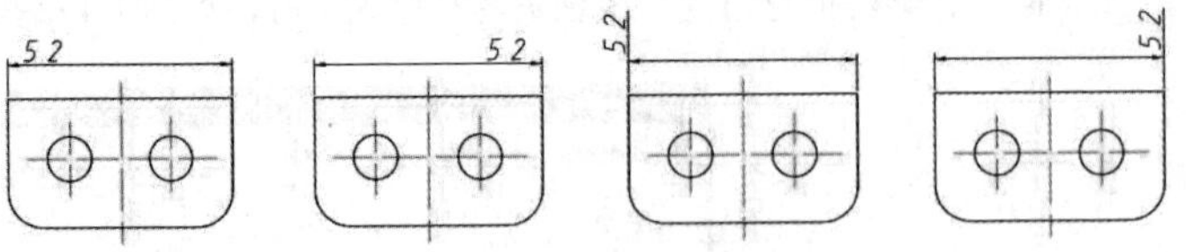

（a）第一条延伸线 （b）第二条延伸线 （c）第一条延伸线上方 （d）第二条延伸线上方

图 1-125 文字水平标注

“从尺寸线偏移”微调框：用于设置标注文字与尺寸线之间的距离。如果标注文字位于尺寸线的中间，则表示断开处尺寸线端点与尺寸文字的间距。若标注文字带有边框，则可以控制文字边框与其中文字的距离。

2．文字对齐。

在“文字对齐”选项组中，可以设置标注文字是保持水平还是与尺寸线平行，如图 1-126 所示。

<table>
<tr><td></td><td>

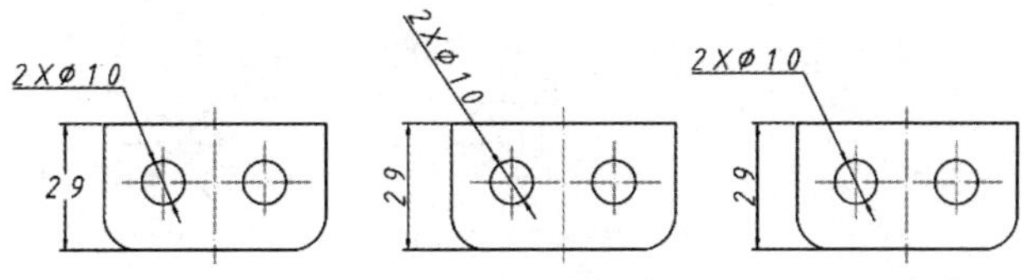

（a）水平　（b）与尺寸线对齐　（b）ISO 标准

图 1-126　文字对齐方式

</td></tr>
<tr><td>6．设置调整</td><td>

在“新建标注样式”对话框中，使用“调整”选项卡可以设置标注文字、尺寸线、尺寸箭头的位置，如图 1-127 所示。

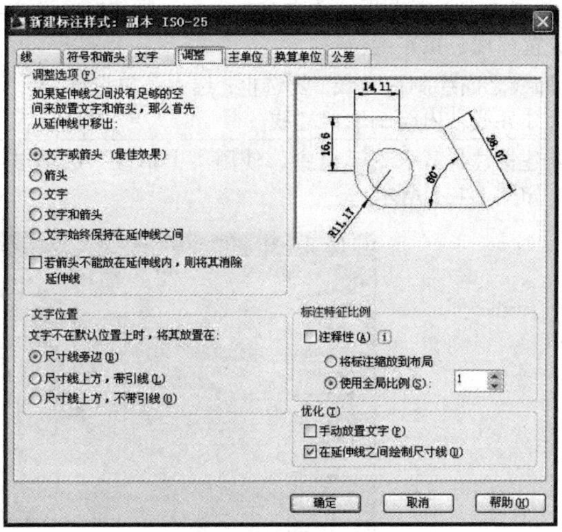

图 1-127　“调整”选项卡

1．调整选项。

在“调整选项”选项组中，可以确定当尺寸界线之间没有足够的空间同时放置标注文字和箭头时，调整应首先从尺寸界线之间移出对象，如图 1-128 所示。

（a）文字　（b）箭头　（c）文字和箭头　（d）文字始终保持在延伸线之间

图 1-128　标注文字和箭头在尺寸界线间的放置

2．文字位置。

在“文字位置”选项组中，用户可以设置文字不在默认位置时的位置，如图 1-129 所示。

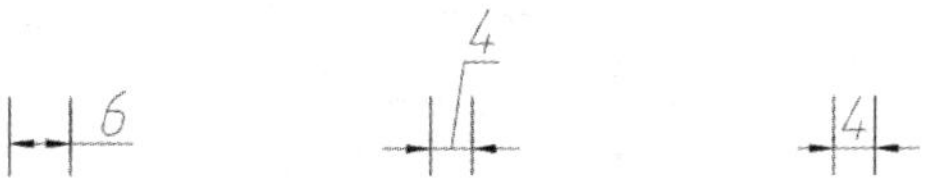

（a）尺寸线旁边　（b）尺寸线上方加引线　（c）尺寸线上不加引线

图 1-129　标注文字位置

3．标注特征比例。

在“标注特征比例”选项组中，可以设置标注尺寸的特征比例，以便通过设置全局比例因子来增加或减少各标注的大小，如图 1-130 所示。

</td></tr>
</table>

<table>
<tr>
<td></td>
<td>
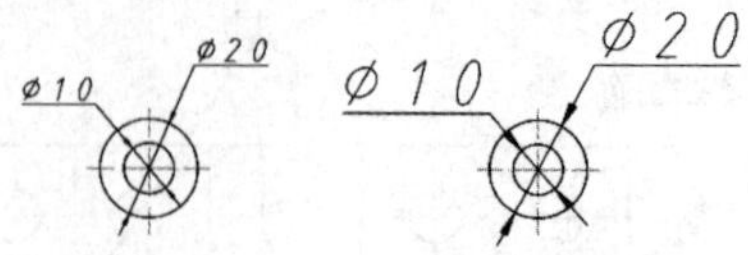

（a）全局比例为 1　　（b）全局比例为 2

图 1-130　使用全局比例控制标注尺寸

4．优化。

在“优化”选项组中，可以对标注文本和尺寸线进行细微调整，该选项组包括以下两个复选框：

“手动放置文字”复选框：选中该复选框，则忽略标注文字的水平设置，在标注时将标注文字放置在用户指定的位置。

“在延伸线之间绘制尺寸线”复选框：选中该复选框，当尺寸箭头放置在尺寸界线之外时，也在尺寸界线之内绘制出尺寸线
</td>
</tr>
<tr>
<td>7．设置主单位</td>
<td>
在“新建标注样式”对话框中，使用“主单位”选项卡可以设置主单位的格式与精度等属性，如图 1-131 所示。

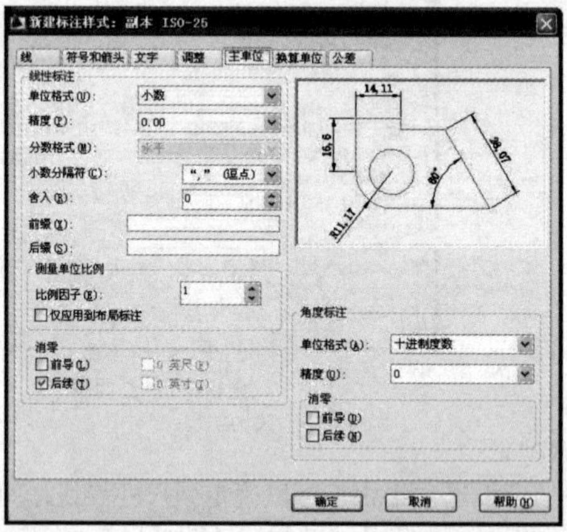

图 1-131　“主单位”选项卡
</td>
</tr>
<tr>
<td>8．设置换算单位</td>
<td>
在“新建标注样式”对话框中，使用“换算单位”选项卡可以设置换算单位的格式，如图 1-132 所示。

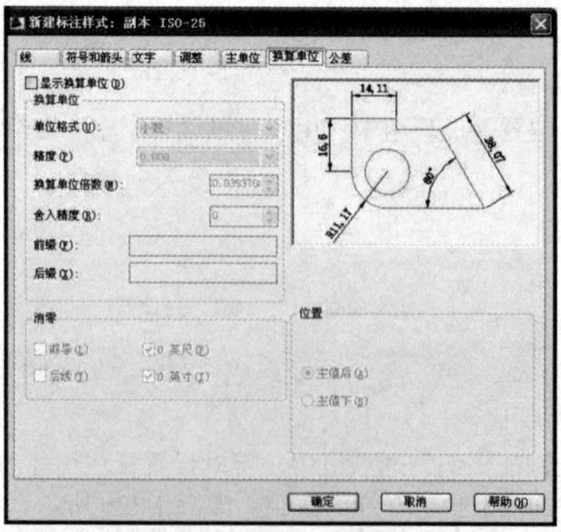

图 1-132　“换算单位”选项卡
</td>
</tr>
</table>

9．设置公差	在“新建标注样式”对话框中，“公差”选项卡用于设置是否标注公差，以及以何种方式进行标注，如图1-133所示。 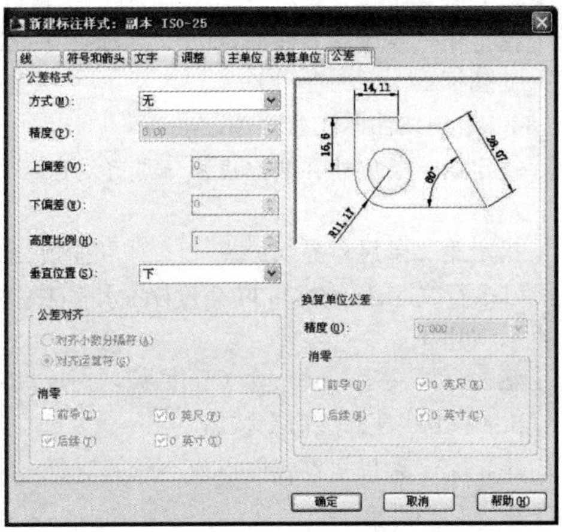 图1-133　“公差”选项卡 在“公差格式”选项组中，可以设置公差的标注格式，如图1-134所示。 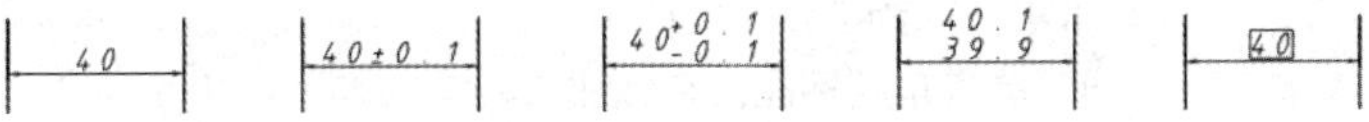 （a）无　（b）对称　（c）极限偏差　（d）极限尺寸　（e）基本尺寸 图1-134　公差标注 “高度比例”微调框：用于确定公差文字的高度比例因子。确定后，AutoCAD将该比例因子与尺寸文字高度之积作为公差文字的高度。AutoCAD将高度比例因子存储在系统变量DIMTFAC中。 “垂直位置”下拉列表框：用于控制公差文字相对于尺寸文字的位置，包括“上”“中”和“下”3种方式

3.3.2　尺寸标注

命令	说明和应用	图示
1．创建线性尺寸标注 菜单命令：菜单浏览器→标注→线性或菜单栏→标注→线性 工具栏：“标注”工具栏的“线性标注”按钮 命令行：DIMLINEAR	线性标注表示两个点之间距离的测量值，如图1-135所示，线性标注有3种类型。 标注如图1-136所示图形的尺寸。 1．单击线性标注命令按钮。 指定第一条尺寸界线原点或 <选择对象>:　（捕捉*A*点） 指定第二条尺寸界线原点:　（捕捉*B*点） [多行文字(M)/文字(T)/角度(A)/水平(H)/垂直(V)/旋转(R)]: T 输入标注文字 <101>: 长度101　（指定尺寸线位置） 2．单击对齐标注命令按钮。 指定第一条尺寸界线原点或 <选择对象>:　（捕捉*C*点） 指定第二条尺寸界线原点:　（捕捉*E*点，指定尺寸线位置）	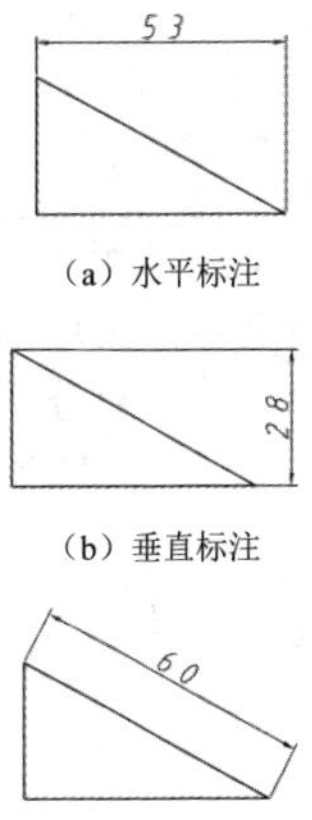 （a）水平标注　（b）垂直标注　（c）对齐标注 图1-135　线性标注类型

	3．单击线性标注命令按钮。 指定第一条尺寸界线原点或 <选择对象>: （捕捉 *E* 点） 指定第二条尺寸界线原点: （捕捉 *F* 点，指定尺寸线位置） 4．单击线性标注命令按钮。 指定第一条尺寸界线原点或 <选择对象>: （捕捉 *F* 点） 指定第二条尺寸界线原点: （捕捉 *A* 点） [多行文字(M)/文字(T)/角度(A)/水平(H)/垂直(V)/旋转(R)]: T 输入标注文字 <86>: （长度 87，指定尺寸线位置） 5．单击线性标注命令按钮。 指定第一条尺寸界线原点或 <选择对象>: （捕捉 *B* 点） 指定第二条尺寸界线原点: （捕捉 *C* 点） 指定尺寸线位置或 [多行文字(M)/文字(T)/角度(A)/水平(H)/垂直(V)/旋转(R)]: （指定尺寸线位置） 6．单击角度标注命令按钮 选择圆弧、圆、直线或 <指定顶点>:（选择标注角度的第一条线） 选择第二条直线: （选择标注角度的第二条线）指定标注弧线位置或[多行文字(M)/文字(T)/角度(A)]: 标注文字 ＝131 （指定尺寸线位置） 在提示“指定尺寸线位置或[多行文字(M)/文字(T)/角度(A)/水平(H)/垂直(V)/旋转(R)]:”时单击尺寸线位置，如果高度没出现，单击“修改”→“对象”→“文字”→“编辑”命令，再单击没出现的文字，打开多行文字对话框进行修改，或输入 M，回车，在多行文字对话框中输写文字；在标注角度尺寸时，如果数字没有水平放置，这时可在标注样式中，用“替代”按钮设置文字对齐选项成水平放置	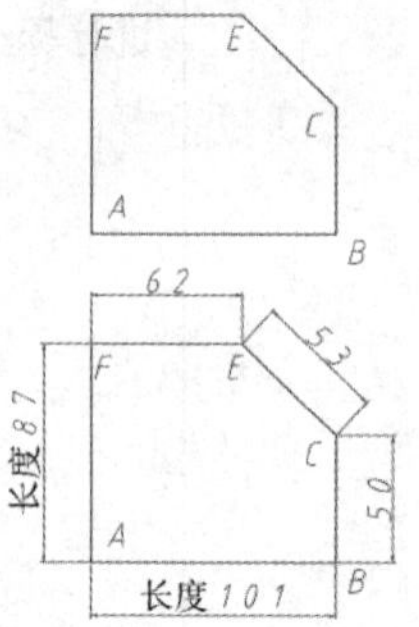 图 1-136 标注图形
2. 创建对齐尺寸标注 菜单命令：菜单浏览器→标注→对齐或菜单栏→标注→对齐 工具栏：“标注”工具栏的“对齐标注”按钮 命令行：DIMALIGNED	标注如图 1-137 所示的梯形 *ABCD* 中 *AB* 边和 *CD* 边的边长。 1．在绘图窗口的状态栏上激活“对象捕捉”按钮，打开对象捕捉模式。 2．选择“标注”→“对齐”命令。 指定第一条尺寸界线原点或<选择对象>: （捕捉 *A* 点） 指定第二条尺寸界线原点: （捕捉 *B* 点） 指定尺寸线位置或[多行文字(M)/文字(T)/角度(A)]: （单击 *AB* 边上侧适当位置，得到 *AB* 边的尺寸标注） 3．同样方法得到 *CD* 边的尺寸标注	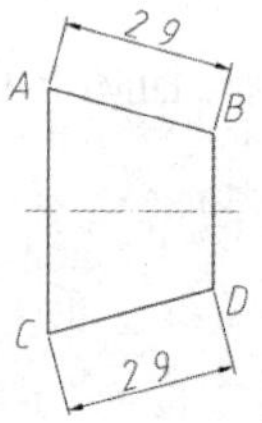 图 1-137 对齐标注

3．创建基线尺寸标注 菜单命令：菜单浏览器→标注→基线或菜单栏→标注→基线 工具栏："标注"工具栏的"基线标注"按钮 命令行：DIMBASELINE	基线标注指各尺寸线从同一尺寸界线处引出。在执行基线标注前，必须先标注出一个线性尺寸，以确定基线标注所需要的前一标注尺寸的尺寸界线。 用基线标注形式标注如图 1-138 所示的图形。 1．单击"标注"工具栏上的"线性标注"按钮，标注 1、2 点连线的长度，作为基准标注。 2．单击"标注"工具栏上的"基线标注"按钮，在"指定第二条尺寸界线原点或[放弃(U)/选择(S)]<选择>:"提示下捕捉 3 点，得到 1、3 段的尺寸标注。 3．在连续出现的"指定第二条尺寸界线原点或[放弃(U)/选择(S)]<选择>:"提示下捕捉 4 点，标注出 1、4 段的长度，按 Esc 键退出	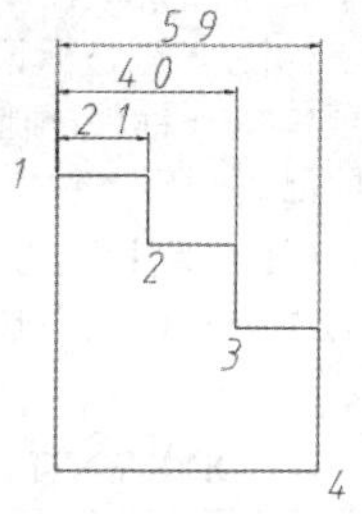 图 1-138　基线标注
4．创建连续尺寸标注 菜单命令：菜单浏览器→标注→连续或菜单栏→标注→连续 工具栏："标注"工具栏的"连续标注"按钮 命令行：DIMCONTINUE	连续标注是指相邻尺寸线的尺寸界线首尾共用。执行连续标注前，必须先创建一个线性、坐标或角度标注作为基准标注，以确定连续标注所需要的前一尺寸标注的尺寸界线。 用连续尺寸形式标注如图 1-139 所示的图形。 1．单击"标注"工具栏的"线性标注"按钮，标注 1、2 点连线的长度，作为基准标注。 2．单击"标注"工具栏上的"连续标注"按钮，命令行提示： 指定第二条尺寸界线原点或[放弃(U)/选择(S)]<选择>:（捕捉 3 点，得到 2、3 段的尺寸标注） 3．连续出现如下命令行提示： 指定第二条尺寸界线原点或[放弃(U)/选择(S)]<选择>:（捕捉 4 点，得到 3、4 段的尺寸标注，按 Esc 键退出）	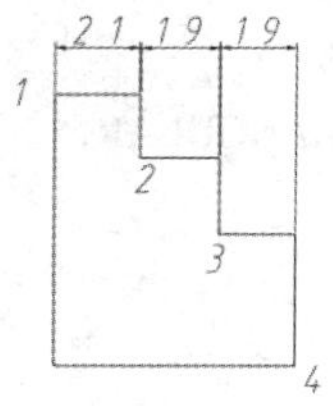 图 1-139　连续标注
5．创建直径尺寸标注 菜单命令：菜单浏览器→标注→直径或菜单栏→标注→直径 工具栏："标注"工具栏的"直径标注"按钮 命令行：DIMDIAMETER	激活命令后，命令行提示： 选择圆或圆弧：（选择要标注直径的圆或圆弧） 指定尺寸线位置或[多行文字(M)/文字(T)/角度(A)]: 此时直接确定尺寸线的位置，AutoCAD 按实际测量值标注出圆或圆弧的直径，如图 1-140（a）所示。也可以通过线性标注中的"多行文字（M）""文字（T）"及"角度（A）"选项，确定尺寸文字和尺寸文字的旋转角度（只有给输入的尺寸文字加前缀"%%C"，才能使标出的直径尺寸有直径符号）。图 1-140（b）是用线性尺寸标注形式标注出的带有直径符号的图形	 （a）直径命令标注 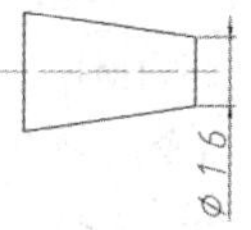 （b）线性标注中的选项 M/T/A 标注 图 1-140　直径标注
6．创建半径尺寸标注 菜单命令：菜单浏览器→标注→半径或菜单栏→标注→半径 工具栏："标注"工具栏的"半径标注"按钮 命令行：DIMRADIUS	该命令可以标注出圆或圆弧的半径尺寸。激活该命令后，命令行提示： 选择圆或圆弧：（选择要标注直径的圆或圆弧） 指定尺寸线位置或[多行文字(M)/文字(T)/角度(A)]: 此时直接确定尺寸线的位置，AutoCAD 按实际测量值标注出圆或圆弧的半径。也可以通过"多行文字（M）""文字（T）"及"角度（A）"选项，确定尺寸文字和尺寸文字的旋转角度，如图 1-141 所示	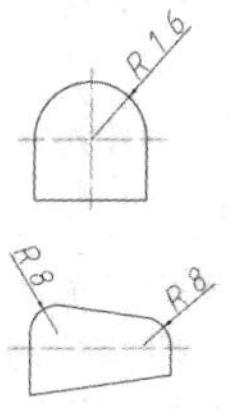 图 1-141　半径标注

7. 创建圆心标注 菜单命令：菜单浏览器→标注→圆心标记或菜单栏→标注→圆心标记 工具栏："标注"工具栏的"圆心标记"按钮 命令行：DIMCENTER	执行该命令后，命令行提示： 选择圆或圆弧: 在该提示下选择圆或圆弧即可。 圆心标记是十字还是中心线，由标注样式管理器中的"符号和箭头"选项卡的"圆心标记"来设定。 圆心标记如图 1-142 所示	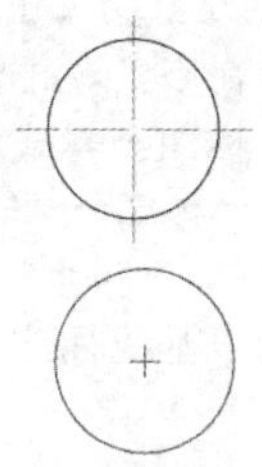 图 1-142 圆心标记
8. 创建角度尺寸标注 菜单命令：菜单浏览器→标注→角度或菜单栏→标注→角度 工具栏："标注"工具栏的"角度标注"按钮 命令行： DIMANGULAR	激活角度标注命令后，命令行提示如下： 选择圆、圆弧、直线或<指定顶点>: 角度标注用于测量圆和圆弧的角度、两条直线间的夹角或 3 个点之间的角度。在提示下可标注圆弧的包含角、圆上两条半径之间的夹角、2 条不平行直线之间的夹角，或根据给定的 3 点标注角度，如图 1-143 所示	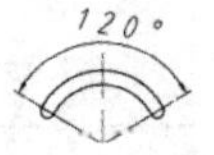 （a）标注圆弧角度  （b）标注相交两线角度 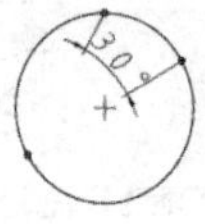 （c）标注给定的 3 点角度 图 1-143 角度标注
9. 创建快速尺寸标注 菜单命令：菜单浏览器→标注→快速标注或菜单栏→标注→快速标注 工具栏："标注"工具栏的"快速标注"按钮 命令行：QDIM	使用系统提供的"快速标注"功能，可以一次性快速地对多个对象进行标注，如进行基线标注、连续标注、直径标注和半径标注。激活 QDIM 命令后，命令行提示： 选择要标注的几何图形: 在提示下选择需要标注尺寸的各图形对象，按 Enter 键后，通过选择相应选项，进行"连续""基线"及"半径"等一系列标注。 快速标注如图 1-144 所示	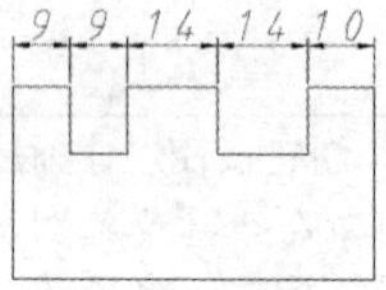 图 1-144 快速标注
10. 弧长标注 菜单命令：菜单浏览器→标注→弧长标注或菜单栏→标注→弧长标注 工具栏："标注"工具栏的"弧长标注"按钮 命令行：DIMARC	弧长标注用于测量圆弧或多段线弧线段上的距离。为区别它们是线性标注还是角度标注，默认情况下，弧长标注将显示一个圆弧符号，如图 1-145 所示	 图 1-145 弧长标注
11. 折弯线性 菜单命令：菜单浏览器→标注→折弯线性或菜单栏→标注→折弯线性	可以在线性或对齐标注上添加或删除折弯线，标注中的折弯线表示所标注的对象中的折断，标注值表示实际距离而不是图形中测量的距离。 折弯线性如图 1-146 所示	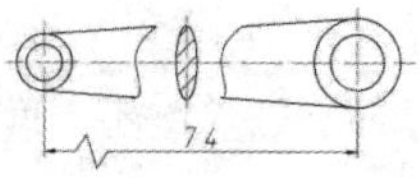 图 1-146 折弯线性

工具栏：“标注”工具栏的“折弯线性标注”按钮 命令行：DIMJOGLINE		
12．倾斜尺寸界线 菜单命令：菜单浏览器→标注→倾斜或菜单栏→标注→倾斜	默认情况下，尺寸界线都与尺寸线垂直。如果尺寸界线与图形中的其他对象发生冲突，可以创建倾斜的尺寸界线。 1．选择“菜单浏览器”→“标注”→“倾斜”命令。 2．选择标注对象的尺寸。 3．直接输入角度，或者通过指定两点确定角度，如图 1-147 所示	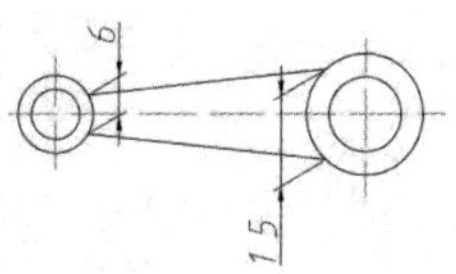 图 1-147　倾斜标注
13．调整标注位置	创建标注后，可以随时根据需要利用夹点编辑的方法调整标注的位置，如果希望对标注文字的位置进行各种调整，单击选中该标注，然后右击该标注并从弹出的快捷菜单中选择一个合适的文字位置选项，如图 1-148 所示	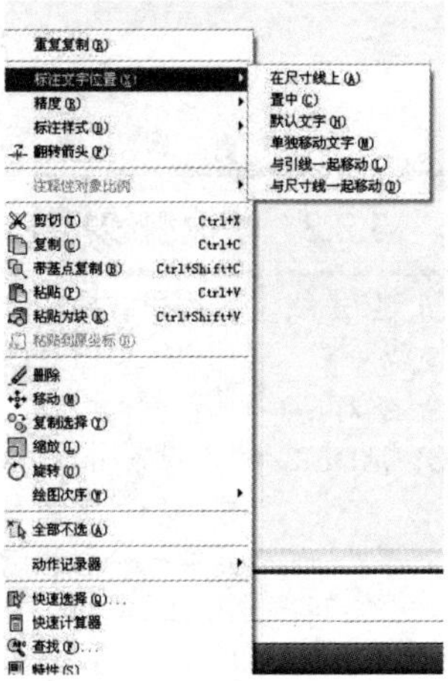 图 1-148　调整标注位置
14．编辑标注文字 菜单命令：菜单浏览器→修改→特性或菜单栏→修改→特性 菜单浏览器→修改→文字→编辑 视图选项卡：“选项板”面板→“特性”按钮 工具栏：“文字”工具栏的“编辑”按钮 命令行：DDEDIT	具体步骤如下： 1．选择已标注对象的尺寸。 2．选择“菜单浏览器”→“修改”→“特性”命令。 3．在“特性”窗口的“文字”区域的“文字替代”文本框中，输入或编辑标注的文字，如图 1-149 所示。其中，要给标注测量值添加前缀和后缀，可以在尖括号内用<>代表原尺寸，然后在尖括号的前面或后面输入适当的内容。 在“特性”窗口的“文字替代”文本框中，输入的文字总是替代在“测量单位”框中显示的实际测量值	 图 1-149　编辑标注文字

15．尺寸变量替代 菜单命令：菜单浏览器→标注→标注样式或菜单栏→标注→标注样式	对于某个标注，可能想不显示标注的尺寸界线，或者修改文字和箭头位置，使它们不与图形中的集合重叠，但又不想创建新标注样式，只是临时修改尺寸标注的系统变量，并按该设置修改尺寸标注。这种方式下，用户只能为当前样式创建标注样式替代。当将其他标注样式设置为当前样式后，标注样式替代被自动删除。如果要把标注样式替代重命名为新的标注样式，或者把标注样式替代的设置保存到当前标注样式，可执行如下步骤： 1．选择“标注”→“标注样式”命令。 2．在“标注样式管理器”对话框中，单击“替代”按钮，打开“替代当前样式”对话框，如图 1-150 所示。 3．在“替代当前样式”对话框中调整样式替代，单击“确定”按钮	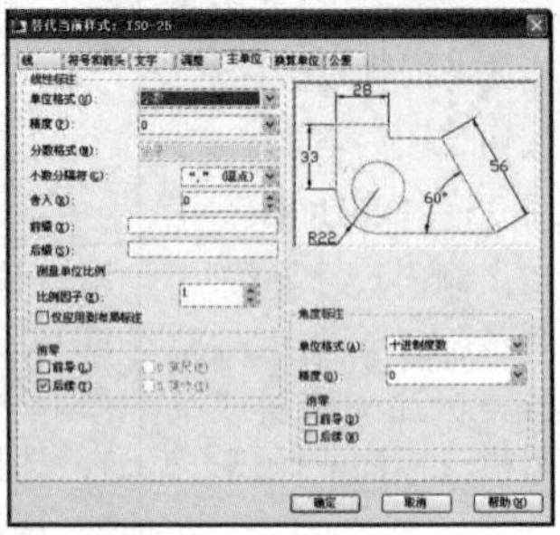 图 1-150 尺寸变量替换

3.3.3 快速引线标注

创建引线标注 命令行：QLEADER	利用引线标注，可以标注一些注释、说明等，也可以在引线上附着块参照和特征控制框（用于显示形位公差）等。 1．设置引线格式。 在使用“引线”命令时，默认情况下命令行提示“指定第一个引线点或[设置(S)]<设置>:”，这时如果直接按 Enter 键，打开“引线设置”对话框，如图 1-151 所示。可以利用该对话框设置“注释”“引线和箭头”和“附着”选项。 2．创建引线标注。 在进行引线标注时，默认情况下，若指定第 1 点，则必须指定第 2 点和第 3 点。其中第 1 点是引线的引出点，第 2 点是引线的转折点，第 3 点是引线的终点（点数的设定决定引线的段数，如果设置成无限值，则可确定任意多个点）。然后指定文字的宽度（默认为 0），表示自动根据输入的文字多少来确定宽度，随后输入文字（默认为单行文字）。 如输入选项 M，则按多行文本来编辑文字	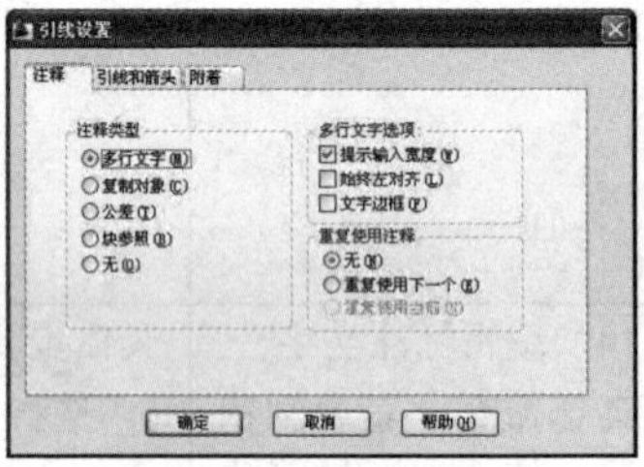 图 1-151 引线设置

3.3.4 公差标注

命令	说明和应用	图示
1．尺寸公差标注 尺寸公差就是尺寸误差的允许变动范围。尺寸公差取值是否恰当直接影响着机械零	在如图 1-152 所示的轴和孔上标注尺寸公差。 1．选择“菜单浏览器”→“标注”→“标注样式”命令，弹出“标注样式管理器”对话框。 2．单击“新建”按钮，弹出“创建新标注样式”对话框。 3．单击“继续”按钮，弹出“新建标注样式”对话框，对“主单位”选项卡进行设置。 4．设置“单位格式”为“小数”，“精度”为“0”，	

件的加工成本和使用性能，因此，每一张零件图、装配图都必须标注尺寸公差。国家标准规定：对于没有标注公差的尺寸，其加工精度由自然公差控制。自然公差是很大的，难以满足零件的使用要求。 常见的尺寸公差的标注形式有两种，即在尺寸的后面标注上、下偏差或标注公差带代号，装配图上还需要用公差带代号分子分母的形式表示配合关系，如图 1-152 所示	“小数分隔符”为“句号”，“舍入”为“0”，“比例因子”为“1”，在“消零”选项组中选择“后续”复选框，在“前缀”文本框中输入“%%C”，其他选用默认设置。 5. 在“公差”选项卡中，设置“方式”为“极限偏差”，“精度”为“0.000”，“高度比例”为“0.7”，“垂直位置”为“中”，上偏差为“+0.018”，下偏差为“-0.002”，其他选项不设置。 6. 单击“确定”按钮，在“标注样式管理器”对话框中单击“置为当前”按钮，单击“关闭”按钮。 7. 单击“标注”工具栏中的“线性标注”按钮，捕捉指定两个尺寸界线的起点后，在适当位置单击即可标注出该轴的尺寸公差，如图 1-152（a）所示轴的上、下偏差。 8. 打开“标注样式管理器”对话框，单击“替代”按钮，重复步骤（5），将上偏差改为“+0.025”，下偏差为“0”，接着执行步骤（6）、步骤（7），可标注出图 1-152（a）所示孔的上、下偏差。 9. 打开“标注样式管理器”对话框，单击“替代”按钮，在步骤（4）中，除上述操作外，加上在“后缀”文本框中输入“k6”，在步骤（5）中，将“方式”设置为“无”。接着执行步骤（6）、步骤（7），可标注出如图 1-152（b）所示轴的尺寸公差，参照前面的标注，可标注出其余的尺寸公差，如图 1-152 所示	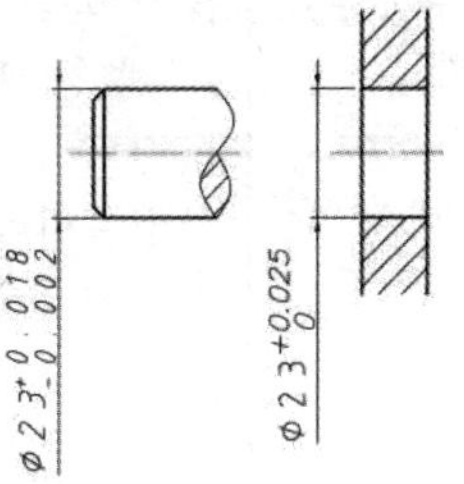 （a）轴和孔的极限偏差值标注 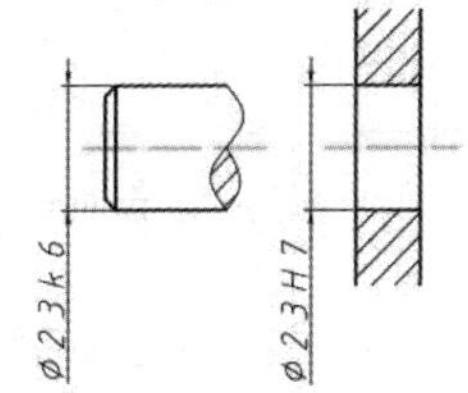 （b）轴和孔的公差带代号标注 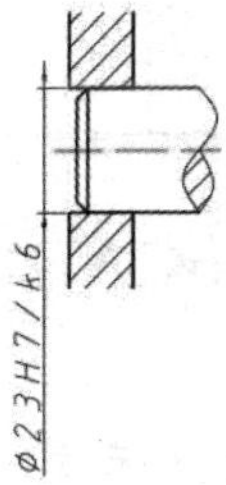 （c）轴和孔装配图的公差带代号标注 图 1-152　尺寸公差标注
2. 几何公差标注 菜单命令：菜单浏览器→标注→公差或菜单栏→标注→公差 工具栏：“标注”工具栏的“公差标注”按钮 命令行：TOLERANCE	打开“形位公差”对话框，利用该对话框，可以设置公差的符号、值及基准等参数，如图 1-153 所示。 在“形位公差”对话框中，通过如下方法输入公差值并修改符号。 1. 符号：单击该列的■框，将打开“特征符号”对话框，在该对话框中可以为第 1 个或第 2 个公差选择特征符号，如图 1-154 所示。 2. 公差 1 和公差 2：单击该列前面的■框，将插入一个直径符号。在中间的文本框中，可以输入公差值。单击该列后面的■框，将打开“包容条件（附加符号）”对话框，可以为公差选择包容条件符号（附加符号），如图 1-155 所示。 3. 基准 1、基准 2 和基准 3：用于设置公差基准和相应的包容条件（附加符号）。 4. 高度：用于设置投影公差带的值。 5. 延伸公差带：单击“延伸公差带”后边的■框，可在投影公差值后面插入投影公差带符号。 6. 基准标识符：用于创建由参照字母组成的基准标识符号	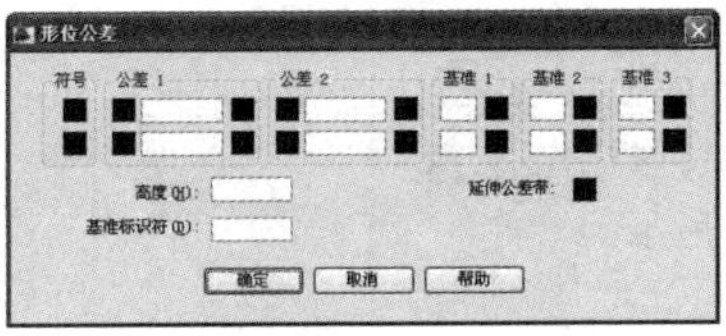 图 1-153　几何公差标注  图 1-154　特征符号  图 1-155　附加符号

3. 指引标注几何公差 命令行：qleader	操作步骤如下： 1. 命令: qleader 指定第一个引线点或 [设置(S)] <设置>: s 弹出“引线设置”对话框，选择“注释”选项卡，选中“公差”单选按钮，如图 1-156 所示。 2. 选择“引线和箭头”选项卡，设置如图 1-157 所示，单击“确定”按钮，就可以在命令行提示下完成几何公差标注	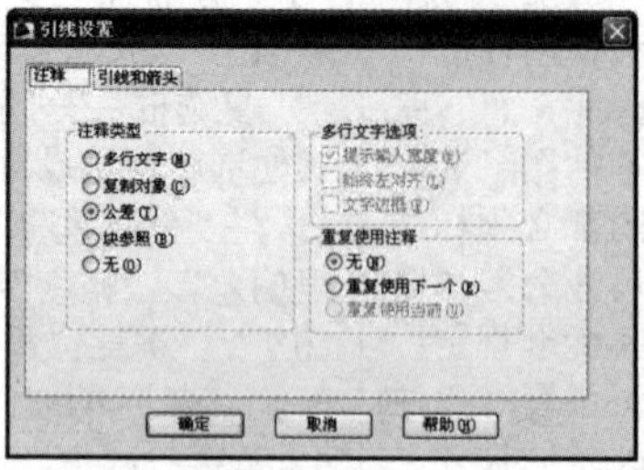 图 1-156　引线设置 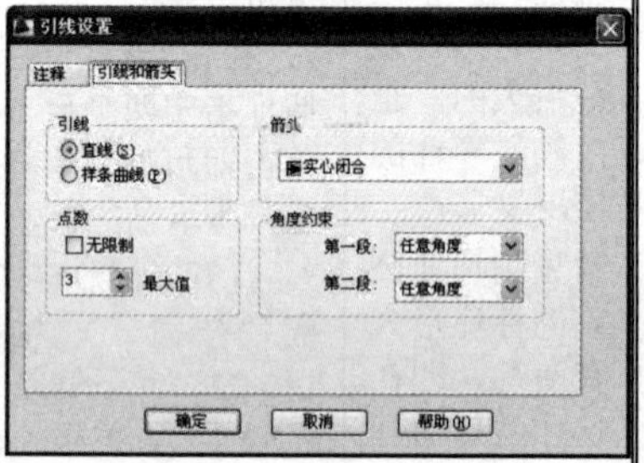 图 1-157　“引线和箭头”选项卡

4　AutoCAD 绘制样板图和产品平面图形

4.1　绘制样板图

步骤和命令	图示和说明
1. 设置绘图单位和精度 执行“格式”→“单位”命令，设置如图 1-158 所示	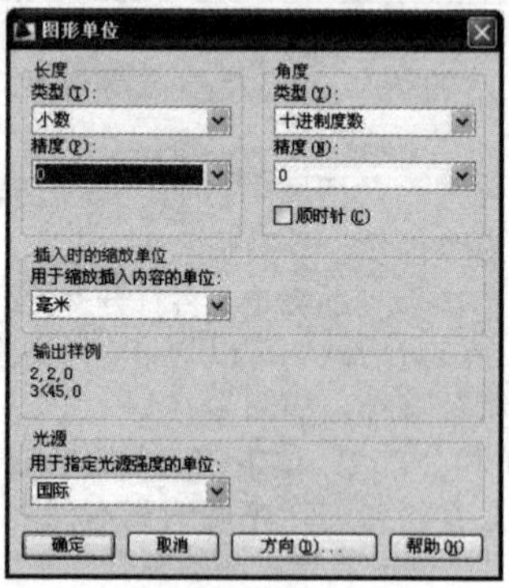 图 1-158　“图形单位”对话框
2. 设置图幅： 执行“格式”→“图形界限”或 limits 命令	指定左下角点或[开(ON)/关(OFF)]<0,0>:　（按 Enter 键使用默认设置） 指定右上角点<210,297>:420,297　（指定图形界限右上角点坐标，确定绘图界限）
3. 执行“视图”→“缩放”→“全部”命令	

4．设置图层：执行“格式”→“图层”命令或单击“图层特性管理器”按钮，图层、颜色、线型、线宽要求如表格所列，所建图层如图 1-159 所示

层名	颜色	线型	线宽
粗实线	蓝	实线	0.5
细实线	红	实线	0.25
虚线	洋红	虚线	0.25
中心线	216	点画线	0.25
尺寸标注	黑/白	实线	0.25
文字	蓝	实线	0.25

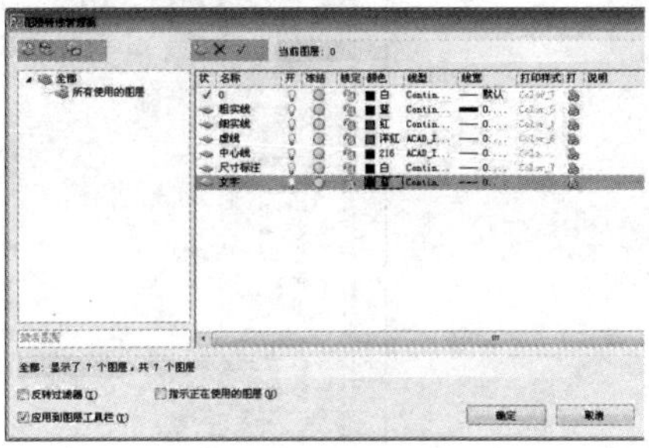

图-159　所建图层

5．设置文字样式：执行“格式”→“文字样式”命令，新建样式名为“样式 1”，如图 1-160 所示。设置的文字样式参数如图 1-161 所示

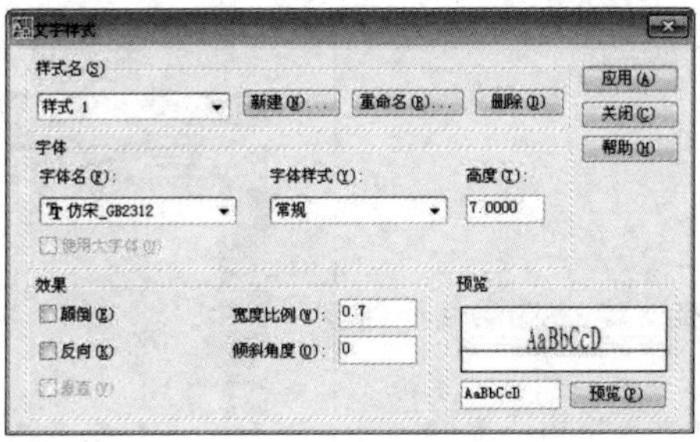

图 1-160　“文字样式”对话框

6．设置尺寸标注样式：执行“格式”→“标注样式”命令，新建样式名为“尺寸标注”，所设置选项的参数如图 1-162～图 1-166 所示

图 1-161　文字样式参数

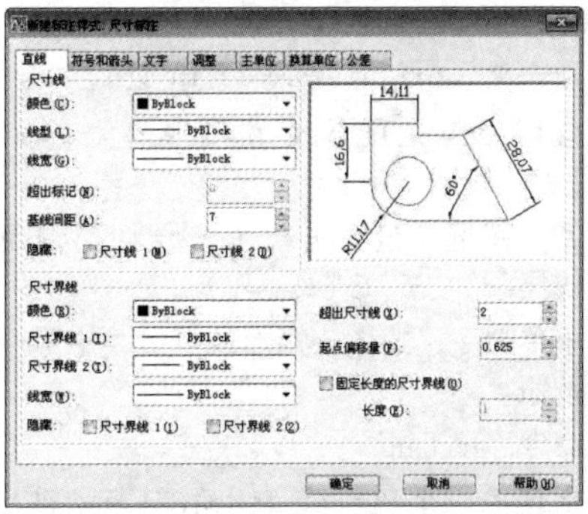

图 1-162　尺寸样式参数（一）

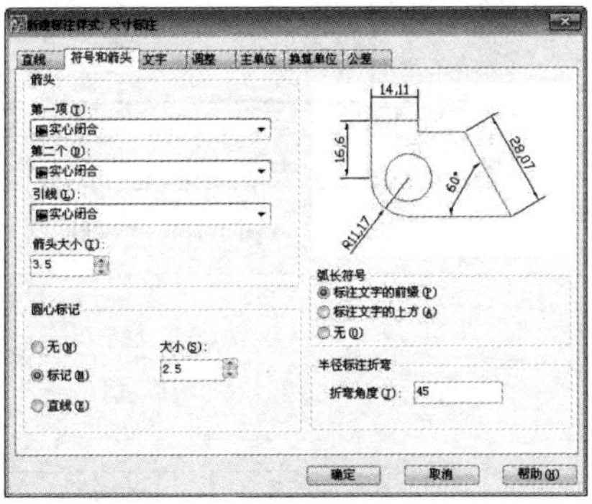

图 1-163　尺寸样式参数（二）

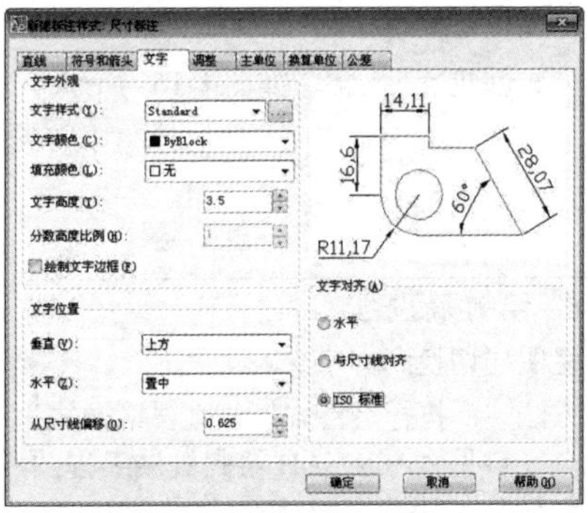

图 1-164　尺寸样式参数（三）

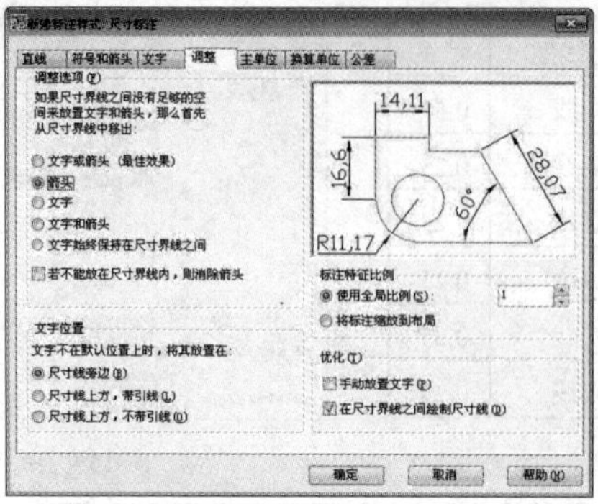

图 1-165 尺寸样式参数（四）

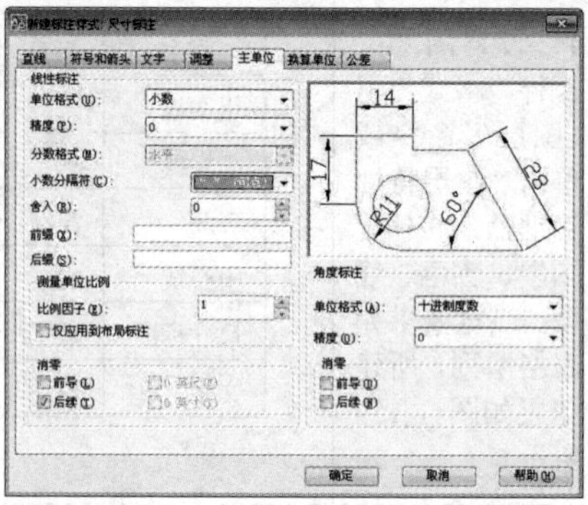

图 1-166 尺寸样式参数（五）

7．绘制图框。

（1）图形界限（细实线）。将图层切换到细实线层。

菜单命令：绘图→矩形或单击“矩形”按钮

指定第一个角点或[倒角(C)/标高(E)/圆角(F)/厚度(T)/宽度(W)]:0,0

指定另一个角点或[尺寸(D)]:420,297

或用 MVSETUP 设置图形界限。如图 1-167 所示。

（2）图框（粗实线）。将图层切换到粗实线层。

菜单命令：绘图→矩形或单击“矩形”按钮

命令: _rectang

指定第一个角点或 [倒角(C)/标高(E)/圆角(F)/厚度(T)/宽度(W)]: 25,5

指定另一个角点或 [面积(A)/尺寸(D)/旋转(R)]: @390,287

完成创建 A3 图幅，如图 1-168 所示

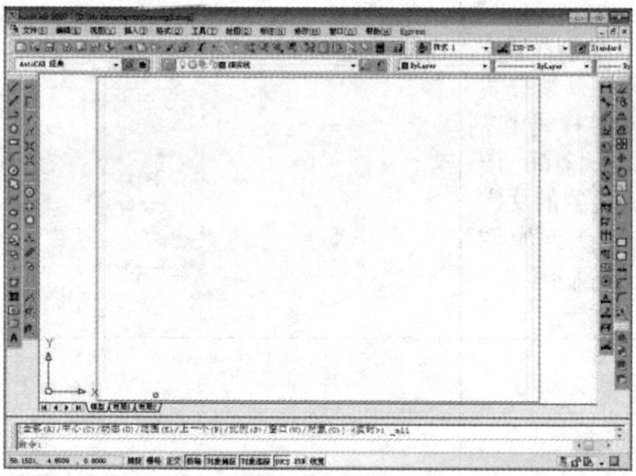

图 1-167 设置图形界限

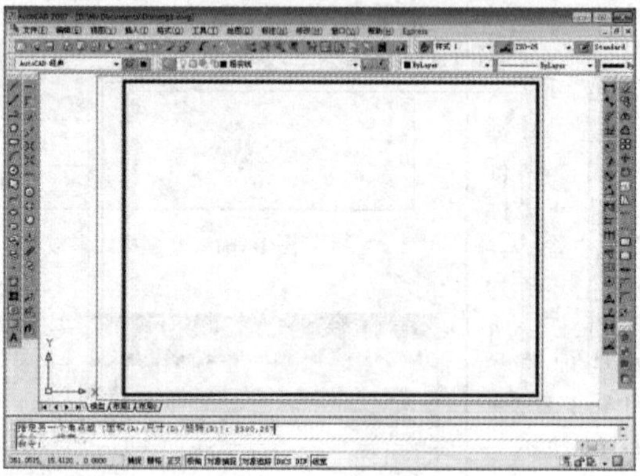

图 1-168 绘制图框

8．绘制标题栏。

将图层切换到文字层。

方法一：执行“格式”→“表格样式”命令（参见《AutoCAD 绘制机械工程图样》教材）。结果如图 1-169 所示。

方法二：执行“绘图”→“直线”命令或单击“直线”按钮；执行“绘图”→“偏移”命令或单击“偏移”按钮；执行“绘

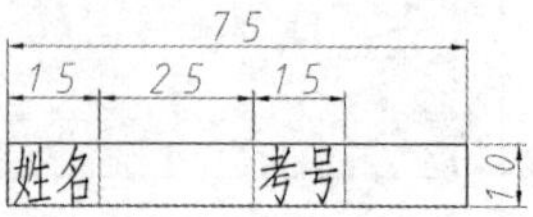

图 1-169 绘制标题栏

图”→“多行文字”命令或单击“多行文字”按钮，完成标题栏的绘制。 执行“绘图”→“移动”命令或单击“移动”按钮，关闭状态栏上的“极轴”“对象捕捉”“对象追踪”按钮，将姓名和考号移到格中的正中，如图 1-170 所示	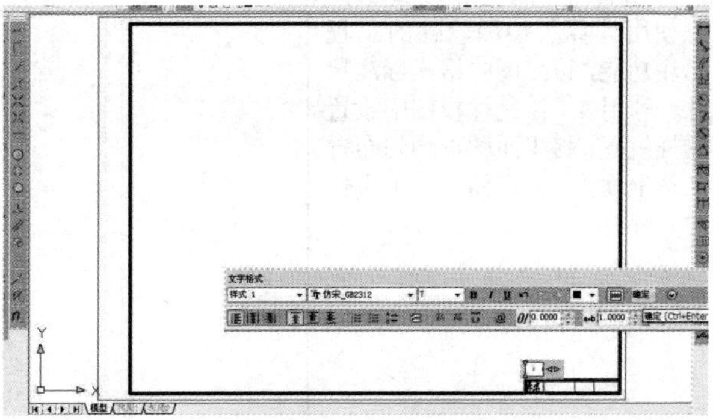 图 1-170　编辑填写标题栏
9．保存样板图。执行“文件”→“另存为”命令，打开“图形另存为”对话框，在“文件类型”下拉列表框中选择“AutoCAD 图形样板（*.dwt）”选项；在“文件名”文本框中输入文件名称 A3，如图 1-171 所示。单击“保存”按钮，打开“样板说明”对话框，在“说明”选项组中输入对样板图形的描述和说明，此时就创建好了一个标准的 A3 幅面的样板文件，如图 1-172 所示	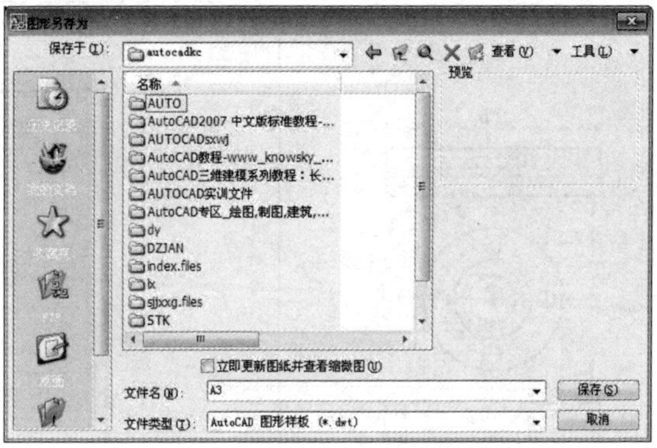 图 1-171　保存文件 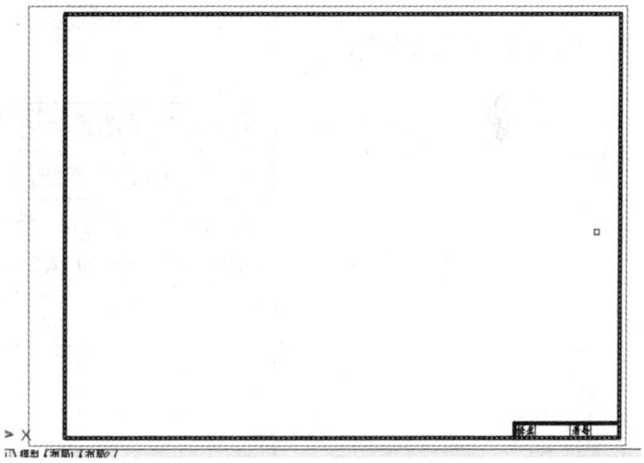 图 1-172　创建幅面

4.2　绘制产品平面图形

要求	绘制
读懂如图 1-173 所示的平面图形各项内容，使用计算机绘图软件抄画平面图形。能够按照不同类型图线或其他要求设置图层，使用图层分层绘图，能熟练使用计算机绘图软件的绘图及编辑功	1．打开 AutoCAD 绘图软件，打开 4.1 绘制样板图中设置的 A3.dwt 样板图，并将图形另存为 xm2.dwg，如图 1-174 所示

<table>
<tr>
<td rowspan="5">能，正确绘制平面图形。能够熟练使用计算机绘图软件的工程标注功能，按照图中格式标注尺寸。利用 4.1 绘制样板图中设置的样板图，将平面图形均匀布置在边框线内，并存储在一个文件中，保存
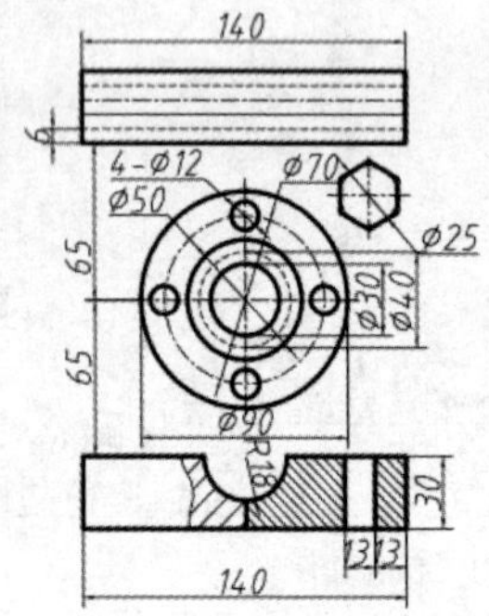
图 1-173　平面图形</td>
<td>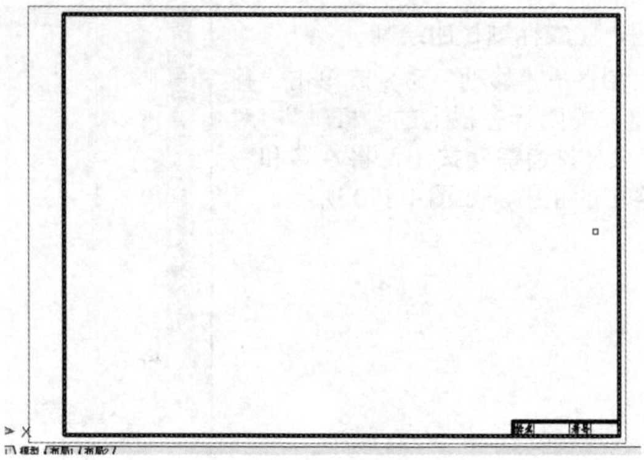
图 1-174　打开样板图</td>
</tr>
<tr>
<td>2．将中心线层设为当前层，画中心线，如图 1-175 所示
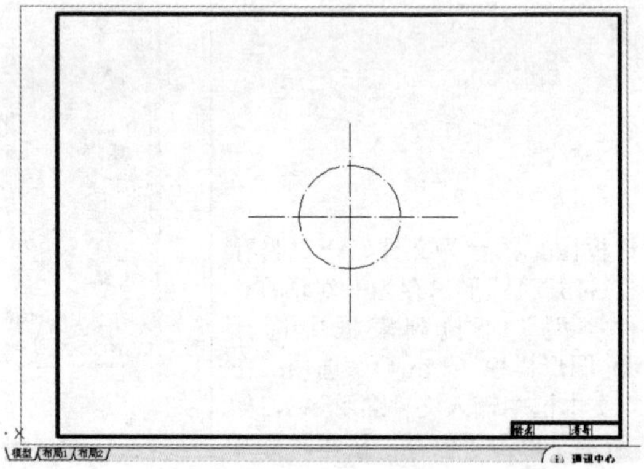
图 1-175　画中心线</td>
</tr>
<tr>
<td>3．画平面图形（在相应的图层上）</td>
</tr>
<tr>
<td>4．标注尺寸（在尺寸层上）</td>
</tr>
<tr>
<td>5．检查、完成计算机绘制平面图形，如图 1-176 所示（具体绘图步骤参见《AutoCAD 绘制机械工程图样》教材）
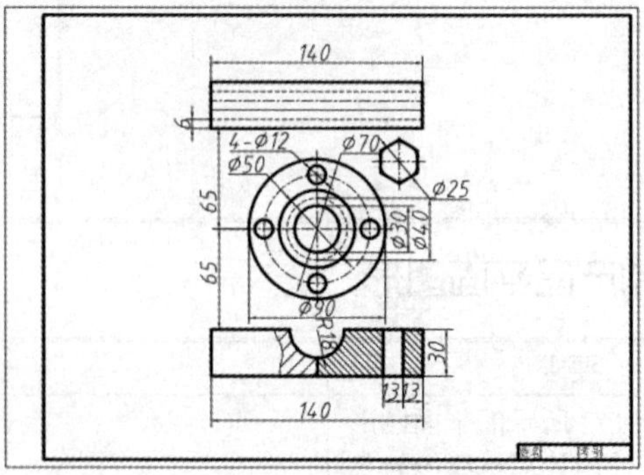
图 1-176　计算机绘制平面图形</td>
</tr>
</table>

任务实施

计算机绘制样板图和产品平面图形任务实施表

<table>
<tr><td>情　境</td><td colspan="6"></td></tr>
<tr><td>学习任务</td><td colspan="4"></td><td>完成时间</td><td></td></tr>
<tr><td>任务完成人</td><td>学习小组</td><td></td><td>组长</td><td></td><td>成员</td><td></td></tr>
<tr><td colspan="7">应用获得的知识和技能，在计算机上利用 AutoCAD 在 A4 图幅上绘制任务载体的平面图形，或在如下表格中手工绘制任务载体的平面图形</td></tr>
<tr><td colspan="7"></td></tr>
</table>

考核评价

计算机绘制产品平面图形过程考核评价表

情　境					
学习任务			完成时间		
任务完成人	学习小组	组长	成员		
评价项目	评价内容	评价标准	得分		
			自评	互评（组内互评，取平均分）	教师评价
知识目标（40%）	自主学习	通过自主学习，对知识的理解、掌握及接受新知识的能力 □优（10）□良（8）□中（6）□差（4）			
	课堂学习	通过课堂学习，对知识的理解、掌握及接受新知识的能力 □优（30）□良（26）□中（22）□差（18）			
能力目标（40%）	计算机绘制样板图和产品平面图形任务实施表	□优（10）□良（8）□中（6）□差（4）			
	任务跟踪训练	□优（25）□良（21）□中（17）□差（13）			
	创新能力	能够创新设计并绘制产品平面图形 □优（5）□良（3）□中（2）□差（1）			
思政目标（20%）	团结协作、沟通能力	相互沟通、交流、协作、互帮互学，具备良好的群体意识 □优（5）□良（3）□中（2）□差（1）			
	家国情怀、爱岗敬业；严谨细致，一丝不苟；遵守制图国家标准规范	□优（10）□良（8）□中（6）□差（4）			
	遵守学校规章制度（纪律、出勤、卫生）	□优（5）□良（4）□中（3）□差（2）			
总分（自评 25%+互评 25%+教师评价 50%）					

学习情境 2　组合体视图的识绘

学习目标

知识目标：掌握点、直线、平面的投影规律；掌握基本几何体及表面上点的投影；掌握组合体的截交线和相贯线的投影；掌握组合体的视图和剖视图。

能力目标：熟练应用点、直线、平面的投影特性；基本几何体及表面上点的投影；组合体的截交线和相贯线的投影及组合体的视图和剖视图。

思政目标：培养学生用唯物辩证法的观点分析、解决问题；培养学生执着专注、取长补短、和谐友善、诚实守信、换位思考并树立正确的人生观、世界观和价值观；培养学生确定人生目标和职业规划。

子学习情境 2.1　组合体的点、直线、平面的投影

情境导入

组合体的点、直线、平面的投影工作任务单

<table>
<tr><td>情　境</td><td colspan="6">组合体视图的识绘</td></tr>
<tr><td>学习任务</td><td colspan="4">子学习情境 2.1：组合体的点、直线、平面的投影</td><td>完成时间</td><td></td></tr>
<tr><td>任务完成人</td><td>学习小组</td><td></td><td>组长</td><td></td><td>成员</td><td></td></tr>
<tr><td>任务要求</td><td colspan="6">掌握：①投影法的种类和正投影法的性质；②三视图的形成及三视图的投影规律；③点、直线、平面的投影特性</td></tr>
<tr><td>任务载体和资讯</td><td colspan="2">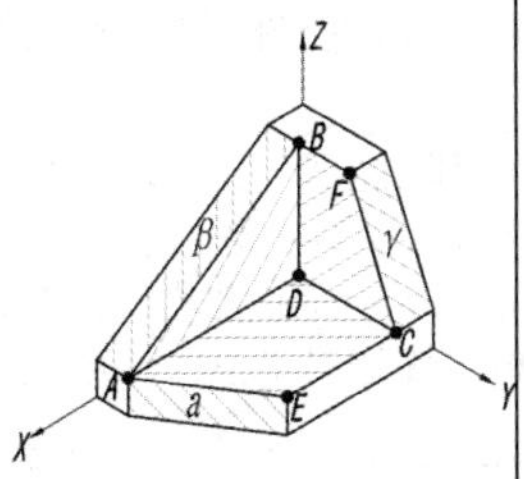</td><td colspan="4">要求：根据任务载体图形，作组合体上所示的点、直线和平面的投影，并完成填空。C 和 D 是____点、F 和 B 是____点、AB 是____线、BD 是____线、EC 是____线、FC 是____线、AD 是____线、CD 是____线、AE 是____线、β 是____面、α 是____面、γ 是____面、$AECD$ 是____面、ADB 是____面、$CDBF$ 是____面（尺寸从图中量取，在组合体的点、直线、平面的投影任务实施表中完成）。
资讯：
1．投影法的种类和正投影法的性质。
2．三视图的形成及三视图的投影规律。
3．点、直线、平面的投影特性</td></tr>
<tr><td>完成任务注意点</td><td colspan="6">①正投影法的应用；②三视图的“三等”关系、度量关系（X 坐标对应物体的长度、Y 坐标对应物体的宽度、Z 坐标对应物体的高度）、方位关系（主视图反映物体的上、下、左、右；俯视图反映体物的左、右、前、后；左视图反映物体的上、下、前、后）；③作图时注意线型的正确画法和投影点在三视图上的正确标注</td></tr>
</table>

知识链接

1 投影法的种类和正投影法的性质

投影法的种类
和正投影法的性质

1.1 投影法的概念

<table>
<tr><th>投影法的概念</th><th>图例</th></tr>
<tr><td>我们都知道物体在光线照射下会在表面上（如墙壁、地面等）产生影子，这就是自然界的投影现象。在机械工程中，利用自然界这种投影现象，经过科学抽象，提出了投影法的概念。用投射线照射物体，把物体投到特定的平面上而得到物体图形的方法称为投影法，所设定的平面叫投影面，在投影面上的图形称为物体的投影，如图 2-1 所示。
物体的投影与影子的区别：物体的投影有轮廓线，影子没有。如图 2-2 所示</td><td>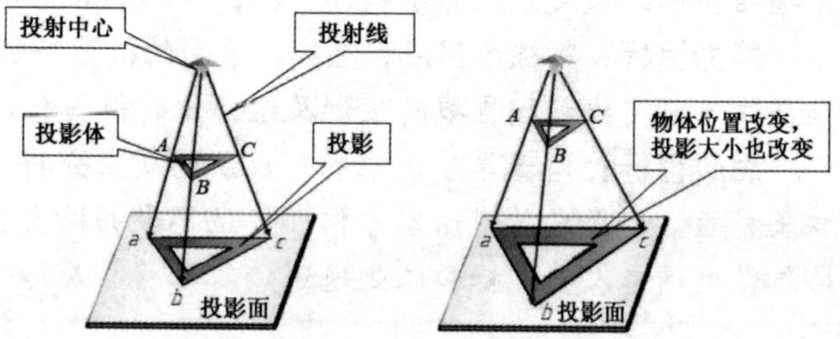

图 2-1　中心投影法
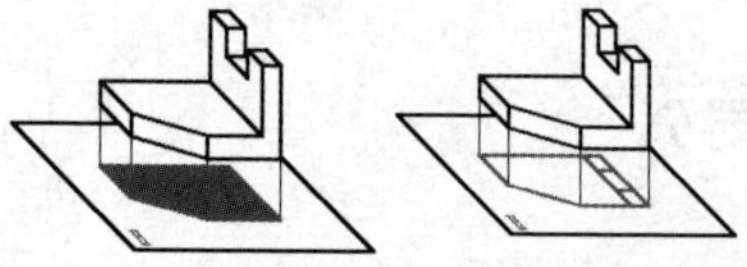
（a）影子　（b）物体的投影
图 2-2　影子与物体投影的区别</td></tr>
</table>

1.2 投影的种类

<table>
<tr><td colspan="3">根据投射线之间的相对位置关系，常用的投影法有两大类：中心投影法和平行投影法</td></tr>
<tr><td>中心投影法及特性</td><td colspan="2">全部投射线从有限远的一点（投影中心 S）投射出，在投影面上做出物体投影的方法，称为中心投影法，如图 2-1 所示。中心投影法的投影大小与物体和投影面之间的距离有关，一般不能反映空间物体表面的真实形状和大小，用于画建筑透视图。其投影特性：立体感强，度量性差</td></tr>
<tr><td rowspan="3">平行投影法及特性</td><td colspan="2">若将图 2-1 中的投影中心移至无穷远，则所有投射线都相互平行，这种投影法称为平行投影法。根据投射线是否垂直于投影面，平行投影法又分为两种：正投影法和斜投影法。其投影特性：投影大小与物体和投影面之间的距离无关，能准确地表达物体的形状和大小，度量性好。在机械工程绘图中广泛应用。机械工程图样就是用正投影法绘制的，以后将正投影简称为投影</td></tr>
<tr><td>正投影法</td><td>斜投影法</td></tr>
<tr><td>投射线相互平行且垂直于投影面的投影方法称为正投影法，所得投影称为正投影，如图 2-3（a）所示</td><td>投射线相互平行且倾斜于投影面的投影方法称为斜投影法，所得投影称为斜投影，如图 2-3（b）所示</td></tr>
</table>

<table>
<tr><td></td><td>
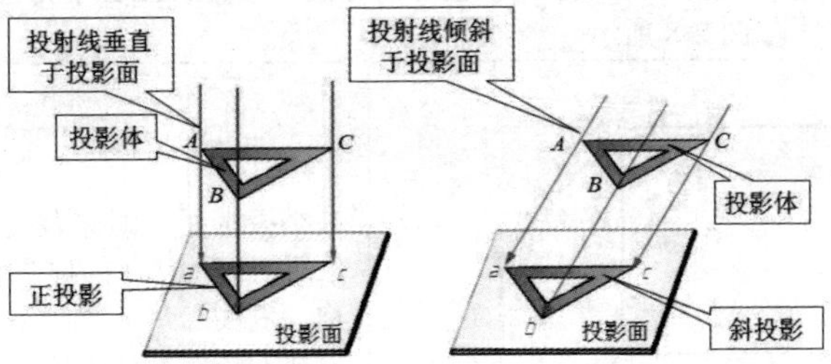

（a）正投影　　（b）斜投影

图 2-3　正投影法和斜投影法
</td></tr>
</table>

1.3　正投影法的基本性质

<table>
<tr><th>特性</th><th>图示</th></tr>
<tr><td>

实形性：平面图形（或直线）与投影面平行时，其投影反映实形（或实长），如图 2-4 所示。

积聚性：平面图形（或直线）与投影面垂直时，其投影积聚为一条直线（或一个点），如图 2-5 所示。

类似性：平面图形（或直线）与投影面倾斜时，其投影变小（或变短），但投影的形状仍与原来形状相类似，如图 2-6 所示

</td><td>

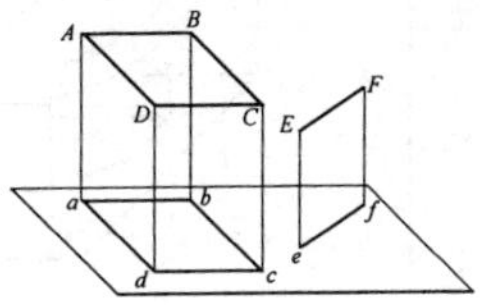

图 2-4　投影的实形性

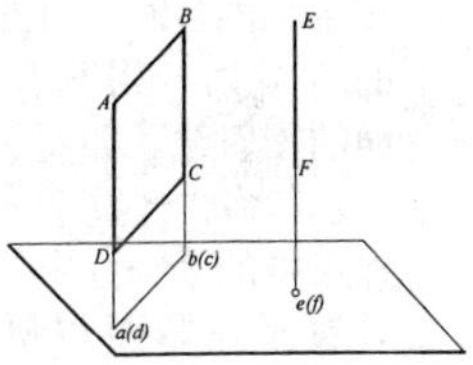

图 2-5　投影的积聚性

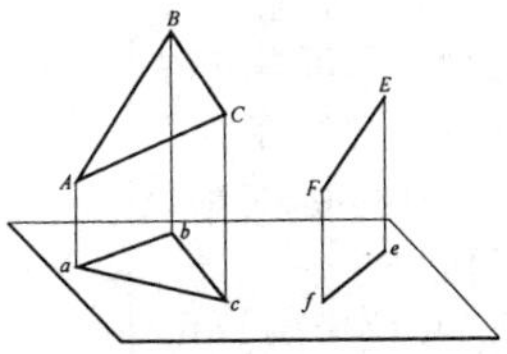

图 2-6　投影的类似性

</td></tr>
</table>

2　三视图的形成及三视图的投影规律（思政元素：唯物辩证法的观点）

三视图的形成及投影规律

2.1　三视图的形成

<table>
<tr><td colspan="2">根据国家标准 GB/T 14692－2008 的规定，用正投影法所绘制出的物体的投影图形称为视图。用正投影法绘制物体的视图时，是将物体置于观察者与投影面之间，以观察者的视线作投射线，而将观察到的形状画在投影面上。把看得见的轮廓用粗实线表示，看不见的轮廓用细虚线表示，图形的对称中心线用细点画线表示</td></tr>
<tr><td>根据物体的一个视图一般不能确定其形状和大小。如图 2-7 所示，几个形状不同的物体在同一投影面上得到了相同的视图。因此，必须再从其他方向作投影，几个视图结合起来才能清楚地表达物体的真实形状和大小。通常采用三视图表示</td><td>

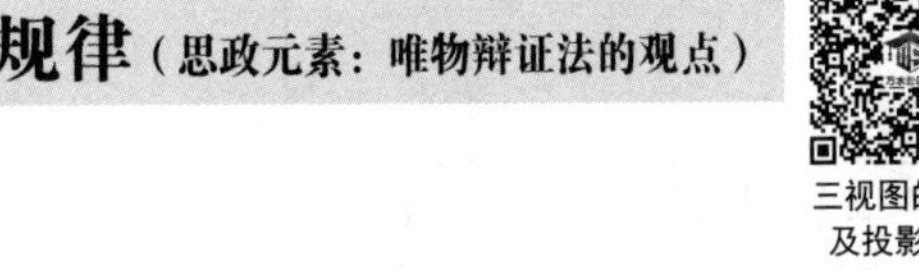

图 2-7　不同物体在一个投影面上得到相同的视图

</td></tr>
</table>

<table>
<tr><td rowspan="2">三面投影体系</td><td colspan="2">由于物体都有长、宽、高三个相互垂直的方向，因此设立三个相互垂直相交的投影面，构成三面投影体系，如图 2-8 所示</td></tr>
<tr><td>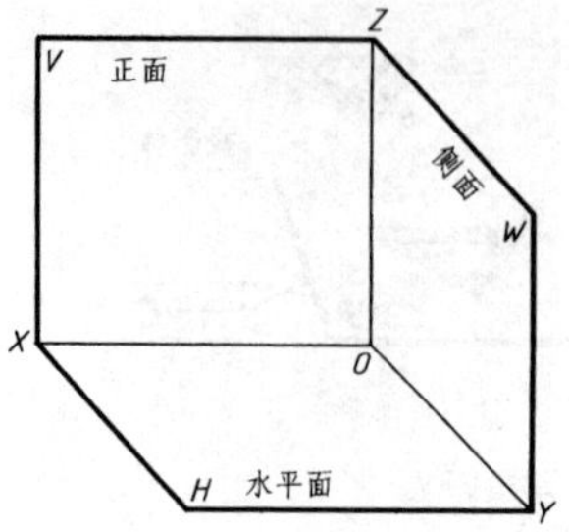

图 2-8　三面投影体系</td><td>三个投影面分别称为：正立投影面 V（简称“正面”）；水平投影面 H（简称“水平面”）；侧立投影面 W（简称“侧面”）。
每两个投影面的交线 OX、OY、OZ 称为投影轴，三个投影轴相互垂直相交于一点 O，称为原点</td></tr>
<tr><td>三视图的形成</td><td>在绘制图样时，通常假定人的视线为一组垂直于投影面的投射线。如图 2-9（a）所示，将物体置于三面投影体系中的某一固定位置上，且置于投影面与观察者之间，并使物体的主要表面处于平行或垂直于投影面的位置，用正投影法分别向 V、H、W 面投射，即可得到物体的三个视图，分别称为：
（1）主视图。由前向后投射，在 V 面上得到的视图。
（2）俯视图。由上向下投射，在 H 面上得到的视图。
（3）左视图。由左向右投射，在 W 面上得到的视图</td><td>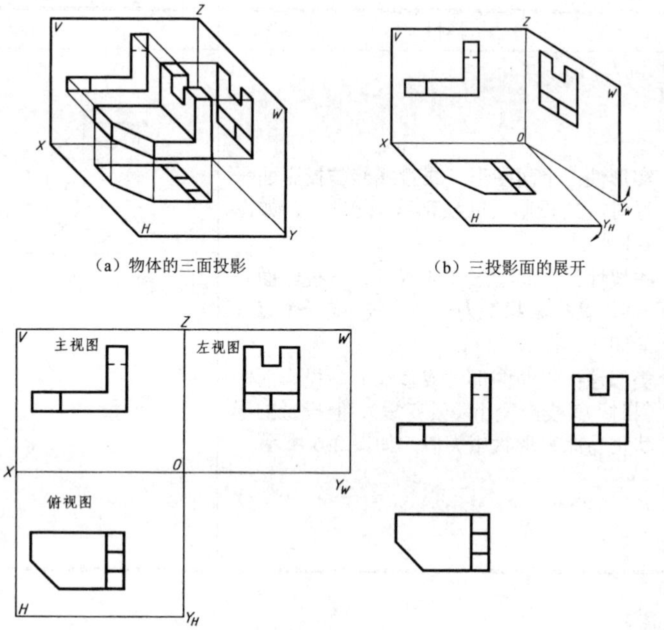

图 2-9　三视图的形成</td></tr>
<tr><td colspan="3">为使三个视图能画在一张图纸上，必须把三个相互垂直的投影面展开摊平。如图 2-9（b）和（c）所示，V 面保持不动，H 面绕 OX 轴向下旋转 90°，W 面绕 OZ 轴向右旋转 90°，使它们与 V 面处在同一平面上。这样，就得到了在同一平面上的三视图，如图 2-9（c）所示。OY 轴是 H 面与 W 面的交线，投影面展开后，OY 轴分为两处，在 H 面上标以 OY_H，在 W 面上标以 OY_W，如图 2-9（c）所示。
为了简化作图，投影面边框和投影轴可不必画出，因为它们与所画视图的形状及大小无关，如图 2-9（d）所示，但由于三个视图是一个物体在同一位置上分别向三个投影面所作的投影，因此它们之间有如下位置关系：以主视图为准，俯视图在主视图的正下方，左视图在主视图的正右方。这叫按投影关系配置视图，不必标注视图名称［图 2-9（d）］。视图之间的距离可根据图纸幅面和视图的大小来确定，一般要分布均匀</td></tr>
</table>

2.2　三视图的投影规律

<table>
<tr><th colspan="2">三视图的方位关系及坐标与物体尺寸的对应关系</th></tr>
<tr><td colspan="2">物体有长、宽、高三个方向的尺寸，每个视图都反映物体的两个方向的尺寸。如果把物体左右方向的尺寸称为长，前后方向的尺寸称为宽，上下方向的尺寸称为高，则主、俯视图同时反映了物体上各部分的左右位置，主、左视图同时反映了物体上各部分的上下位置，俯、左视图同时反映了物体上各部分的前后位置。且靠近主视图的一侧是物体的后面，远离主视图的一侧是物体的前面。X 坐标反映了物体的长，Y 坐标反映了物体的宽，Z 坐标反映了物体的高。这样，相邻两个视图同一方向的尺寸必定相等（图 2-10）</td></tr>
<tr><th>三视图的投影规律</th><th>图示</th></tr>
<tr><td>三视图之间应存在如下投影关系：
1．主、俯视图中相应投影的长度相等，且要对正。
2．主、左视图中相应投影的高度相等，且要平齐。
3．俯、左视图中相应投影的宽度相等。
上述主、俯、左三个视图之间的投影对应关系，通常简称为“长对正、高平齐、宽相等”的三等关系。这就是三视图的投影规律。它不仅适用于整个物体的投影，也适用于物体上每个局部结构的投影。画图、读图时要严格遵守</td><td>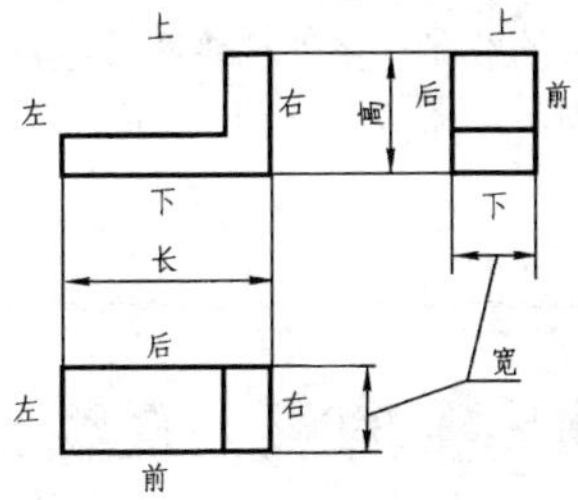

图 2-10　三视图之间的投影对应关系</td></tr>
</table>

2.3　三视图的作图方法和步骤

<table>
<tr><td colspan="2">画物体的三视图时，应遵循正投影法的基本原理及三视图间的投影关系。现以如图 2-11（a）所示的弯板为例，说明作图的方法和步骤</td></tr>
<tr><th>分析</th><th>图示</th></tr>
<tr><td>1．分析物体的形状。
弯板可以看成由底板和竖板组成。其中底板的左端中部切去了一个方槽，竖板的上部前后各切去一个角。
2．确定物体的位置。
将弯板放平，使弯板上尽可能多的平面平行或垂直于投影面。
3．选择主视图。主视图应尽量反映物体的主要形体特征。所以选择最能反映弯板形体特征的方向作为主视图的投射方向，并考虑其余两视图简单易画，虚线少。这样左视图与俯视图的方向也就确定了，如图 2-11（a）所示</td><td>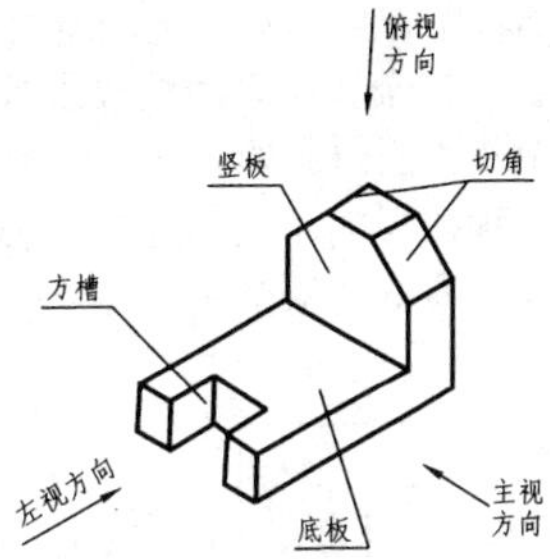

（a）分析物体形状，选择主视图
图 2-11　三视图的作图分析和步骤（一）</td></tr>
<tr><th>步骤</th><th>图示</th></tr>
<tr><td>1．画作图基准线。
一般选大孔的中心线，对称图形的对称中心线及大的表面为作图基准，如图 2-11（b）所示。
2．画三视图。
先不考虑弯板上的槽和切角，画出完整的底板和竖板。从主视图开始，按视图间的投影对应关系将三个视图结合起来一起画。画每个部分时，先画出投影具有积聚性的表面，如图 2-11</td><td>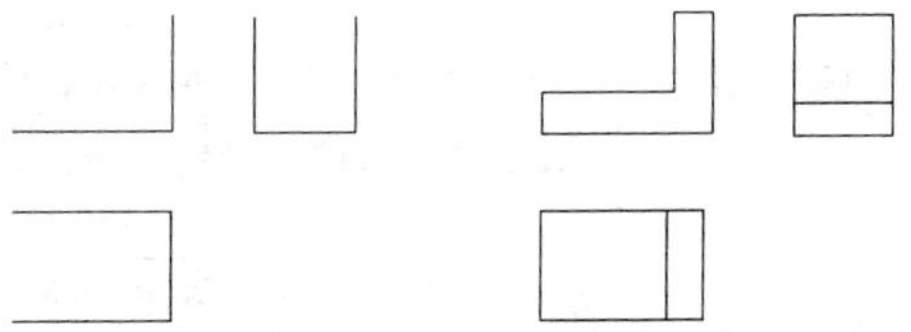
（b）画作图基准线　　（c）画弯板（由底板和竖板组成）的三视图</td></tr>
</table>

（c）所示。 3．画方槽的三面投影，如图 2-11（d）所示。 由于构成方槽的三个平面的水平投影都具有积聚性，反映方槽的形体特征。因此可先画出方槽的水平投影，再根据视图间的投影对应关系分别画出其余两个视图。 4．画右边两个切角的三面投影。 由于弯板被切角后的平面垂直于侧面，所以应先画其侧面投影，再按投影对应关系画出其余两个投影，如图 2-11（e）所示。 5．检查底稿、描深加粗。 擦去多余的线条，将外部轮廓线描深加粗，完成三视图，如图 2-11（f）所示	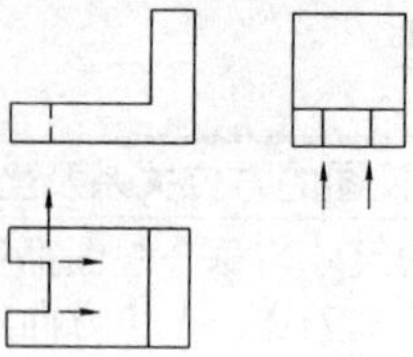 （d）画左端方槽的三面投影（先画水平投影） 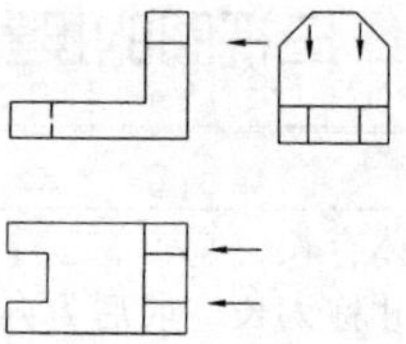 （e）画右边切角的三面投影（先画侧面投影） 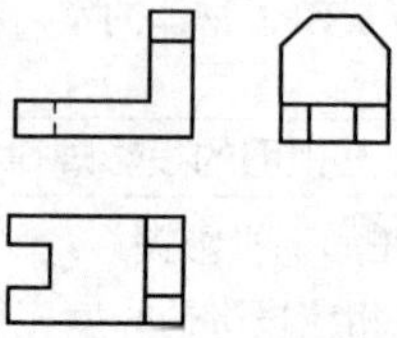 （f）描深加粗，完成三视图 图 2-11　三视图的作图分析和步骤（二）

3　物体上的点、直线、平面的投影特性（思政元素：执着专注）

点的投影规律

3.1　物体上点的投影

3.1.1　点的投影规律

物体上点的投影分析	点的投影规律
如图 2-12（a）所示，设物体上有一点 A，A 点的三面投影就是由 A 向三个投影面所作垂线的垂足。 点的三面投影在物体视图上的位置如图 2-12（b）所示。从图中可以看出，A 点三个投影之间的投影关系与三视图之间的三等关系是一致的，由此我们得到如右单元格中的点的投影规律。 点的投影规律说明了点的任一投影与另外两个投影之间的关系，是画图与读图的重要依据 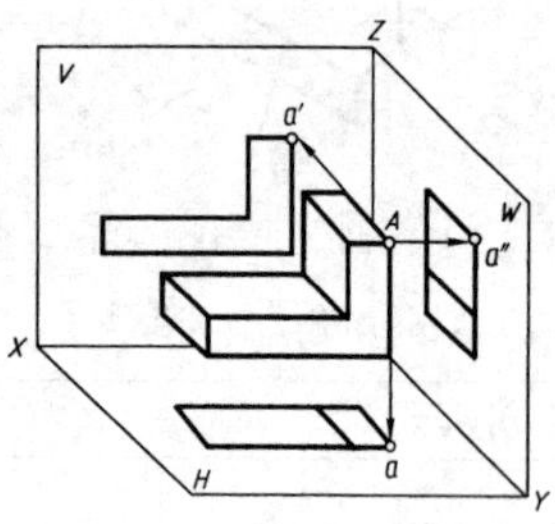 （a）由物体上的 A 点向三个投影面作垂线 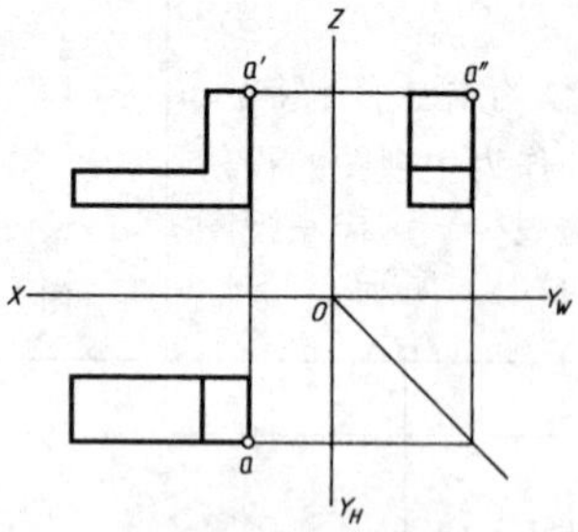 （b）物体上 A 点的三面投影 图 2-12　物体上点的投影分析	1．A 点在 H 面上的投影称为水平投影，用 a 表示。 2．A 点在 V 面上的投影称为正面投影，用 a' 表示。 3．A 点在 W 面上的投影称为侧面投影，用 a'' 表示。 点的投影规律如下： （1）点的水平投影 a 和正面投影 a' 的连线垂直于 OX 轴，即 $aa' \perp OX$。 （2）点的正面投影 a' 和侧面投影 a'' 的连线垂直于 OZ 轴，即 $a'a'' \perp OZ$。 （3）点的水平投影 a 到 OX 轴的距离等于其侧面投影 a'' 到 OZ 轴的距离即点的水平投影与侧面投影具有相同的 Y 坐标。因此，过 a 的水平线与过 a'' 的垂直线必相交于过原点 O 的 45°斜线上
点的投影与坐标的关系分析	**点的投影与坐标的关系**
若将图 2-12 中的 A 点从物体中分离出来，可得到如图 2-13（a）所示的图形。图 2-13（b）是 A 点的三面投影。	1．A 点到 H 面的距离：$Aa=a'a_x=a''a_Y=$$A$ 点的 Z 坐标。

三面投影体系相当于三维坐标系，以投影面为坐标面，投影轴为坐标轴，O 为坐标原点，则空间一点 A 至三个投影面的距离便是 A 点的坐标 X、Y、Z，如图 2-13（a）所示。因此，点的投影与坐标的关系如右单元格所写。 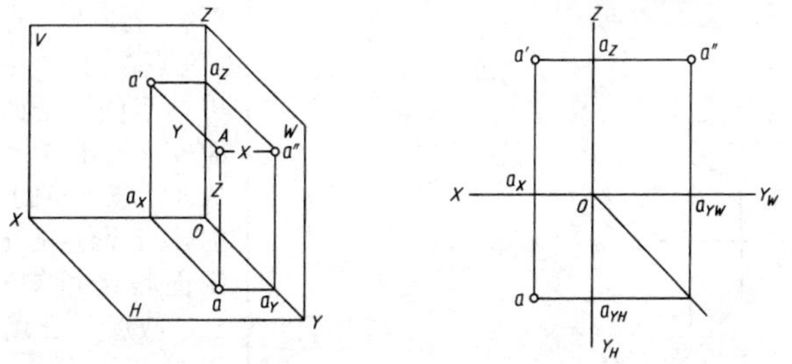 （a）单独一点 A 向三个投影面作垂线　（b）A 点的三面投影 图 2-13　点的三面投影	2．A 点到 V 面的距离：$Aa'=aa_x=a''a_z$=A 点的 Y 坐标。 3．A 点到 W 面的距离：$Aa''=a'a_z=aa_Y$=A 点的 X 坐标。 由上述关系可知，A 点的正面投影 a' 由 X、Z 坐标确定，水平投影 a 由 X、Y 坐标确定，侧面投影 a'' 则由 Y、Z 坐标确定，并且点的任意两个投影都反映了点的三个坐标值。因此，若已知点的坐标 X、Y、Z，便可作出该点的投影图；反之，画出了点的投影图，也就唯一地确定了该点的坐标值
应用 1：已知 A 点的正面投影 a' 和侧面投影 a''，求作其水平投影 a［图 2-14（a）］。 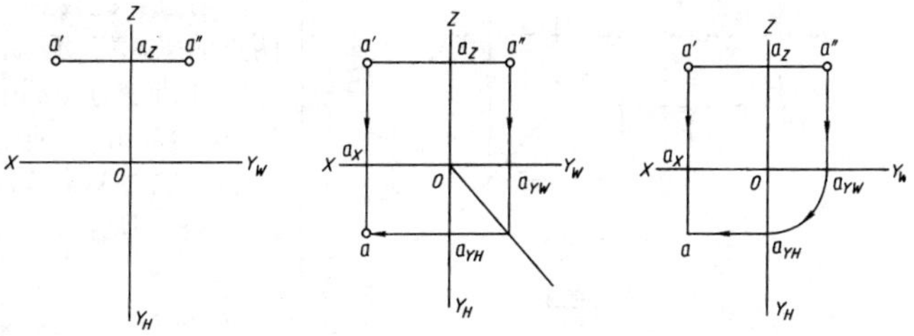 （a）原图　（b）通过 45°斜线求水平投影　（c）通过圆弧求水平投影 图 2-14　由点的两面投影求作第三面投影	解：根据点的投影规律，其作图步骤如下： 1. 由于 A 点的水平投影 a 与正面投影 a' 的连线垂直于 OX 轴，所以过 a' 作 OX 轴的垂线，a 必在此垂线上，如图 2-14（b）所示。 2. 由于 a 到 OX 轴的距离等于 a'' 到 OZ 轴的距离，为此，过 a'' 作 OY_W 轴的垂线与过 O 点的 45°斜线相交于一点，过交点再作 OX 轴的平行线，与过 a' 所作垂线相交即得 a，如图 2-14（b）所示。也可过 a'' 作垂线与 OY_W 轴相交于 a_{YW}，然后以 O 为圆心，以 Oa_{YW} 为半径作圆弧与 OY_H 轴交于 a_{YH}，再过 a_{YH} 作 OX 轴的平行线与过 a' 所作垂线相交而得 a 点，如图 2-14（c）所示
应用 2：作点 B（8，15，10）的三面投影。 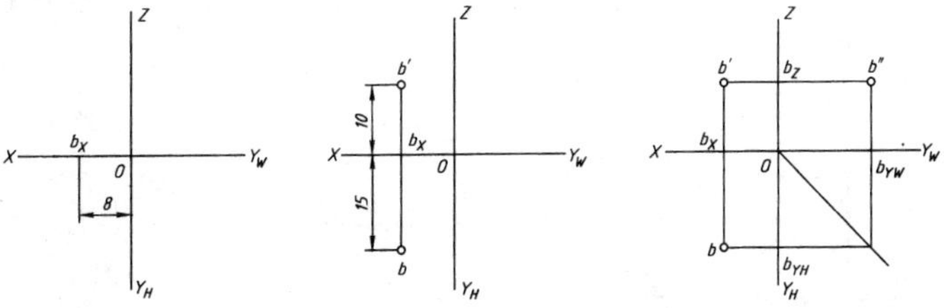 （a）在 OX 轴上量取 X=8mm　（b）在垂线上量取 Y=15mm 和 Z=10mm　（c）由 b 和 b' 求得 b'' 图 2-15　由点的坐标作点的投影	解：由已知坐标值先作出 B 点的正面投影 b' 和水平投影 b，再根据投影关系求出其侧面投影 b''。作图步骤如下： 1. 画出投影轴，并在 OX 轴上量取 X=8mm 得 b_X，如图 2-15（a）所示。 2. 过 b_X 作 OX 轴的垂线。在垂线上从 b_X 向下量取 Y=15mm 得到水平投影 b，向上量取 Z=10mm 得到正面投影 b'，如图 2-15（b）所示。 3. 由 b 和 b' 求得 b''，如图 2-15（c）所示

3.1.2 空间两点的相对位置

两点的相对位置分析	结论
空间两点的相对位置是指这两点在空间的左右（X）、前后（Y）、上下（Z）三个方向上的相对位置。要在投影图上判断空间两点的相对位置，应根据两点的各个同面投影关系和坐标差来确定 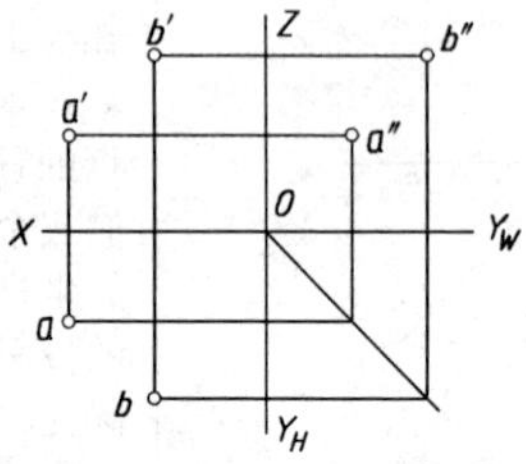 图 2-16 两点的相对位置	由图 2-16 知 A、B 两点的正面和水平面投影的 $X_A>X_B$，所以点 A 在点 B 的左方；由 A、B 两点的水平面和侧面投影可知 $Y_A<Y_B$，故 A 点在 B 点的后方；由 A、B 两点的正面和侧面投影可知 $Z_A<Z_B$，故点 A 在点 B 的下方
应用：读 A、B 两点的投影图，并比较其空间位置［图 2-17（a）］ 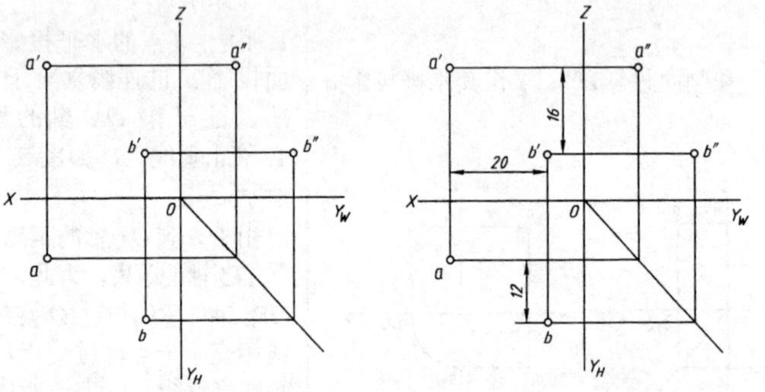 （a）原图　（b）比较后的图 图 2-17 读点的投影图	解：由投影图可得点的坐标，两点的相对位置由两点的坐标差确定。若以 A 点为基准，可根据投影图直接看出 B 点在 A 点的右方、下方、前方。比较 A、B 两点的坐标值，可知 B 点在 A 点右方 20mm、下方 16mm、前方 12mm 的位置，如图 2-17（b）所示

重影点及可见性分析	结论
空间两点的同面投影重合于一点叫作重影点。在图 2-18 中，C、D 两点的水平投影 c（d）重影为一点。因为水平投影的投影方向是由上向下，点 C 在点 D 的正上方，$Z_C>Z_D$，因此，点 C 的水平投影可见，D 点被遮盖，其水平投影不可见。通常规定，把不可见点的投影打上括弧，如图 2-18 中的（d）所示。 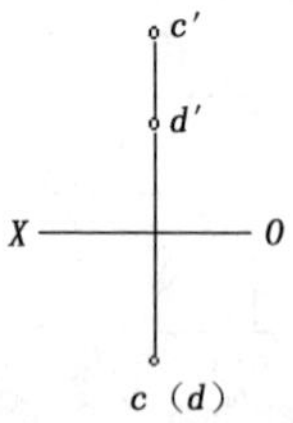 图 2-18 重影点及其可见性	如果两个点的某面投影重合，则对该投影面的投影坐标值大者为可见，小者为不可见

3.2　物体上直线的投影

3.2.1　物体上直线的投影特性

直线的投影特性

<table>
<tr><td colspan="5">如图 2-19 所示的物体上直线的投影，当直线垂直于投影面时，其投影积聚成一点；当直线平行于投影面时，其投影反映实长；当直线倾斜于投影面时，其投影小于实长。直线的投影实际上是线上两点同面投影（在同一投影面上的投影）的连线</td></tr>
<tr><td colspan="4">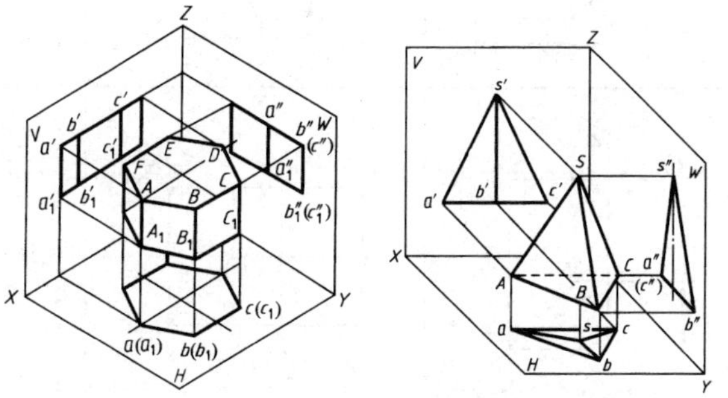
图 2-19　直线的投影</td><td>直线按其与投影面的相对位置，可分为投影面平行线、投影面垂直线及一般位置直线三种。前两种均称为特殊位置直线</td></tr>
<tr><td colspan="4">投影面平行线图示</td><td>投影面平行线的投影特性</td></tr>
<tr><td></td><td>正平线</td><td>水平线</td><td>侧平线</td><td rowspan="5">平行于一个投影面与另外两个投影面倾斜的直线，称为投影面平行线。投影面平行线有如下三种：
1．正面平行线，简称正平线。它平行于 V 面，倾斜于 H 面及 W 面。
2．水平面平行线，简称水平线。它平行于 H 面，倾斜于 V 面及 W 面。
3．侧面平行线，简称侧平线。它平行于 W 面，倾斜于 H 面及 V 面。
投影面平行线的投影特性：在直线平行的投影面上，其投影反映实长并倾斜于投影轴；其余两个投影分别平行于相应的投影轴，且小于实长</td></tr>
<tr><td>立体图</td><td>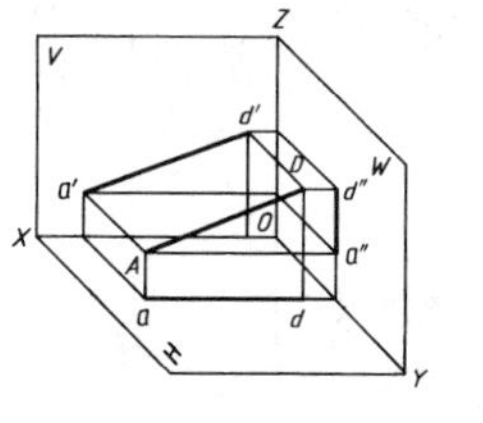</td><td>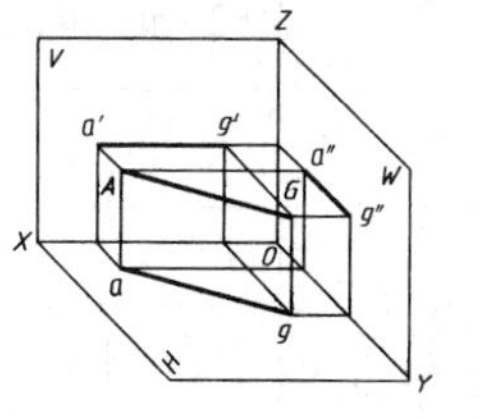</td><td>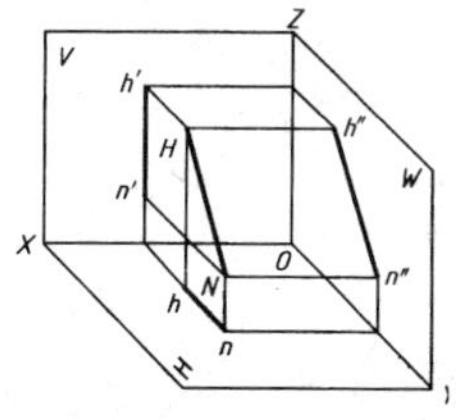</td></tr>
<tr><td>投影图</td><td>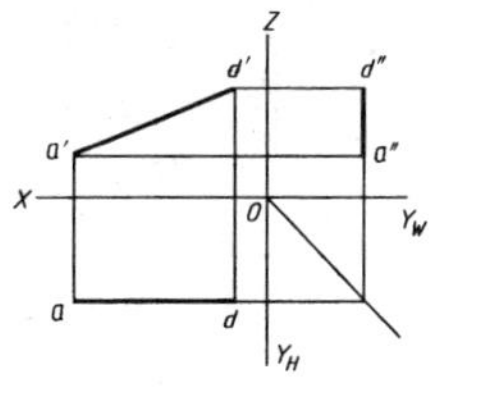</td><td>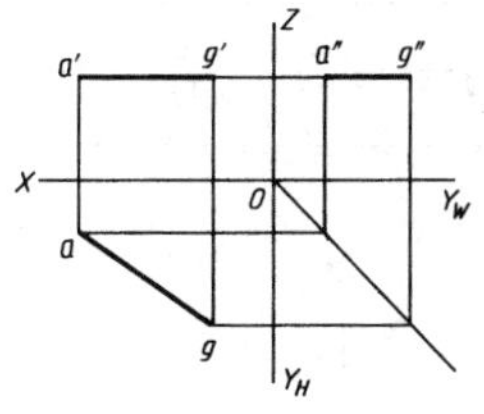</td><td>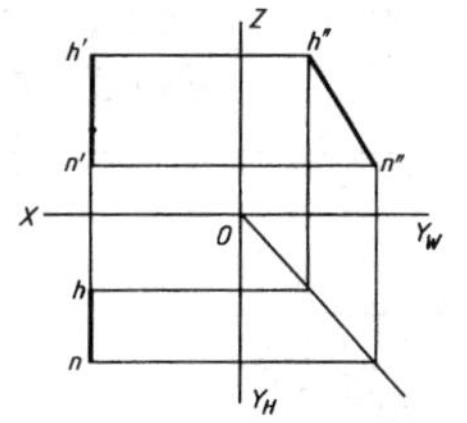</td></tr>
<tr><td>投影特性</td><td>（1）$a'd'$ 反映实长，$ad \parallel OX$ 轴。
（2）$a''d'' \parallel OZ$ 轴</td><td>（1）ag 反映实长，$a'g' \parallel OX$ 轴。
（2）$a''g'' \parallel OY_W$ 轴</td><td>（1）$h''n''$ 反映实长，$hn \parallel OY_H$ 轴。
（2）$h'n' \parallel OZ$ 轴</td></tr>
<tr><td>示例</td><td>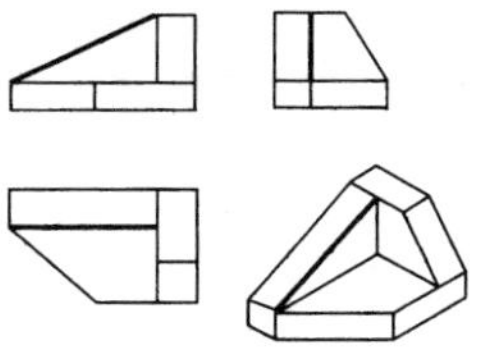</td><td>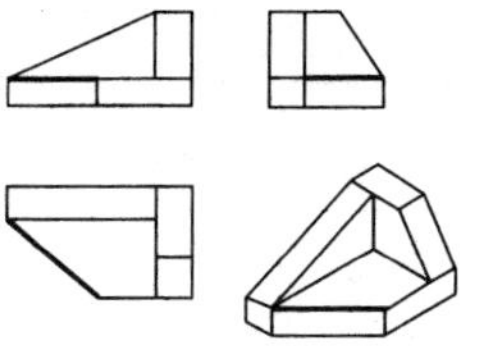</td><td>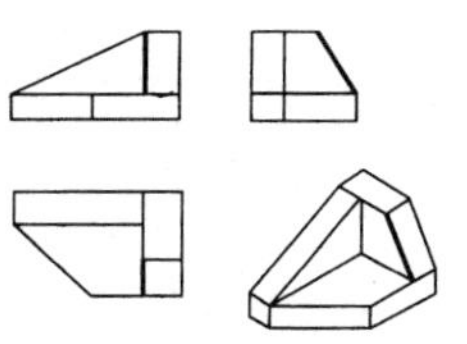</td></tr>
</table>

	投影面垂直线图示			投影面垂直线的投影特性
	铅垂线	正垂线	侧垂线	垂直于一个投影面的直线，称为投影面垂直线。投影面垂直线可分为以下三种： 1. 水平面垂直线，简称铅垂线。它垂直于 H 面，平行于 V 面及 W 面。 2. 正面垂直线，简称正垂线。它垂直于 V 面，平行于 H 面及 W 面。 3. 侧面垂直线，简称侧垂线。它垂直于 W 面，平行于 H 面及 V 面。 投影面垂直线的投影特性：在直线所垂直的投影面上，其投影积聚成一点；另外两个投影分别垂直于相应的投影轴，且反映实长
立体图	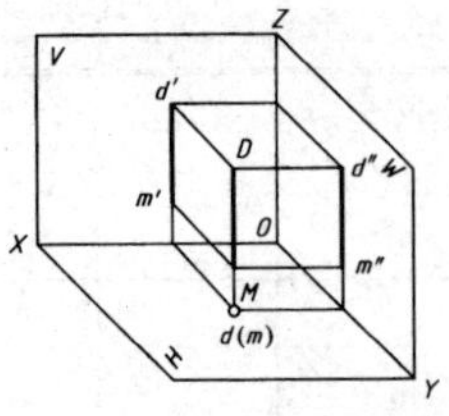	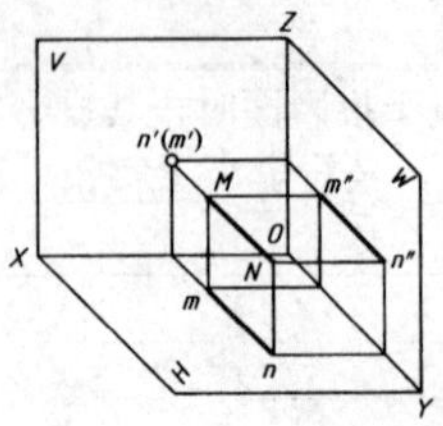	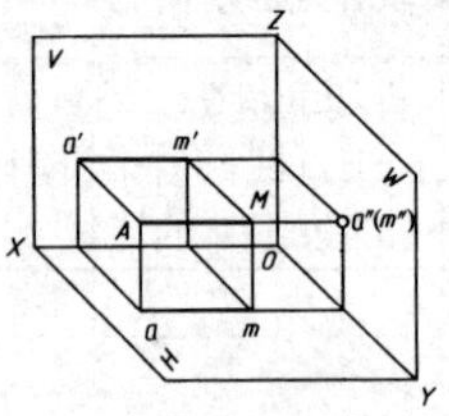	
投影图	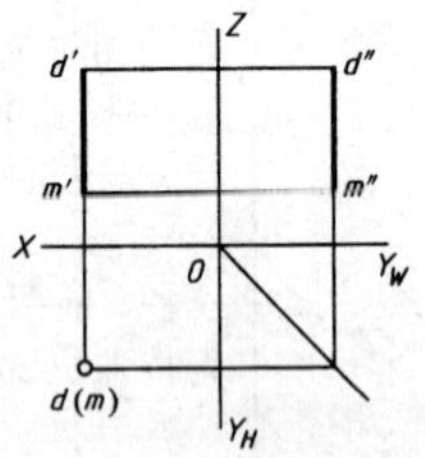	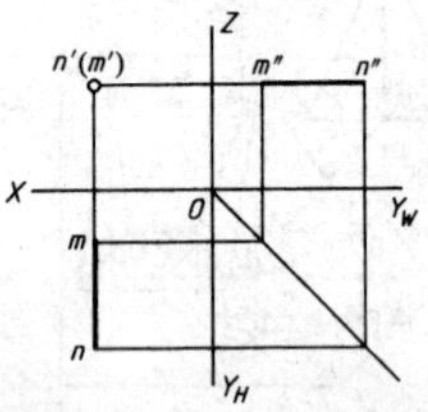	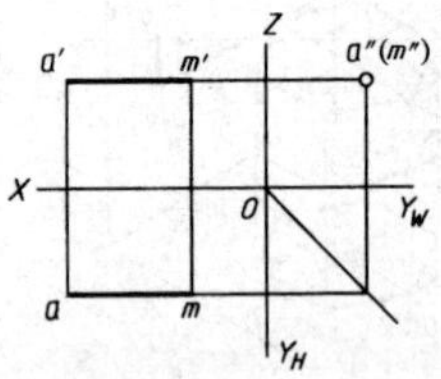	
投影特性	（1）$d(m)$ 积聚成一点。 （2）$d'm' \perp OX$ 轴，$d''m'' \perp OY_W$ 轴。 （2）$d'm'$ 和 $d''m''$ 反映实长	（1）$n'(m')$ 积聚成一点。 （2）$nm \perp OX$，$n''m'' \perp OZ$ 轴。 （2）nm 和 $n''m''$ 反映实长	（1）$a''(m'')$ 积聚成一点。 （2）$am \perp OY_H$ 轴，$a'm' \perp OZ$ 轴。 （2）am 和 $a'm'$ 反映实长	
示例	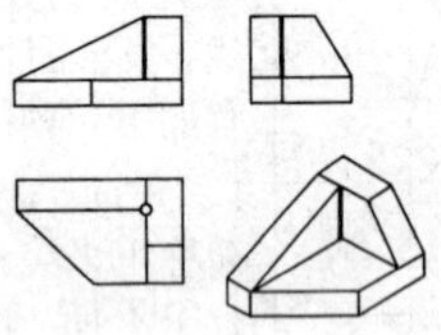	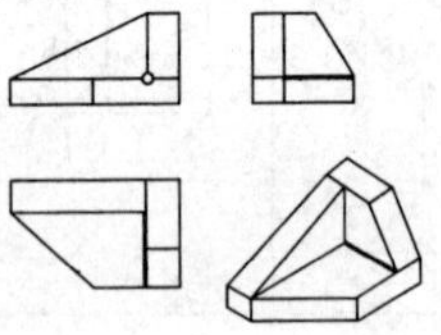	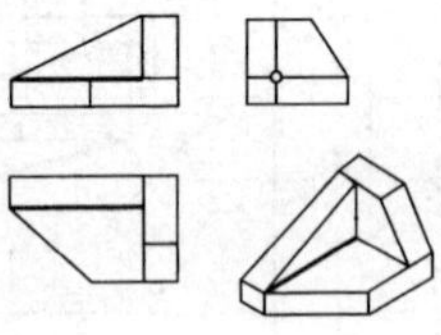	

一般位置直线图示	一般位置直线的投影特性
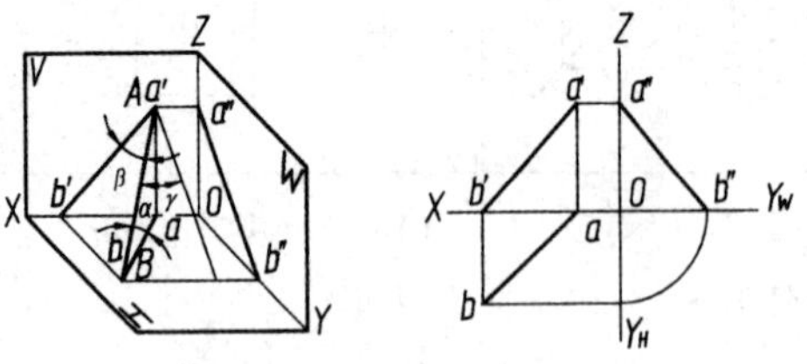 图 2-20 一般位置直线的投影	对三个投影面都倾斜的直线为一般位置直线。 一般位置直线的投影特性： 直线的三面投影都倾斜于投影轴，三面投影都小于直线的实长，如图 2-20 所示

3.2.2　直线上点的投影

点的从属性	图示
点在直线上，其投影必在该直线的同面投影上，并且满足点的投影特性。根据直线上点的投影特性（点在线的从属性），点 k 在直线 AB 上，则点 K 的三面投影 k、k'、k''必在 AB 的三面投影 ab、$a'b'$ 、$a''b''$ 上。如果已知直线及其上点的一个投影，可根据上述特性求出点的其余两投影，如图 2-21 所示	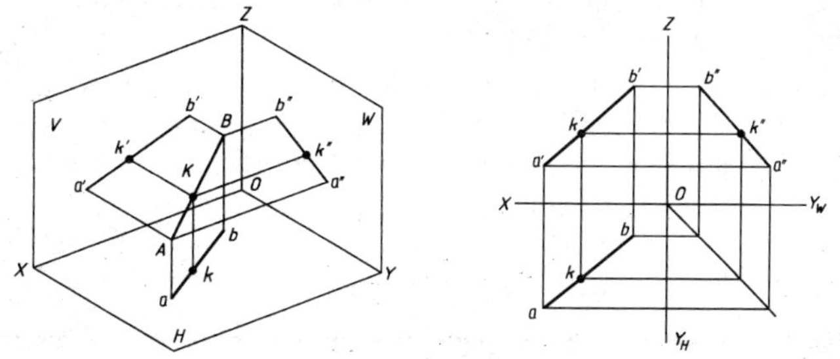 图 2-21　直线上点的投影
定比性	
属于线段上的点分割线段之比等于其投影之比：$AK:KB = ak:kb = a'k':k'b' = a''k'':k''b''$，如图 2-21 所示	

3.2.3　两直线的相对位置

相对位置	特性	图示
1. 平行两直线	空间两直线相互平行，它们的各组同面投影必定相互平行或重合，如图 2-22 所示	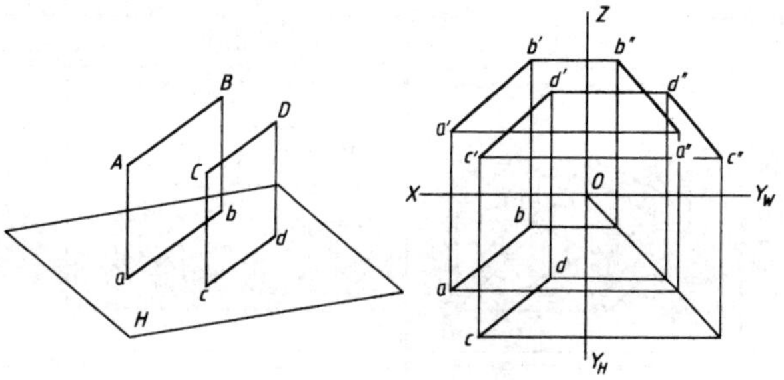 图 2-22　平行两直线的投影
2. 相交两直线	空间两直线相交，则它们的各同面投影必定相交，并且交点符合点的投影规律，如图 2-23 所示	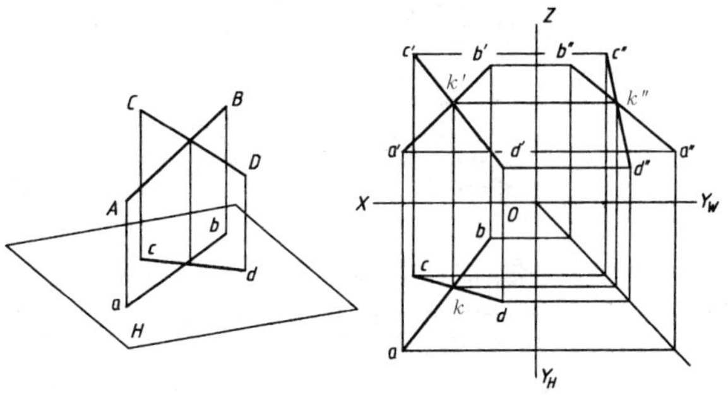 图 2-23　相交两直线的投影

3. 交叉两直线	在空间既不平行又不相交的两直线为交叉两直线，其投影不具有平行两直线和相交两直线的投影特性，如图 2-24 所示	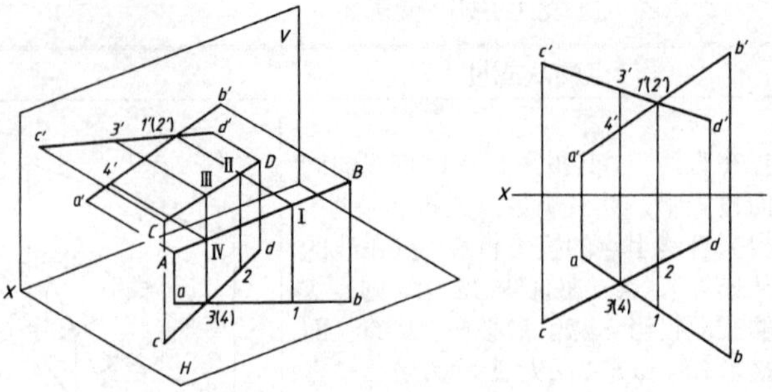图 2-24 交叉两直线的投影

3.3 物体上平面的投影特性

平面的投影特性

如图 2-19 所示的物体上平面的投影，当平面垂直于投影面时，其投影积聚成一条线；当平面平行于投影面时，其投影反映实形；当平面倾斜于投影面时，其投影是类似形。

平面对投影面的相对位置有三类：投影面垂直面、投影面平行面和一般位置平面。前两种为特殊位置平面

	投影面垂直面图示			投影面垂直面的投影特性
	正垂面	铅垂面	侧垂面	垂直于某一投影面而对另外两个投影面倾斜的平面，称为投影面垂直面。它可分别垂直于三个投影面，有三种类型：只垂直于水平面的平面称为铅垂面（⊥H 面）；只垂直于正面的平面称为正垂面（⊥V 面）；只垂直于侧面的平面称为侧垂面（⊥W 面）。 投影面垂直面的投影特性： 1. 在所垂直的投影面上投影积聚为直线。 2. 其余两投影为类似形。 3. 具有积聚性的投影与投影轴的夹角，分别反映平面与相应投影面的倾角
立体图	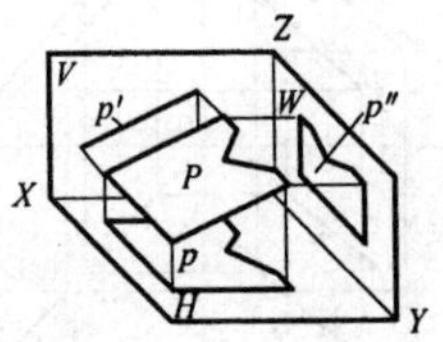	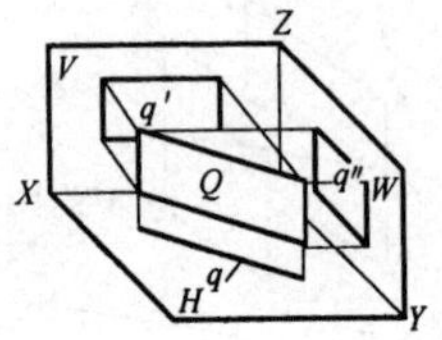	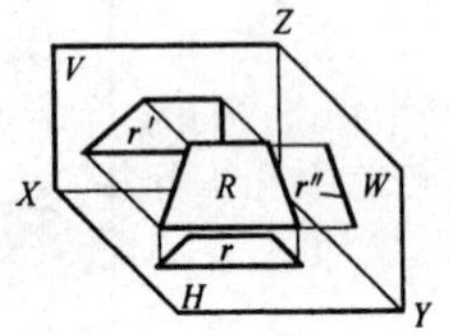	
投影图	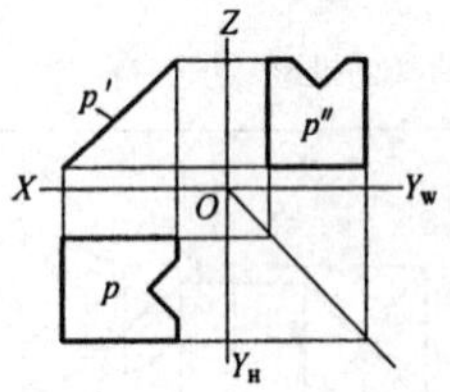	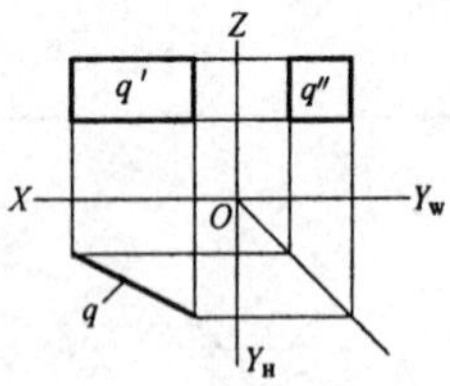	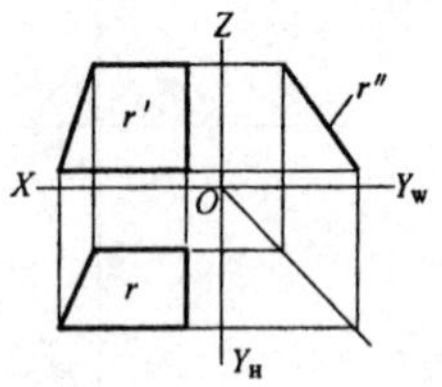	
投影特性	（1）正面投影积聚为倾斜于投影轴的直线。 （2）水平投影、侧面投影为类似的平面图形	（1）水平投影积聚为倾斜于投影轴的直线。 （2）正面投影、侧面投影为类似的平面图形	（1）侧面投影积聚为倾斜于投影轴的直线。 （2）正面投影、水平投影为类似的平面图形	
示例			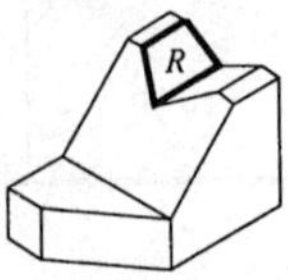	

投影面平行面图示				投影面平行面的投影特性
	正平面	水平面	侧平面	平行于一个投影面必定垂直于另外两个投影面的平面，称为投影面平行面。它可分别平行于三个投影面，有三种类型：平行于水平面的平面称为水平面（// *H* 面）；平行于正面的平面称为正平面（// *V* 面）；平行于侧面的平面称为侧平面（// *W* 面）。投影面平行面的投影特性：①在所平行的投影面上投影反映实形；②其余两投影积聚为直线，且平行于相应的投影轴
立体图	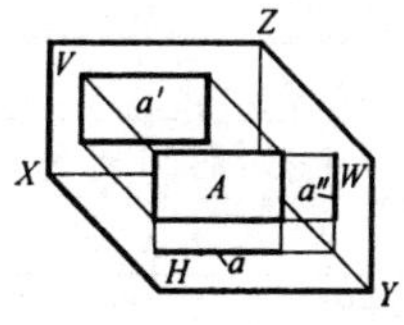	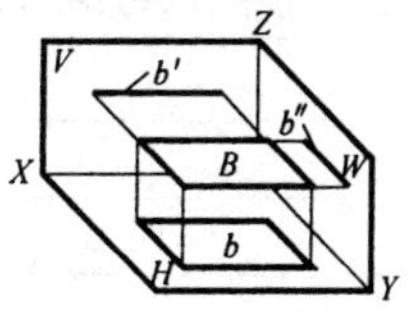	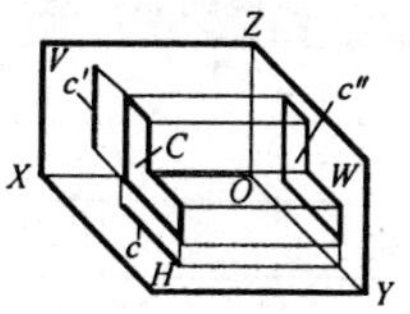	
投影图	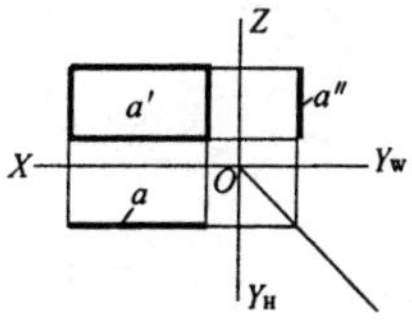	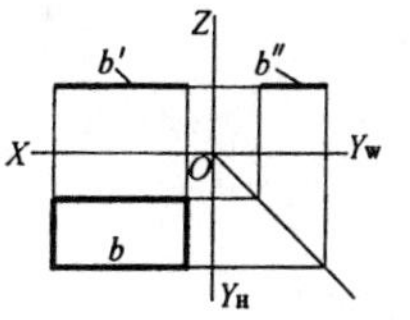	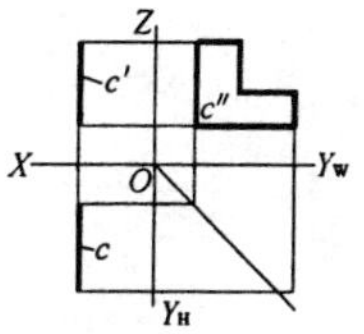	
投影特性	(1) 正面投影反映平面图形的实形。 (2) 水平投影、侧面投影积聚为平行于 *OX*、*OZ* 轴的直线	(1) 水平投影反映平面图形的实形。 (2) 正面投影、侧面投影积聚为平行于 *OX*、OY_W 轴的直线	(1) 侧面投影反映平面图形的实形。 (2) 正面投影、水平投影积聚为平行于 *OZ*、OY_H 轴的直线	
示例	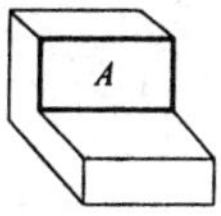	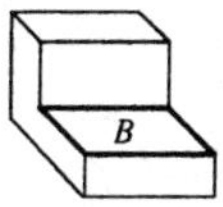	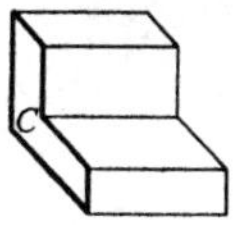	

一般位置平面图示	一般位置平面的投影特性
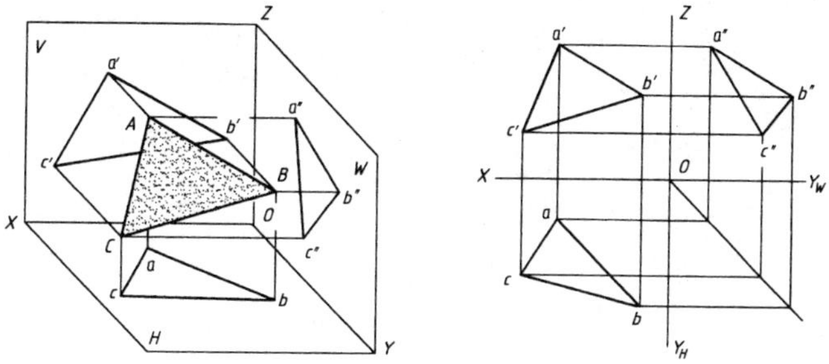 图 2-25　一般位置平面的投影	对三个投影面都倾斜的平面为一般位置平面。它的三个投影都不能积聚为直线，也不反映平面的实形。三角形的投影仍为三角形，如图 2-25 所示

任务实施

组合体的点、直线、平面的投影任务实施表

<table>
<tr><td>情　境</td><td colspan="6"></td></tr>
<tr><td>学习任务</td><td colspan="4"></td><td>完成时间</td><td></td></tr>
<tr><td>任务完成人</td><td>学习小组</td><td></td><td>组长</td><td></td><td>成员</td><td></td></tr>
<tr><td colspan="7">应用获得的知识和技能，完成任务载体所示的点、直线和平面的投影，并填空</td></tr>
<tr><td colspan="7"></td></tr>
</table>

考核评价

组合体的点、直线、平面的投影过程考核评价表

<table>
<tr><td>情　境</td><td colspan="9"></td></tr>
<tr><td>学习任务</td><td colspan="5"></td><td>完成时间</td><td colspan="3"></td></tr>
<tr><td>任务
完成人</td><td>学习小组</td><td></td><td>组长</td><td></td><td>成员</td><td colspan="4"></td></tr>
<tr><td rowspan="2">评价项目</td><td rowspan="2">评价内容</td><td colspan="5" rowspan="2">评价标准</td><td colspan="3">得分</td></tr>
<tr><td>自评</td><td>互评（组内互评，取平均分）</td><td>教师评价</td></tr>
<tr><td rowspan="2">知识目标（40%）</td><td>自主学习</td><td colspan="5">通过自主学习，对知识的理解、掌握及接受新知识的能力
□优（10）□良（8）□中（6）□差（4）</td><td></td><td></td><td></td></tr>
<tr><td>课堂学习</td><td colspan="5">通过课堂学习，对知识的理解、掌握及接受新知识的能力
□优（30）□良（26）□中（22）□差（18）</td><td></td><td></td><td></td></tr>
<tr><td rowspan="2">能力目标（40%）</td><td>组合体的点、直线、平面的投影任务实施表</td><td colspan="5">□优（10）□良（8）□中（6）□差（4）</td><td></td><td></td><td></td></tr>
<tr><td>任务跟踪训练</td><td colspan="5">□优（30）□良（26）□中（22）□差（18）</td><td></td><td></td><td></td></tr>
<tr><td rowspan="3">思政目标（20%）</td><td>团结协作、沟通能力</td><td colspan="5">相互沟通、交流、协作、互帮互学，具备良好的群体意识
□优（5）□良（3）□中（2）□差（1）</td><td></td><td></td><td></td></tr>
<tr><td>唯物辩证法的观点、执着专注</td><td colspan="5">□优（10）□良（8）□中（6）□差（4）</td><td></td><td></td><td></td></tr>
<tr><td>遵守学校规章制度（纪律、出勤、卫生）</td><td colspan="5">□优（5）□良（4）□中（3）□差（2）</td><td></td><td></td><td></td></tr>
<tr><td colspan="4">总分（自评 25%+互评 25%+教师评价 50%）</td><td colspan="3"></td><td></td><td></td><td></td></tr>
</table>

子学习情境 2.2　组合体的基本几何体的投影

情境导入

组合体的基本几何体的投影工作任务单

<table>
<tr><td>情　境</td><td colspan="6">组合体视图的识绘</td></tr>
<tr><td>学习任务</td><td colspan="4">子学习情境 2.2：组合体的基本几何体的投影</td><td>完成时间</td><td></td></tr>
<tr><td>任务完成人</td><td>学习小组</td><td></td><td>组长</td><td></td><td>成员</td><td></td></tr>
<tr><td>任务要求</td><td colspan="6">掌握：①平面立体和曲面立体的概念；②平面立体的投影作图步骤及表面上点的投影和可见性判断；③曲面立体的投影作图步骤及表面上点的投影和可见性判断</td></tr>
<tr><td>任务载体和资讯</td><td colspan="2">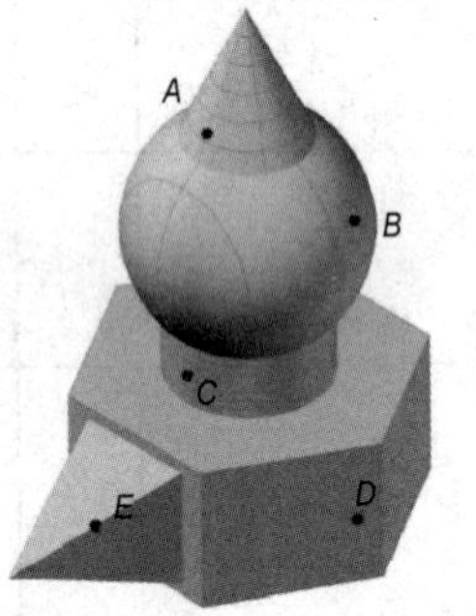</td><td colspan="4">要求：根据任务载体图形，作组合体的各基本体及其表面上点的投影（尺寸从图中量取，在组合体的基本几何体的投影任务实施表中完成）。
资讯：
1. 平面立体和曲面立体的概念。
2. 平面立体的投影作图步骤及表面上点的投影和可见性判断。
3. 曲面立体的投影作图步骤及表面上点的投影和可见性判断</td></tr>
<tr><td>完成任务注意点</td><td colspan="6">①明确基本体三视图的形状，按投影规律作图；②准确判断基本体上点的位置，并利用积聚性、辅助线和辅助圆法找点，同时判断点在每个视图上的可见性</td></tr>
</table>

知识链接

1　平面立体及表面上点的投影（思政元素：正确的人生观、世界观和价值观）

棱柱及表面上点的投影

1.1　棱柱

<table>
<tr><td colspan="2">概念</td><td colspan="2">立体表面是由若干面组成的。表面均为平面的立体称为平面立体；表面为曲面或平面与曲面的立体称为曲面立体</td></tr>
<tr><td>棱柱体的投影</td><td>作图分析</td><td>为了作图方便，将正六棱柱置于如图 2-26（b）所示位置，上、下底面与 H 面平行，前、后两个侧面与 V 面平行。这时左、右四个侧面与 H 面垂直，六条侧棱相互平行并且垂直于 H 面。图 2-26（c）为正六棱柱的三视图。
1. 六棱柱的俯视图是正六边形，它是上、下底面的重合投影并反映实形。六边形的六条边是棱柱上六个侧面的积聚投影。六条棱线的水平投影则积聚在六个顶点上。</td><td>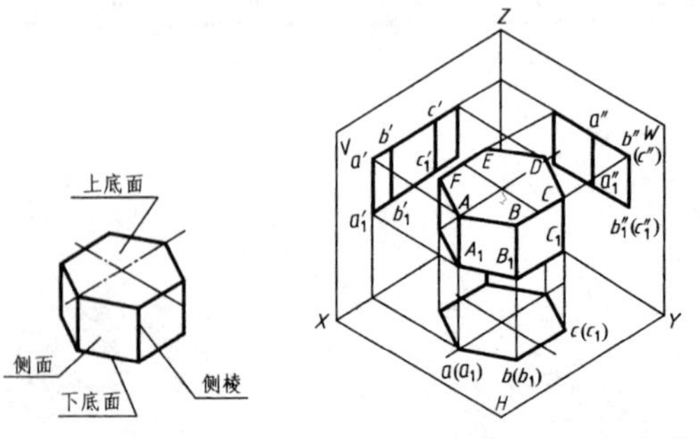（a）原图　（b）将正六棱柱置于三投影面体系</td></tr>
</table>

<table>
<tr>
<td rowspan="2">棱柱体的投影</td>
<td>作图分析</td>
<td>2．六棱柱的主视图是三个相连的矩形线框。中间一个较大的矩形线框 $b'b_1'c_1'c'$ 是棱柱前、后两个侧面的重合投影，并反映实形；左、右两个较小的矩形线框是棱柱其余四个侧面的重合投影，为缩小的类似形。由于棱柱的上、下底面为水平面，因此其正面投影积聚成两个水平方向的直线段。
3．六棱柱的左视图是两个相连且大小相等的矩形线框，是棱柱左、右四个侧面的重合投影，为缩小的类似形。由于棱柱前、后两个侧面为正平面，因此其侧面投影积聚成两段铅垂方向的直线。六棱柱上、下底面的侧面投影仍积聚成两段水平方向的直线</td>
<td>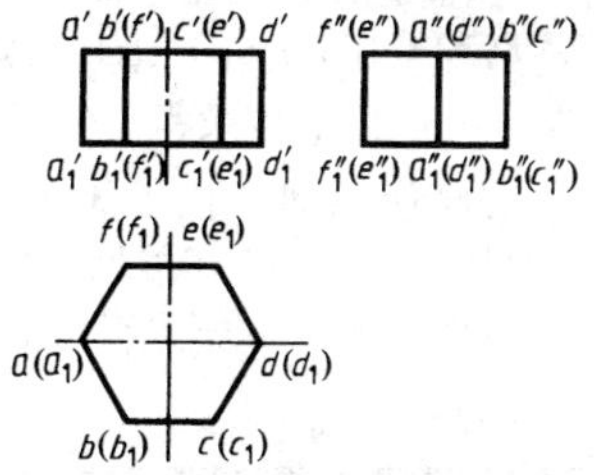

（c）正六棱柱的三视图
图 2-26　正六棱柱的投影</td>
</tr>
<tr>
<td>棱柱投影的作图步骤</td>
<td colspan="2">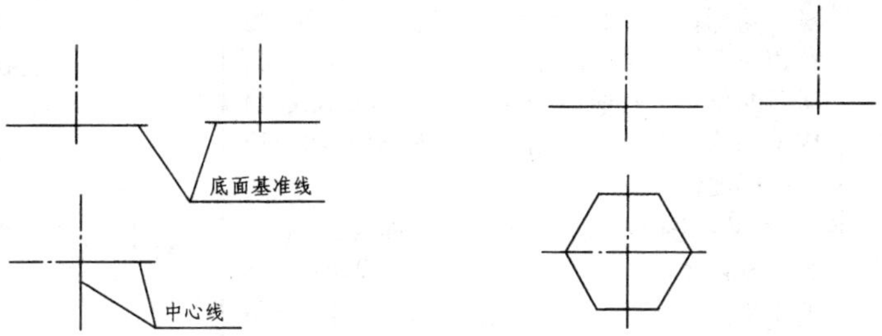

（a）布置图面，画作图基准线（中心线、底面基准线等）　（b）画俯视图
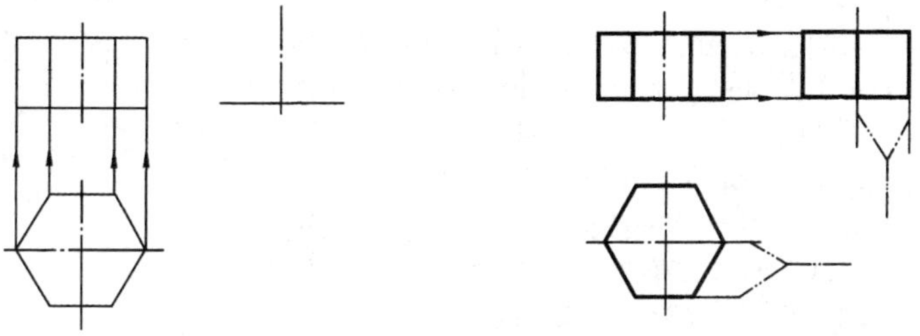
（c）根据六棱柱的高，按投影关系画出主视图　（d）根据主、俯视图，按投影关系画出左视图，检查并加深图线，完成作图
图 2-27　正六棱柱投影的作图步骤</td>
</tr>
<tr>
<td colspan="2" rowspan="2">棱柱表面上点的投影及可见性判断</td>
<td colspan="2">棱柱的表面均为平面，棱柱表面上点的投影通常按以下步骤进行：
1．根据点的已知投影，确定点所在的表面。
2．在积聚性表面上的点，可利用投影的积聚性直接求得点的其余投影；一般位置表面上的点，则必须通过作辅助线求解。
3．可见性判断原则：若点位于投射方向的可见表面上，点的投影可见；反之不可见。在积聚性投影上的点不需要判断可见性</td>
</tr>
<tr>
<td colspan="2">应用：已知正六棱柱表面上 M 点的正面投影 m'，求其余两个投影并判断其可见性（图 2-28）。</td>
</tr>
</table>

解：

1．由于 M 点的正面投影 m' 可见，并根据其在主视图中的位置，可知 M 点在六棱柱的左前侧面 $ABCD$ 上。

2．侧面 $ABCD$ 为铅垂面，其水平投影有积聚性，因此 m 必积聚在 ab（c）（d）上。

3．由 m' 和 m 可求得 m''。

4．判断可见性：由于 M 点所在的 $ABCD$ 面的侧面投影可见，因此 m'' 亦可见。由于 $ABCD$ 面的水平投影有积聚性，因此 m 积聚在该面的水平投影上，可见性不需判断

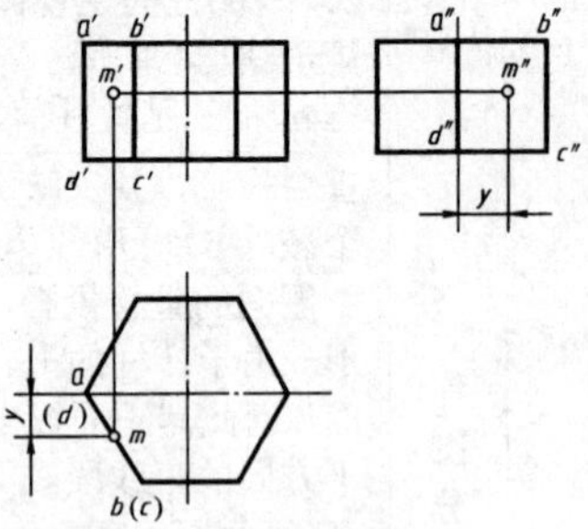

图 2-28　正六棱柱表面上的点

1.2　棱锥

棱锥及表面上点的投影

棱锥的投影　**作图分析**

如图 2-29（a）所示为正三棱锥。它的底面为正三角形，三个侧面为等腰三角形，三条侧棱相交于锥顶 S。将三棱锥置于如图 2-29（b）所示的位置，底面与 H 面平行，侧面 SAC 与 W 面垂直，其余两个侧面 SAB 和 SBC 均与三个投影面倾斜。

1．在俯视图中，Δabc 为棱锥底面 ABC 的投影，反映实形。由于是正三棱锥，因此锥顶 S 的水平投影 s 位于底面三角形的中心上。三条侧棱的水平投影 sa、sb、sc 把 Δabc 分成三个等腰三角形，是棱锥三个侧面的投影，都不反映实形。

2．在主视图中，棱锥底面的正面投影积聚成水平方向的直线 $a'b'c'$。由于棱锥的三个侧面都倾斜于 V 面，因此其正面投影 $\Delta s'a'b'$、$\Delta s'b'c'$和$\Delta s'a'c'$ 都不反映实形。

3．在左视图中，棱锥底面的侧面投影仍积聚成水平方向的直线 $a''(c'')b''$。侧面 SAC 为侧垂面，其侧面投影积聚成直线 $s''a''(c'')$。左、右对称的两个侧面 SAB 和 SBC 倾斜于 W 面，其侧面投影重合且不反映实形。侧棱 SB 为侧平线，其侧面投影 $s''b''$反映实长。

应该注意，正三棱锥的左视图不是一个等腰三角形，宽度 y_1 和 y_2 应与俯视图中相应的宽度相等［图 2-29（c）］

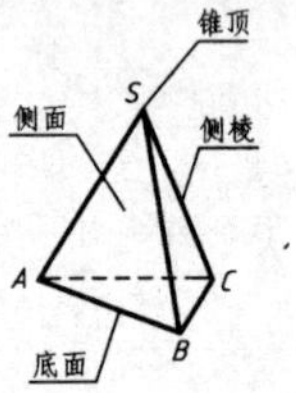

（a）原图

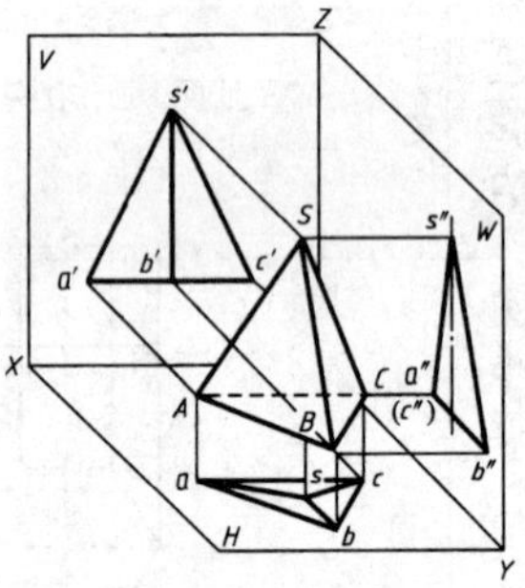

（b）将正三棱锥置于三投影面体系

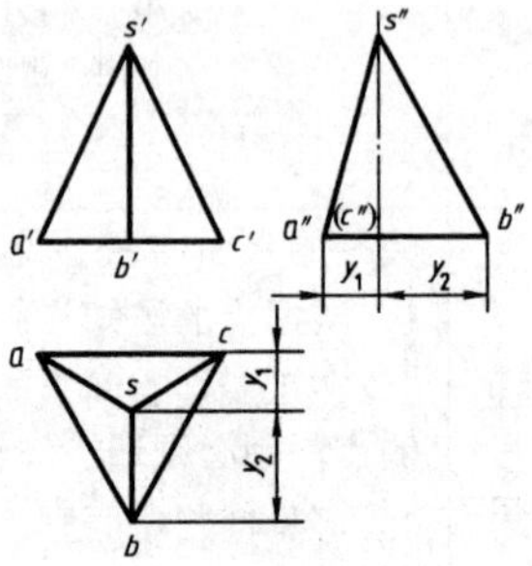

（c）正三棱锥的三视图

图 2-29　正三棱锥的投影

<table>
<tr>
<td>作图步骤</td>
<td>
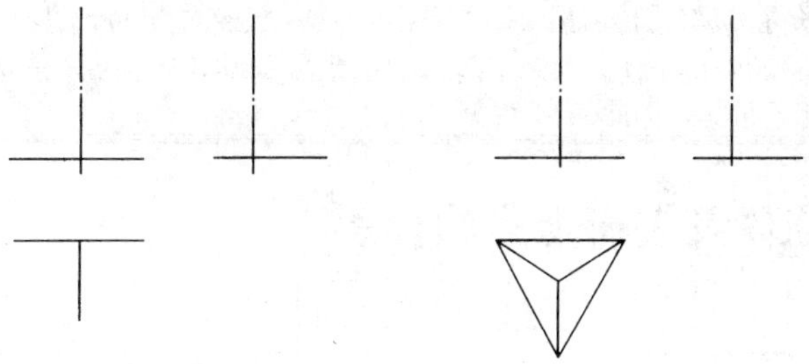
（a）布置图面，画作图基准线　　（b）画俯视图

（c）根据三棱锥的高，按投影关系画出主视图　　（d）根据主、俯视图，按投影关系画出左视图，检查并加深图线，完成作图
图 2-30　正三棱锥投影的作图步骤
</td>
</tr>
<tr>
<td rowspan="2">棱锥表面上点的投影及可见性判断</td>
<td>棱锥表面上点的投影方法与棱柱相同。但由于棱锥的侧表面没有积聚性，因此，在没有积聚性的表面上取点时，必须先作辅助线，然后在辅助线上定点</td>
</tr>
<tr>
<td>
应用：已知三棱锥表面上 M 点的正面投影，求其余两投影并判断可见性（图 2-31）。
解：按 m′的位置及可见性，可判定 M 点在棱锥的 SBC 侧面上。由于 SBC 为一般位置平面，因此，求 M 点的其余投影，必须通过 M 点在 SBC 平面上作辅助线。
作图：过锥顶 S 和 M 点作辅助线 S I ［图 2-31（a）］，作图步骤如图 2-31（b）所示。
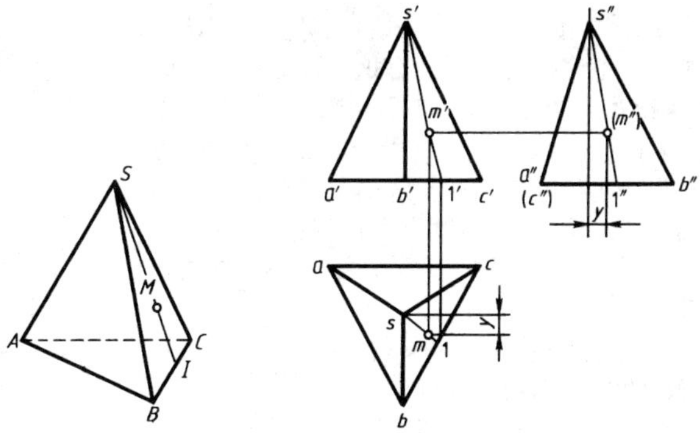

（a）空间分析　　（b）由 m′ 求 m 和 m″
图 2-31　正三棱锥表面上点的投影
1．过 M 点的已知投影 m′作辅助线的正面投影。连接 s′m′ 并延长，与底边相交于 1′，s′1′ 即为辅助线 S I 的正面投影。
2．求辅助线的其余两投影。按投影关系由 s′1′ 求得 s1，并由 s′1′ 及 s1 求得 s″1″。
</td>
</tr>
</table>

<table>
<tr><td></td><td>3．在辅助线上定点，按投影关系由 m'作垂线在 $s1$ 上求得 m，再由 m'作水平线在 $s''1''$ 上求得（m''）[也可按投影关系由 m'及 m 直接求得（m''）]。
4．判断可见性。由于平面 SBC 的水平投影可见，因此 m 可见；由于平面 SBC 的侧面投影不可见，因此 m''不可见</td></tr>
</table>

2 曲面立体及表面上点的投影

圆柱及表面上点的投影

2.1 圆柱

<table>
<tr><td></td><td colspan="2">分析</td><td>图示</td></tr>
<tr><td>圆柱的形成</td><td colspan="2">圆柱面由直线 AA_1 绕与其平行的轴线 OO_1 回转形成。AA_1 称为母线，母线在圆柱面上任一位置称为素线。因此，圆柱面也可看成由无数条平行于轴线的素线包围形成。母线上任意一点 M 随母线回转的轨迹均为垂直于轴线的圆。如图 2-32 所示，圆柱由圆柱面与垂直其轴线的两个圆平面，即上、下底面围成。圆柱表面可见与不可见部分的分界线称为圆柱的转向轮廓线</td><td>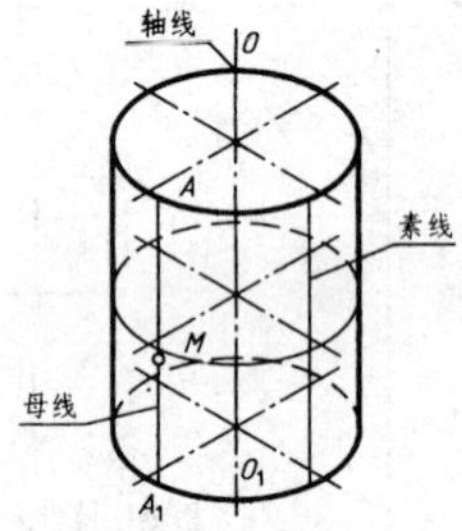

图 2-32　圆柱面的形成</td></tr>
<tr><td>圆柱的投影</td><td>作图分析</td><td>将圆柱置于轴线垂直于 H 面的位置，如图 2-33（a）所示，图 2-33（b）为圆柱的三视图。
1．圆柱的俯视图为一个圆，反映了上、下底面的实形。该圆的圆周为圆柱面的积聚投影，圆柱面上任何点、线的投影都积聚在该圆周上。用相互垂直相交的细点画线（称为“中心线”）表示圆心的位置。
2．圆柱的主视图为一个矩形线框。其上、下两边是圆柱上、下底面的投影，有积聚性；左、右两边 $a'a_1'$ 和 $b'b_1'$ 为圆柱上左、右两条转向轮廓线 AA_1 和 BB_1 的投影。到达这两条转向轮廓线上各点的投射线都与圆柱面相切［图 2-33（a）］，因此，这两条转向轮廓线确定了圆柱面由前向后（即主视方向）投影时的轮廓范围。此外，还用细点画线表示圆柱轴线的投影。
3．圆柱的左视图也是一个矩形线框。其上、下两边仍是圆柱的上、下底面的投影，有积聚性；其余两边 $c''c_1''$ 和 $d''d_1''$ 则是圆柱上前、后两条转向轮廓线 CC_1 和 DD_1 的投影，这两条转向轮廓线确定圆柱面由左向右（即左视方向）投影时的轮廓范围。圆柱轴线的投影仍是用细点画线表示</td><td>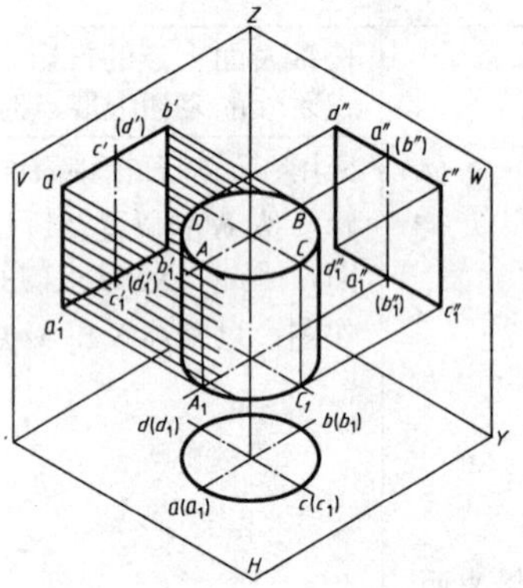

（a）将圆柱置于轴线垂直于 H 面的位置
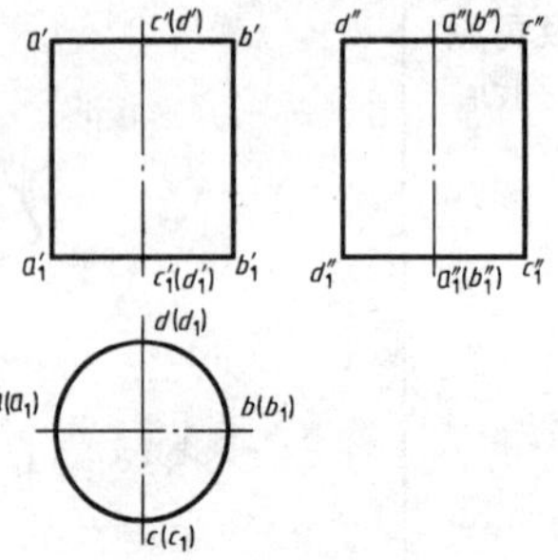

（b）圆柱的三视图
图 2-33　圆柱的投影</td></tr>
</table>

<table>
<tr>
<td>作图步骤</td>
<td colspan="2">
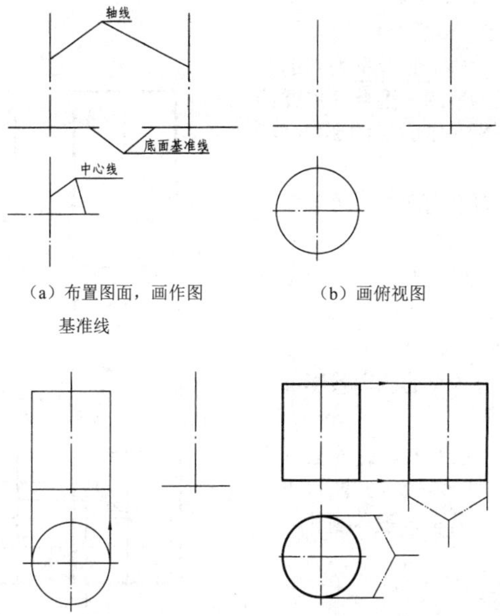

（a）布置图面，画作图基准线　（b）画俯视图
（c）根据圆柱的高，画出主视图　（d）画出左视图，检查并加深图线，完成作图
图 2-34　圆柱投影的作图步骤
</td>
<td>圆柱面投影时的转向轮廓线的性质和投影特点：
当投射方向不同时，圆柱面上转向轮廓线投影的位置也不相同，并且某一投射方向上的转向轮廓线也是圆柱面在该投射方向上可见部分与不可见部分的分界线。例如图 2-33 中，AA_1 和 BB_1 是圆柱面由前向后（即主视方向）投射时的左、右转向轮廓线，也是圆柱面前半部（可见部分）与后半部（不可见部分）的分界线，$a'a_1'$ 和 $b'b_1'$ 是它们的正面投影。由于圆柱面是光滑的曲面，因此两条转向轮廓线的侧面投影不需要画出，其位置与圆柱轴线的侧面投影（细点画线）重合。同样，CC_1 和 DD_1 是圆柱面由左向右（即左视方向）投射时的转向轮廓线，也是圆柱面左半部（可见部分）与右半部（不可见部分）的分界线，$c''c_1''$ 和 $d''d_1''$ 是它们的侧面投影。它们的正面投影则与圆柱轴线的正面投影（细点画线）重合，也不需要画出</td>
</tr>
<tr>
<td rowspan="3">圆柱表面上点的投影及可见性判断</td>
<td colspan="3">圆柱表面上点的投影方法及可见性判断的原则与平面立体相似。当圆柱轴线垂直于投影面时，可利用投影的积聚性直接求出点的其余投影，不必通过作辅助线求解</td>
</tr>
<tr>
<td colspan="2">分析</td>
<td>图示</td>
</tr>
<tr>
<td colspan="2">应用 1：已知圆柱面上 A 点的正面投影（a'）及 B 点的水平投影（b），求作这两点的其余投影，并判断其可见性［图 2-35（a）］。
解：
1. 如图 2-35（b）所示，根据（a'）的位置及不可见性，可判定 A 点在左、后部分圆柱面上。圆柱面的俯视图有积聚性，可由（a'）作垂线在俯视图的圆周上直接求得 a，再由（a'）和 a 按投影关系求得 a''。由于 A 点在左半部分柱面上，因此 a'' 可见。
2. 按（b）的位置及不可见性，可判定 B 点在圆柱的下底面上。底面的正面投影有积聚性，可由（b）作垂线直接求出 b'。再按投影关系由（b）和 b' 求得 b''，b'、b'' 不需要判断可见性</td>
<td>
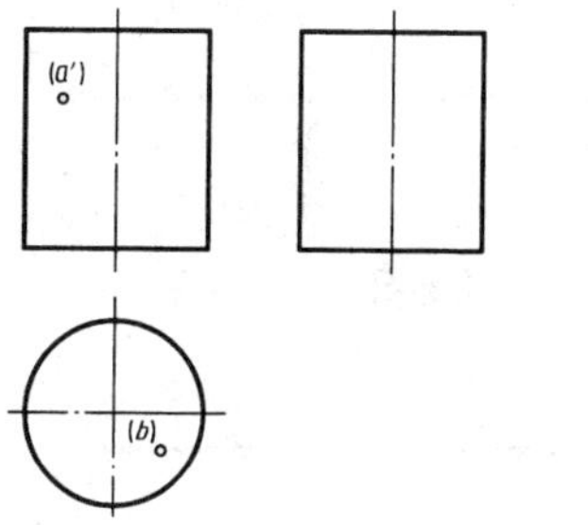

（a）原图
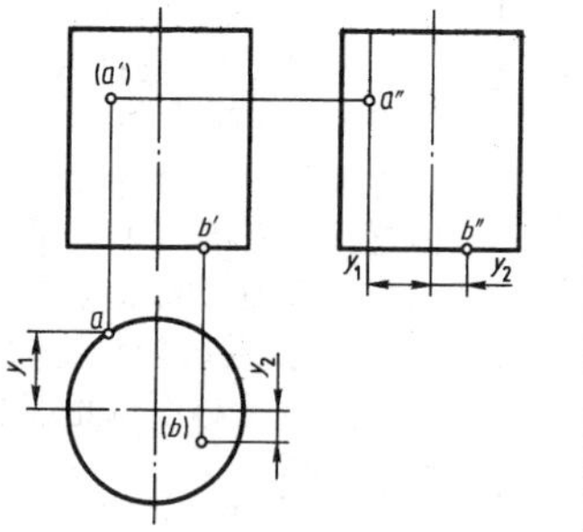

（b）求得的其余投影
图 2-35　圆柱表面上点的投影
</td>
</tr>
</table>

	应用 2：已知圆柱面上线段 *ABC* 的正面投影，求其余两投影并判断其可见性［图 2-36（a）］。 解：要求得线段的投影，可先求出线段上一系列点的投影，然后连接各点的同面投影即为所求。因此，本题仍可归结为在圆柱表面上取点的问题。作图如图 2-36（b）所示。 1．根据线段正面投影 $a'b'c'$ 的位置及可见性，可判定线段在前半部分圆柱面上。 2．由于圆柱面的水平投影积聚成圆，因此，线段上各点的水平投影必积聚在该圆的前半部分圆周上，可过 a'、b'、c' 作垂线求得其水平投影 *a*、*b*、*c*。 3．由 a'、b'、c' 及 *a*、*b*、*c* 求得各点的侧面投影 a''、b''、（c''）。 作图时，应先定出线段的端点 *A*、*C* 及圆柱轮廓素线上的 *B* 点，这些点对于确定线段的投影范围及判断可见性比较重要。根据作图需要，可再定若干一般位置点，如 *M*、*N* 点等。 4．光滑连接所求各点的侧面投影 a''、m''、b''（n''）、（c''），即得到线段的侧面投影为一段曲线。 5．判断可见性。b'' 是线段侧面投影可见部分与不可见部分的分界点。a''、m''、b'' 可见，应连成实线；b''、（n''）、（c''）不可见，应连成虚线。线段的水平投影有积聚性，不需要判断可见性。 可以看出，线段 *ABC* 是圆柱面上的一段曲线。其侧面投影仍为一段曲线，水平投影积聚在圆周上；由于该线段处于垂直于 *V* 面的平面上，因此其正面投影积聚成一段直线	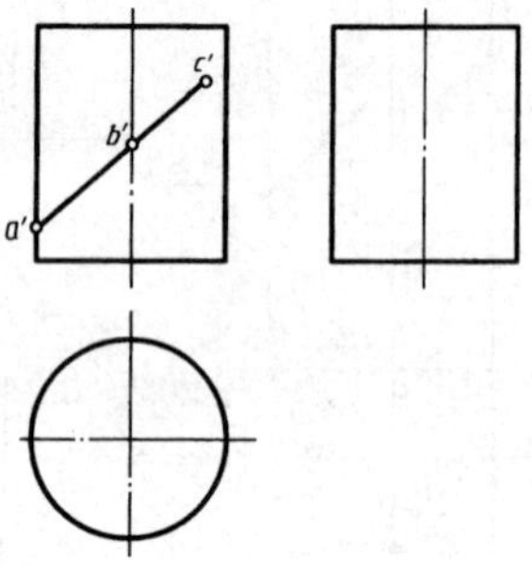 （a）原图 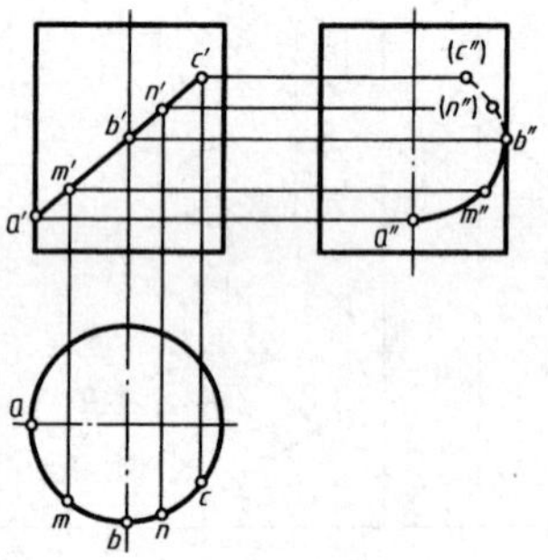 （b）求得的其余投影 图 2-36　圆柱面上线段的投影

2.2　圆锥

圆锥及表面上点的投影

	分析	图示
圆锥的形成	如图 2-37 所示，圆锥由圆锥面与垂直其轴线的底圆围成。圆锥面由与轴线 OO_1 斜交的直线 *SA* 作为母线绕轴线回转形成。母线在圆锥面上的任一位置称为素线，因此，圆锥面也可看成由无数条相交于锥顶 *S* 的素线包围而成。母线上任意一点 *M* 随母线回转的轨迹均为垂直于轴线的圆。圆锥表面可见与不可见部分的分界线称为圆锥的转向轮廓线	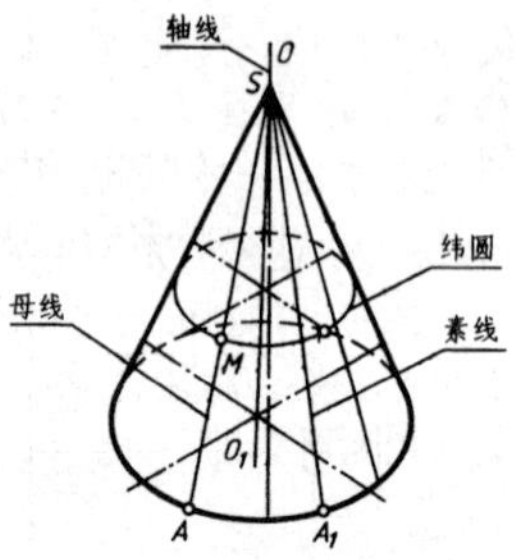 图 2-37　圆锥面的形成

<table>
<tr><td rowspan="2">圆锥的投影</td><td>作图分析</td><td>将圆锥置于轴线垂直于H面的位置，如图2-38（a）所示。图2-38（b）为圆锥的三视图。
1．圆锥的俯视图是一个圆，反映底圆的实形。该圆也是圆锥面的水平投影，其中锥顶S的水平投影位于圆心上。整个锥面的水平投影可见，底面被锥面挡住不可见。
2．圆锥的主视图是一个等腰三角形。底边为圆锥底面的投影，有积聚性；两腰为锥面上左、右两条转向轮廓线SA和SB的投影。SA和SB的水平投影不需要画出，其投影位置与圆的中心线重合；SA和SB的侧面投影也不需要画出，其投影位置与圆锥轴线的侧面投影重合。转向轮廓线SA和SB将锥面分为前、后对称的两部分，前半部分锥面的正面投影可见，后半部分不可见。
3．圆锥的左视图也是等腰三角形。底边仍是圆锥底圆有积聚性的投影，两腰则为锥面上前、后两条转向轮廓线SC和SD的投影。这两条转向轮廓线将锥面分为左、右对称的两部分，左半部分锥面的侧面投影可见，右半部分不可见。SC和SD的正面投影及水平投影也不必画出，其投影位置读者可自行分析</td><td>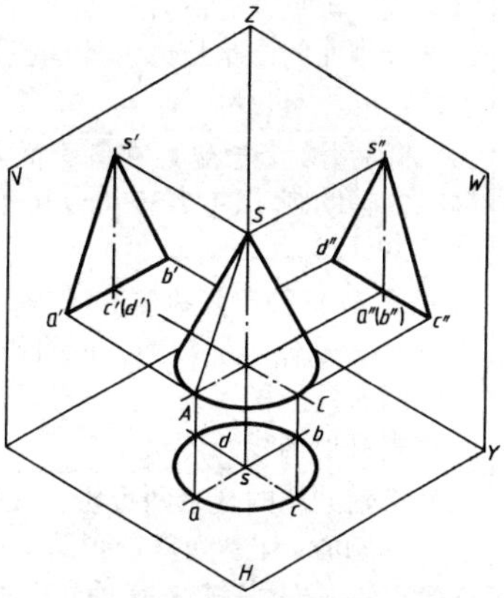

（a）将圆锥置于轴线垂直于H面的位置
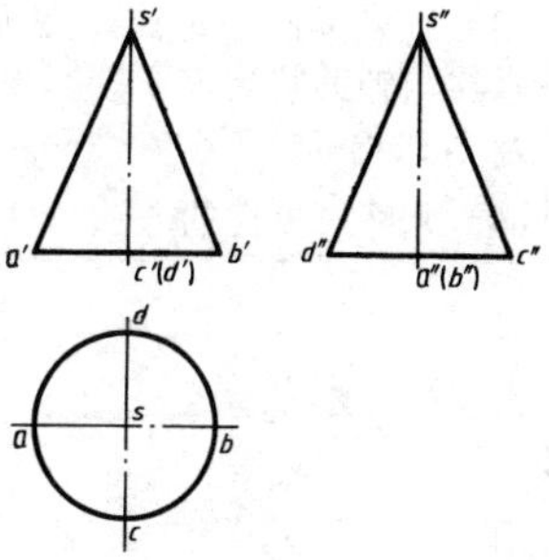

（b）圆锥的三视图
图2-38　圆锥的投影</td></tr>
<tr><td>作图步骤</td><td colspan="2">圆锥三视图的作图步骤和圆柱大致相同，读者可参考图2-34绘制</td></tr>
<tr><td rowspan="3" colspan="2">圆锥表面上点的投影及可见性判断</td><td colspan="2">由于圆锥的投影没有积聚性，因此，在圆锥表面上取点必须先作辅助线（辅助素线或辅助圆），然后在辅助线上定点。圆锥面上点的可见性判断原则与平面立体及圆柱相同</td></tr>
<tr><td>分析</td><td>图示</td></tr>
<tr><td>应用：已知圆锥面上M点的正面投影m'，求其余两投影并判断其可见性（图2-39）。
解：根据m'的位置及可见性，可判定M点在左前部分锥面上，应通过在锥面上作辅助线求解。作图的方法如下。
1．辅助线法。过锥顶S点和M点作辅助素线S Ⅰ［图2-39（a）］，作图步骤如图2-39（b）所示。
（1）过M点的已知投影m'作辅助素线的正面投影。连接s'm'与底边相交于1'，s'1'即为辅助素线S Ⅰ的正面投影。
（2）求辅助素线的其余两投影。按投影关系由s'1'求得s1，再由s'1'及s1求出s''1''。
（3）在辅助素线上定点。按投影关系由m'作铅垂线在s1上求得m，再由m'在s''1''上求得m''（也可按投影关系由m'及m直接求得m''）。</td><td>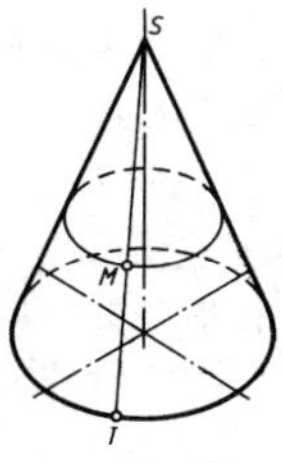

（a）空间分析
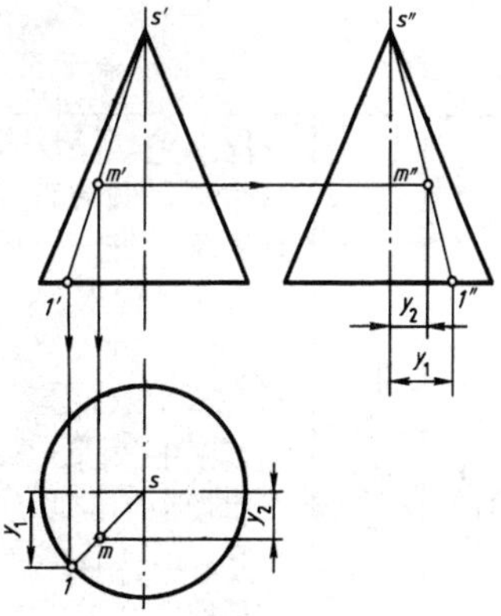

（b）辅助线法</td></tr>
</table>

	（4）判断可见性。*M* 点在左前部分锥面上，这部分锥面的水平投影和侧面投影均可见，因此，*m* 及 *m*″ 亦可见。 2．辅助圆法。过 *M* 点在圆锥面上作垂直于轴线的辅助圆［图 2-39（a）］，作图步骤如图 2-39（c）所示。 （1）过 *M* 点的已知投影 *m*′ 作辅助圆的正面投影。过 *m*′ 作辅助圆的正面投影1′2′（这时辅助圆的投影积聚为一条水平方向的直线，并且垂直于轴线）。 （2）求辅助圆的其余两投影。在俯视图中，以 *s* 为圆心、1′2′ 为直径画圆，得辅助圆的水平投影。按投影关系延长1′2′ 至侧面投影，得辅助圆的侧面投影。 （3）在辅助圆上定点。按投影关系由 *m*′ 作垂线与辅助圆的水平投影相交得 *m*，再由 *m*′ 及 *m* 求得 *m*″。 （4）判断可见性的方法与辅助素线法相同	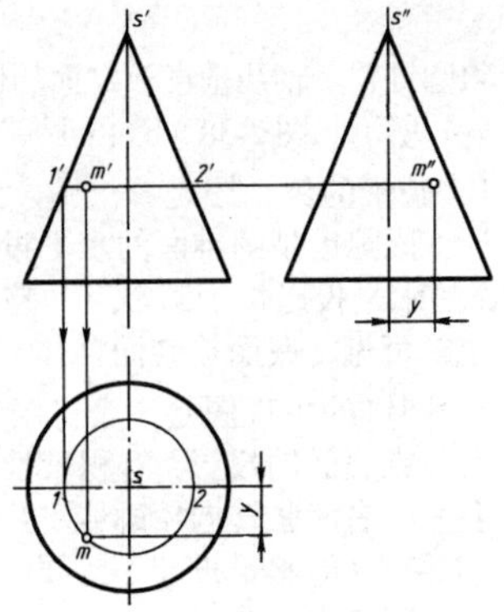 （c）辅助圆法 图 2-39　圆锥表面点的投影

2.3　球

球及表面上点的投影

		分析	图示
球的形成		如图 2-40 所示，球由球面围成，球面是以圆为母线绕其直径回转而成的。母线上任意一点 *M* 随母线回转的轨迹均为垂直于轴线的圆。球表面可见与不可见部分的分界线称为球的转向轮廓线	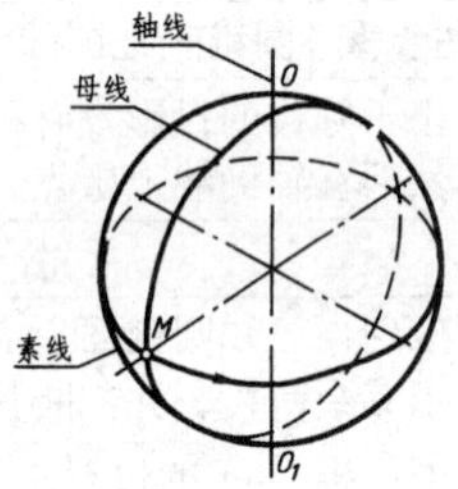 图 2-40　球面的形成
球的投影	作图分析	如图 2-41 所示，球的三个视图是大小相等的三个圆，圆的直径与球的直径相等。这时必须明确，这三个圆是球面上不同方向的三个圆（即球面向 *V*、*H*、*W* 面投射时的三条转向轮廓线）的投影，不能认为是球面上某一个圆的三个投影。 俯视图中的圆 *a* 是球面上平行于 *H* 面的最大圆 *A*（即球面俯视方向投射时的转向轮廓线）的投影。圆 *A* 将球面分成上、下两部分，上半部分球面的水平投影可见，下半部分不可见。最大圆 *A* 是过球心的水平面，它的正面投影 *a*′ 和侧面投影 *a*″ 不必画出，其位置与相应的中心线重合。	 （a）立体图分析

<table>
<tr>
<td rowspan="2">球的投影</td>
<td>作图分析</td>
<td>主视图中的圆 b' 是球面上平行于 V 面的最大圆 B（即球面主视方向投射时的转向轮廓线）的投影。圆 B 将球面分成前、后两部分，前半部分球面的正面投影可见，后半部分不可见。最大圆 B 是通过球心的正平面，它的水平投影 b 与侧面投影 b'' 不必画出，其位置与相应的中心线重合。
同样，左视图中的圆 c'' 是球面上平行于 W 面的最大圆 C（即球面左视方向投射时的转向轮廓线）的投影。其三个投影之间的关系及其可见性与圆 A 及圆 B 相似</td>
<td>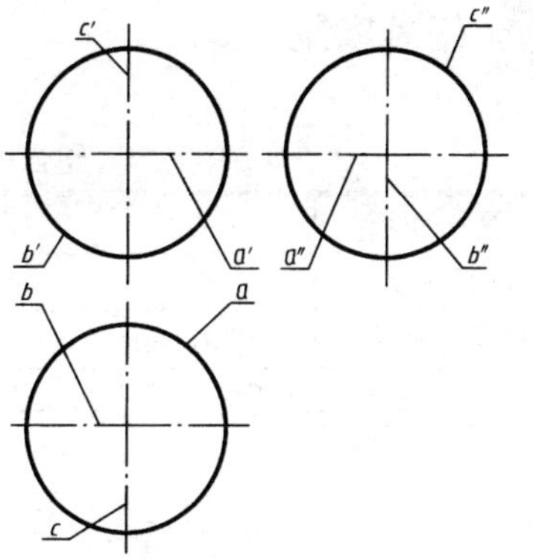

（b）投影图
图 2-41　球的投影</td>
</tr>
<tr>
<td>作图步骤</td>
<td colspan="2">画球的视图时，应首先画出圆的中心线，再画出三个与球体直径相等的圆，如图 2-41（b）所示</td>
</tr>
<tr>
<td rowspan="3">球面上点的投影及可见性判断</td>
<td colspan="3">球面的三个投影均没有积聚性，且在球面上不能作出直线，因此在球面上取点应采用平行于投影面的圆作为辅助圆的方法求解。球面上点的可见性判断原则与前面相同</td>
</tr>
<tr>
<td colspan="2">分析</td>
<td>图示</td>
</tr>
<tr>
<td colspan="2">应用：已知球面上 K 点的水平投影 k，求其余两投影并判断可见性（图 2-42）。
解：根据 K 的位置及其可见性，可以判定 K 点在球面的前、左、上部，可过 K 点取平行于 V 面的辅助圆求解。
作图步骤［图 2-42（a）]：
1．过 K 点的已知投影 k 作辅助圆的水平投影。过 k 作水平线 12，12 即为辅助圆的水平投影（因辅助圆平行于 V 面，所以水平投影积聚为一条水平方向的直线）。
2．求辅助圆的其余两投影。以 O' 为圆心，12 为直径画圆，即得辅助圆的正面投影。辅助圆的侧面投影为长度等于 12 的铅垂线。
3．在辅助圆上定点。按投影关系由 k 作垂线与辅助圆的正面投影相交得 k'，由 k' 作水平线在辅助圆的侧面投影上求得 k''。
4．判断可见性。由于 K 点在球面的前、左、上部，因此正面投影 k' 及侧面投影 k'' 均为可见。
本题也可通过 K 点作平行于 H 面的辅助圆［图 2-42（b）］或作平行于 W 面的辅助圆求解</td>
<td>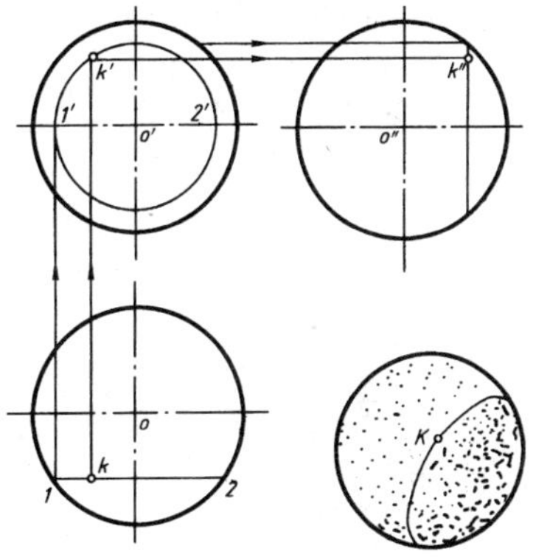

（a）过 K 点作平行于 V 面的辅助圆
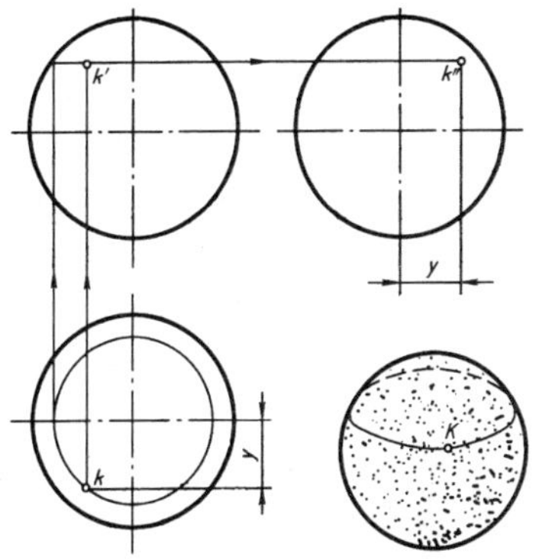

（b）过 K 点作平行于 H 面的辅助圆
图 2-42　球面上点的投影</td>
</tr>
</table>

任务实施

组合体的基本几何体的投影任务实施表

情　境						
学习任务					完成时间	
任务完成人	学习小组		组长		成员	
应用获得的知识和技能，完成任务载体的各基本体及其表面上点的投影（尺寸从图中量取）						

考核评价

组合体的基本几何体的投影过程考核评价表

<table>
<tr><td>情　境</td><td colspan="9"></td></tr>
<tr><td>学习任务</td><td colspan="5"></td><td>完成时间</td><td colspan="3"></td></tr>
<tr><td>任务
完成人</td><td>学习小组</td><td></td><td>组长</td><td></td><td>成员</td><td colspan="4"></td></tr>
<tr><td rowspan="2">评价项目</td><td rowspan="2">评价内容</td><td rowspan="2" colspan="5">评价标准</td><td colspan="3">得分</td></tr>
<tr><td>自评</td><td>互评（组内互评，取平均分）</td><td>教师评价</td></tr>
<tr><td rowspan="2">知识目标
（40%）</td><td>自主学习</td><td colspan="5">通过自主学习，对知识的理解、掌握及接受新知识的能力
□优（10）□良（8）□中（6）□差（4）</td><td></td><td></td><td></td></tr>
<tr><td>课堂学习</td><td colspan="5">通过课堂学习，对知识的理解、掌握及接受新知识的能力
□优（30）□良（26）□中（22）□差（18）</td><td></td><td></td><td></td></tr>
<tr><td rowspan="3">能力目标
（40%）</td><td>组合体的基本几何体的投影任务实施表</td><td colspan="5">□优（10）□良（8）□中（6）□差（4）</td><td></td><td></td><td></td></tr>
<tr><td>任务跟踪训练</td><td colspan="5">□优（25）□良（21）□中（17）□差（13）</td><td></td><td></td><td></td></tr>
<tr><td>模型制作</td><td colspan="5">□优（5）□良（3）□中（2）□差（1）</td><td></td><td></td><td></td></tr>
<tr><td rowspan="3">思政目标
（20%）</td><td>团结协作、沟通能力</td><td colspan="5">相互沟通、交流、协作、互帮互学，具备良好的群体意识
□优（5）□良（3）□中（2）□差（1）</td><td></td><td></td><td></td></tr>
<tr><td>人生观、世界观和价值观</td><td colspan="5">□优（10）□良（8）□中（6）□差（4）</td><td></td><td></td><td></td></tr>
<tr><td>遵守学校规章制度（纪律、出勤、卫生）</td><td colspan="5">□优（5）□良（4）□中（3）□差（2）</td><td></td><td></td><td></td></tr>
<tr><td colspan="4">总分（自评 25%+互评 25%+教师评价 50%）</td><td colspan="3"></td><td></td><td></td><td></td></tr>
</table>

子学习情境 2.3　组合体的截交线的投影

情境导入

组合体的截交线的投影工作任务单

<table>
<tr><td>情　境</td><td colspan="6">组合体视图的识绘</td></tr>
<tr><td>学习任务</td><td colspan="4">子学习情境 2.3：组合体的截交线的投影</td><td>完成时间</td><td></td></tr>
<tr><td>任务完成人</td><td>学习小组</td><td></td><td>组长</td><td></td><td>成员</td><td></td></tr>
<tr><td>任务要求</td><td colspan="6">掌握：①截交线的概念和性质；②平面立体截交线的投影，并能熟练应用；③曲面立体截交线的投影，并能熟练应用</td></tr>
<tr><td>任务载体和资讯</td><td colspan="3"></td><td colspan="3">要求：根据任务载体图形，作组合体各基本体的截交线的投影（尺寸从图中量取，在组合体的截交线的投影任务实施表中完成）。
资讯：
1．截交线的概念和性质
2．平面立体截交线投影的求法及步骤
3．曲面立体截交线投影的求法及步骤</td></tr>
<tr><td>完成任务注意点</td><td colspan="6">①利用空间分析、投影分析确定截交线的形状和投影；②求平面立体的截交线，先求截平面与棱线的交点、截平面与底面交线的两端点、两截平面交线的两端点，然后依次连接各点并判断可见性，先从有积聚性的投影作起；③求曲面立体的截交线，先求特殊点（截平面与左、右、前、后、上、下转向轮廓线上的点），再补充中间点，然后依次光滑连接各点并判断可见性，先从有积聚性的投影作起；④完善轮廓线并判断可见性，将整个截断体线条均匀加深</td></tr>
</table>

知识链接

截交线的概念和性质

1　截交线的概念和性质

<table>
<tr><td colspan="2">基本概念</td><td>图示</td></tr>
<tr><td colspan="2">当平面截割立体时，与立体表面所形成的交线称为截交线；截割立体的平面称为截平面；因截平面的截切在立体表面上围成的平面图形称为截断面，如图 2-43 所示。在图 2-43 中截平面截割三棱锥，截交线为三角形 123，该三角形的各边是三棱锥各棱面与截平面的交线，三角形的顶点是棱线与截平面的交点</td><td>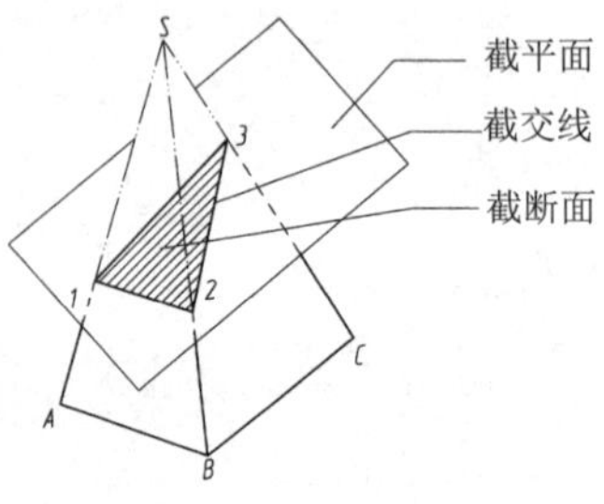
图 2-43　平面立体截切</td></tr>
<tr><td>截交线的性质</td><td colspan="2">立体被平面截切时，因立体表面形状的不同和截平面相对于立体的位置不同，所形成截交线的形状也不同，但任何截交线均具有以下两个性质：</td></tr>
</table>

	1．封闭性：截交线是封闭的平面多边形（平面折线、平面曲线或两者的组合）。 2．共有性：截交线是截平面与立体表面的共有线
求截交线的方法和步骤	1．空间分析。分析截平面与立体的相对位置，确定截交线的形状。分析截平面与投影面的相对位置，确定截交线的投影特性。 2．画投影图。求出平面立体上被截断的各棱线与截平面的交点，然后顺次连接各点成封闭的平面图形，并补全轮廓线

2　平面立体截交线的投影

棱锥截交线的投影　　棱柱截交线的投影

<table>
<tr><td colspan="3">平面立体的截交线是封闭的平面多边形，此多边形的各个边为截平面与平面立体表面的交线，多边形的各个顶点为截平面与平面立体上某些棱线、边线的交点，所以求平面立体截交线的实质就是求截平面与平面立体表面的交线，即求截平面与平面立体上某些棱线、边线的交点</td></tr>
<tr><td rowspan="3">平面与棱锥相交</td><td>应用分析</td><td>作图步骤</td></tr>
<tr><td>求作四棱锥被截切后的水平投影和侧面投影，如图 2-44（b）所示。
解：截平面为正垂面，截交线的正面投影积聚为直线。截平面与四条棱线相交，从正面投影可直接找出交点，其余投影必在各棱线的同面投影上。
根据点的投影规律，在相应的棱线上求出截平面与棱线的交点，判断可见性后依次连接各点的同面投影，即得截交线</td><td>1．求交点：如图 2-44（c）所示，截平面与四条棱线交点的正面投影为 1′、2′、3′、（4′），在相应棱线上求得水平投影点 1、2、3、4 和侧面投影点 1″、2″、3″、4″。
2．连线并补全轮廓线：依次连接水平投影点 1、2、3、4 和侧面投影点 1″、2″、3″、4″。在连每一条线之前要判断其可见性。若该段截交线所在表面可见，则两点连成实线；若该段截交线所在的表面不可见，则两点连线为虚线。12、23、34、41 及 1″2″、2″3″、3″4″、4″1″均为实线，在左视图中后棱线的投影不可见，3″1″应画成虚线，并补全轮廓线，如图 2-44（c）所示</td></tr>
<tr><td colspan="2">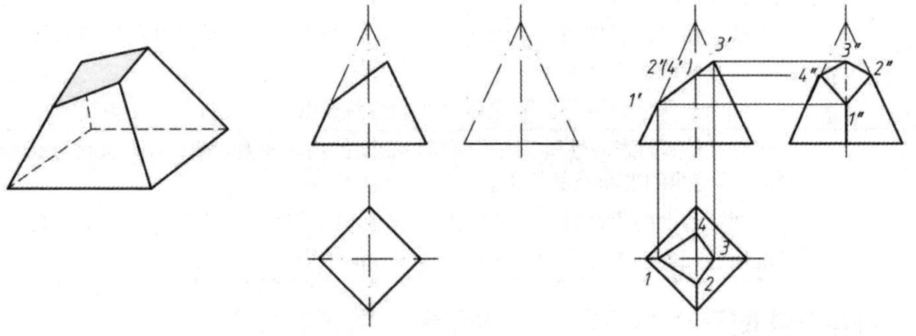
（a）立体图　（b）已知条件　（c）四棱锥被截切后的投影
图 2-44　四棱锥截交线的画法</td></tr>
<tr><td rowspan="2">平面与棱柱相交</td><td>应用分析</td><td>作图步骤</td></tr>
<tr><td>用正垂面截切六棱柱，画出完成截切后的三面投影，如图 2-45（b）所示。
解：由图可知，六棱柱被正垂面截切，截交线的正面投影积聚为一直线。水平投影，除顶面上的截交线外，其余各段截交线都积聚在六边形上。
由截交线的正面投影可在水平面和侧面相应的棱线上求得截平面与棱线交点的投影，依水平投影的顺序连接侧面投影各交点，可得</td><td>1．求交点：如图 2-45（c）所示，截平面与六条棱线及顶面交点的正面投影为 1′、2′、（3′）、4′、（5′）、6′、（7′），在相应棱线及顶面上求得水平投影点 1、2、3、4、5、6、7 和侧面投影点 1″、2″、3″、4″、5″、6″、7″。
2．连线并补全轮廓线：依次连接水平投影点 1、2、4、6、7、5、3 和侧面投影点 1″、2″、4″、6″、7″、5″、3″。在连每一条线之前要判断其可见性。若该段截交线所在表面可见，则两点连成实线；若该段</td></tr>
</table>

	截交线的投影。画左视图时，既要画出截交线的投影，又要画出六棱柱轮廓线的投影。 判别可见性：俯视图、左视图上截交线的投影均为可见，在左视图中后棱线的投影不可见，应画成虚线	截交线所在的表面不可见，则两点连线为虚线。12、24、46、67、75、53、31 及 1″2″、2″4″、4″6″、6″7″、7″5″、5″3″、3″1″均为实线。在左视图中后棱线的投影不可见，应画成虚线，并补全轮廓线，如图 2-45（c）所示

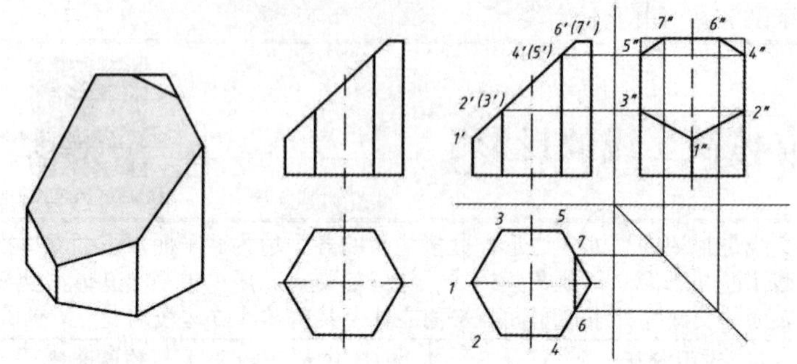

（a）立体图　（b）已知条件　（c）六棱柱被截切后的投影

图 2-45　六棱柱截交线的画法

3　曲面立体截交线的投影

3.1　曲面立体截交线的基本知识

截交线的性质	平面与曲面立体相交，截交线的形状取决于曲面立体的几何性质及其与截平面的相对位置，截交线的性质如下： 1．截交线是截平面和曲面立体表面的共有线，截交线上任意点都是它们的共有点。 2．截交线是封闭的平面图形。 3．截交线的形状，取决于曲面立体表面的形状及截平面对曲面立体轴线的相对位置
求截交线的方法和步骤	1. 分析曲面立体的表面性质、截平面与投影面的相对位置、截平面与曲面立体的相对位置，初步判断截交线的形状及其投影。 2．求出截交线上的点，首先找特殊点，为了作图准确还要补充中间点（一般点）。 3．光滑地连接各点，补全轮廓线求得截交线的投影

3.2　曲面立体截交线的投影（思政元素：取长补短）

<table>
<tr><td rowspan="2">圆柱的截交线</td><td rowspan="2">平面与圆柱体相交，截交线的形状取决于截平面与圆柱轴线的相对位置。平面截切圆柱体截交线的形式有三种</td><td>立体图</td><td>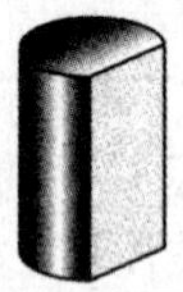</td><td>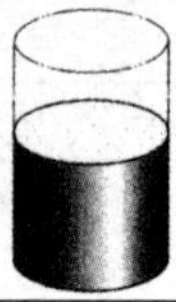</td><td>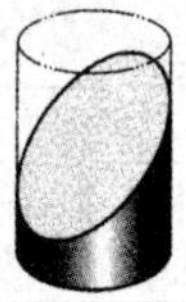</td></tr>
<tr><td>投影图</td><td>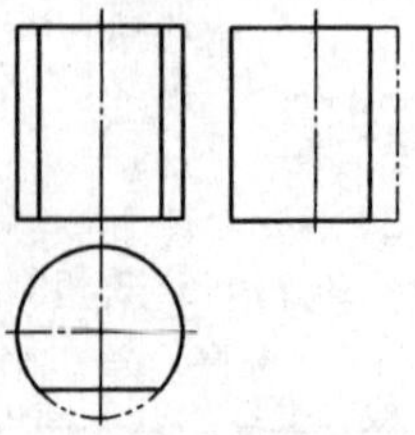</td><td>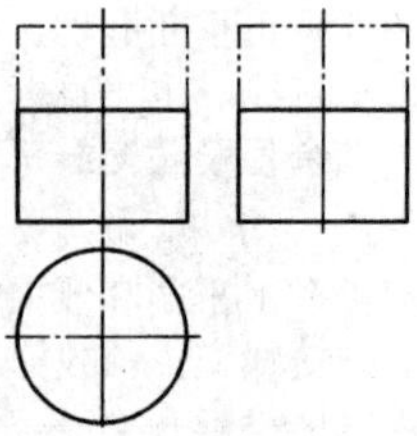</td><td>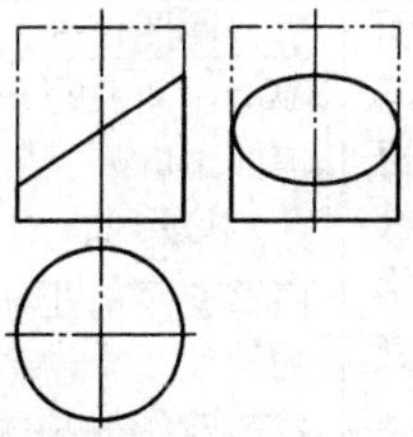</td></tr>
</table>

<table>
<tr><td></td><td></td><td>说明</td><td colspan="2">截平面平行于轴线，截交线为矩形</td><td colspan="2">截平面垂直于轴线，截交线为圆</td><td>截平面倾斜于轴线，截交线为椭圆</td></tr>
<tr><td></td><td colspan="2">应用分析</td><td colspan="5">作图步骤</td></tr>
<tr><td></td><td colspan="2">已知斜切圆柱体的主视图和俯视图，求左视图，如图 2-46（a）所示。
解：圆柱的轴线是铅垂线，截平面为正垂面且与圆柱轴线倾斜，斜切圆柱体的截交线为椭圆。截交线的正面投影积聚为直线，水平投影积聚在圆周上，侧面投影为椭圆</td><td colspan="5">1．求特殊点：截交线在圆柱面左转向轮廓线上的点Ⅰ和右转向轮廓线上的点Ⅱ分别是截交线的最低点和最高点。截交线最前点Ⅲ和最后点Ⅳ分别是圆柱面上的前、后转向轮廓线与截平面的交点。作出Ⅰ、Ⅱ、Ⅲ、Ⅳ的正面投影 1′、2′、3′、（4′）和水平投影 1、2、3、4，根据从属关系求出 1″、2″、3″、4″，如图 2-46（b）所示。
2．求一般点：从正面投影上选取 a′、（b′）、c′、（d′）四点，然后作 OX 轴的垂线求得 a、b、c、d，根据点的投影规律求出侧面投影 a″、b″、c″、d″，如图 2-46（c）所示。
3．补全轮廓线，光滑连接各点：光滑连接各点的侧面投影，并补全轮廓线，如图 2-46（c）所示</td></tr>
<tr><td></td><td colspan="7">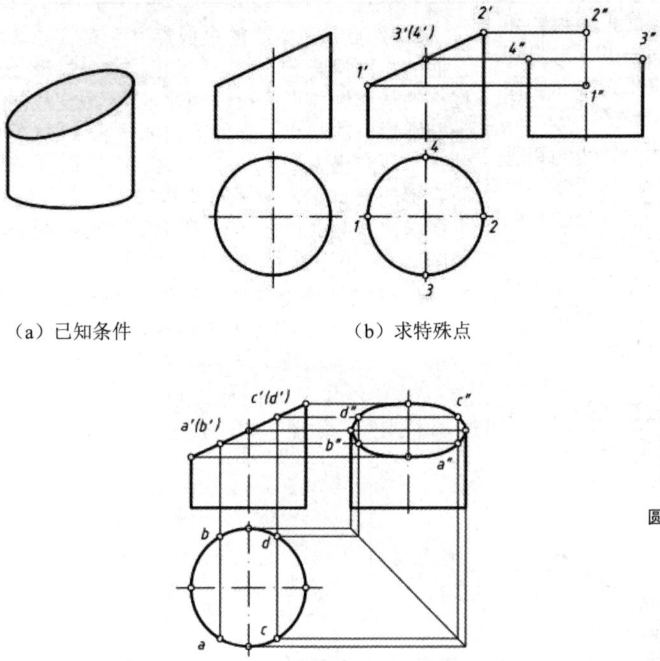

（a）已知条件　（b）求特殊点
（c）求一般点
图 2-46　圆柱体截交线的画法
圆柱截交线的投影
圆锥截交线的投影</td></tr>
<tr><td>圆锥的截交线</td><td>截平面与圆锥体的截切位置和轴线倾角不同时，其截交线有五种不</td><td>立体图</td><td>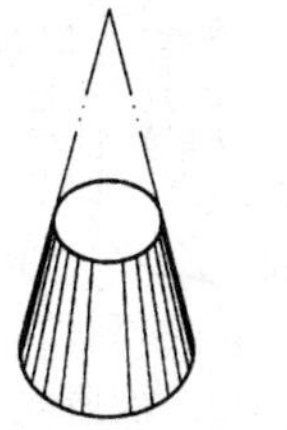</td><td>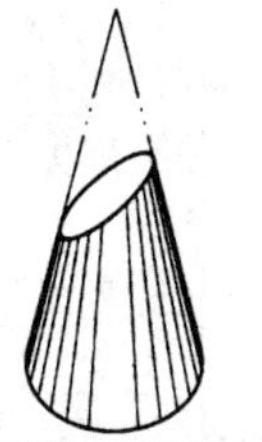</td><td>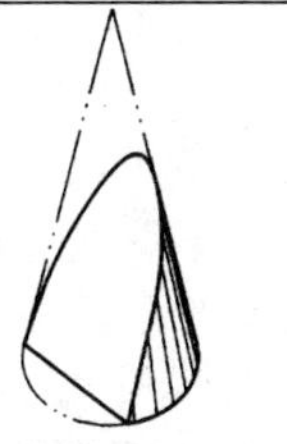</td><td>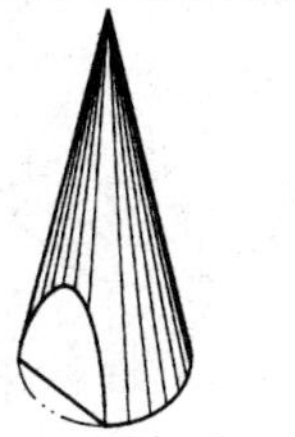</td><td>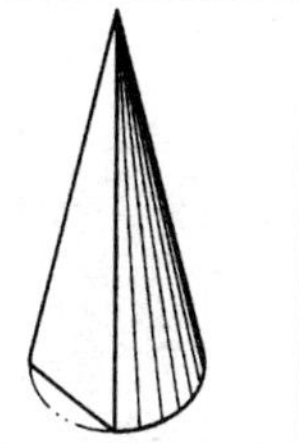</td></tr>
</table>

<table>
<tr><td rowspan="2">同的情况</td><td>投影图</td><td>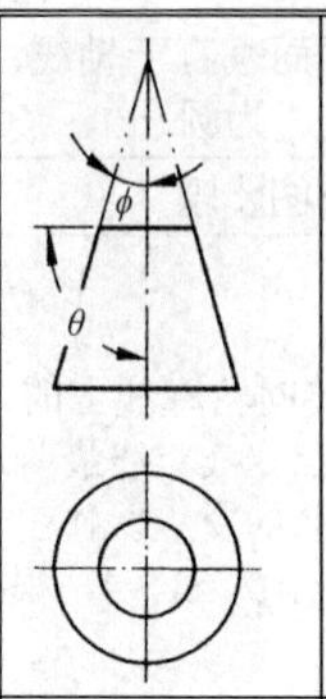</td><td>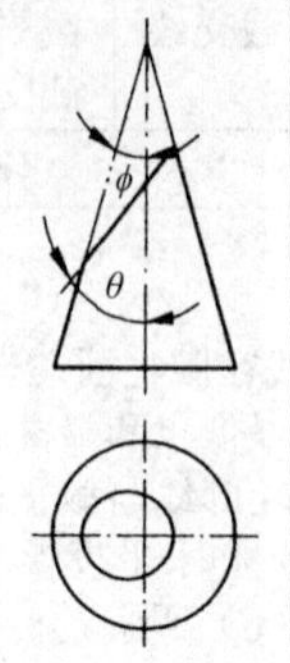</td><td>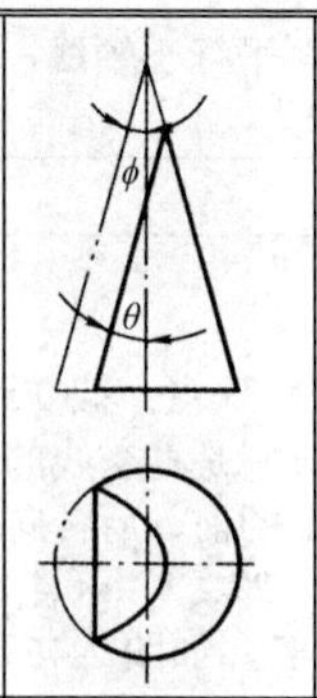</td><td>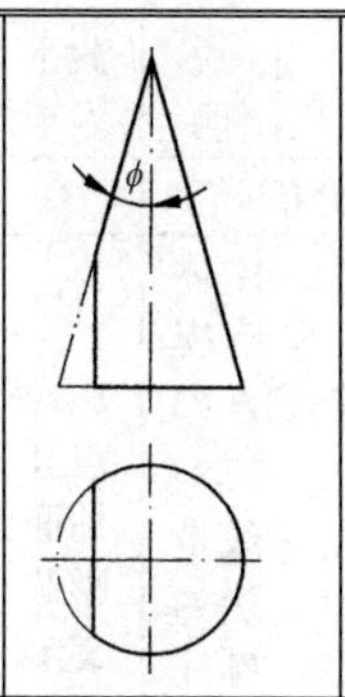</td><td>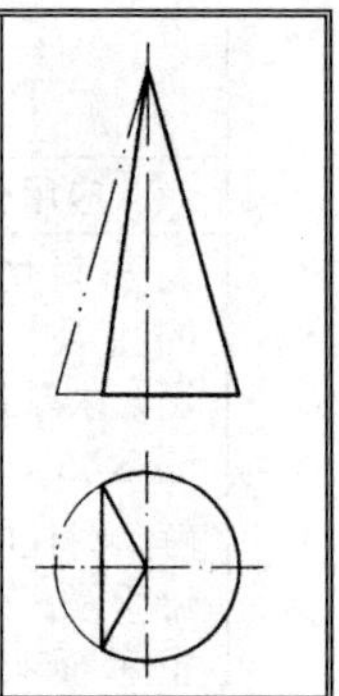</td></tr>
<tr><td>说明</td><td>截平面垂直于轴线 $\theta=90°$，截交线为圆</td><td>截平面倾斜于轴线，且 $\theta>\phi$，截交线为椭圆</td><td>截平面倾斜于轴线，且 $\theta=\phi$，截交线为抛物线</td><td>截平面平行于轴线，或 $\theta<\phi$，截交线为双曲线</td><td>截平面过锥顶，截交线为过锥顶的两条素线</td></tr>
<tr><td colspan="7">因为圆锥面的各个投影均无积聚性，所以求圆锥的截交线时，可采用辅助平面法。作一辅助平面，利用三面（截平面、圆锥面、辅助平面）共点原理，求截交线上的点</td></tr>
<tr><td colspan="2">应用分析</td><td colspan="5">作图步骤</td></tr>
<tr><td colspan="2">已知圆锥体的正面投影和部分水平面投影，求斜切圆锥体的水平投影和侧面投影，如图 2-47（a）所示。
解：圆锥体的轴线为铅垂线，因截平面与圆锥轴线的倾角大于圆锥母线与轴线的夹角，所以截交线为椭圆。由于截平面是正垂面，截交线的正面投影为直线，水平投影和侧面投影均为椭圆。选用辅助水平面作出截交线的水平和侧面投影</td><td colspan="5">1．求特殊点：截交线的最低点 A 和最高点 B，是椭圆长轴的端点，它们的正面投影 a'、b' 直接求出，水平投影 a、b 和侧面投影 a''、b'' 按点的从属性和点的投影规律求出。截交线的最前点 K 和最后点 L，是椭圆短轴的端点，它们的正面投影 k'、(l') 为 $a'b'$ 的中点，作辅助水平面求出 k、l 和 k''、l''。圆锥体前、后转向轮廓线与截平面正面投影的交点 c'、(d') 可直接求出，水平投影 c、d 可按作辅助水平面求出，侧面投影 c''、d'' 可按点的从属性和点的投影规律求出，如图 2-47（b）所示。
2．求一般点：选择适当的位置作辅助水平面，与截交线正面投影的交点为 1′、(2′)，其水平投影和侧面投影即可求出，如图 2-47（c）所示。
3．光滑连接各点同面投影，求出截交线的水平投影和侧面投影，并补全轮廓线，如图 2-47（d）所示</td></tr>
<tr><td colspan="7">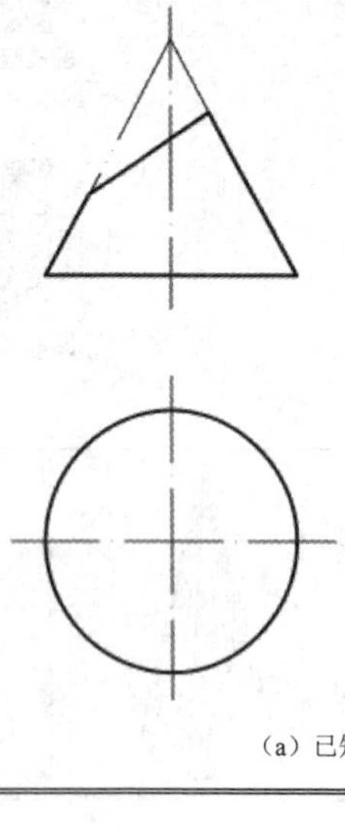
（a）已知条件
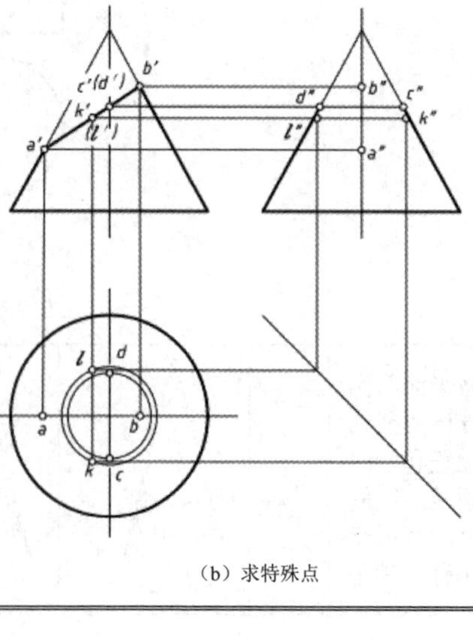
（b）求特殊点</td></tr>
</table>

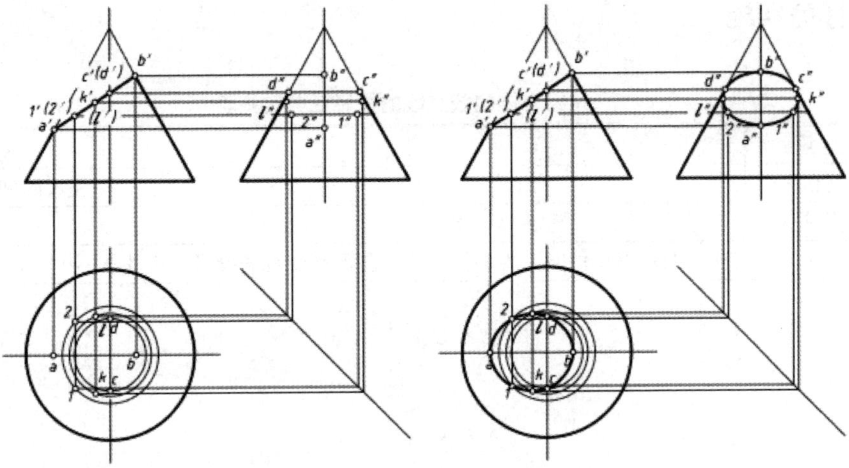

（c）求一般点　　（d）光滑连接各点

图 2-47　正垂面与圆锥体的截交线

球的截交线

应用分析	作图步骤
平面与圆球相交，不论截平面处于什么位置，其截交线都是圆。当截平面平行于某一投影面时，截交线在该投影面上的投影为圆，在另两个投影面上的投影积聚为直线。当截平面垂直于投影面时，截交线在该投影面上的投影积聚为直线，在另两个投影面上的投影为椭圆。 已知圆球体被截切后的正面投影，求作水平投影，如图 2-48（a）所示。 解：截平面为正垂面，截交线的正面投影为直线，水平投影为椭圆	1．求特殊点：截交线的最低点 *A* 和最高点 *B*，在正面投影上为最左点和最右点 *a*′、*b*′，对应的水平投影为椭圆短轴的两端点 *a*、*b*；正面投影 *a*′、*b*′的中点 *c*′、(*d*′)，是截交线水平投影椭圆长轴两端点 *cd* 对应的正面投影；*e*′、(*f*′) 是截交线与球的水平投影转向轮廓线在截交线正面投影上的交点，其水平投影 *e*、*f* 在球的水平投影转向轮廓线上，如图 2-48（b）所示。 2．求一般点：辅助水平面与 *a*′*b*′ 的交点 *g*′、(*h*′) 为截交线上两个点的正面投影，其水平投影 *g*、*h* 投影在辅助圆上，如图 2-48（b）所示。 3．光滑连接各点的水平投影，得截交线的水平投影，补全外形轮廓线，结果如图 2-48（b）所示

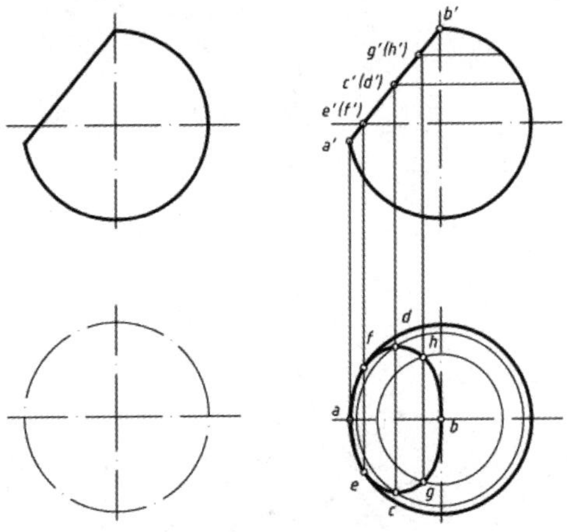

（a）已知条件　　（b）求截交线的投影

球的截交线的投影

图 2-48　球的截交线

任务实施

组合体的截交线的投影任务实施表

情　境							
学习任务						完成时间	
任务完成人	学习小组		组长		成员		
应用获得的知识和技能，绘制任务载体图形截交线的投影，尺寸从图中量取							

考核评价

组合体的截交线的投影过程考核评价表

情　境					
学习任务		完成时间			
任务完成人	学习小组	组长　　成员			
评价项目	评价内容	评价标准	得分		
			自评	互评（组内互评，取平均分）	教师评价
知识目标（40%）	自主学习	通过自主学习，对知识的理解、掌握及接受新知识的能力 □优（10）□良（8）□中（6）□差（4）			
	课堂学习	通过课堂学习，对知识的理解、掌握及接受新知识的能力 □优（30）□良（26）□中（22）□差（18）			
能力目标（40%）	组合体的截交线的投影任务实施表	□优（10）□良（8）□中（6）□差（4）			
	任务跟踪训练	□优（25）□良（21）□中（17）□差（13）			
	模型制作	能够创新设计并绘制产品平面图形 □优（5）□良（3）□中（2）□差（1）			
思政目标（20%）	团结协作、沟通能力	相互沟通、交流、协作、互帮互学，具备良好的群体意识 □优（5）□良（3）□中（2）□差（1）			
	取长补短	□优（10）□良（8）□中（6）□差（4）			
	遵守学校规章制度（纪律、出勤、卫生）	□优（5）□良（4）□中（3）□差（2）			
总分（自评 25%+互评 25%+教师评价 50%）					

子学习情境 2.4　组合体的相贯线的投影

情境导入

组合体的相贯线的投影工作任务单

情　境	组合体视图的识绘					
学习任务	子学习情境 2.4：组合体的相贯线的投影				完成时间	
任务完成人	学习小组		组长		成员	
任务要求	掌握：①组合体相贯线的概念和性质；②组合体相贯线的投影，并能熟练应用					
任务载体和资讯	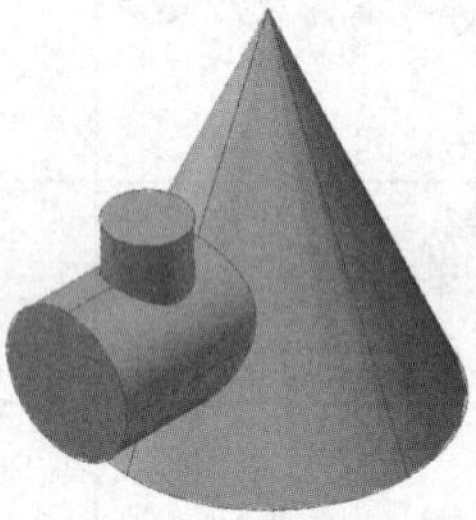	要求：根据任务载体图形，作组合体相贯线的投影（尺寸从图中量取，在组合体的相贯线的投影任务实施表中完成）。 资讯： 1. 相贯线的概念和性质。 2. 组合体相贯线投影的求法、步骤及应用				
完成任务注意点	①注意利用空间分析和投影分析确定相贯线的形状和投影；②注意利用积聚性、辅助平面、特殊点（上、下、左、右、前、后转向轮廓线上的点）求出组合体相贯线的投影					

知识链接

相贯线的概念和性质

1 相贯线的基本概念和性质（思政元素：和谐友善）

基本概念		图示
圆柱与圆锥台都是曲面立体，它们相交后可看作一个形体，称为相贯体。两曲面立体相交称为相贯，如图 2-49 所示，其表面产生的交线称为相贯线。由于两相交曲面立体的形状、大小和相对位置不同，所以相贯线的形状也不同，根据相互位置的不同可分为正交（相贯体两轴线垂直、相交）、偏交（相贯体两轴线垂直、交叉）和斜交（相贯体两轴线倾斜、相交）		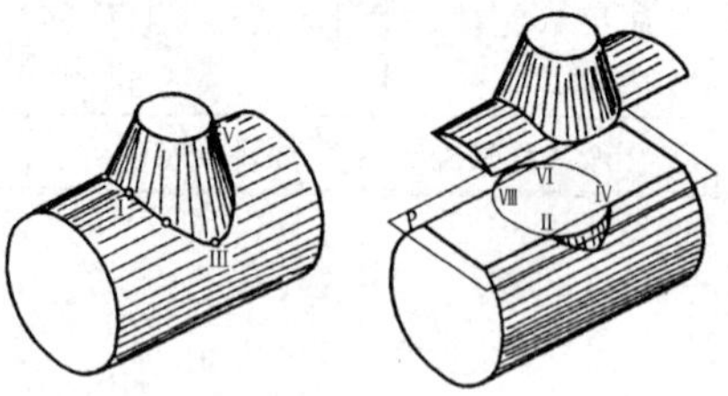 （a）圆锥台和圆柱相贯　（b）分析图 图 2-49　相贯线
相贯线的性质	1. 表面性：相贯线位于两立体的表面上。 2. 封闭性：相贯线一般是封闭的空间曲线，特殊情况下可以是平面曲线或直线段。 3. 共有性：相贯线是两立体表面的共有线，也是两立体表面的分界线，相贯线上的点一定是两相交立体表面的共有点	
	1. 分析两曲面立体表面性质，即两曲面立体的相对位置和相交情况。 2. 求相贯线的特殊点：特殊点有上、下、左、右、前、后转向轮廓线上的点，有些点可根据	

求相贯线的方法和步骤	从属关系直接求出，有些要利用辅助平面法求。 3．求一般点：常用的作图方法为辅助平面法，即假想作一辅助平面截切两曲面立体，分别得出两曲面立体表面的截交线，则两曲面立体上截交线的交点必为相贯线上的点。作辅助水平面 *P* 与圆柱轴线平行，与圆锥台轴线垂直，如图 2-49（b）所示，辅助平面与圆柱表面的截交线为矩形，与圆锥台表面的截交线为圆，则两截交线的交点Ⅱ、Ⅳ、Ⅵ、Ⅷ即为圆柱和圆锥台表面的共有点，它们也是辅助平面 *P* 上的点。若作一系列的辅助平面，便可得到相贯线上的若干点。 4．顺次光滑连接各点，并判断相贯线的可见性。 选择辅助平面的原则是：与两曲面立体表面的截交线的投影为最简单形状（直线或圆）。一般选投影面平行面

2　组合体的相贯线的投影

两圆柱相贯线的投影

2.1　两圆柱正交相贯线投影的求法及步骤

应用分析	作图步骤
已知正交两圆柱的俯视图和左视图，求作主视图，如图 2-50（a）所示。 解：两圆柱体轴线垂直相交，其轴线分别为铅垂线和侧垂线，因此小圆柱的水平投影和大圆柱的侧面投影都具有积聚性。相贯线的水平投影积聚在圆周上，侧面投影积聚于圆周的一部分	1．求特殊点：*a*′ 、*b*′ 是两圆柱表面共有点的正面投影，也是相贯线的最高点、最左点和最右点。从侧面投影轮廓线的交点求得相贯线最前点、最后点的侧面投影 *c*″ 、*d*″ ，由从属关系求出其余两面投影，如图 2-50（b）所示。 2．求一般点：作辅助正平面，与两圆柱的截交线均为矩形，其侧面投影 1″ 、(2″) 和水平面投影 1、2 分别在圆周与平面投影的交点上，由从属关系求出正面投影 1′ 、2′ ，如图 2-50（b）所示。 3．判别相贯线的可见性：前半相贯线的正面投影可见，因前后对称，后半相贯线与前半相贯线重影，如图 2-50（b）所示。 4．按水平投影各点顺序，依次连点成光滑曲线，得相贯线的正面投影，如图 2-50（b）所示

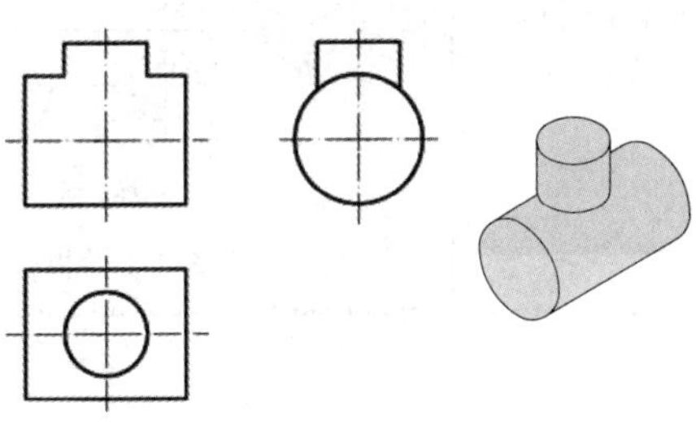

（a）已知条件

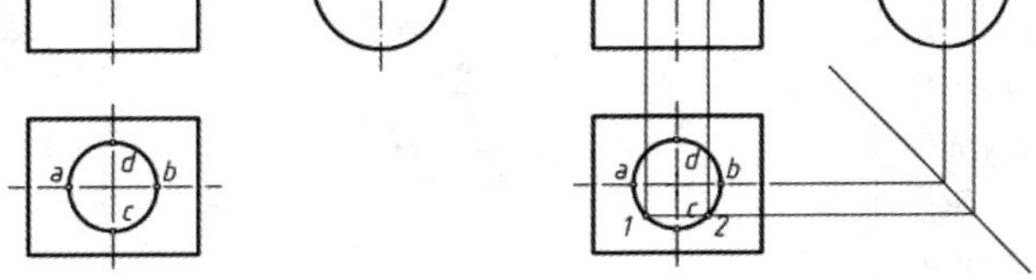

（b）作图过程

图 2-50　两圆柱正交的相贯线

相贯线的特殊情况与近似画法

2.2 两圆柱正交相贯线投影的近似画法

画法	图示
当轴线垂直相交的两个圆柱的直径相差较大，且不要求精确地画出相贯线时，允许近似地以圆弧来代替，此时该圆弧的圆心必须在小圆柱的轴线上，而圆弧半径应等于大圆柱的半径，如图2-51所示	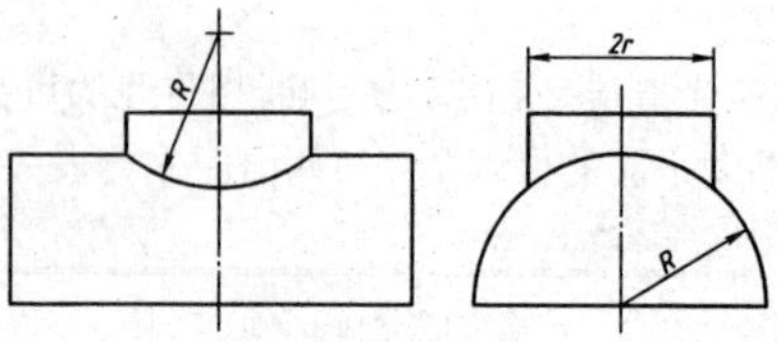 图2-51　轴线正交圆柱体的相贯线投影的近似画法

2.3 两圆柱正交相贯线投影的形状与弯曲方向

分析	图示
随着两圆柱直径大小的相对变化，两正交圆柱的相贯线的形状、弯曲方向也起变化。如图2-52所示，圆柱 *D* 同时与竖直方向的 *A*、*B*、*C* 三个圆柱正交，它们的直径关系为：$A<D$，$B=D$，$C>D$。在立体图和投影图中可以看出相贯线的情况：当两个直径不等的圆柱相交时，相贯线在同时平行于两圆柱轴线的投影面上的投影，其弯曲趋势总是“勾”向小圆柱，“凸”向大圆柱轴线；当两个直径相等的圆柱相交时，相贯线为平面椭圆曲线，在同时平行于两圆柱轴线的投影面上，此相贯线的投影为直线	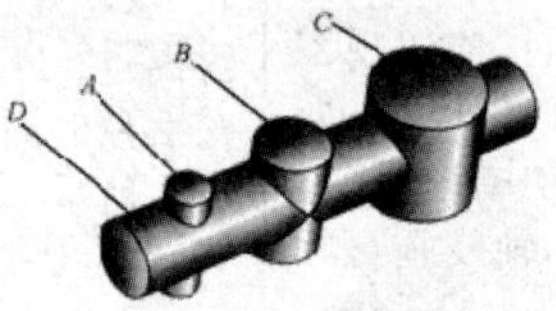 （a）两正交圆柱相贯的立体图 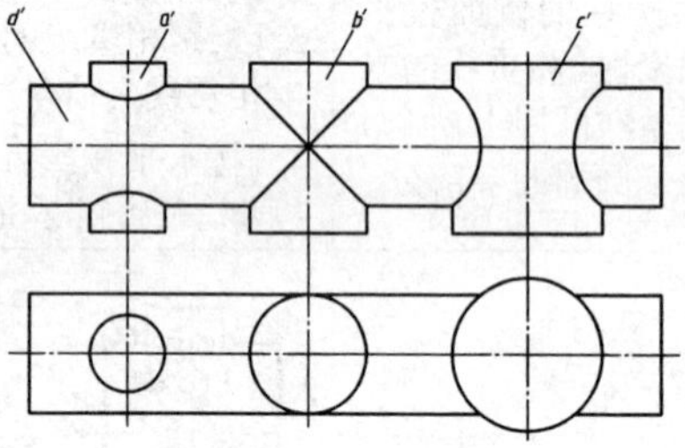 （b）两正交圆柱相贯的投影图 图2-52　相贯线的形状及弯曲方向

2.4 相贯线的种类

种类	图示
1．外相贯线。两圆柱外表面相交时，其相贯线为外相贯线，如图2-49～图2-52所示。或外圆柱面与内圆柱面（圆孔）相交时，其相贯线为外相贯线，如图2-53所示	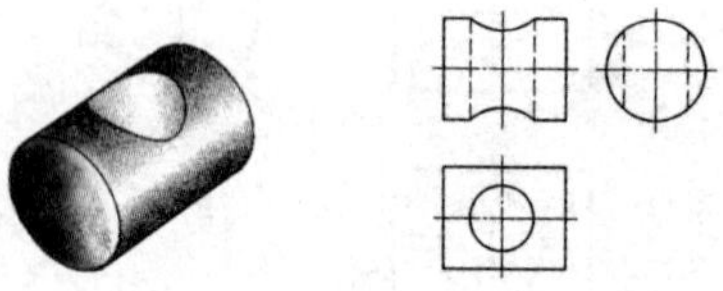 （a）立体图　（b）投影图 图2-53　外圆柱面与内圆柱面相贯的外相贯线

2．内相贯线。两内圆柱面相交，其相贯线为内相贯线，并与实心两圆柱相贯线对应，如图 2-54 所示	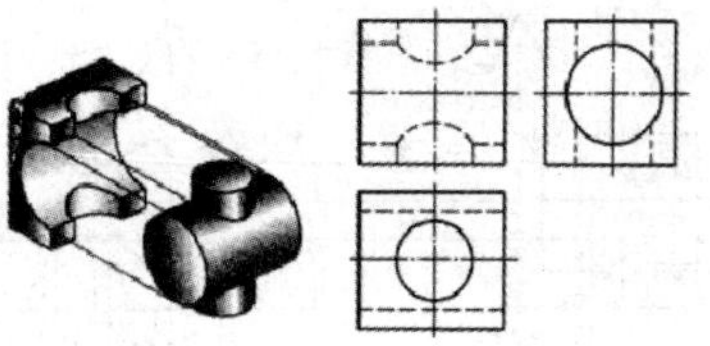 （a）两内圆柱面直径不等 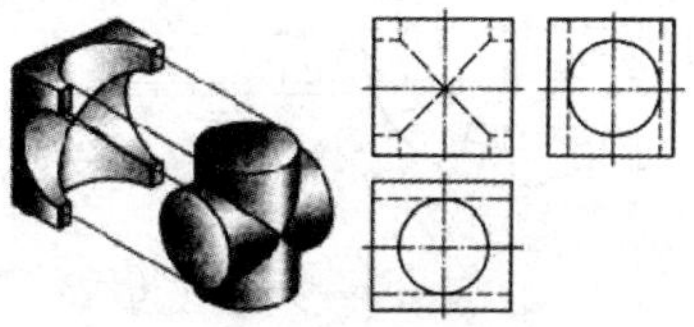 （b）两内圆柱面直径相等 图 2-54　两内圆柱面相贯的内相贯线
3．内外相贯线。图 2-55、图 2-56 是圆筒上开圆孔的内、外相贯线。在要求精度不高时，内、外相贯线都可以采用近似画法	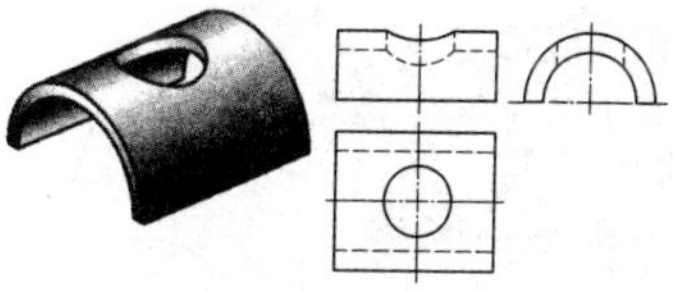 图 2-55　圆筒上开孔径不等的内、外相贯线 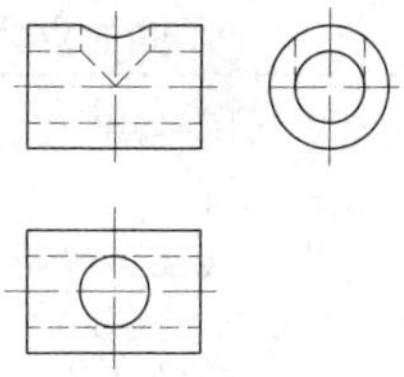 图 2-56　圆筒上开孔径相等的内、外相贯线

2.5　圆柱与圆锥正交相贯线的投影

圆柱与圆锥相贯线的投影

应用分析	作图步骤
作圆柱与圆锥相交的相贯线，通常采用辅助平面法。 求圆柱和圆锥正交相贯线的正面和水平面投影。 解：圆柱与圆锥的轴线相互垂直，圆柱的轴线是侧垂线，圆锥的轴线是铅垂线。相贯线的侧面投影积聚在圆柱侧面投影的圆周上。用辅助平面法作图	1．求特殊点：由于Ⅰ、Ⅱ两点在圆柱面的上、下转向轮廓线上，容易求出Ⅰ、Ⅱ两点的三面投影（1）、1′、1″和 2、2′、2″。再求出相贯线上的最前点、最后点Ⅲ、Ⅳ的投影：过Ⅲ、Ⅳ点作水平面 P_2，截圆锥截出一个以 R_2 为半径的圆，在水平投影上画出该圆的投影，延长圆柱面的前、后两条转向轮廓线与圆的投影相交于 3、4，由 3、4 和 3″、4″得 3′、（4′），如图 2-57 所示。 2．求一般点：在最高点和最低点之间作辅助平面 P_1、P_3（水平面），它与圆锥面的交线为圆，与圆柱面的交线为两平行直线，它们的交点Ⅴ、Ⅵ、Ⅶ、Ⅷ 即为相贯线上的点。分别以 R_1、R_3 为半径画出交线圆的水平投影，再由 5″、7″、6″、8″作出（5）、7、（6）、8，进而作出 5′、（6′）和 7′、（8′），如图 2-57 所示。 3．判别可见性，光滑连接：相贯线前后对称，前半相贯线的正面投影可见，用实线依次光滑连接各点；相贯线的水平投影以 3、4 点为分界点，其右侧可见，用实线依次光滑连接 3、7、2、8、4 点，左侧不可见，用虚线依次光滑连接 3、（5）、（1）、（6）、4 点，即得相贯线的水平投影，如图 2-57 所示

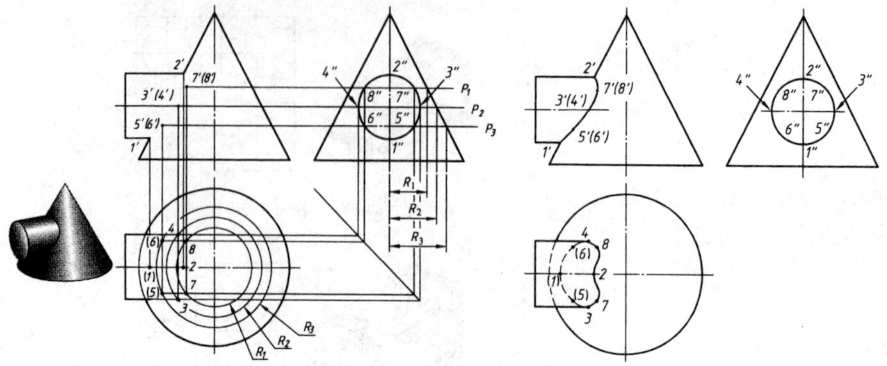

图 2-57 圆柱与圆锥正交的相贯线

2.6 相贯线的特殊情况

在一般情况下，两曲面立体的相贯线是封闭的空间曲线，但在特殊情况下相贯线可能是平面曲线或直线。	
两曲面立体同轴	**图示**
当两曲面立体同轴相交时，它们的相贯线都是平面曲线——圆。当两曲面立体轴线平行于投影面时，相贯线在该投影面上的投影是垂直于轴线的直线。如图 2-58（a）中圆柱与圆锥同轴相交，因为两回转体的轴线都平行于正面，其相贯线的水平投影为圆，正面投影积聚为直线。如图 2-58（b）中圆柱与圆球同轴相交，因两回转体的轴线平行于正面，其侧面投影为圆，正面投影积聚为直线	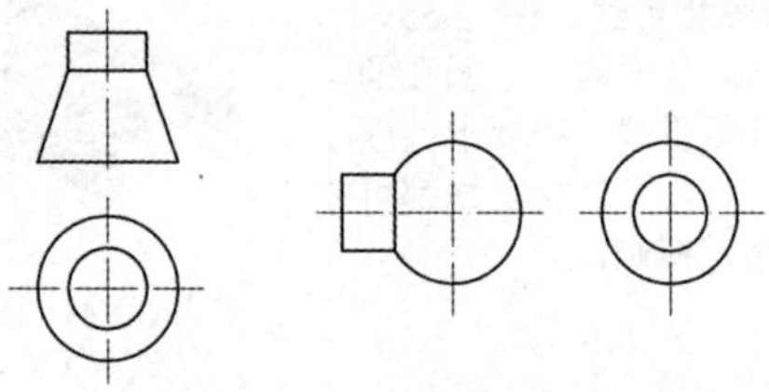 （a）圆柱与圆锥同轴相交　（b）圆柱与圆球同轴相交 图 2-58 两回转体同轴的相贯线
两圆柱体直径相等且轴线相交	**图示**
当两曲面立体直径相等且轴线垂直相交时，相贯线为四段相同的半椭圆弧，椭圆平面垂直于两轴线所决定的平面。因为两圆柱的轴线都平行于正面，所以相贯线的正面投影积聚为直线，其水平和侧面投影为圆，如图 2-59 所示	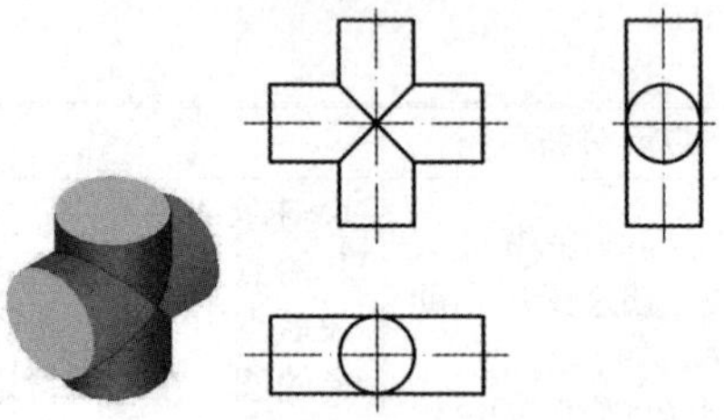 图 2-59 两圆柱体直径相等且轴线相交的相贯线
两圆锥共锥顶相交或两圆柱轴线平行相交	**图示**
两圆锥共锥顶相交或两圆柱轴线平行相交时其相贯线为直线，如图 2-60 所示	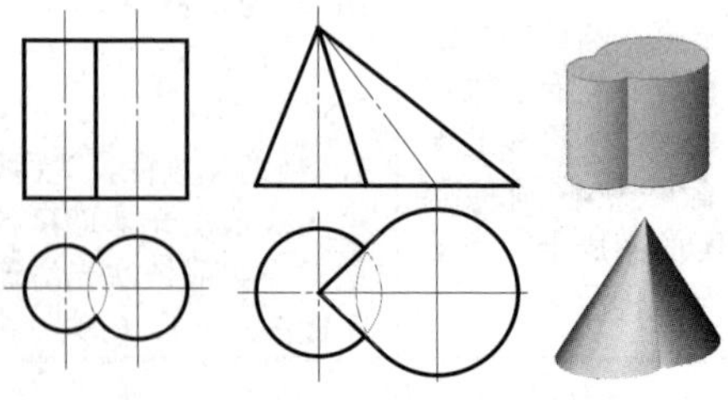 图 2-60 两圆锥共锥相交或两圆柱轴线平行相交的相贯线

任务实施

组合体的相贯线的投影任务实施表

<table>
<tr><td>情　境</td><td colspan="7"></td></tr>
<tr><td>学习任务</td><td colspan="5"></td><td>完成时间</td><td></td></tr>
<tr><td>任务完成人</td><td>学习小组</td><td></td><td>组长</td><td></td><td>成员</td><td colspan="2"></td></tr>
<tr><td colspan="8">应用获得的知识和技能，绘制任务载体图形相贯线的投影，尺寸从图中量取</td></tr>
<tr><td colspan="8"></td></tr>
</table>

考核评价

组合体的相贯线的投影过程考核评价表

情境					
学习任务			完成时间		
任务完成人	学习小组		组长		成员
评价项目	评价内容	评价标准	得分：自评	得分：互评（组内互评，取平均分）	得分：教师评价
知识目标（40%）	自主学习	通过自主学习，对知识的理解、掌握及接受新知识的能力 □优（10）□良（8）□中（6）□差（4）			
	课堂学习	通过课堂学习，对知识的理解、掌握及接受新知识的能力 □优（30）□良（26）□中（22）□差（18）			
能力目标（40%）	组合体的相贯线的投影任务实施表	□优（10）□良（8）□中（6）□差（4）			
	任务跟踪训练	□优（30）□良（26）□中（22）□差（18）			
思政目标（20%）	团结协作、沟通能力	相互沟通、交流、协作、互帮互学，具备良好的群体意识 □优（5）□良（3）□中（2）□差（1）			
	和谐友善	□优（10）□良（8）□中（6）□差（4）			
	遵守学校规章制度（纪律、出勤、卫生）	□优（5）□良（4）□中（3）□差（2）			
总分（自评 25%+互评 25%+教师评价 50%）					

子学习情境 2.5　组合体的视图

情境导入

组合体的视图工作任务单

<table>
<tr><td>情　境</td><td colspan="6">组合体视图的识绘</td></tr>
<tr><td>学习任务</td><td colspan="4">子学习情境 2.5：组合体的视图</td><td>完成时间</td><td></td></tr>
<tr><td>任务完成人</td><td>学习小组</td><td></td><td>组长</td><td></td><td>成员</td><td></td></tr>
<tr><td>任务要求</td><td colspan="6">掌握：①组合体的组合形式及形体分析法和线面分析法的概念；②组合体视图的画法和识读；③组合体视图的尺寸标注；④组合体的基本视图、向视图、局部视图、斜视图的画法和标注</td></tr>
<tr><td>任务载体和资讯</td><td colspan="2"></td><td colspan="4">要求：根据任务载体图形，绘制组合体的视图，并标注尺寸（尺寸从图中量取，在组合体的视图任务实施表中完成）。
资讯：
1．组合体的组合形式及形体分析法和线面分析法的概念。
2．组合体视图的画法和识读。
3．组合体视图的尺寸标注。
4．组合体的基本视图、向视图、局部视图、斜视图的画法和标注</td></tr>
<tr><td>完成任务注意点</td><td colspan="6">①利用空间分析和投影分析、形体分析法和线面分析法识绘组合体的视图；②通过多读、多想、多画，建立空间思维</td></tr>
</table>

知识链接

组合体的组合形式

1　组合体的组合形式及形体分析法和线面分析法的概念

<table>
<tr><td colspan="3">大多数机器零件均可看作是由一些基本形体组合而成的组合体，这些基本体可以是完整的几何形体，如棱柱、棱锥、圆柱、圆锥、圆球等，也可以是不完整的几何体或它们简单的组合体，如图 2-61 所示</td></tr>
<tr><td colspan="3">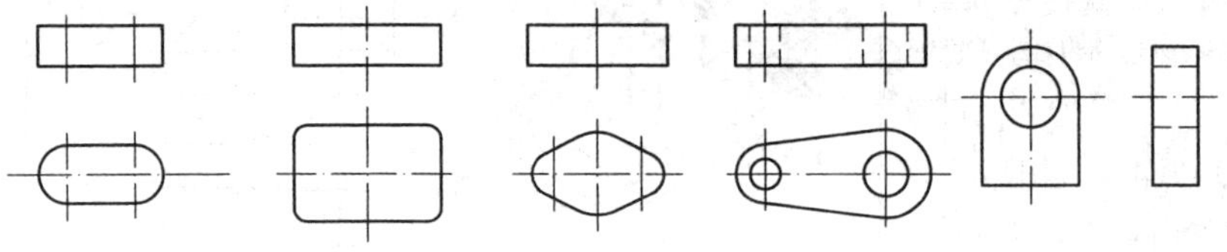
图 2-61　组合体</td></tr>
<tr><td colspan="2">组合形式</td><td>图示</td></tr>
<tr><td>组合体的组合形式可分为叠加和挖切两种，而常见的组合体为两种形式之综合，如图 2-62 所示</td><td>1. 叠加：构成组合体的各基本体相互堆积。
2. 挖切：从基本形体中切去较小的基本形体。
3．综合：既有叠加又有挖切</td><td>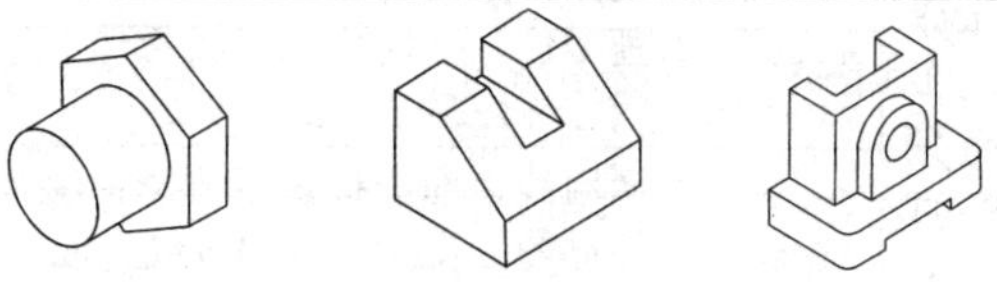
（a）叠加　（b）挖切　（c）综合
图 2-62　组合体的组合形式</td></tr>
</table>

<table>
<tr>
<td rowspan="4">组合体表面间的相对位置关系</td>
<td rowspan="2">平齐与不平齐</td>
<td>两基本体表面不平齐，连接处应有线隔开，如图 2-63 所示</td>
<td>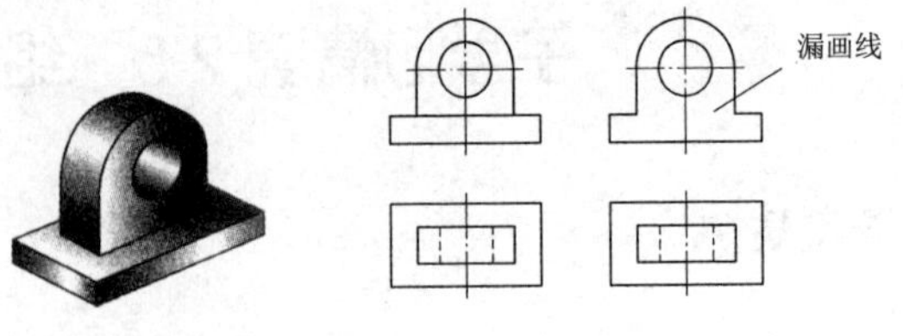

（a）立体图 （b）正确 （c）错误
图 2-63 组合体相邻表面不平齐</td>
</tr>
<tr>
<td>两基本体表面间平齐，连接处不应有线隔开，如图 2-64 所示</td>
<td>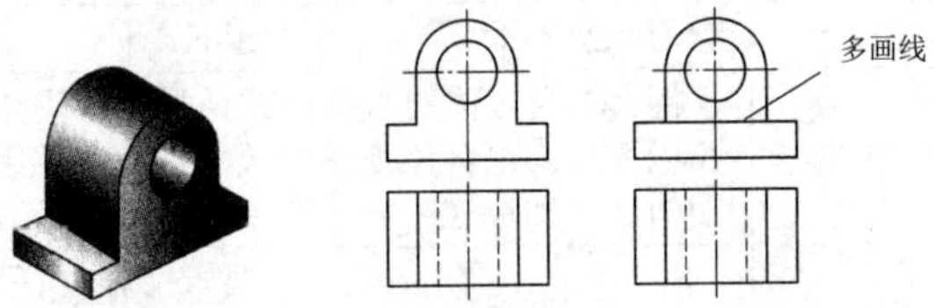

（a）立体图 （b）正确 （c）错误
图 2-64 组合体相邻表面平齐</td>
</tr>
<tr>
<td rowspan="2">相交与相切</td>
<td>截交：截交处画出截交线，如图 2-65 所示</td>
<td>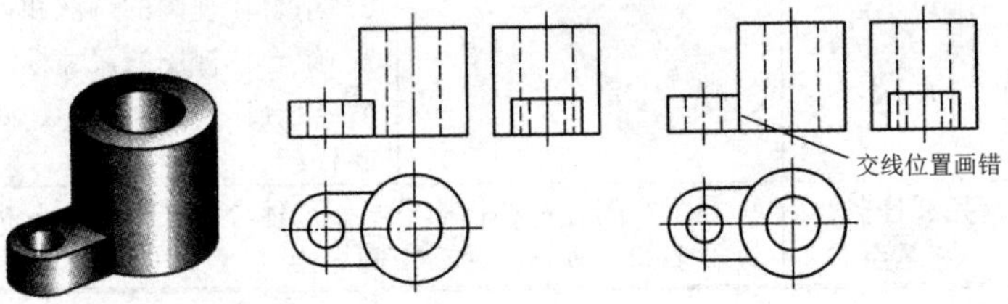

（a）立体图 （b）正确 （c）错误
图 2-65 组合体相邻表面截交</td>
</tr>
<tr>
<td>相切：当两基本体表面相切时，其相切处是圆滑过渡，不应画线，如图 2-66 所示，图中底板前端平面与圆弧面相切，其平面上的棱线末端应画至切点为止。切点位置由投影关系确定，相切处无线</td>
<td>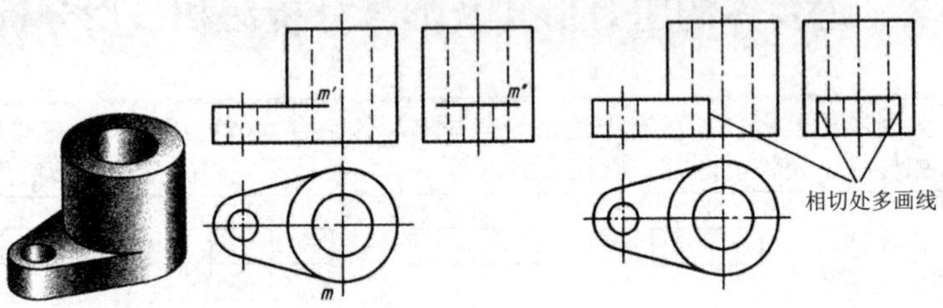

（a）立体图 （b）正确 （c）错误
图 2-66 组合体相邻表面相切</td>
</tr>
<tr>
<td rowspan="2">形体分析法和线面分析法的概念</td>
<td>形体分析法</td>
<td colspan="2">将组合体分解为各个基本体，从各个基本体的特征入手，分析并画出基本体的三视图，进而画出组合体的三视图；或由特征线框的三视图找出各个线框所代表的基本体，从而想象出组合体的形状。形体分析法是对组合体进行画图、读图以及尺寸标注最基本的方法之一</td>
</tr>
<tr>
<td>线面分析法</td>
<td colspan="2">运用线、面的投影规律，把组合体的表面分解成线、面等几何元素，进而画出组合体的三视图；或通过线、面的投影规律识别这些线、面要素的空间位置、形状，从而想象出组合体的形状。线面分析法常用于分析视图中局部投影复杂之处，作为形体分析的补充</td>
</tr>
</table>

2　组合体视图的画法和识读（思政元素：人生目标、职业规划）

组合体视图的绘制

2.1　形体分析法画组合体视图

画图步骤	应用	
1. 由形体分析法将组合体分为各个基本体，分析各基本体的空间形状和投影形状。 2. 从特征视图开始逐一画出各基本体的三视图。 3. 由基本体的表面连接情况，整理出组合体的三视图。 **注意：**画图时不要把组合体看成是由各个零散的基本体“拼接”而成。实际上，每个零件都是一个不可分割的整体，在组合体的各基本形体之间并不存在接缝	分析	画出图 2-67 所示的组合体的视图 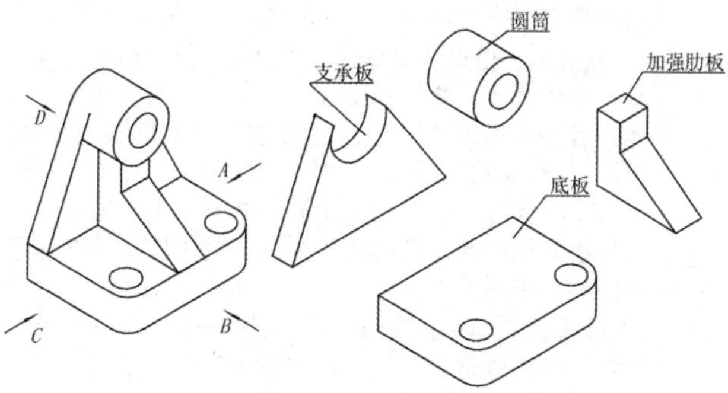 图 2-67　组合体的形体分析 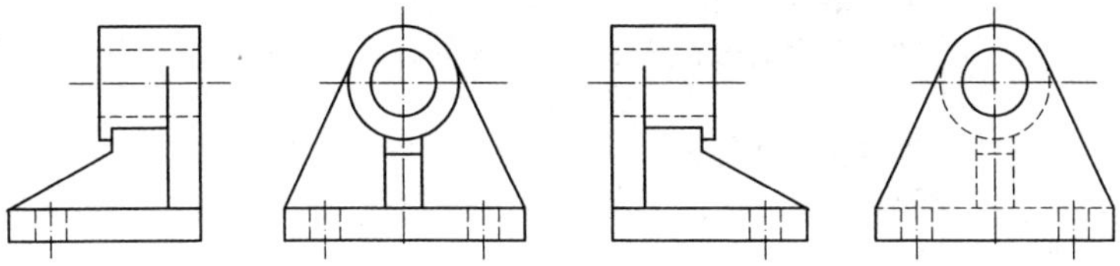 图 2-68　主视图的选择 1. 形体分析。画组合体视图之前，应对组合体进行形体分析，了解组合体的各基本体的形状、组合形式、相对位置以及在某个方向上是否对称，以便对组合体的整体形状有个概念，为画图做准备。 从图 2-67 中可以看出，该组合体支架由四棱柱底板、圆筒、等腰梯形柱的支承板、直角梯形柱和四棱柱构成的肋板组成。支承板与圆筒外表面相切，叠放在底板上，它与底板后面平齐。肋板叠放在底板上，其上与圆筒外面相结合，后面与支承板紧靠，两侧面与圆筒面相交。整个组合体左右对称。 2. 选择主视图。三视图中主视图是最主要的视图，这是由于主视图是反映物体主要形状特征的视图。选择主视图就是确定主视图的投影方向和相对于投影面的放置问题。一般选择反映其形状特征最明显、反映形体间相互位置最多的投影方向作为主视图的投影方向；安放位置应反映位置特征，并使其表面相对于投影面尽可能多地处于平行或垂直位置，也可选择其自然位置。主视图的确定，应保证其他视图尽量少出现虚线。主视图确定后，其他视图也就随之而定。 现将图 2-67 的支架按自然位置安放后，对 *A*、*B*、*C*、*D* 各个方向投影所得的视图进行比较，如图 2-68 所示。选出最能反映支架各部分形状特征和相对位置的方向作为主视图的投影方向。若以 *D* 向作为主视图的投影方向，则主视图虚线较多，显然不如 *B* 向清楚；*A* 向和 *C* 向虽然主视图出现的虚线相同，如用 *C* 向作主视图，左视图会出现较多的虚线，不如 *A* 向好；再对 *A* 向和 *B* 向视图进行比较，明显看出 *B* 向更能反映支架各部分的形状特征，因此，应以 *B* 向作为主视图的投影方向。主视图确定后，左视图、俯视图就此而定。

	分析	3．选择比例和图幅。比例的选择直接影响到图纸幅面的大小，选择比例的原则是以是否能将组合体绝大部分的形状结构表达清楚为主。为了能直接估量组合体的大小，应尽量选择 1:1 的比例。按选定的比例，根据组合体的长、宽、高计算出三个视图所占面积，并在视图之间留出标注尺寸的位置和适当的间距及画标题栏的位置，据此选用合适的标准图幅。 4．布图并画基准线。当用图纸画图时，先固定图纸，画出图框线，再根据各视图的大小和位置，画出基准线。这样每个视图在图纸上的具体位置也就确定了，所以基准线的位置要恰当，使各个视图在图面上布局合理。 基准线是指画图时测量尺寸的基准，每个视图都应该有两个方向的基准线。一般常用对称中心线、轴线、较大的底平面和侧面作为基准线。 5．画底稿。根据各形体的投影规律，逐个画出各个基本形体的三视图。画形体一般从基准线开始，将和基准线有直接关系的图线先画出来，也可归纳为：先大（大形体）后小（小形体）、先主（主要形体）后次（次要形体）、先外（轮廓）后内（细节）、先圆（圆或圆弧）后直（直线）、先实（可见轮廓线）后虚（不可见轮廓线）。画每个形体时，还应该三个视图联系起来一起画，并从反映形体特征的视图画起，再按投影规律画出其他两个视图。为了提高绘图速度，不要画完组合体的一个完整视图后，再画另外一个。 6．检查并描深。底稿画完后，要对形体逐个进行仔细检查。对形体间的交线应特别注意，对特殊位置的线、面应按投影规律重点检查，擦去形体间因相切、共面而多余的线段。纠正错误、补充遗漏、擦去多余是检查的主要内容。检查完毕后，按标准图线描深，可见部分用粗实线画出，不可见部分用虚线画出。对称图形、半圆或大于半圆的圆弧要画出对称中心线，回转体一定要画出轴线。对称中心线和轴线用细点画线画出。描深时，一般的顺序是先曲（线）后直（线）、先小（小形状）后大（大形状）、先粗（线）后细（线）、先水平（线）后倾斜（线）。有时，几种图线可能重合，其优先次序为粗实线、虚线、细点画线、细实线。由于细点画线要画出图形外 2～5mm，所以当它与其他图线重合时，在图形外的那段不可忽略。 7．填写标题栏
	步骤如图 2-69 所示，省略了图框和标题栏	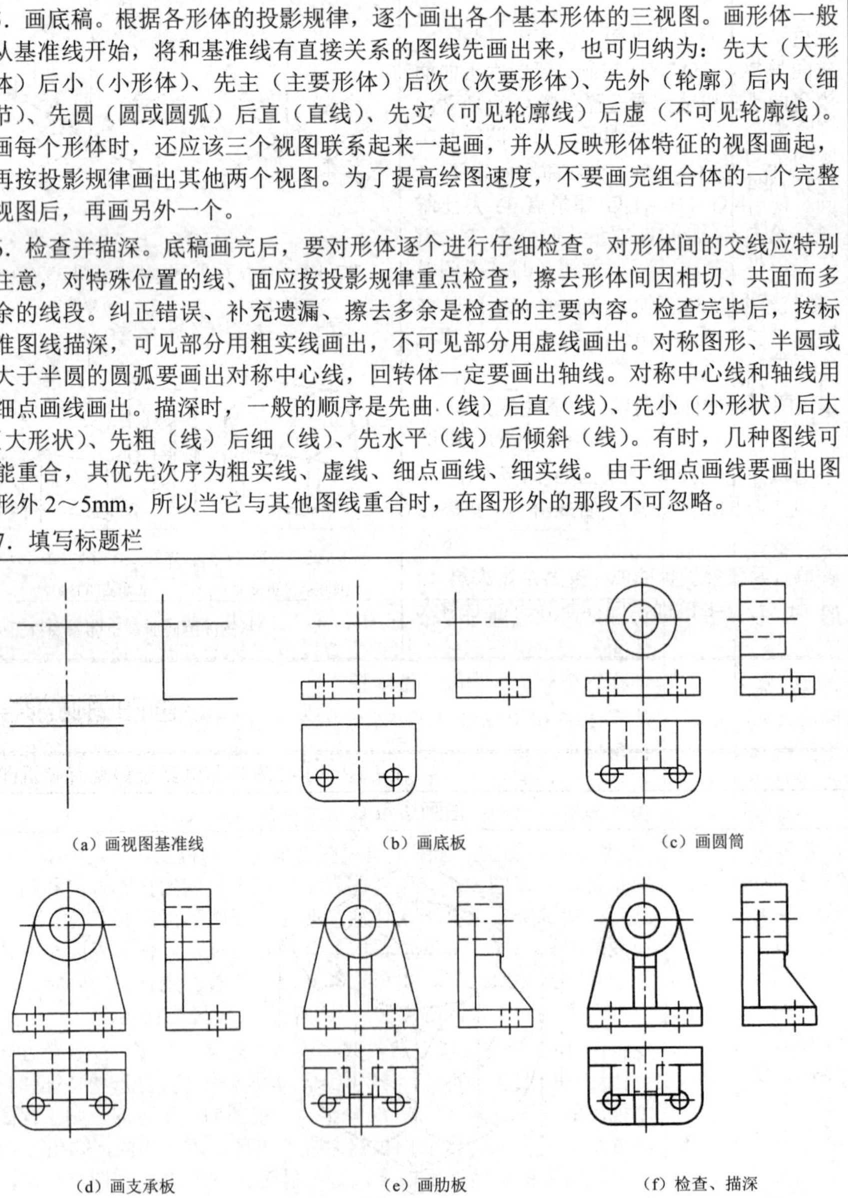 图 2-69　支架的三视图画图步骤

2.2　线面分析法画组合体视图

<table>
<tr><th>画图步骤</th><th colspan="2">应用</th></tr>
<tr><td rowspan="3">1．先画出切割组合体的原始三视图。
2．由线面投影规律分析组合体的线和面的空间形状和投影形状。
3．由特征视图入手，利用线面投影规律和三等关系逐一画出特征视图对应的其他视图。
4．将多余的线条去掉，形成切割组合体的三视图</td><td rowspan="2">分析</td><td>画出图 2-70 所示的组合体的视图。
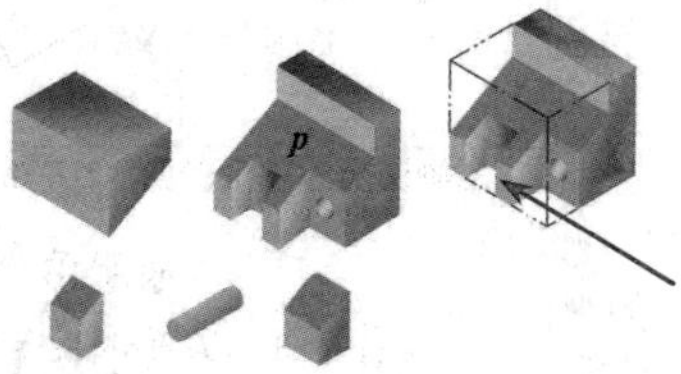
图 2-70　导向块</td></tr>
<tr><td>1．线面分析。导向块是挖切而成的，组合形式如图 2-70 所示，其中 p 面是正垂面。
2．选择主视图。选择最能反映物体主要形状特征的方向作为主视图方向，如图 2-70 箭头指向。主视图确定后，俯视图、左视图随之确定。在画三视图时利用线面分析法正确画出 p 面的三面投影。
3．选择比例和图幅。根据导向块的实际大小确定比例和图幅。
4．布图并画基准线。视图分布要均匀、合理，以导向块的左端面和下端面为画图基准线。
5．画底稿，如图 2-71（a）所示。
6．检查并描深，结果如图 2-71（b）所示。
7．填写标题栏</td></tr>
<tr><td>步骤
如图 2-71 所示，省略了图框和标题栏</td><td>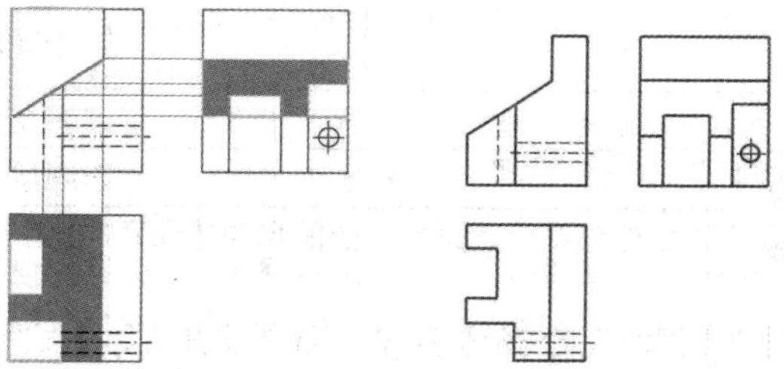
（a）导向块底稿　（b）导向块三视图
图 2-71　导向块的三视图画图步骤</td></tr>
</table>

2.3　读组合体视图的基本要领

<table>
<tr><th colspan="2">要领</th><th>图示和结论</th></tr>
<tr><td>将各个视图联系起来读</td><td>在工程图样中，组合体的形状是通过几个视图来表达的，每个视图只能反映机件一个方向的形状，因而，仅由一个或两个视图往往不一定能唯一地表达某一组合体的形状。
在如图 2-72 所示的五组组合体的视图中，它们的主视图均相同，仅看一个视图不能确定组合体的空间形状和各部分间的相对位置，必须同俯视图联系起来看，才能明确组合体各部分的</td><td>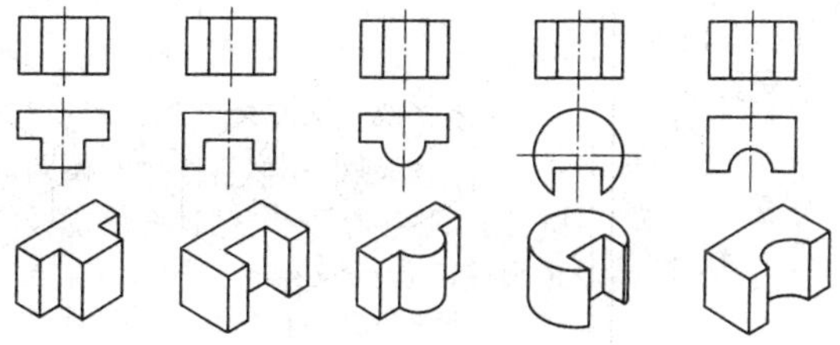
（a）立体 1　（b）立体 2　（c）立体 3　（d）立体 4　（e）立体 5
图 2-72　主视图相同的不同立体</td></tr>
</table>

	形状和相对位置。由组合体的主视图可了解各部分间的上下、左右相对位置，由俯视图可了解各部分之间的前后、左右相对位置。 又如图 2-73 所示的五组视图，它们主、俯视图均相同，但也表示五种不同形状的物体	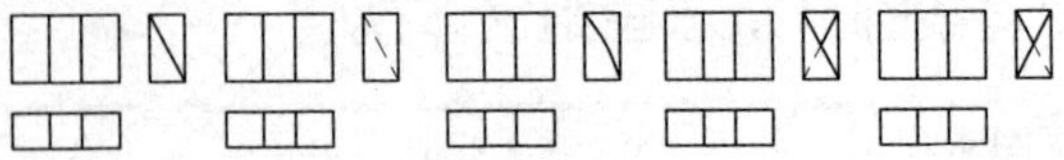 图 2-73　主、俯视图相同的不同立体 结论：在读图时必须把给出的几个视图联系起来读，才能准确地想象出所表示的物体的形状
寻找特征视图	读图时，必须抓住反映形状特征和位置特征的视图。如图 2-74 所示，只看主、俯视图，物体上的 I 与 II 两部分哪个凸起，哪个凹进去无法确定。而左视图明显地反映了这两个位置的特征，只有把主、左两个视图联系起来看，抓住左视图这个特征视图就很容易看出了	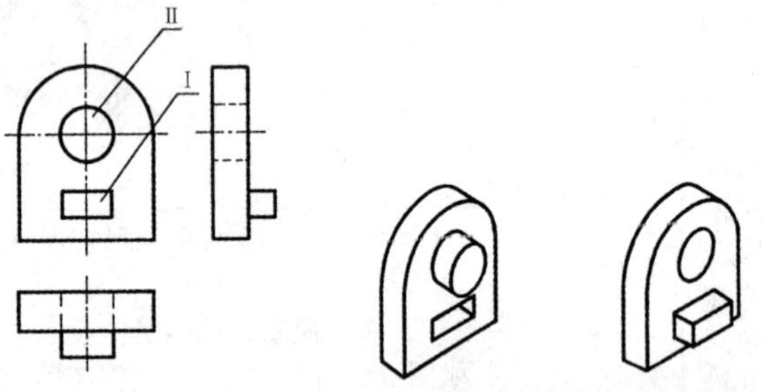 （a）三视图　（b）轴测图一　（c）轴测图二 图 2-74　寻找特征视图
图中的线框和图线的含义	视图中每个封闭线框，通常都是物体一个表面（包括平面和曲面）或孔的投影。视图中的每一条图线则可能是平面或曲面的积聚投影，也可能是线的投影。因此，必须将几个视图联系起来对照分析，才能明确视图中线框和图线所表示的意义。 在如图 2-75 所示的主视图下部中间的封闭框 a'（b'）对应于俯视图 a、b 两条直线，即表示为前后两个平行的正平面。而 c' 和 c 表示铅垂线 C，即两平面交线。主视图上部粗实线所围成的线框 d' 与俯视图 d 对应，即表示圆柱面 D。同理，主视图 f' 和俯视图 f 表示组合体上圆柱形通孔 F 的投影。主视图图线 h'，对应俯视图中的大圆线框的最左点 h，因而 h' 是圆柱面的转向轮廓线 H 的正面投影	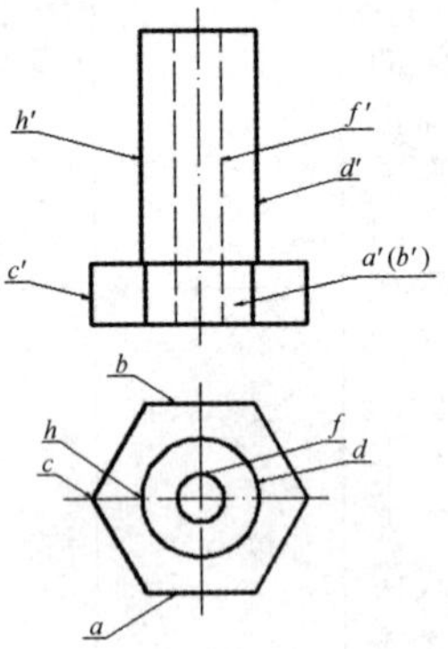 图 2-75　线框和图线的含义

2.4　形体分析法读组合体视图

组合体视图的识读

读图步骤	应用	
1．由特征视图（形状和位置视图）入手将组合体视图分解为各特征线框。	读图分析	读图 2-76 所示的组合体。 一般来说，在一组视图中，主视图是最为重要的一个图形，它能够比较明确地反映形体的基本特征和大部分组成部分的结构特点。所以读图时一般先从主视图入手。 1．拿到主视图，先大致划分其粗实线线框，判断它由几部分组成。图 2-76 中，主视图中的粗实线线框有七个。 2．判断每部分的具体结构。 正中的矩形线框在俯视图中与圆对应，在左视图中有尺寸标注 ϕ72mm，所以是直立圆柱。下方的矩形与俯视图的虚线圆长对正，左视图有尺寸标注 ϕ60mm，所以同样是圆柱，位于 ϕ72mm 圆柱下方，与之简单叠合。大圆柱左侧的矩形线框上面横线悬空，说明它与圆柱相切。从俯视图中判断其形状是左端连有半圆柱且开有圆孔的菱形板。菱形板上方的三角形在俯、左视图中与矩形线框对应，是连接菱形板与圆柱的肋板。圆柱右侧的矩形线框和圆柱间有交线，所以和圆柱是相交的关系。根据长

<table>
<tr>
<td rowspan="2">2．由三等关系对投影，找出各特征线框所对应的基本体的其他投影。
3．由每一基本体的三视图线框，想象出各基本体的空间结构，并由表面连接情况想象出组合体的空间形状，最后由已知组合的视图校正出组合体的空间形状</td>
<td>读图分析</td>
<td>对正，在俯视图中找到其所对应的形状是右侧连有半个圆柱体的四棱柱。主视图中的两个同心圆与俯视图中圆前面的实、虚线矩形相对应，是在大圆柱前方与之相贯的一个空心小圆柱，在左视图中能看到两条相贯线。
3．综合分析形体。
形体由六部分组合而成。中间是上大下小的两个叠合的直立空心圆柱，其前方相贯着一个圆平面平行于正面的空心圆柱，左侧下方有平板与之相切，由四棱柱肋板相连接，右侧上方有平板与之相交</td>
</tr>
<tr>
<td>图示</td>
<td>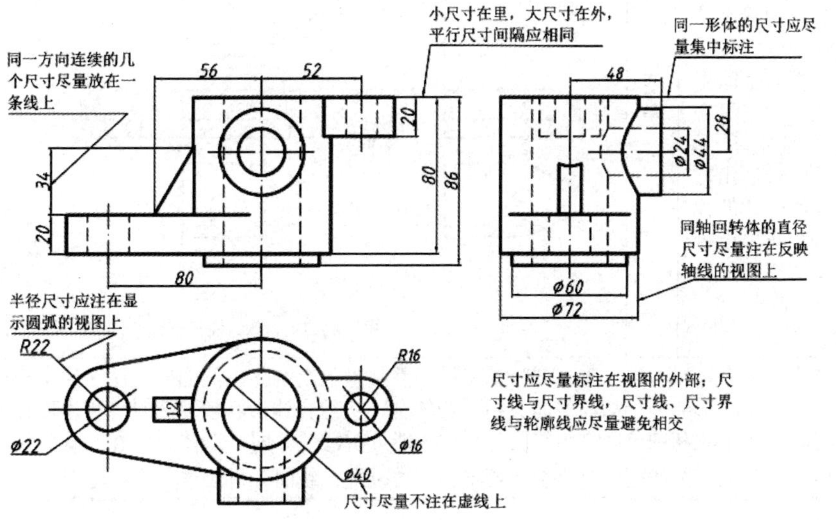

图 2-76 用形体分析法读图</td>
</tr>
</table>

2.5 线面分析法读组合体视图

<table>
<tr><th>读图步骤</th><th colspan="2">应用</th></tr>
<tr>
<td>在读图时，对比较复杂的组合体，常常在运用形体分析法的基础上，对不易表达或不易读懂的局部，还要结合线面分析法进行分析；在读切割体的视图时也要用线面分析法。
1. 由特征视图（形状和位置视图）入手将组合体视图分解为线、线框。</td>
<td>读图分析</td>
<td>读压块的主、俯、左三视图，确定压块的空间结构，如图 2-77 所示。
1．分线框，识面形。
由如图 2-77 所示的压块的三视图可知，它是由一块四棱柱体挖切而成的，且前后对称。主视图左上方的缺角是用正垂面截切的；俯视图中左方前后对称的缺角是分别用两个铅垂面对称截切的；左视图中前后下方的缺块是分别用正平面和水平面截切的。
从某一视图上划分线框，根据投影规律，从另两个视图上找出对应的线框或图线，从而得出所表示的面的空间形状和相对位置。
由俯视图的线框 p 及主视图的斜线 p' 可知它是一梯形正垂面，其左视图 p'' 与俯视图的线框为类似形。
由主视图的线框 q' 及俯视图的斜线 q 可知它是一多边形铅垂面，其左视图 q'' 与主视图的线框为类似形。
由主视图的线框 r' 及左视图的直线 r'' 可知它是矩形正平面，其俯视图 r 为一条直线段，但这里是虚线。
由俯视图的线框 s 和主、左视图各为一特殊位置直线 s' 、s'' 的对应关系，可知 S 为水平面。
2．识交线，想整形。
以 AB、AD、CD 三条直线为例，直线 AB 是铅垂面 Q 和正平面 R 的交线，必是</td>
</tr>
</table>

<table>
<tr><td rowspan="2">2. 由三等关系对投影，找出各特征线、线框所对应的线、面的其他投影。
3. 运用投影特性，分析线、线框的空间位置想象出组合体的空间形状，最后由已知组合体的视图校正出组合体的空间形状</td><td></td><td>铅垂线；直线 AD 是铅垂面 Q 和水平面 S 的交线，必定是水平线；直线 CD 也是铅垂线。通过对线面的分析，综合起来便可以想象出压块的整体形状，如图 2-77 所示</td></tr>
<tr><td>图示</td><td>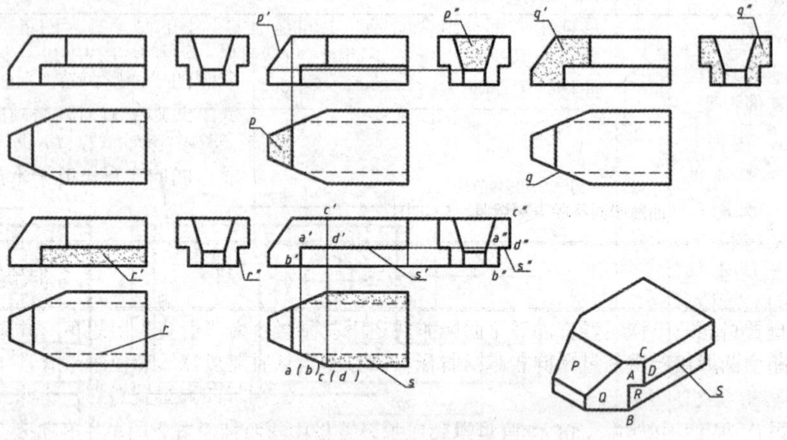

图 2-77　由压块的主、俯、左三视图，确定压块的空间结构</td></tr>
<tr><td colspan="3">综上所述，可以看出，形体分析法多用于叠加型的组合体，线面分析法多用于挖切型的组合体。读图时，通常将形体分析法与线面分析法相结合，当组合体形状较复杂时，可用形体分析法部分识别组合体，而各形状和细节则需用线面分析法才能分析清楚。即“形体分析看大概”“线面分析看细节”。
读图步骤为：分线框，对投影；想形体，辨位置；线面分析攻难点；综合起来想整体</td></tr>
</table>

3 组合体视图的尺寸标注（思政元素：诚实守信）

组合体视图的尺寸标注

3.1 标注组合体视图尺寸的基本要求

基本要求	视图只能表达组合体的形状，而组合体的真实大小要由视图上标注尺寸的数值来确定。生产上都是根据图样上所注的尺寸进行加工制造的，因此正确地标注尺寸非常重要，必须做到认真、细致。视图中标注尺寸的基本要求是： 1. 正确：尺寸标注要符合国家标准的规定。 2. 完整：尺寸必须注写齐全，既不遗漏，也不重复。 3. 清晰：尺寸布置的位置要恰当，尽量注写在最明显的地方，便于读图

3.2 组合体尺寸标注的要求

<table>
<tr><td colspan="2">组合体尽管形体各异，但都可以看成是由一些基本体组成的，因此，在标注组合体尺寸时，可用形体分析法标注出定形尺寸和定位尺寸</td></tr>
<tr><td>尺寸种类</td><td>1. 定形尺寸：是指确定组合体各组成部分基本体的形状、大小的尺寸，如图 2-78（a）所示。
2. 定位尺寸：是指表示组合体上各组成部分基本体的相对位置的尺寸，如图 2-78（b）所示。
3. 尺寸基准：是指在标注尺寸时，确定标注尺寸起点的点、线或面。每一组合体共有长、宽、高三个方向的尺寸基准，在图 2-78（b）中以通过圆柱体轴线的侧平面作为长度方向的基准，按左右对称标注底板上的小圆柱孔轴线在长度方向上的定位尺寸 40；以过圆柱体轴线的正平面作为宽度方向的基准，按前后对称标注底板上的小圆柱孔在宽度方向的定位尺寸 20；以底板的底面为高度方向的尺寸基准，标注空心圆柱体前面小圆柱孔的轴线在高度方向上的定位尺寸 22。
这里需要指出，在实际的生产过程中，由于加工、安装等方面的要求，定位尺寸并非一个方向只</td></tr>
</table>

	能有一个，多余的基准称为辅助基准，在零件图中讲述。 4．总体尺寸：是指表示组合体总长、总宽、总高的尺寸。这里需注意组合体的定形、定位尺寸已标注完整，再加上总体尺寸有时将出现重复尺寸，必须进行调整。调整后，标注出组合体的全部尺寸，如图2-78（c）所示
图示	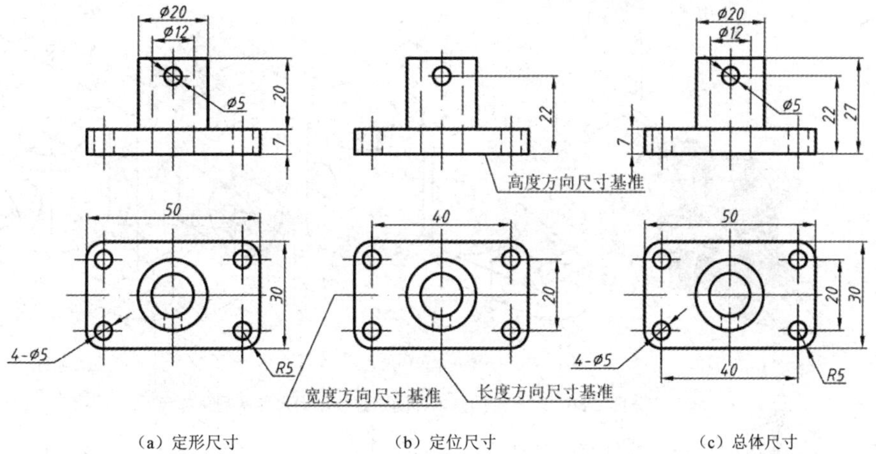 （a）定形尺寸　（b）定位尺寸　（c）总体尺寸 图2-78　组合体的尺寸种类
组合体的尺寸标注的要求	1．对组合体进行尺寸标注，首先应对组合体进行形体分析，将其分解为若干基本形体。标注的基本原则是：顺序标注各基本体的定形和定位尺寸，最后标注总体尺寸。实际标注时要灵活掌握，对给定的组合体综合考虑，做到尺寸标注准确、完整、合理、清晰。 2．在标注定形尺寸时，要清楚各基本形体的形状，所注尺寸能够确定基本形体的大小和形状，不要遗漏。 3．在标注定位尺寸时，首先要确定尺寸基准，否则，定位尺寸无从标起。在组合体的尺寸中，有些定形尺寸也是定位尺寸，这样的尺寸不要重复标注。两个基本体之间应该在长、宽、高三个方向都有定位尺寸，但如果两个形体间在某一方向上对称［图2-79（a）］、处于叠加、共面［图2-79（b）］或同轴［图2-79（c）］，就可以省略该方向的定位尺寸，如图2-79所示 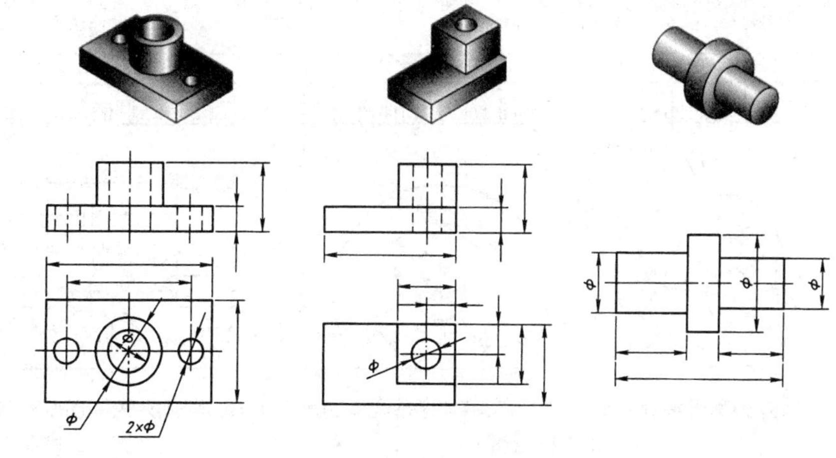 （a）两个形体间在某一方向上对称　（b）处于叠加、共面　（c）同轴 图2-79　省略某一方向定位尺寸的情况

4．在标注总体尺寸时，如果已经标注出的基本体的定位尺寸或定形尺寸就是总体尺寸，或在图上已能明显地看出总体尺寸，一般就不再另行标注总体尺寸。如图 2-80 所示的机件，其总长尺寸是两端两个定形尺寸 *R*9mm 与两个定位尺寸 38mm、26mm 的和；总宽就是大圆筒的半径 18mm（定形尺寸）与定位尺寸 25mm 之和；其总高就是大圆筒的高度 40mm（定形尺寸）。所以对该机件的三视图标注尺寸时，不必再标注总体尺寸。

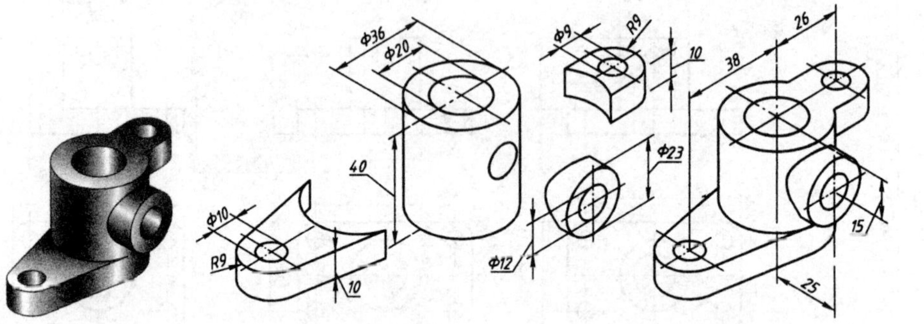

（a）立体图　（b）各基本体的尺寸　（c）组合体的尺寸

图 2-80　已标注的基本体的定位或定形尺寸就是总体尺寸

5．当组合体的某一方向具有回转结构时，由于注出了定形、定位尺寸，该方向的总体尺寸不再注出，如图 2-81 所示。

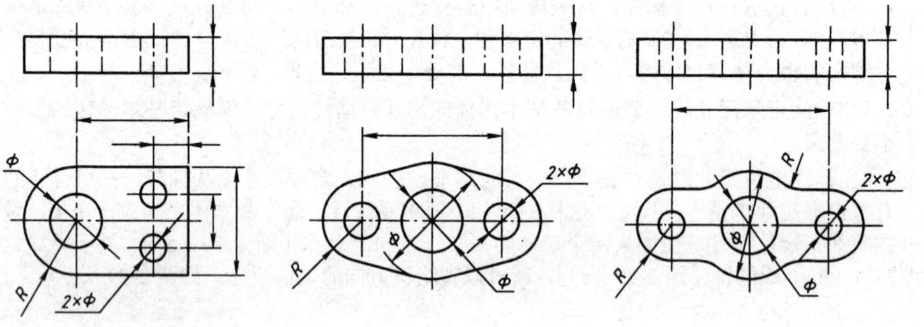

（a）回转结构不标注总体尺寸案例 1　（b）回转结构不标注总体尺寸案例 2　（c）回转结构不标注总体尺寸案例 3

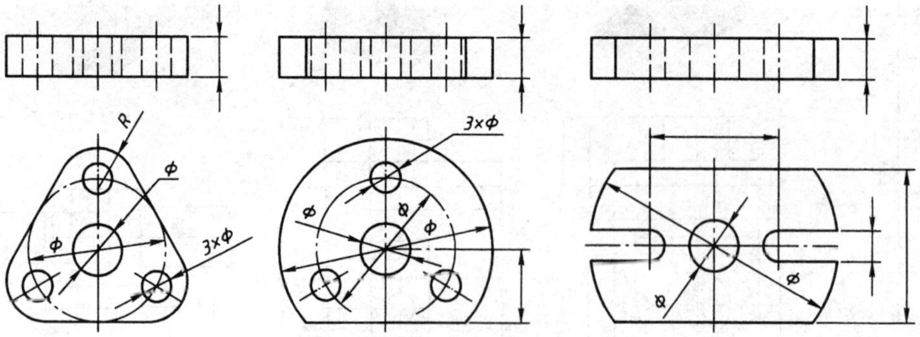

（d）回转结构不标注总体尺寸案例 4　（e）回转结构不标注总体尺寸案例 5　（f）回转结构不标注总体尺寸案例 6

图 2-81　不标注总体尺寸示例

6．在尺寸标注中，也有既标注总体尺寸，又标注定形定位尺寸的情况。如图 2-82 所示机件，图中的小圆孔轴线与圆弧轴线既可以重合也可以不重合，此时均要标注出孔的定位尺寸和圆弧的定形尺寸 *R*，还要标注出总体尺寸 *L*

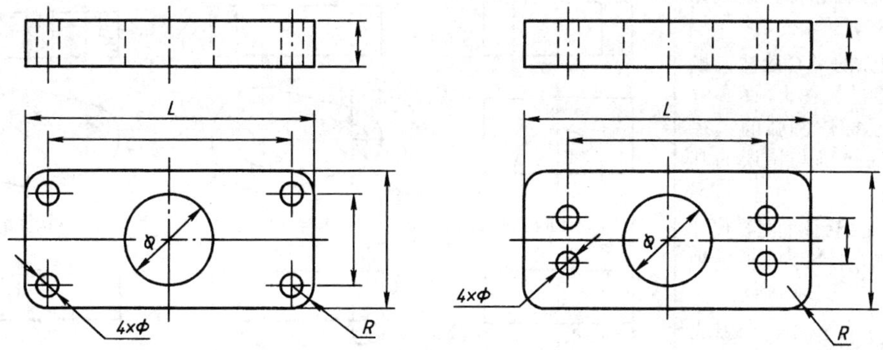

（a）总体尺寸、定形定位尺寸全标注一　　（b）总体尺寸、定形定位尺寸全标注二

图 2-82　标注总体尺寸的示例

3.3　标注尺寸的原则

尺寸标注的原则	图示
1．尺寸应尽量标注在视图轮廓线外，尽量不影响视图（在不影响图形的清晰性且有足够的位置时，也可把尺寸注在视图内）。一般将小尺寸布置在里，大尺寸布置在外；尺寸线和尺寸界线尽量不要相交；尺寸线和尺寸线不要相交。 2．同一方向上连续标注的尺寸应尽量配置在少数几条线上，如图 2-83 所示。 3. 两个视图的共有尺寸，尽量标注在两个视图之间，以便看图方便，如图 2-84 中高度方向的尺寸 10mm 和 40mm。 4．相互关联的尺寸应尽量集中在某一两个视图上标注，以便较快地确定基本形体的形状和位置，如图 2-84 左视图上的定形尺寸 $\phi12$、$\phi23$ 和定位尺寸 25mm、15mm。 5．为了看图方便，定形尺寸应标注在显示该部分形体特征最明显的视图上。定位尺寸应尽量标注在反映形体间相对位	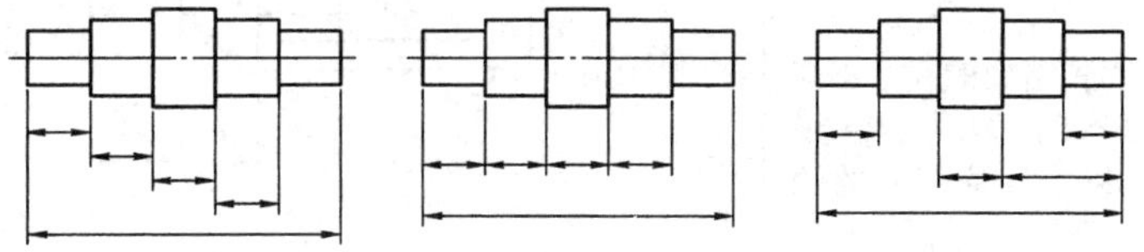 （a）不好　（b）好　（c）好 图 2-83　同一方向上的尺寸标注 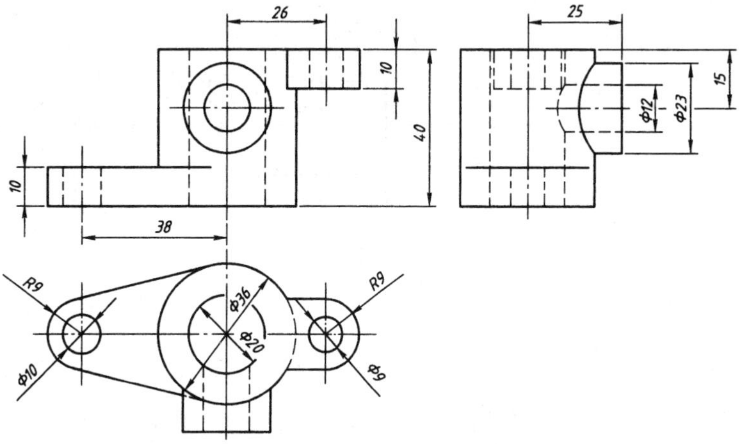 图 2-84　将尺寸标注在特征明显的视图上

置特征明显的视图上，如图 2-84 所示。

6．圆弧的半径应注在投影为圆的视图上，图 2-85 给出了标注圆弧的直径和半径正确与错误的几种情况。

7. 同轴回转体的直径尺寸尽量注在投影为非圆的视图上，如图 2-86 所示。

8．尺寸尽量不注在虚线上。但有时为了图面尺寸清晰与看图方便的需要，部分尺寸也可注在虚线上。

9．相贯线和截交线不标注尺寸，如图 2-87 所示。

10．标注台阶孔（或槽）时，一般应标注大孔（或槽）的深度，以便于制造和测量，不要标注小孔（或槽）的深度，如图 2-88 所示。

11. 对称结构的尺寸不能只注一半，如图 2-89 所示。以上标注尺寸的原则，有时不能兼顾，必须综合分析、比较，选择合适的标注形式

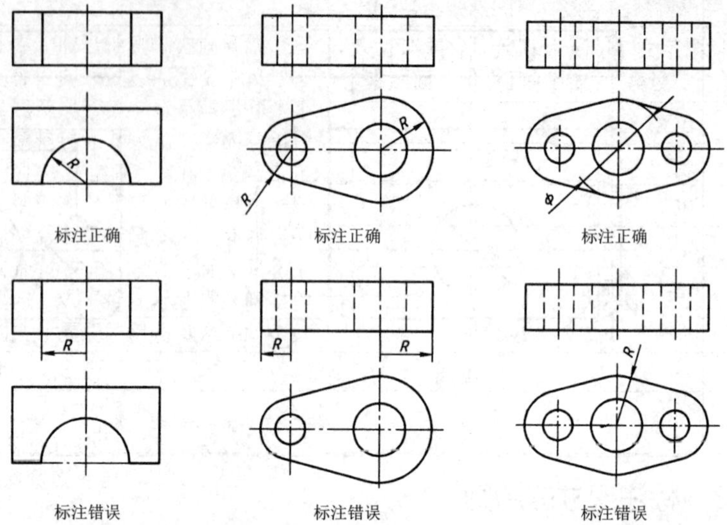

（a）标注案例 1　（b）标注案例 2　（c）标注案例 3

图 2-85　圆弧直径和半径的标注

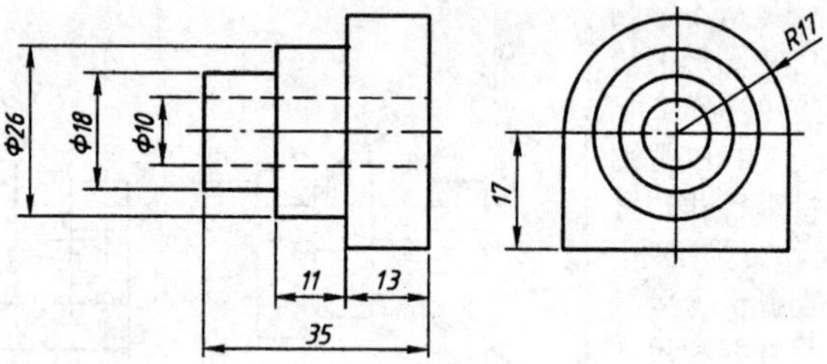

图 2-86　同轴回转体尺寸的标注

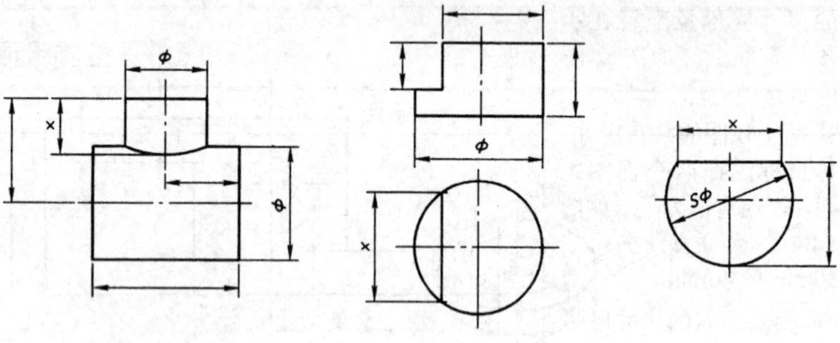

（a）不标注尺寸案例 1　（b）不标注尺寸案例 2　（c）不标注尺寸案例 3

图 2-87　相贯线和截交线不标注尺寸

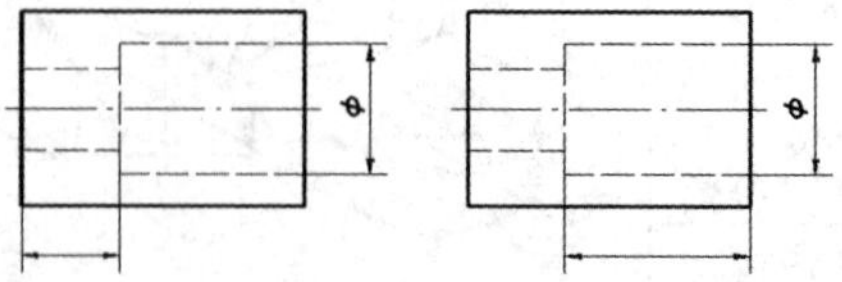

（a）错误　（b）正确

图 2-88　标注台阶孔

	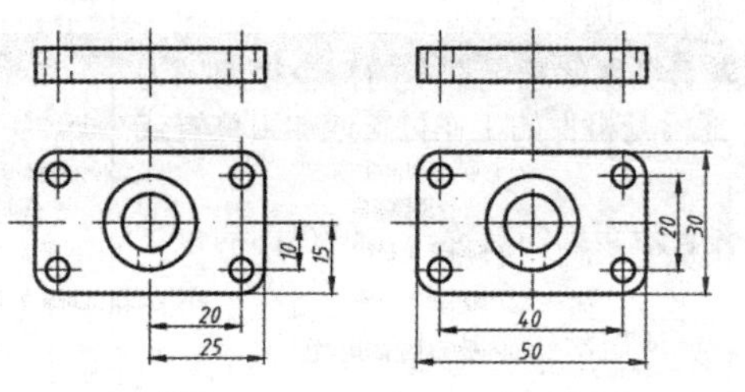 （a）错误　（b）正确 图 2-89　标注对称结构

3.4　标注组合体尺寸的步骤和方法

步骤	方法
1．形体分析。 2．选定尺寸基准，标注定位尺寸。 3．标注定形尺寸。 4．进行尺寸调整，并标注总体尺寸	1．将组合体分解为若干基本形体。 2．组合体的长、宽、高三个方向的尺寸基准，常采用组合体的底面、端面、对称面和主要回转体的轴线。尺寸基准用于标注各基本形体之间相对位置的定位尺寸。 3．标注出各基本形体的定形尺寸。 4．因为定位尺寸、定形尺寸和总体尺寸有兼作情况，为避免尺寸的重复标注，必须进行尺寸的调整，并标注出总体尺寸

4　组合体的基本视图、向视图、局部视图、斜视图的画法和标注

基本视图和向视图　局部视图和斜视图

	概念、配置、选择原则	图示
基本视图	物体在基本投影面上的投影，称为基本视图。基本视图是按规定位置配置的。当机件的上下、左右、前后形状各不相同时，在三视图中会出现较多的虚线，再加上内部结构的虚线，使图形很不清晰，不易读懂。为此，国家标准规定采用正六面体作为基本投影面，即在原有的正立面、水平面、右侧面以外增加了前立面、顶面和左侧立面，共计六个投影面。将机件置于正六面体内，分别向六个投影面投影，相应得到六个视图——主视图、俯视图、左视图、右视图（由右向左投影）、后视图（由后向前投影）、仰视图（由下向上投影），六个投影面的展开方法仍然是正立面保持不动，其他面旋转到与正立面在同一平面内，如图 2-90 所示。 六个基本视图的配置（最新国家标准）关系如图 2-91 所示。六个基本视图的度量关系仍符合“长对正、高平齐、宽相等”的投影规律。方位对应关系除后视图外，靠近主视图的一边是物体的后面，远离主视图的一边是物体的前面，如图 2-91 所示。在绘制机件的图样时，应根据机件的复杂程度，选用其中必要的	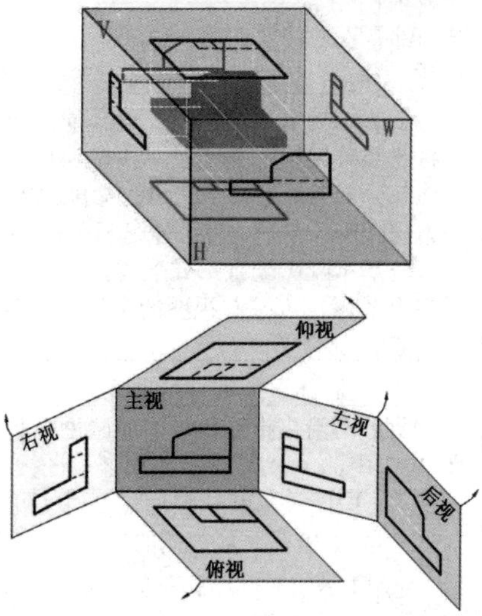 图 2-90　六个基本投影面的展开方法

	几个基本视图，选择原则是： 1．选择表示机件信息量最多的那个视图作为主视图，通常是机件的工作位置或加工位置或安放位置。 2．在机件表示明确的前提下，使视图的数量最少。 3．尽量避免使用虚线表达机件的轮廓。 4．避免不必要的重复表达。 实际画图时，应根据机件的外部结构形状的复杂程度，选用必要的基本视图，在表达完整、清楚的前提下，力求制图简便	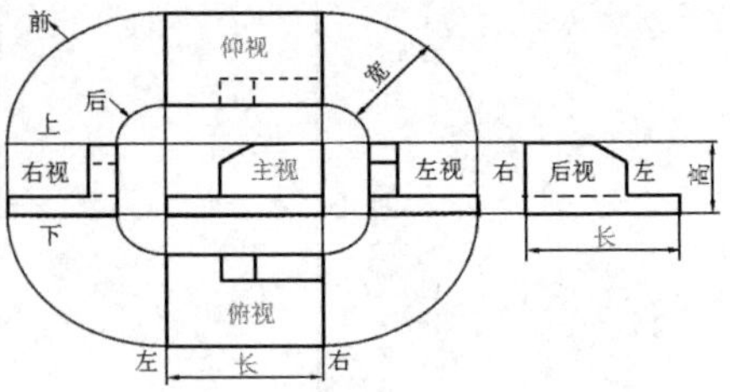 图 2-91　六个基本视图的配置及方位对应关系
向视图	**概念、配置和标注**	**图示**
	基本视图不按规定位置配置，进行自由配置的视图称为向视图，它是移位（不旋转）配置的基本视图。为了便于识读和查找自由配置后的向视图，应对向视图进行标注，即在向视图上方标注“×”（“×”为大写拉丁字母），在相应视图的附近用箭头指明投射方向，并标注相同的字母。标注图名的向视图位置，应根据需要和可能按相应的规则布置，如图 2-92 所示	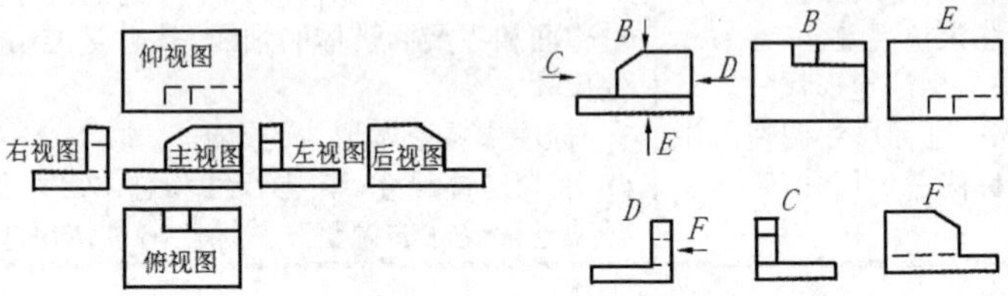 按规定位置配置　基本视图　自由配置　向视图 图 2-92　向视图及其标注
局部视图	**概念、配置和标注**	**图示**
	将机件的某一部分向基本投影面投影所得的视图，称为局部视图。 画局部视图应注意： 1．在采用适当数量的基本视图之后，机件上还留有一些局部的结构未表达清楚，为了简化作图，避免重复，可将该部分结构单独向基本投影面投影，并用波浪线与其他部分断开，画成不完整的基本视图。它可能是某一基本视图的一部分，也可能是机件的某一部分。局部视图可按基本视图配置形式配置，如图 2-93 中的 A 和 B 局部视图。也可按向视图的配置形式配置，如图 2-93 中的 C 局部视图。 2．一般在局部视图上方标出视图名称“×”，在相应的视图附近用箭头指明投影方向，并注上同样的字母，如图 2-93 中的 A、B、C。当局部视图按基本视图配置形式配置，中间又无其他图形隔开时，可省略标注，如图 2-93 中的 A 和 B 局部视图的标注都可省略不注。 3．当所表示的局部结构是完整的，且轮廓线又成封闭时，波浪线可省略不画，如图 2-93 中的 C 局部视图所示。用波浪线作为断裂时，波浪线不应超过机件的轮廓线，应画在机件的实体上，不可画在机件中的空白处	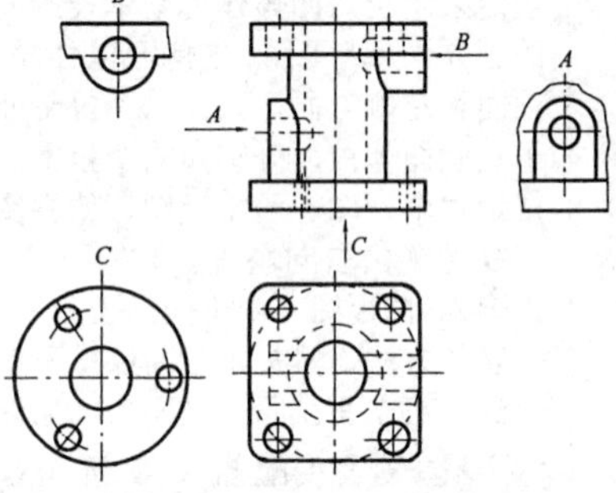 图 2-93　局部视图的画法

	概念、配置和标注	图示
斜视图	如图 2-94 所示机件，右边倾斜部分的上下表面均为正垂面，它对其他投影面是倾斜结构，其投影不反映实形。为了表达出倾斜部分的实形，可设置一个与倾斜部分平行且垂直于其中一基本投影面的新投影面，再将该结构向新投影面投影得到其实形。这种将机件倾斜部分向不平行于任何基本投影面的平面投影所得的视图，称为斜视图。 画斜视图应注意： 1．斜视图的配置和标注方法以及断裂边界的画法与局部视图基本相同，一般按投影关系配置，如图 2-95（a）所示。 2．必要时也可将图形旋转，放置在适当的位置上，但标注时应画出旋转符号，其方向要与实际旋转方向一致，表示该视图名称的拉丁字母应靠近旋转符号的箭头端，如图 2-95（b）所示。当要注明图形的旋转角度时，应将其标注在字母之后	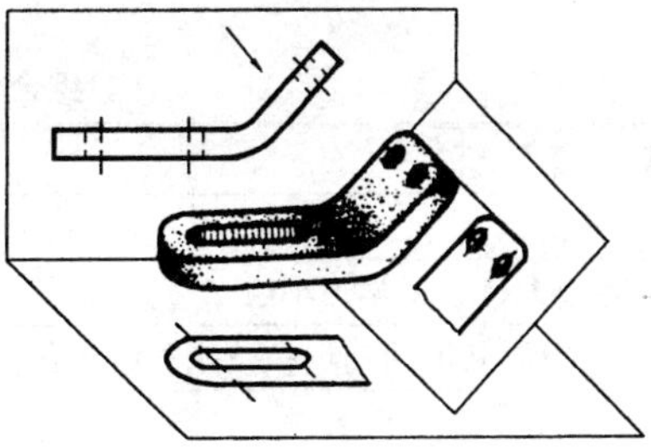 图 2-94　斜视图的形成 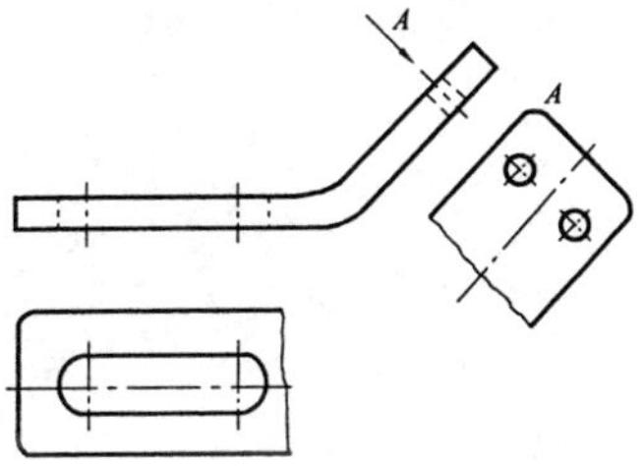 （a）按投影关系配置 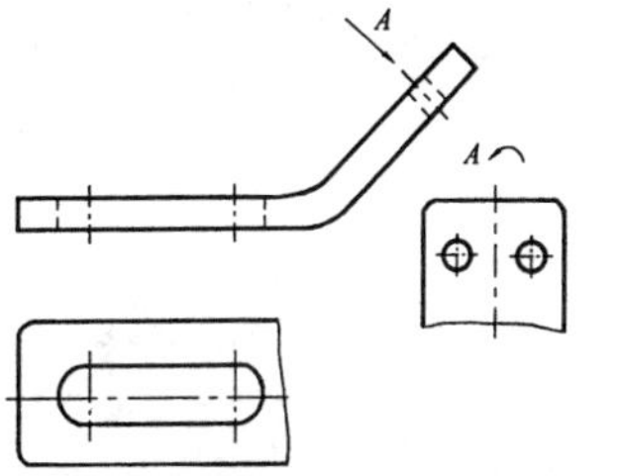 （b）图形旋转 图 2-95　斜视图的画法

任务实施

组合体的视图任务实施表

情　境							
学习任务						完成时间	
任务完成人	学习小组		组长		成员		
应用获得的知识和技能，绘制任务载体图形的视图，并标注尺寸，尺寸从图中量取							

考核评价

组合体的视图过程考核评价表

情 境					
学习任务			完成时间		
任务完成人	学习小组	组长		成员	
评价项目	评价内容	评价标准	得分		
			自评	互评（组内互评，取平均分）	教师评价
知识目标（40%）	自主学习	通过自主学习，对知识的理解、掌握及接受新知识的能力 □优（10）□良（8）□中（6）□差（4）			
	课堂学习	通过课堂学习，对知识的理解、掌握及接受新知识的能力 □优（30）□良（26）□中（22）□差（18）			
能力目标（40%）	组合体的视图任务实施表	□优（10）□良（8）□中（6）□差（4）			
	任务跟踪训练	□优（30）□良（26）□中（22）□差（18）			
思政目标（20%）	团结协作、沟通能力	相互沟通、交流、协作、互帮互学，具备良好的群体意识 □优（5）□良（3）□中（2）□差（1）			
	人生目标、职业规划、诚实守信	□优（10）□良（8）□中（6）□差（4）			
	遵守学校规章制度（纪律、出勤、卫生）	□优（5）□良（4）□中（3）□差（2）			
总分（自评 25%+互评 25%+教师评价 50%）					

子学习情境 2.6　组合体的剖视图

情境导入

组合体的剖视图工作任务单

<table>
<tr><td>情　境</td><td colspan="6">组合体视图的识绘</td></tr>
<tr><td>学习任务</td><td colspan="4">子学习情境 2.6：组合体的剖视图</td><td>完成时间</td><td></td></tr>
<tr><td>任务完成人</td><td>学习小组</td><td></td><td>组长</td><td></td><td>成员</td><td></td></tr>
<tr><td>任务要求</td><td colspan="6">掌握：①组合体剖视图的概念；②组合体的全剖视图、半剖视图和局部剖视图的画法及标注，并能熟练应用；③剖切面的种类；④断面图和其他表达方法</td></tr>
<tr><td>任务载体和资讯</td><td colspan="3">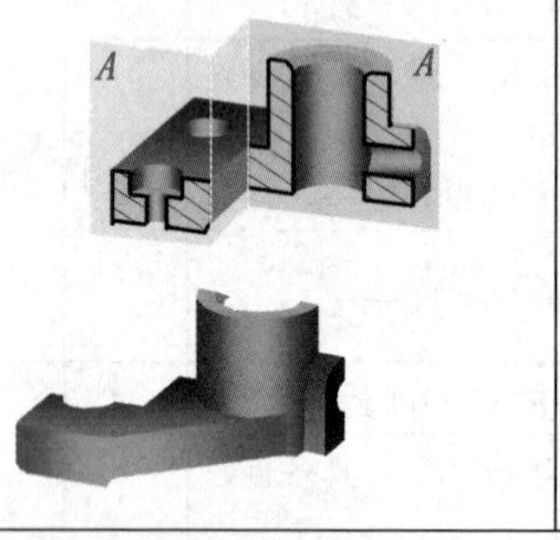</td><td colspan="3">要求：根据任务载体图形，完成组合体的结构表达（全剖的主视图、俯视图和局部视图，尺寸从图中量取，在组合体的剖视图任务实施表中完成）。
资讯：
1．组合体剖视图的概念。
2．组合体的全剖视图、半剖视图和局部剖视图的画法及标注。
3．剖切面的种类。
4．断面图和其他表达方法</td></tr>
<tr><td>完成任务注意点</td><td colspan="6">①根据机件需要表达内部结构，还是外部形状，还是内外形都需要表达及是否对称来选择剖视图的种类（全剖、半剖、局部剖）；②根据机件内部结构的分布情况来选择剖切方法（单一剖、阶梯剖、旋转剖）；③多读、多想、多画，建立空间思维</td></tr>
</table>

知识链接

组合体剖视图的概念和全剖视图

1　组合体剖视图的概念（思政元素：换位思考）

<table>
<tr><th>剖视图的形成</th><th>图示</th></tr>
<tr><td>当机件的内部形状比较复杂时，在视图中会出现许多虚线，视图中的各种图线纵横交错在一起，造成层次不清，影响视图的清晰，且不便于绘图、标注尺寸和读图。为了解决机件内部形状的表达问题并减少虚线，国家标准规定采用假想切开机件的方法将内部结构由不可见变为可见，从而将虚线变为实线。
假想用剖切面从适当的位置剖开机件，将处在观察者和剖切面之间的部分移去，而将其余部分向投影面投影所得到的图形，称为剖视图，如图 2-96 所示</td><td>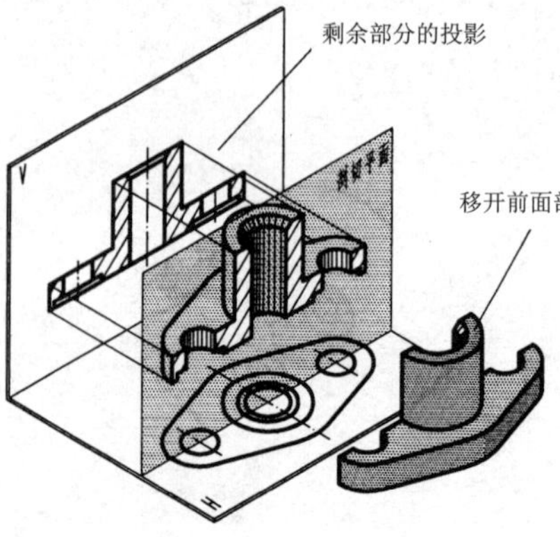
图 2-96　剖视图的形成</td></tr>
</table>

注意事项

1．剖视图是一种假想的表达手法，机件并不被真正切开，因此除剖视图外，机件的其他视图仍然要完整画出。

2．一般采用平行或垂直于投影面的平面剖切。剖切位置选择要得当，首先应通过内部结构的轴线或对称平面以剖出它的实形；其次应在可能的情况下使剖切面通过尽量多的内部结构。

3．当剖切面将机件切为两部分后，移走距观察者近的部分，投影的是距观察者远的部分。投影包括两项内容：一项是剖切面与机件接触的切断面，是实体部分；另一项是断面后的全部可见轮廓线，一般产生于空的部分。为了区分空、实，规定在切断面上画出剖面符号。剖面符号如图 2-97 所示。

4．在剖视图上已经表达清楚的结构，在其他视图上此部分结构的投影为虚线时，其虚线省略不画，如图 2-98 所示。但没有表示清楚的结构，允许画少量虚线，如图 2-99 所示。

5．不需在剖面区域中表示材料的类别时，剖面符号可采用通用剖面线表示。通用剖面线为细实线，与图形的主要轮廓或剖面区域的轴线、对称线成 45°或 135°；且线条间隔相同，如图 2-100（a）所示。同一物体的各个剖面区域的剖面线相同。当画出的剖面线与图形的主要轮廓线或剖面区域的轴线、对称线平行时，该图形的剖面线应画成与水平成 30°或 60°，且其倾斜方向与其他视图该物体的剖面区域的剖面线倾斜方向一致，如图 2-100（b）所示。

6．对于同一零件来说，在同一张图样的各剖视图和断面图中，剖面线倾斜方向应一致，间隔要相同

图示

金属材料(已有规定剖面符号者除外)		线圈绕组元		混凝土	
非金属材料(已有规定剖面符号者除外)		转子、电枢、变压器和电抗器等的叠钢片		钢筋混凝	
木材 纵剖面		型砂、填砂、砂轮、陶瓷及硬质合金刀片、粉末冶金等		砖	
木材 横剖面		液体		基础周围的泥土	
玻璃及供观察用的其他透明材料		木质胶合板（不分层数）		格网（筛网、过滤网等）	

图 2-97　剖面符号

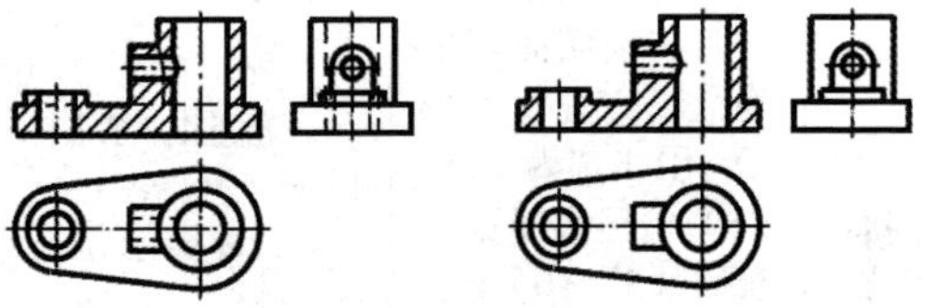

（a）错误　（b）正确

图 2-98　已表达清楚的结构在剖视图中虚线省略不画

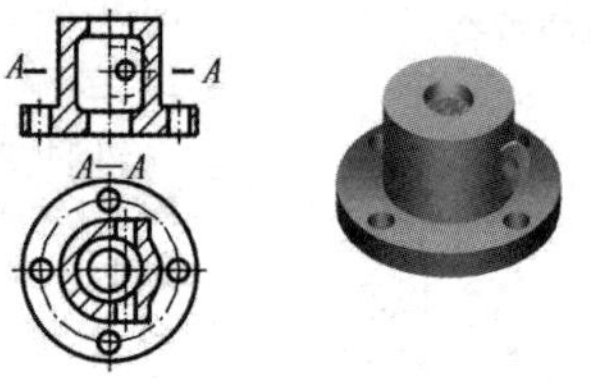

图 2-99　没有表示清楚的结构允许画少量虚线

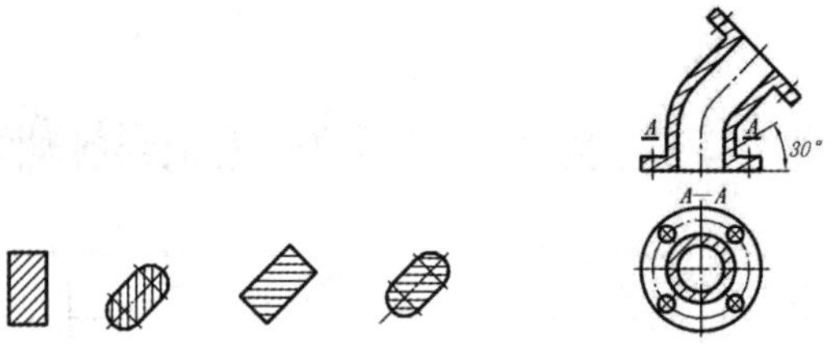

（a）剖面线为 45°或 135°的情况　（b）剖面线为 30°或 60°的情况

图 2-100　不需在剖面区域中表示材料的类别可采用通用剖面线表示

画剖视图的方法

如图 2-101 所示，在剖视图中机件内部形状变为可见，原来不可见的细虚线应画成粗实线。机件上被剖切面剖切的部分应按规定画上剖面符号。画剖视图的方法有两种：

1．先画出机件的视图，再进行剖切。

2．先画出剖切后的断面形状，再补画断面后的可见轮廓线

剖视图的画图步骤

1．确定剖切面的位置。

2．想象哪部分移走了，剖面区域的形状，剖切后哪些部分投射时可看到，将剖面区域及其后面可见的部分画出。

3．在剖面区域内画上剖面符号

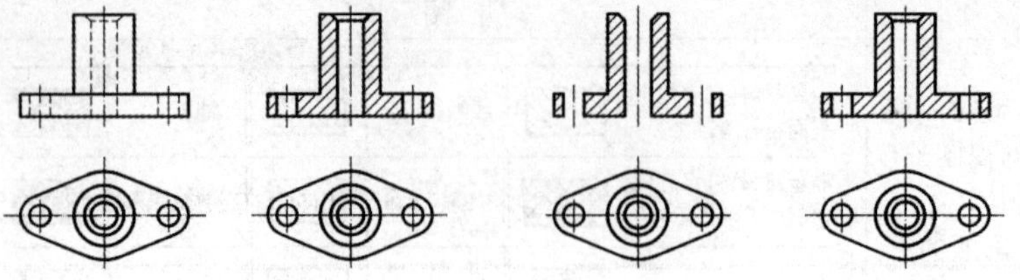

（a）视图改画剖视图　　（b）先画断面形状，再补画可见轮廓线

图 2-101　画剖视图的方法

剖视图的标注			图示
剖视图名称	剖切符号	剖切面名称	
一般应在剖视图的上方中间标出剖视图的名称“×－×”（×为拉丁字母或阿拉伯数字）	1. 剖切线。剖切线用来表示剖切位置，在剖切面积聚为直线的视图上表示，用线宽为（1～1.5）倍粗实线宽，长约（5～10）mm的断开的粗实线画出。剖切线尽量不与图形的轮廓线相交或重合。 2. 投影方向。在剖切线外侧画出与剖切线相垂直的细实线和箭头以表示投影方向，如图 2-102 所示的 *B-B* 剖视	用与剖视图名称相同的字母“×”，注在剖切符号外侧，如图 2-102 所示。剖视图省略标注有以下两种情况： 1. 当剖视图按投影关系配置，中间又没有其他图形隔开时，可略去箭头，如图 2-102 所示的 *A-A* 剖视。 2. 当单一剖切平面通过机件的对称平面或者基本对称平面且符合上述条件（1）时，可全部省略，如图 2-103 所示	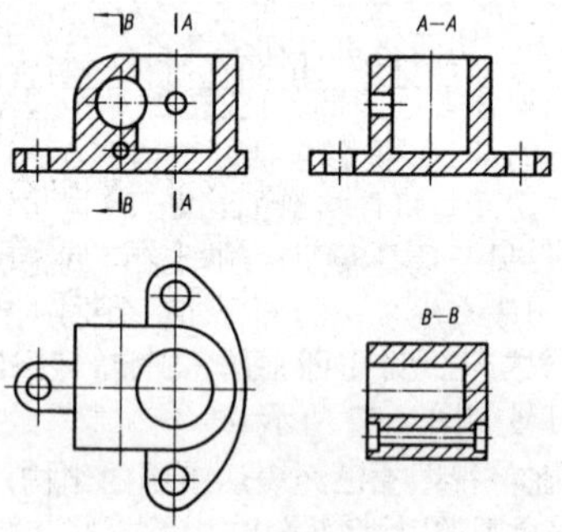 图 2-102　剖视图的标注 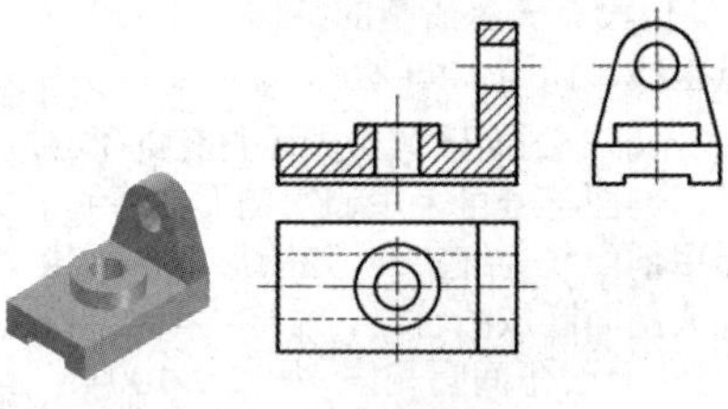 图 2-103　全剖视图

2　组合体的全剖视图、半剖视图和局部剖视图的画法及标注

半剖视图　局部剖视图

	全剖视图	半剖视图	局部剖视图	图示
概念及标注方法	全剖视图是指用剖切面完全地剖开机件所得的剖视图。 标注见剖视图的标注	当机件具有垂直于投影面的对称平面时，在该投影面上投影所得到的图形，可以以对称中心线即细点画线为界，一半	用剖切平面局部地剖开机件所得的剖视图，称为局部剖视图，如图 2-107 所示。局部剖视图不受图形是否对称的限制，在何部位剖切、剖切面有多大，均可根据实际机件的结构进行选择，是一种比较灵活的表达方法，运用得当可使图形简明清晰。单一剖切平面的	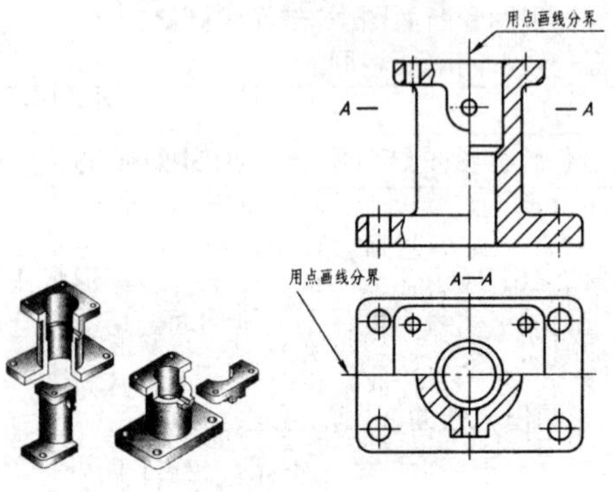 图 2-104　半剖视图

		画成剖视图表达内形，另一半画成视图表达外形，从而达到在一个图形上同时表达内外结构的目的，这种组合的图形称为半剖视图，如图 2-104 所示 标注方法与全剖视图相同	剖切位置明显时，局部剖视图的标注可省略。局部剖视图单独画出时应加标注，如图 2-111 所示，标注方法与全剖视图相同	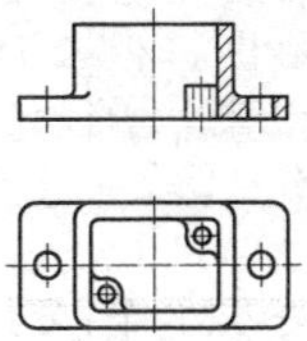 图 2-105　接近对称的半剖视图 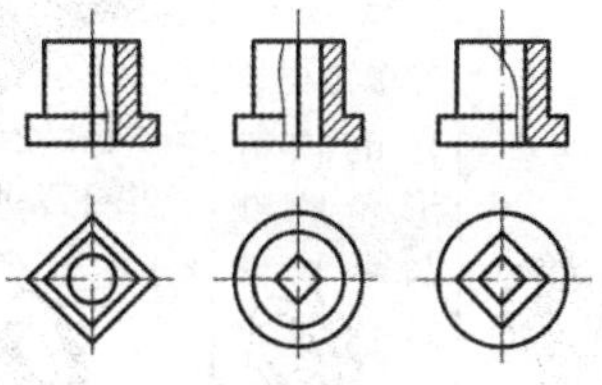 图 2-106　用局部剖视图代替半剖视图
适用范围及注意事项	当机件的内部结构较复杂，外形较简单，而图形又不对称时，常采用全剖视图表达机件的内部结构形状，如图 2-102、图 2-103 所示	1. 在与机件的对称平面相垂直的投影视图上，如果机件的内外形状都需要表达，则可以以图形的对称中心线为界线画成半剖视图。 2. 当机件的结构接近于对称，而且不对称的部分另有图形表达清楚时，也可画成半剖视图，如图 2-105 所示。 画半剖视图应注意： （1）由于半剖视图的图形对称，因此表示外形的视	1. 只有局部内形需要剖切表示，而又不宜采用全剖视时使用局部剖视图，如图 2-107 所示。 2. 当不对称机件的内、外形都需要表达时使用局部剖视图，如图 2-108 所示。 3. 当图形的对称中心线或对称平面与轮廓线重合时，要同时表达内外结构形状，又不宜采用半剖视图，这时可采用局部剖视图，其原则是保留轮廓线，如图 2-106 所示。 4. 实心杆上有孔、槽时，应采用局部剖视图，如图 2-109 所示。 画局部剖视图应注意的问题： （1）当被剖结构为回转体时允许将该结构的中心线作为局部剖视图与视图的分界线，如图 2-110 所示。 （2）单一剖切平面的剖切位置明显时，局部剖视图的标注可省略，如图 2-106 和图 2-107 所	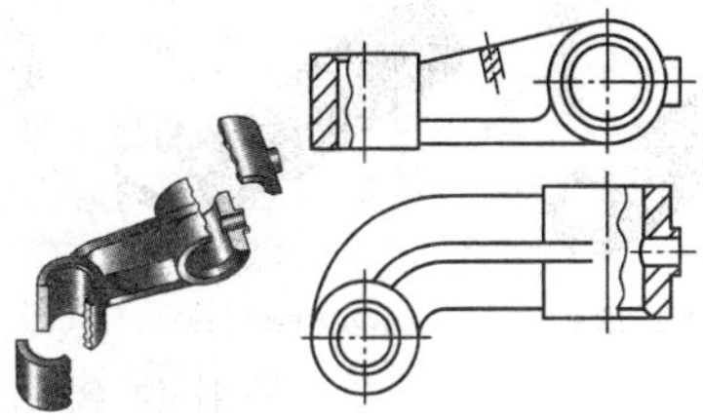 图 2-107　局部剖视图一 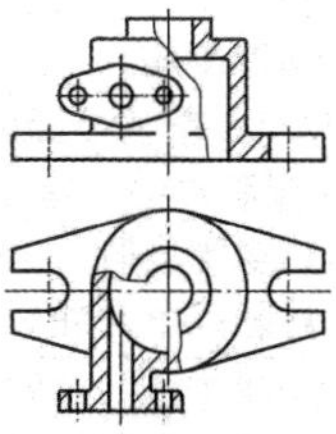 图 2-108　局部剖视图二 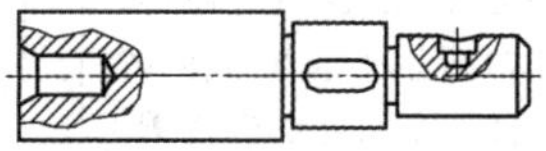 图 2-109　实心杆的孔、槽 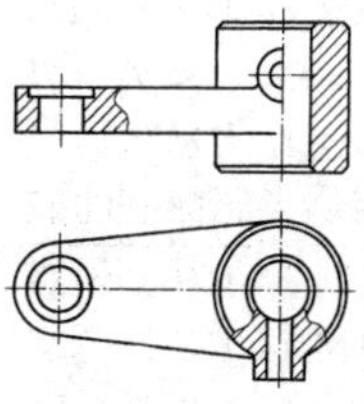 图 2-110　回转结构的局部剖视图画法

		图中的细虚线不必画出，但孔、槽应画出中心线。 (2)半个视图与半个剖视图必须以细点画线为界。 (3)如果机件的内外形轮廓线与图形的对称线重合，则避免使用半剖视图，而宜采用局部剖视图，如图2-106所示	示。局部剖视图单独画出时应加标注，如图2-111所示。 (3)局部剖视图可用波浪线或双折线作为剖开部分和未剖部分的分界线。画波浪线时，不应与其他图线重合。遇到可见的孔、槽等空洞结构，则不应使波浪线穿空而过，也不允许画到外轮廓线之外，如图2-112所示。 (4)局部剖视图是一种比较灵活的表达方法，但在一个视图中，局部剖视图的数量不宜过多，以免使图形过于破碎。 (5)有些机件剖切后，仍有内部结构未表达清楚，允许在剖视图中再作一次局部剖，称为剖中剖，采用这种画法时，两者的剖面线应错开，但方向、间隔相同，如图2-113所示	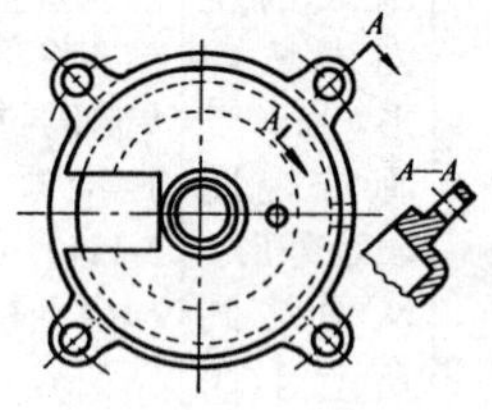 图2-111　局部剖视图单独表示法 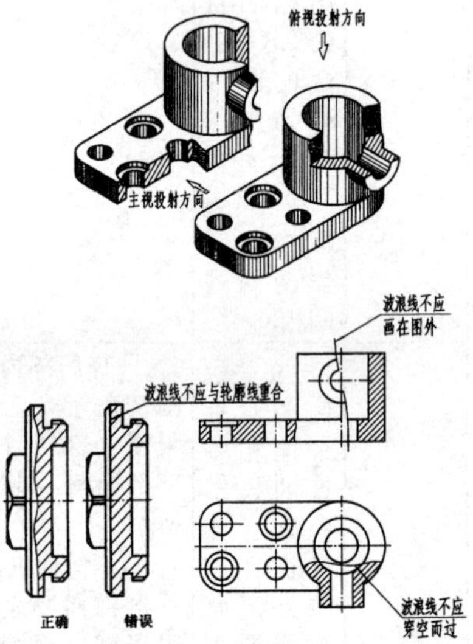 图2-112　波浪线的错误画法 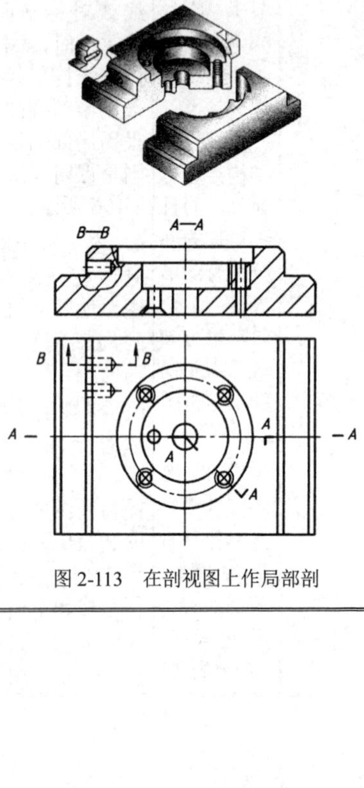 图2-113　在剖视图上作局部剖

3　剖切面的种类

剖切面的种类

3.1　单一剖切面

单一剖切面的种类	图示
1．单一剖切面是投影面平行面：单一剖切面用得最多的是投影面平行面。前面所举图示中的剖视图都是用投影面平行面剖切得到的。 2．单一剖切面是投影面垂直面：当机件上具有倾斜部分时，可以用一个投影面垂直面作为剖切面剖开机件的倾斜部分，同时设置一个与剖切面平行的新投影面，剖切后向新投影面投射，从而得到倾斜部分的实形。这种剖切方法习惯上被称为斜剖。如图 2-114 所示的机油尺管座，它的基本轴线为正平线，与三角形底板倾斜。为表达管端的螺孔、槽等结构以及管孔实形，图中采用垂直于管轴的正垂面剖切，得到 *B-B* 剖视图。斜剖适用于当机件具有倾斜部分，同时这部分内形和外形都需表达时。 采用单一投影面垂直面剖切时应注意： （1）向平行于剖切面的新投影面投射得到投影后，要将新投影面沿投射方向翻转到与基本投影面重合后画出投影图。 （2）采用该方法画出的剖视图，必须标注，注法如图 2-114 所示，字母必须水平书写。 （3）为了看图方便，剖视图应尽量放在箭头所指的方向，并与相应视图之间保持直接的投影关系。在不会引起误解的情况下，允许将图形平行移动或将图形旋转，此时必须标注“×－×”和旋转符号，如图 2-114 中的“*B-B* ↶”图。斜剖可按斜视图的配置方式配置	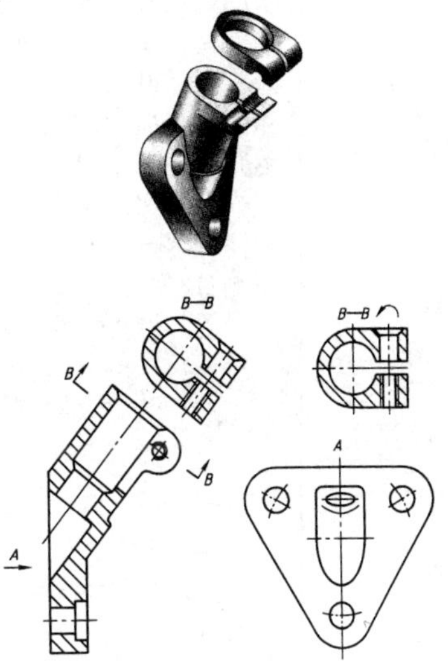 图 2-114　单一剖切面为投影面垂直面

3.2　几个相交的剖切平面（旋转剖）

概念	注意点	图示
用相交的剖切平面（且交线垂直于某一投影面）剖开机件的方法称为旋转剖，如图 2-115 所示。旋转剖通常用于表达具有明显回转轴线，分布	1．采用这种方法画剖视图时，先假想按剖切位置剖开机件，然后将被剖开的结构及有关部分旋转到与选定的投影面平行后再进行投影；两剖切面的交线一般应与机件的轴线重合；应按“先剖切后旋转”的方法绘制剖视图，如图 2-115 中双点画线所表示出的部分。 2．位于剖切平面后且与所表达的结构关系不太密切的结构，或一起旋转容易引起误解的结构，一般仍按原来的位置投射，如图 2-115 所示。	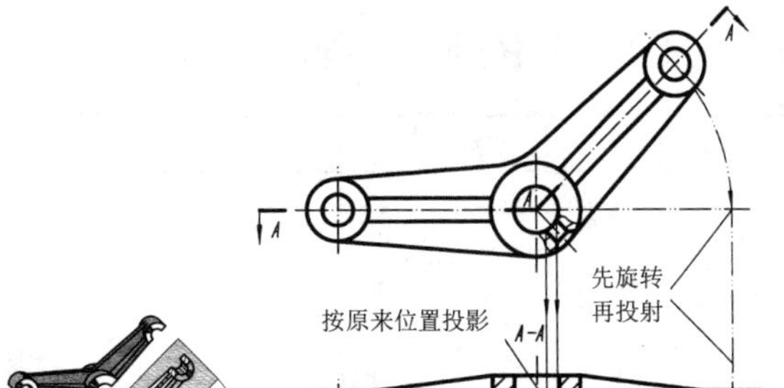 图 2-115　与表达结构关系不大按原位置投影

在几个相交平面上的机件的内形，如盘、轮、盖等机件上的孔、槽、轮辐等结构	3．位于剖切平面后，与被切结构有直接联系且密切相关的结构，或不一起旋转难以表达的结构，应“先旋转后投射”，如图 2-116 所示。 4．当剖切后产生不完整要素时，应将此部分按不剖绘制，如图 2-117 所示。 5．旋转剖必须标注，在剖切平面的起迄和转折处应标注相同的字母。旋转剖在起迄处应画箭头表示投影方向，如图 2-115 和图 2-116、图 2-117 所示。当用几个相交剖切面剖切得到的剖视图需采用展开画法时，则标注“×－×展开”字样，如图 2-118 所示	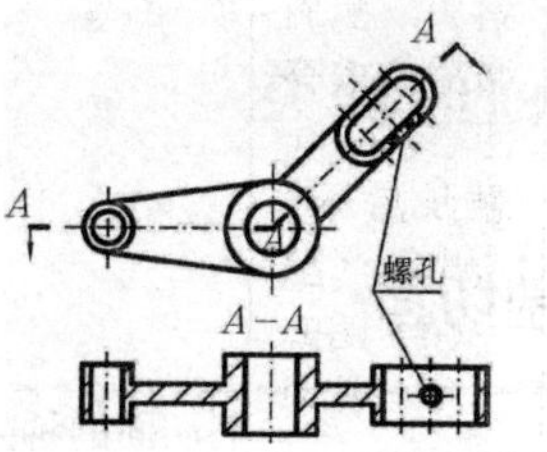 图 2-116　与表达结构有直接联系先旋转后投影 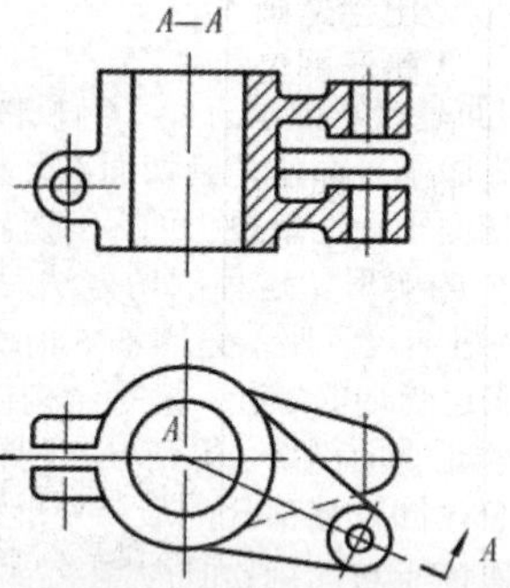 图 2-117　剖切后产生不完整要素按不剖绘制 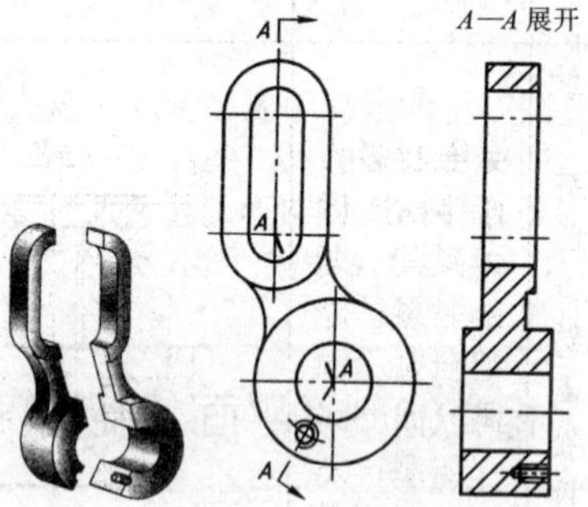 图 2-118　展开画法

3.3　几个平行的剖切平面（阶梯剖）

概念	注意点	图示
用几个平行的剖切平面剖开机件的方法，称为阶梯剖，如图 2-119 所示。	1．阶梯剖适用于表达外形简单，内形较复杂且难以用单一剖切平面剖切表达的机件。阶梯剖必须标注，它的各剖切平面相互连接而不重叠，其转折符号成直角且应对齐。当转折处位置有限又不会误解时	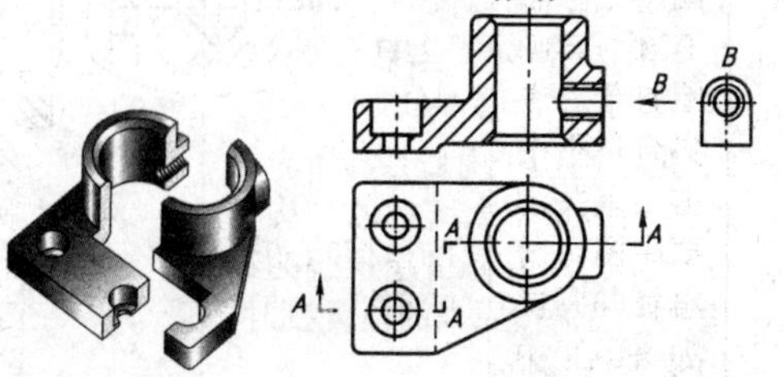 图 2-119　几个平行的剖切平面

图中机件的主视图是用两个相互平行的且平行于基本投影面的剖切平面剖切的。阶梯剖适用于机件的内部结构较多，又不处于同一平　面内，并且被表达结构无明显的回转中心时	可省略字母。剖切是假想的，在剖视图中不能画出各剖切面的分界线，像是用同一个平面剖出的剖视图；剖切符号不能与图形中的任何轮廓线重合，如图2-120所示。 2．在剖视图内也不允许出现孔或槽等结构的不完整投影，只有当两个要素在图形上具有公共对称中心线或轴线时，可以各剖一半，此时应以对称中心线或轴线为界，如图2-121所示。 注意：剖视图的种类根据机件需要表达内部结构还是外部形状，还是内外形都需要表达，然后观察是否具有对称结构，进行选择。剖切方法是根据机件的内部结构的分布情况选择的。因此，不论采用何种剖切方法都可以根据表达的需要画成全剖、半剖或局部剖视图	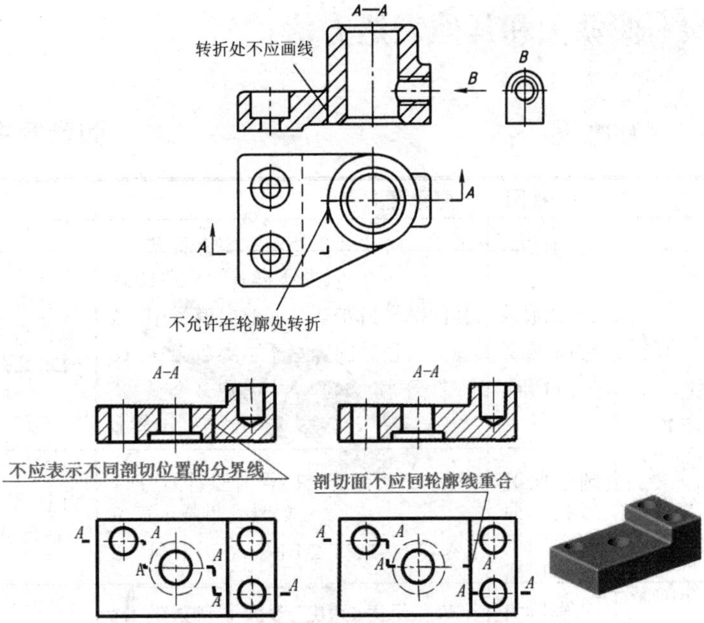 图2-120　几个平行的剖切平面错误画法 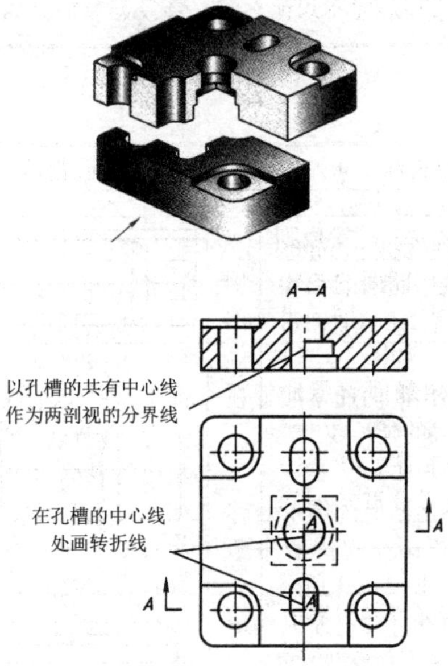 图2-121　几个平行剖切平面剖切不完整要素

4 断面图和其他表达方法

断面图

4.1 断面图

<table>
<tr><th>概念</th><th>与剖视图的区别</th><th>图示</th></tr>
<tr><td>断面图是用来表达机件某一局部断面形状的图形。假想用剖切平面将机件的某处切断，仅画出切断面的图形，称为断面图，简称断面</td><td>断面图与剖视图的区别在于断面图只画断面的形状，而剖视图则是将切断面与切断面后的可见轮廓一齐向投影面投影，如图2-122所示</td><td>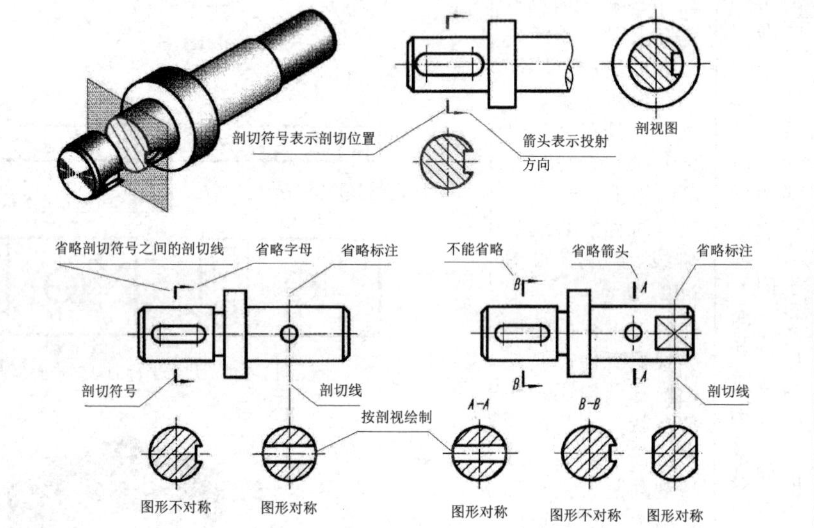

图 2-122　断面图</td></tr>
</table>

<table>
<tr><th></th><th></th><th>画法及配置原则</th><th>标注</th><th>图示</th></tr>
<tr><td>断面图的种类</td><td>移出断面图</td><td>1．移出断面的轮廓线用粗实线绘制，断面内画剖面符号，如图2-122所示。
2．移出断面通常配置在剖切线的延长线上，如图2-122所示。
3．移出断面的图形对称时也可画在视图的中断处，如图2-123所示。
4．必要时移出断面图可配置在其他适当位置，如图2-122和图2-124所示。
5．由两个或多个相交的剖切平面剖切得出的移出断面图，中间一般应断开，如图2-125所示。
6．当剖切平面通过回转形成的孔或凹坑的轴线</td><td>1. 移出断面一般用剖切符号表示剖切位置，用箭头表示投射方向，并注上字母。在断面图的上方用同样的字母标出相应的名称“×－×”，如图2-122所示。经过旋转后的断面图应加注旋转符号，如图2-126所示。
2. 配置在剖切符号延长线（剖切线）上的不对称移出断面不必标注字母，如图2-122所示。
3. 不配置在剖切符号延长线（剖切线）上的对称移出断面，以及按投影关系配置的移出断</td><td>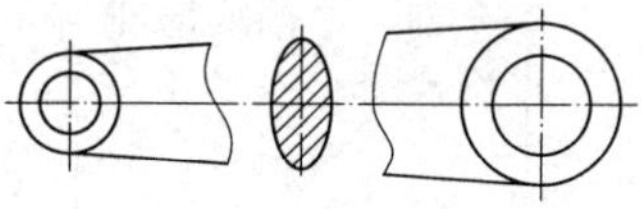
图 2-123　对称移出断面的画法
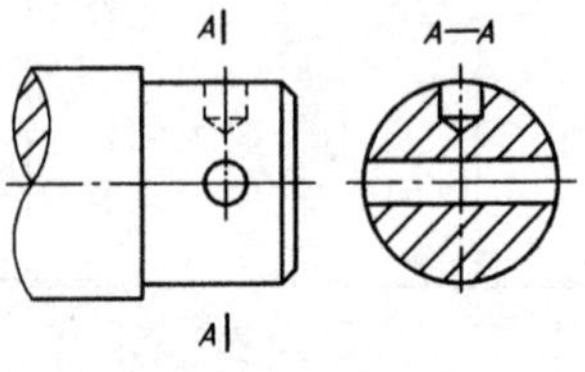

图 2-124　移出断面按剖视绘制配置在其他适当位置</td></tr>
</table>

断面图的种类	移出断面图	时，则这些结构按剖视图绘制，如图 2-122 和图 2-124 所示。 7. 当剖切平面通过非圆孔，会导致出现完全分开的两个剖面图形时，则这些结构按剖视图绘制，如图 2-126 所示	面，一般不必标注箭头，如图 2-122 和图 2-124 所示。 4. 剖切平面迹线上的对称移出断面图和配置在视图中断处的移出断面图都不必标注，如图 2-122、图 2-123 和图 2-125 所示	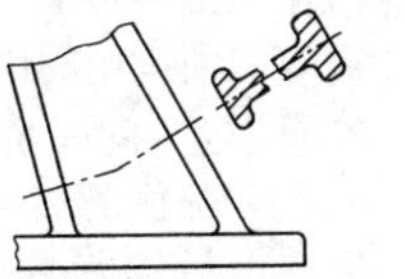 图 2-125　两个相交的剖切平面剖出的移出断面 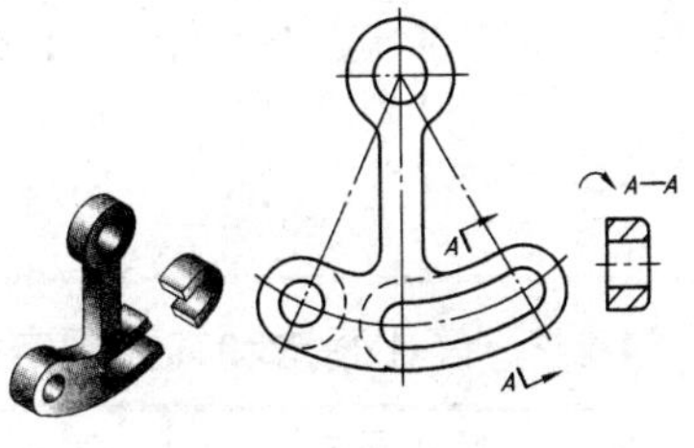 图 2-126　移出断面通过非圆孔按剖视图绘制
	重合断面	**画法及配置原则**	**标注**	**图示**
		在不影响图形清晰的条件下，断面图也可按投影关系画在视图内。画在视图内的断面图称为重合断面图。重合断面可理解为将断面形状绕剖切平面的迹线旋转 90°后，再放在视图之内。 重合断面的轮廓线用细实线绘制。当视图中的轮廓线与重合断面的图形重叠时，视图中的轮廓线仍应连续画出，不可间断，如图 2-127 所示	因重合断面的位置固定而配置在剖切符号上的不对称重合断面，不必标注字母，但剖切符号及表示投射方向的箭头不能省略。对称的重合断面不必标注，如图 2-127 所示。 断面图一般用来表达孔、槽、轮辐、肋板等结构	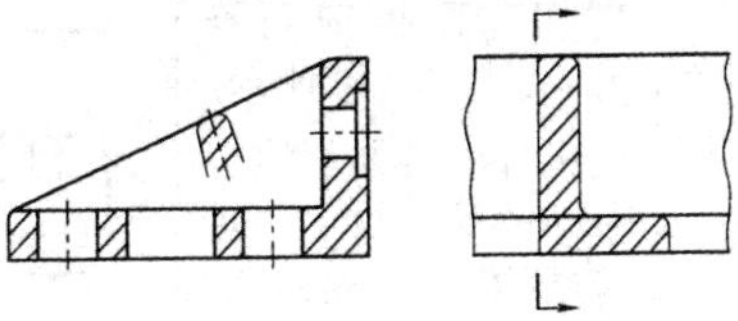 图 2-127　重合断面图

4.2　其他表达方法

其他表达方法

4.2.1　局部放大图

概念	画法注意	图示
当机件上的某一细小结构表达不清楚或难于标注尺寸时，可以将机件的部分结构用大于原图形所采用的比例画出，此图形称为局部放大图。局部放大图可画成视	1. 绘制局部放大图时，应用细实线圈出被放大部位，当同一机件上有几个被放大部分时，必须用罗马数字依次标出被放大的部位，并在局部放大图的上方标注出相应的罗马数字和所采用的比例，并用细横线上下分开。而机件上只有一处放大时，	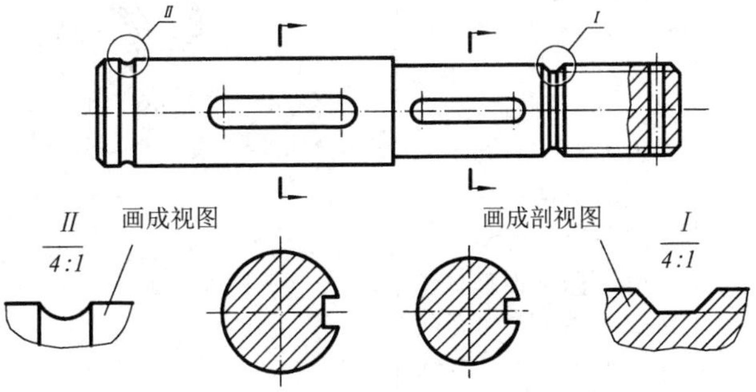 图 2-128　局部放大图

图、剖视图、断面图，它与被放大部分的原表达方式无关。局部放大图应放置在被放大部分的附近，如图 2-128 所示	局部放大图只需注明所采用的比例。 2．同一机件上不同部位的局部放大图，当图形相同或对称时，只需要画出一个；必要时可用几个图形表达同一被放大部分的结构，如图 2-129 所示	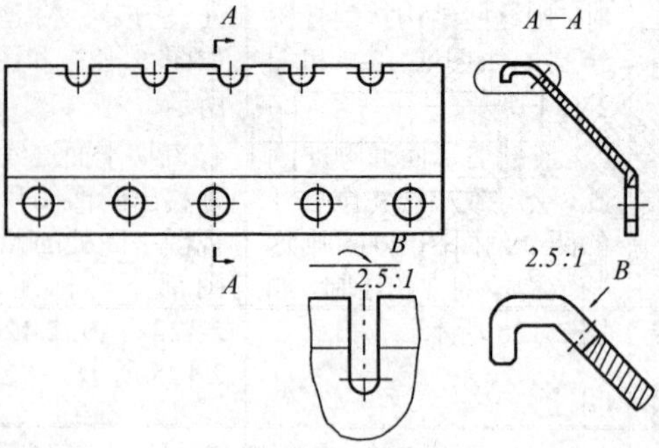 图 2-129　用几个图形表达一个放大结构

4.2.2　简化画法和其他规定画法

	简化画法	图示
剖视、断面图中的简化画法	1．对于机件的肋、轮辐及薄壁等，如按纵向剖切，这些结构都不画剖面符号，而用粗实线将它与其邻接部分分开；如按横向剖切需画出剖面符号，如图 2-130 所示。 当机件回转体上均匀分布的肋、轮辐、孔等结构不处于剖切平面上时，可将这些结构旋转到剖切平面上画出，然后按对称形式画出，而其分布情况由垂直于回转轴的视图表达，并且不必标注，若干直径相同且成规律分布的孔，可以仅画出一个或几个，其余只需用细点画线表示其中心位置，如图 2-131 所示。 2．圆柱形法兰和类似机件上均匀分布的孔，可用在细点画线圆弧上画圆的方法表示孔的数量和分布，如图 2-132 所示。 3．在不引起误解时过渡线、相贯线允许简化，可用圆或直线代替非圆曲线，如图 2-133 所示。	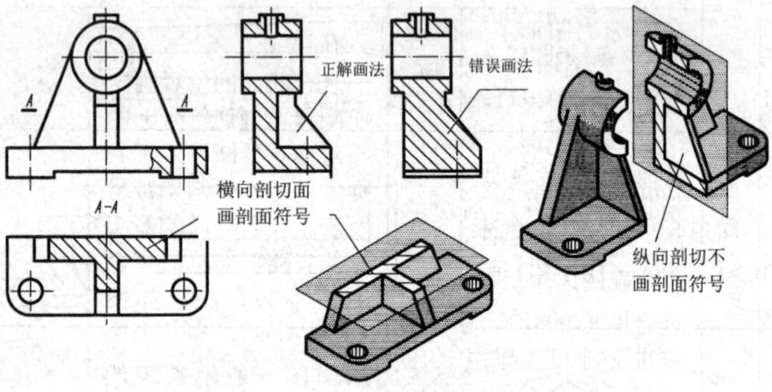 图 2-130　肋板纵向剖切不画剖面符号 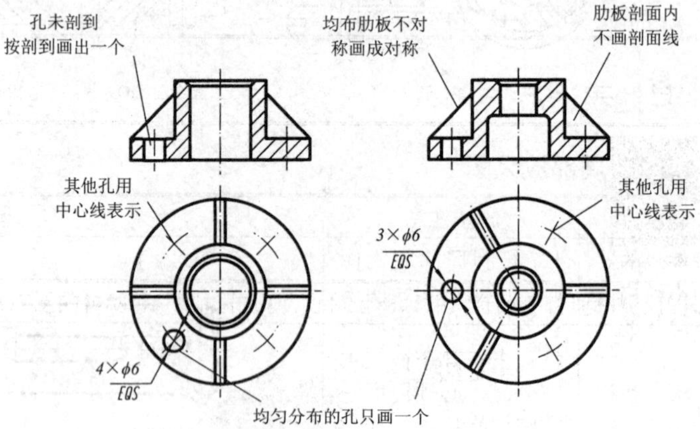 图 2-131　回转体上不在剖切平面上的孔、肋的画法

4. 当图形不能充分表达平面时，可用两条相交的细实线所画的平面符号表示，如图 2-134 所示。

5. 与投影面倾斜角度小于或等于 30° 的圆或圆弧，其投影可用圆或圆弧代替，如图 2-135 所示。

6. 其他简化画法如图 2-136 所示。

7. 在不致引起误解时，零件图中的小圆角、锐边的小倒圆或 45° 小倒角允许省略不画，但必须在视图中注明尺寸或在技术要求中加以说明，如图 2-137 所示。

8. 机件上斜度不大的结构，如在一个视图中已表达清楚，其他视图可按小端画出，如图 2-138 所示

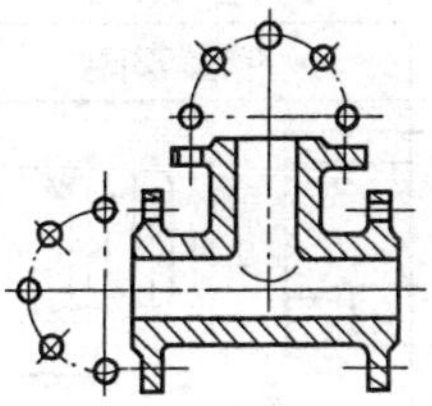

图 2-132　法兰上均匀分布孔的画法

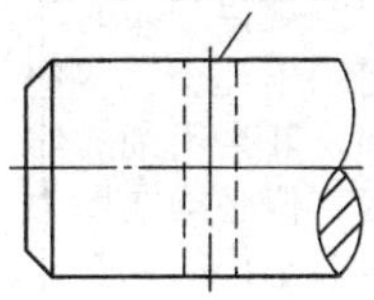

图 2-133　相贯线简化画法

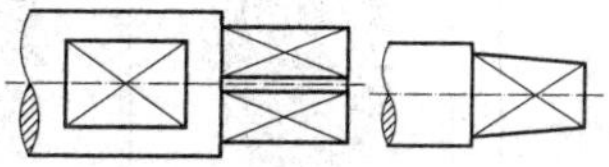

图 2-134　平面的表示法

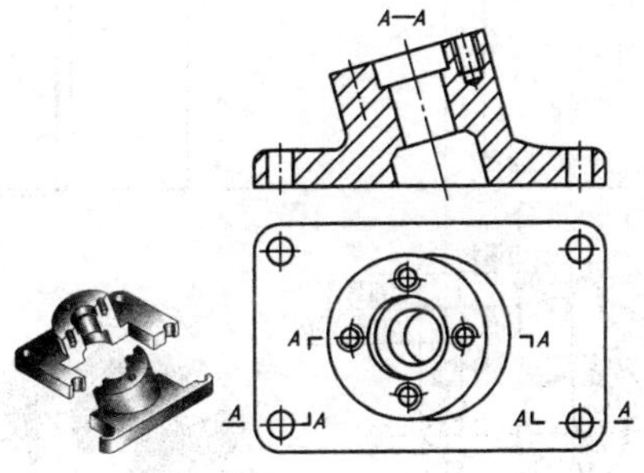

图 2-135　倾斜角度小于或等于 30°的圆或圆弧

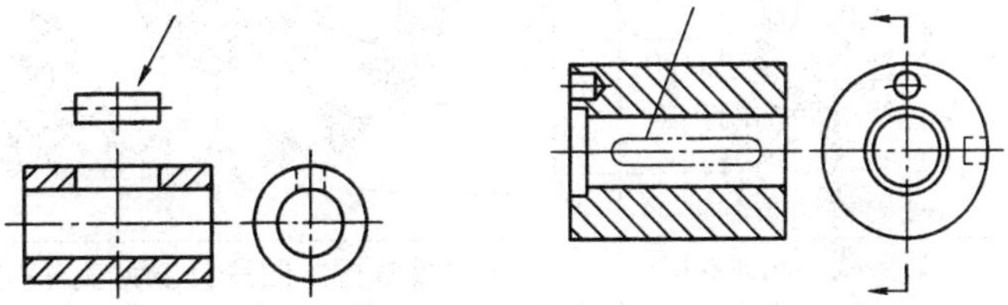

（a）局部视图的简化画法　　（b）剖视前面结构的简化画法

图 2-136　其他简化画法

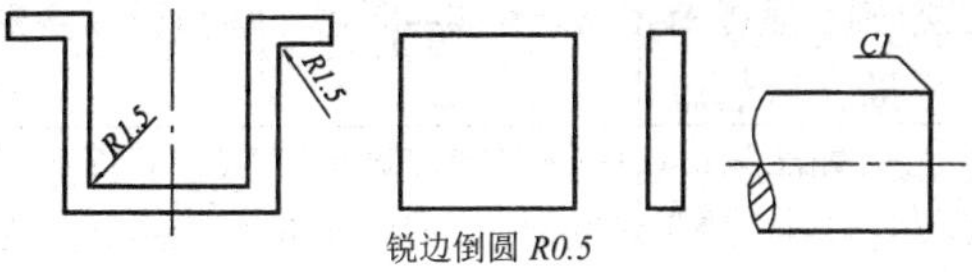

（a）省略小圆角　　（b）省略小倒圆　　（c）省略小倒角

图 2-137　小圆角、小倒圆、小倒角的简化画法

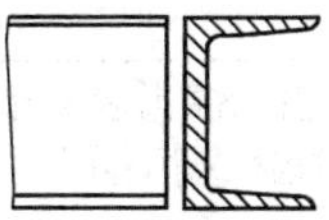

图 2-138　斜度的简化画法

对相同结构和小结构的简化画法	1. 当机件具有若干相同结构（如齿槽）并按一定规律分布时，只需画出几个完整的结构，其余用细实线连接，但必须在图中注出该结构的总数，如图 2-139（a）、（b）所示。 2. 直径相同且成规律分布的孔（螺孔、沉孔等），可仅画出一个或几个，其余的只需用细点画线表示其中心位置，且应注明孔的总数，如图 2-139（c）所示。 3. 网状物、纺织物或机件上的滚花部分，可在轮廓线附近用粗实线示意画出，并在零件图上或技术要求中注明这些结构的要求，如图 2-140 所示	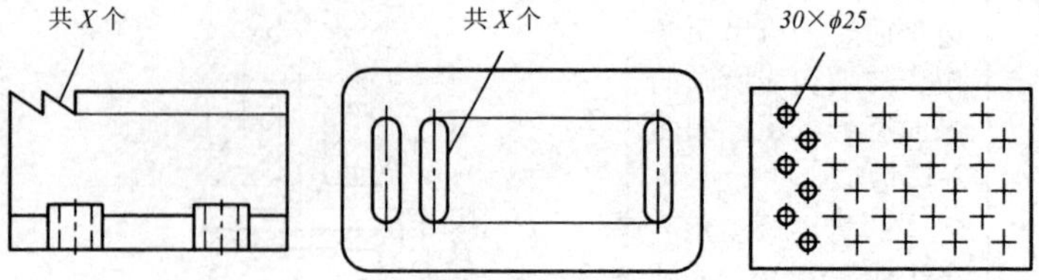 （a）具有若干相同结构简化法案例 1　（b）具有若干相同结构简化法案例 2　（c）具有若干相同结构简化法案例 3 图 2-139　相同要素的简化画法 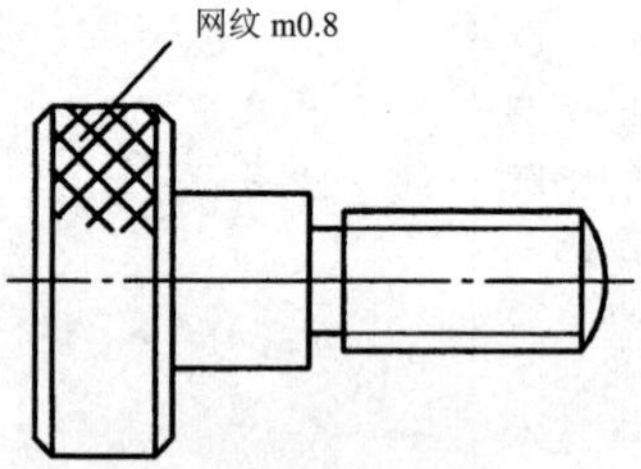 图 2-140　滚花简化画法
图形的简化画法	1. 在不致引起误解时，对于对称机件的视图，可只画一半或四分之一，并在对称中心线的两端画出对称符号，即与对称中心线垂直的两条短平行细实线，如图 2-141 所示。 2. 较长的机件（轴、杆、型材、连杆等）在沿长度方向的形状一致或按一定规律变化时，可断开后缩短绘制，但要标注实际的长度尺寸，如图 2-142 所示	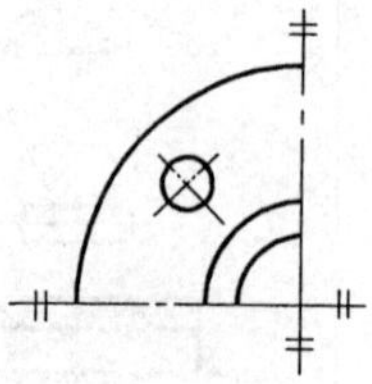 图 2-141　对称机件的简化画法 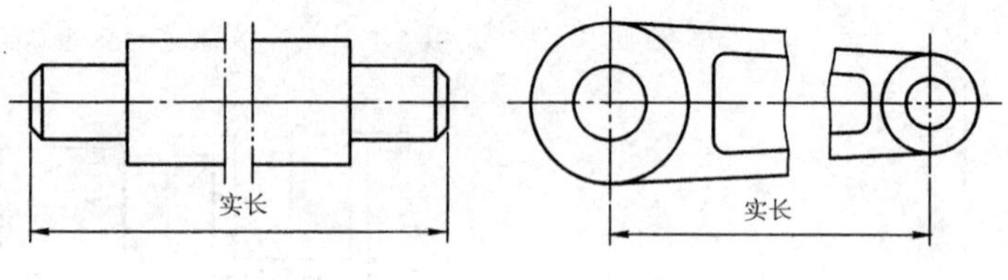 图 2-142　较长机件的简化画法

任务实施

组合体的剖视图任务实施表

<table>
<tr><td>情　境</td><td colspan="7"></td></tr>
<tr><td>学习任务</td><td colspan="5"></td><td>完成时间</td><td></td></tr>
<tr><td>任务完成人</td><td>学习小组</td><td></td><td>组长</td><td></td><td>成员</td><td colspan="2"></td></tr>
<tr><td colspan="8">应用获得的知识和技能，完成任务载体的结构表达，尺寸从图中量取</td></tr>
<tr><td colspan="8"></td></tr>
</table>

考核评价

组合体的剖视图过程考核评价表

<table>
<tr><td>情　境</td><td colspan="8"></td></tr>
<tr><td>学习任务</td><td colspan="5"></td><td>完成时间</td><td colspan="2"></td></tr>
<tr><td>任务
完成人</td><td>学习小组</td><td></td><td>组长</td><td></td><td>成员</td><td colspan="3"></td></tr>
<tr><td rowspan="2">评价项目</td><td rowspan="2">评价内容</td><td colspan="4" rowspan="2">评价标准</td><td colspan="3">得分</td></tr>
<tr><td>自评</td><td>互评（组内互评，取平均分）</td><td>教师评价</td></tr>
<tr><td rowspan="2">知识目标（40%）</td><td>自主学习</td><td colspan="4">通过自主学习，对知识的理解、掌握及接受新知识的能力
□优（10）□良（8）□中（6）□差（4）</td><td></td><td></td><td></td></tr>
<tr><td>课堂学习</td><td colspan="4">通过课堂学习，对知识的理解、掌握及接受新知识的能力
□优（30）□良（26）□中（22）□差（18）</td><td></td><td></td><td></td></tr>
<tr><td rowspan="2">能力目标（40%）</td><td>组合体的剖视图任务实施表</td><td colspan="4">□优（10）□良（8）□中（6）□差（4）</td><td></td><td></td><td></td></tr>
<tr><td>任务跟踪训练</td><td colspan="4">□优（30）□良（26）□中（22）□差（18）</td><td></td><td></td><td></td></tr>
<tr><td rowspan="3">思政目标（20%）</td><td>团结协作、沟通能力</td><td colspan="4">相互沟通、交流、协作、互帮互学，具备良好的群体意识
□优（5）□良（3）□中（2）□差（1）</td><td></td><td></td><td></td></tr>
<tr><td>换位思考</td><td colspan="4">□优（10）□良（8）□中（6）□差（4）</td><td></td><td></td><td></td></tr>
<tr><td>遵守学校规章制度（纪律、出勤、卫生）</td><td colspan="4">□优（5）□良（4）□中（3）□差（2）</td><td></td><td></td><td></td></tr>
<tr><td colspan="4">总分（自评 25%+互评 25%+教师评价 50%）</td><td colspan="2"></td><td></td><td></td><td></td></tr>
</table>

学习情境 3　轴测图

学习目标

知识目标：熟练掌握轴测图的基本知识；熟练掌握正等轴测图的画法和标注。
能力目标：学会熟练利用绘图仪器、工具及计算机绘制正等轴测图并进行标注。
思政目标：培养学生为人民服务，方便他人的思想。

子学习情境 3.1　轴测图

情境导入

轴测图工作任务单

情　境	轴测图					
学习任务	子学习情境 3.1：轴测图				完成时间	
任务完成	学习小组		组长		成员	
任务要求	掌握：①轴测图的基本知识；②正等轴测图的画法和标注（手工绘制和计算机绘制）					
任务载体和资讯	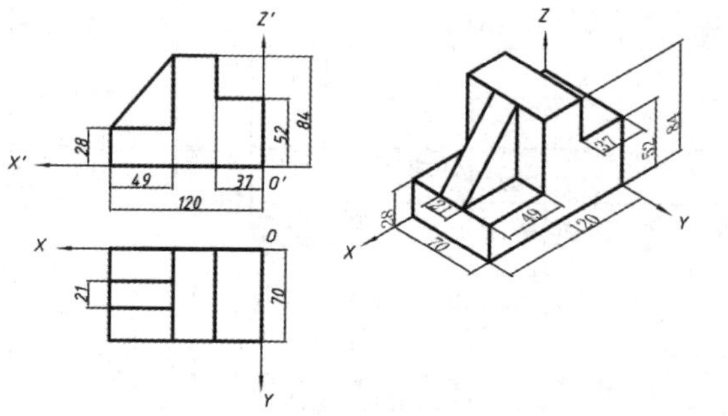				要求：根据任务载体主、俯视图的尺寸，用手工和 AutoCAD 绘制正等轴测图，并标注尺寸（手工绘制任务载体正等轴测图完成在轴测图任务实施表中）。 资讯： 1. 轴测图的基本知识：轴测图的形成；轴测图的基本概念。 2. 轴测图的绘制：坐标法；叠加法；切割法。 3. 正等轴测图的尺寸标注	
完成任务注意点	①正等轴测图轴间角、轴测轴的画法；②轴测图绘制方法的选择应用；③尺寸标注要均匀、正确、完整、合理；线条加深要均匀					

知识链接

1 轴测图的基本知识（思政元素：为人民服务，方便他人的思想）

手工绘制轴测图

1.1 轴测图的基本概念

轴测图	轴测轴	轴间角	轴向伸缩系数
轴测图是指将物体连同其参考直角坐标系，沿不平行于任一坐标面的方向，用平行投影法将其投影在单一投影面上所得到的图形，如图 3-1 所示。图中方框面为轴测投影面，该面上的图形为轴测投影，即轴测图	在图 3-1 中，确定立体位置的空间直角坐标轴 OX、OY、OZ 的投影 O_1X_1、O_1Y_1、O_1Z_1，称为轴测轴	在图 3-1 中，轴测轴之间的夹角 $\angle X_1O_1Y_1$、$\angle Y_1O_1Z_1$、$\angle Z_1O_1X_1$ 称为轴间角	在图 3-1 中，轴测轴 O_1X_1、O_1Y_1 和 O_1Z_1 上的单位长度与相应直角坐标轴 OX、OY 和 OZ 上的单位长度之比分别为 X、Y 和 Z 轴的轴向伸缩系数（又称轴向变化率），分别用 p、q、r 表示： $p=\dfrac{O_1X_1}{OX}$； $q=\dfrac{O_1Y_1}{OY}$； $r=\dfrac{O_1Z_1}{OZ}$

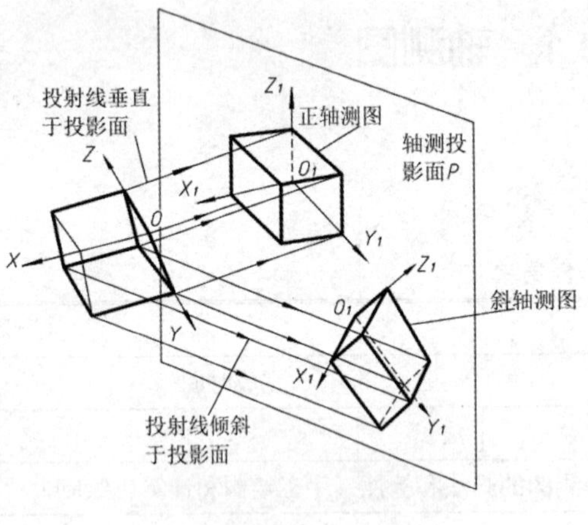

图 3-1　正轴测图和斜轴测图

1.2 正轴测图和斜轴测图

	定义	分类	备注
正轴测图	当投射方向垂直于轴测投影面时，得到的轴测图称为正轴测图，如图 3-1 所示	1. 三个轴向伸缩系数 $p=q=r$，称为正等轴测图（简称“正等测”）。 2. 若 $p=q\neq r$，称为正二等轴测图（简称“正二测”）。 3. $p\neq q\neq r$，称为正三等轴测图（简称“正三测”）	工程中用得较多的是正等轴测图
斜轴测图	当投射方向倾斜于轴测投影面时，得到的轴测图称为斜轴测图，如图 3-1 所示	1. 斜等轴测图（斜等测，$p=q=r$）。 2. 斜二等轴测图（斜二测，$p=q\neq r$）。 3. 斜三等轴测图（斜三测，$p\neq q\neq r$）	工程中用得较多的是斜二等轴测图

1.3　轴测图的特性

特性	注意点
由于轴测图是用平行投影法形成的，因此，物体上相互平行的线段，在轴测图中也相互平行。由直线的平行特性可知，凡是在物体上与坐标轴平行的线段，在轴测图中也平行于相应的轴测轴，并且轴向伸缩系数也与相应轴的轴向伸缩系数相同。所以画轴测图时，凡是与坐标轴平行的直线段，作图时可直接沿轴向测量作图。所以，“轴测”就是“沿轴测量”的意思	绘制物体的轴测图时，应先选择轴测图的类型，从而确定各轴向伸缩系数和轴间角。轴测图可根据已确定的轴间角，按表达清晰和作图方便来安排各轴测轴的摆放，而 Z 轴常画成铅垂位置。在轴测图中，应用粗实线画出物体的可见轮廓。为了使图形清晰，通常不画物体的不可见轮廓，但在必要时，也可用虚线画出

2　正等轴测图的画法和标注

2.1　正等轴测图的形成

形成	将物体的三根直角坐标轴转到与轴测投影面的倾角都是 35°16′时，用正投影法将物体连同三根直角坐标轴向轴测投影面投射，所得到的图形称为正等轴测图
轴间角	三个轴间角相等，都是 120°
轴向伸缩系数	三根轴的轴向伸缩系数相等，$p=q=r=0.82$，即物体上的轴向尺寸为 100 时，轴测轴上画 82
简化轴向伸缩系数	为避免计算，一般把系数简化为 $p=q=r\approx1$（称为“简化轴向伸缩系数”），也就是说，凡物体上平行于坐标轴上的直线，在轴测图上用实际尺寸画出
扩大倍数	用简化系数画出的轴测图，比用轴向伸缩系数画出的轴测图放大了 1.22（$1/0.82\approx1.22$）倍，但不影响物体的形状和立体感
轴测轴画法	通常 Z_1 轴垂直布置，X_1、Y_1 轴分别与水平线成 30°，如图 3-2 所示 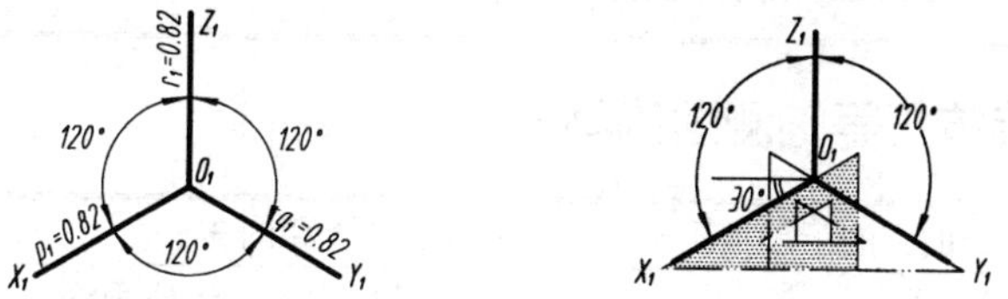 （a）正等轴测轴间角、轴向伸缩系数　（b）正等轴测轴测轴的画法 图 3-2　正等轴测图轴间角、轴向伸缩系数及轴测轴画法

2.2　正等轴测图的画图方法和步骤

方法	步骤	注意
1．坐标法：是指根据物体的特点，选定合适的坐标轴，然后按照物体上各顶点的坐标关系画出其轴测投影，并连接形成物体轴测图的方法	1．在视图上设定出合适的投影直角坐标轴 $X'O'Z'$、XOY，如图 3-3（a）所示 2．画出对应的正等轴测轴，如图 3-3（b）所示。	当画熟练了轴测图时，视图中的投影轴和轴测图中的轴测轴可以省略，但投影轴
2．切割法：切割法用于画由基本体切割而成的组合体的轴测图，先用坐标法画出完整的基本体，再按组合体的形成过程，逐一切去多余部分而得到所求组合体的轴测图		

3．叠加法：是指先用形体分析法将组合体分成几个基本体，再将各个基本体的轴测图按照它们之间的相对位置叠加起来，并画出各表面之间的连接关系，最后得到组合体轴测图的方法	3．根据组合体的结构，应用相应方法画出组合体的轴测图	和轴测轴的方向在思维中必须清楚，它们是一一对应的

2.3 平面立体正等轴测图的画法

如图 3-3（a）所示，已知正六棱柱的两个视图，绘制其正等轴测图	
画法	步骤
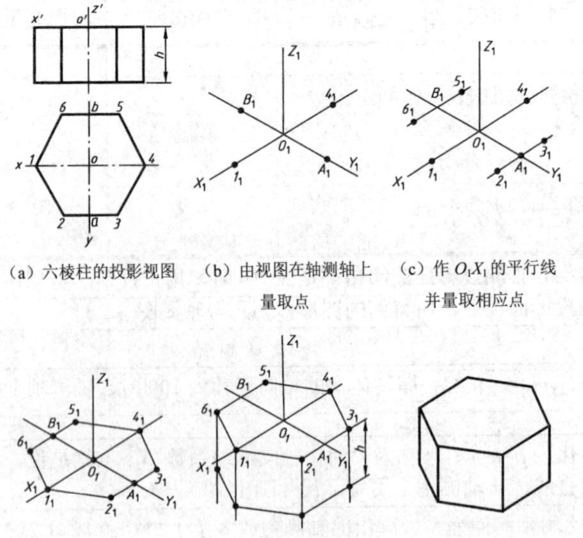 （a）六棱柱的投影视图 （b）由视图在轴测轴上量取点 （c）作 O_1X_1 的平行线并量取相应点 （d）依次连接各点 （e）由各点沿 O_1Z_1 量取六棱柱的高度 h （f）擦去多余线条，加深可见轮廓线 图 3-3 正六棱柱的正等轴测图的画法	1. 六棱柱顶面与底面都是平行于水平投影面的正六边形，确定 OX、OY、OZ 轴的方向和原点 O 的位置，画出在视图上的投影轴，如图 3-3（a）所示。 2. 画出轴测轴 O_1X_1、O_1Y_1、O_1Z_1，在 O_1X_1 轴上从 O_1 点量取 $O_11_1=o1$，$O_14_1=o4$，同样，在 O_1Y_1 轴上量取 $O_1A_1=oa$，$O_1B_1=ob$，如图 3-3（b）所示。 3. 以 A_1、B_1 为中点分别作 O_1X_1 的平行线，量取 $2_13_1=23$，$5_16_1=56$，如图 3-3（c）所示。 4. 依次连接各点，即得顶面的轴测图，如图 3-3（d）所示。 5. 由各点沿 O_1Z_1 轴方向向下量取六棱柱的高度 h，得底面六边形，如图 3-3（e）所示。 6. 擦去多余线条，加深可见轮廓线，即得六棱柱的正等轴测图，如图 3-3（f）所示

2.4 回转体正等轴测图的画法

平行于坐标面的圆的正等轴测投影及画法（图 3-4 和图 3-5）	
投影分析	近似画法
1. 平行于坐标面的圆的正等轴测投影是椭圆，三个椭圆的形状和大小是一样的，但方向不相同。 2. 各椭圆与外切菱形相切，椭圆的短轴方向即为菱形的短对角线方向，椭圆的长轴方向即为菱形的长对角线方向	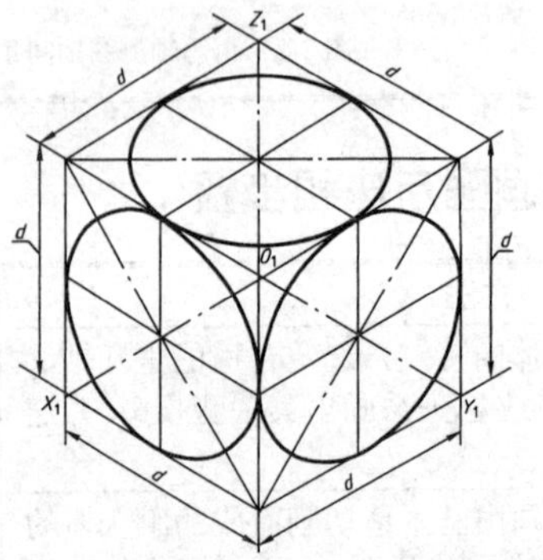 图 3-4 平行于不同坐标面的圆的正等轴测图画法

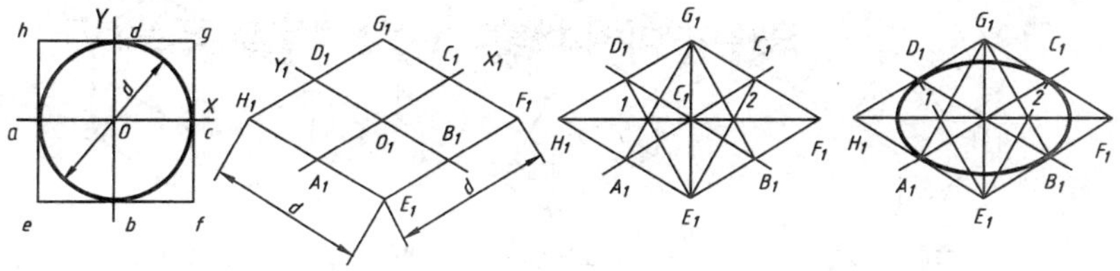

图 3-5　圆的正等轴测图画法

1．以圆心为坐标原点，建立直角坐标系。

2．作圆的外切正方形，其边与坐标轴 X、Y 平行。

3．作正方形的轴测图 $E_1F_1G_1H_1$。

4．连接 G_1A_1、G_1B_1、E_1D_1、E_1C_1，得到交点 1、2。

5．分别以 G_1、E_1 为圆心，E_1D_1 长为半径，画弧 D_1C_1，A_1B_1；以 1、2 为圆心，$1A_1$ 长为半径，画弧 A_1D_1、B_1C_1，即得椭圆

圆柱体的正等轴测图画法（图 3-6）	画法步骤
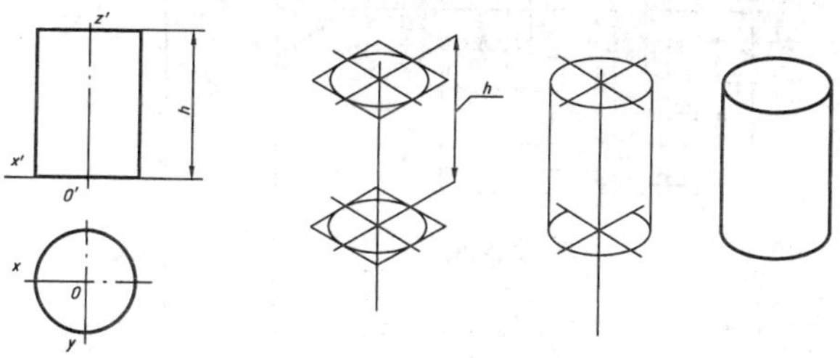 图 3-6　圆柱的正等轴测图画法	1．以圆柱下表面圆心为坐标原点，建立直角坐标系。 2．作长为 h 的竖直轴线，分别以其端点为圆心，作上下圆平面的轴测图。 3．作出两椭圆的公切线。 4．擦去不可见图线即得圆柱的轴测图

圆角正等轴测图的近似画法如图 3-7 所示

近似画法	注意点
1．按图 3-7（b）画出不带圆角的底板［图 3-7（a）］的轴测图，并按圆角半径 R 在底板相应的边上找出切点 1、2、3、4。 2．过切点 1、2、3、4 分别作其所在直线的垂线，其交点 O_1、O_2 就是轴测圆角的圆心，如图 3-7（c）所示。 3．以 O_1 和 O_2 为圆心，以 $O_1$1 和 $O_2$3 为半径作 12 和 34 弧，即得底板上顶面圆角的正等轴测图，如图 3-7（d）所示。 4．将顶面圆角的圆心 O_1、O_2 及其切点分别沿 Z_1 轴下移底板厚度 H，再用与顶面圆弧相同的半径分别作出圆弧，并作出对应圆弧的公切线，即得底板圆角的正等轴测图，如图 3-7（e）所示。 5．擦去作图辅助线并加深轮廓线，完成图形，如图 3-7（f）所示。 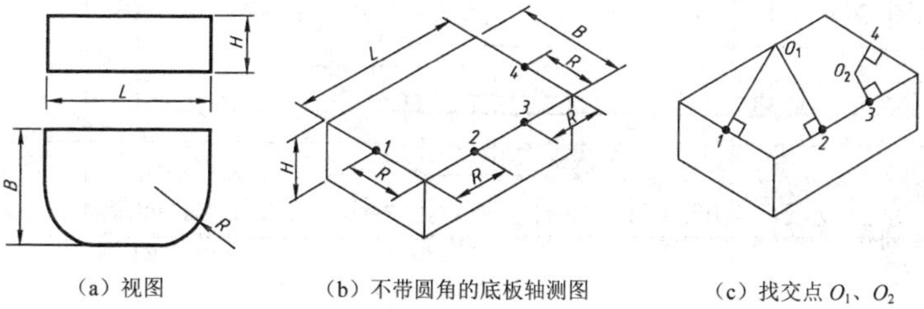 （a）视图　（b）不带圆角的底板轴测图　（c）找交点 O_1、O_2	分析近似椭圆与圆角对应关系知：菱形钝角与大圆弧相对，锐角与小圆弧相对，菱形相邻两边的中垂线交点即为圆心

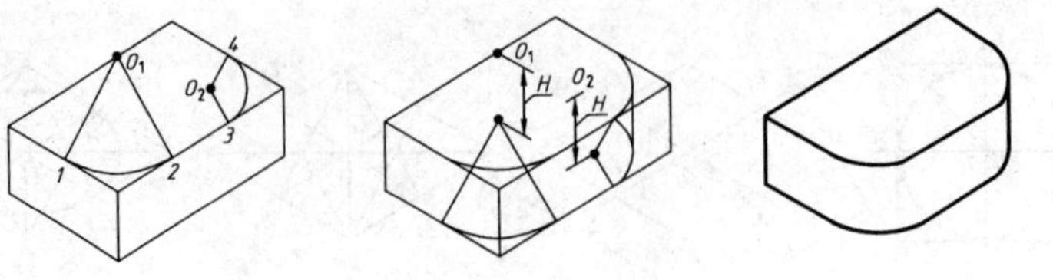

（d）顶面圆角的正等轴测图　（e）底板圆角的正等轴测图　（f）擦去辅助线加深轮廓线

图 3-7　圆角的正等轴测图画法

2.5　组合体的正等轴测图的画法

挖切型组合体的正等轴测图的画法		
方法	步骤	画法
对于挖切型的组合体，可先按完整的形体画出其轴测图，再用切割的方法切去不完整的部分，从而完成形体的轴测图，这种画法称为切割法（或方箱法）	作出如图 3-8（a）所示组合体的正等轴测图。 作图步骤： 1. 根据形体的长、宽、高画出长方体的正等轴测图，如图 3-8（b）所示。 2. 根据图中尺寸，作轴测轴的平行线，切去左前角，如图 3-8（c）所示。 3. 切斜面，如图 3-8（d）所示。 4. 切右前角，加深图线，完成全图，如图 3-8（e）所示	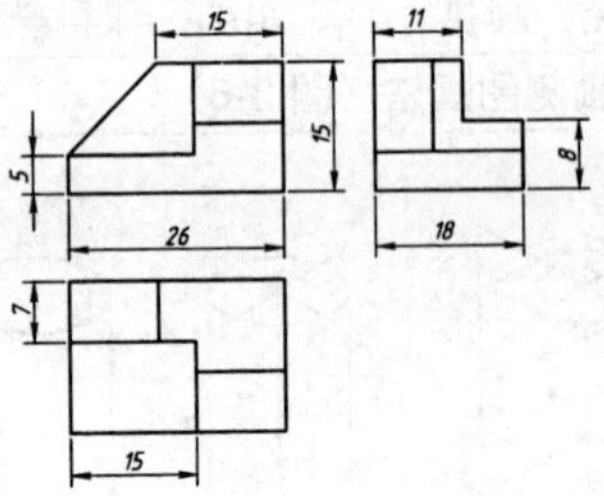 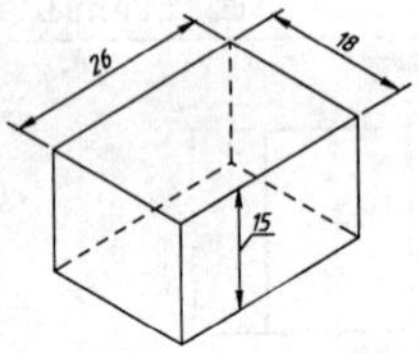 （a）切割体的三视图　（b）没切割的轴测图 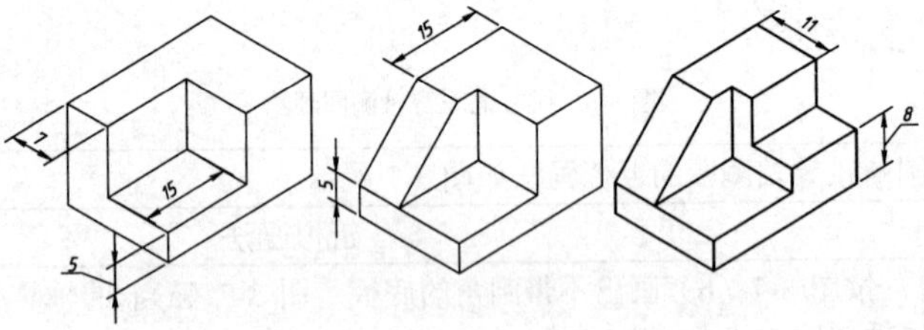 （c）切去左前角的轴测图　（d）再切斜面的轴测图　（e）再切右前角的轴测图 图 3-8　挖切型组合体的正等轴测图

叠加型组合体的正等轴测图的画法		
方法	步骤	画法
对于叠加型的组合体，要把组合体分解为若干基本形体，弄清各基本体的结构特点和它们之间的相互位置及表面连接方式。在	画如图 3-9（a）所示轴承座的正等轴测图。 1. 画轴承座底板顶面，以底板顶面为基准，确定圆筒的轴线及前端面和后端面，如图 3-9（b）所示。 2. 根据圆筒尺寸，画圆筒，如图 3-9（c）所示。 3. 画支承板，注意支承板前端面与圆筒前交线的画法，如图 3-9（d）所示。	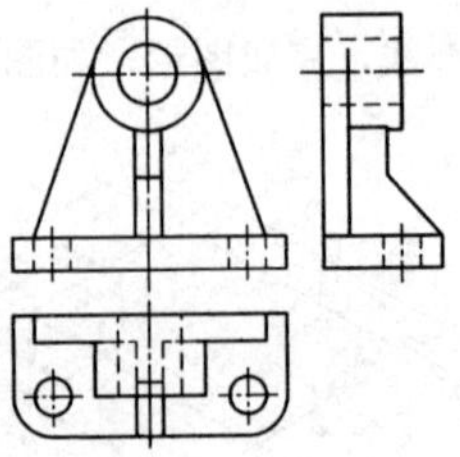 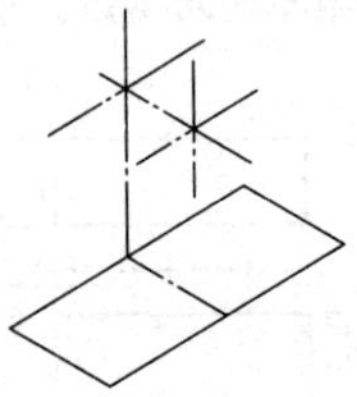 （a）轴承座三视图　（b）画底板顶面确定圆筒的轴线及前端面和后端面

<table>
<tr>
<td>画图时，先对主要结构定位。再用逐个往上叠加的方法画出各基本体的轴测图和连接处的分界线，最终完成组合体的轴测图</td>
<td>4．画肋板，如图 3-9（e）所示。
5．按照画圆角的方法画底板，再画圆孔，如图 3-9（f）所示。
6．擦去多余图线，加深图线，完成全图，如图 3-9（g）所示</td>
<td>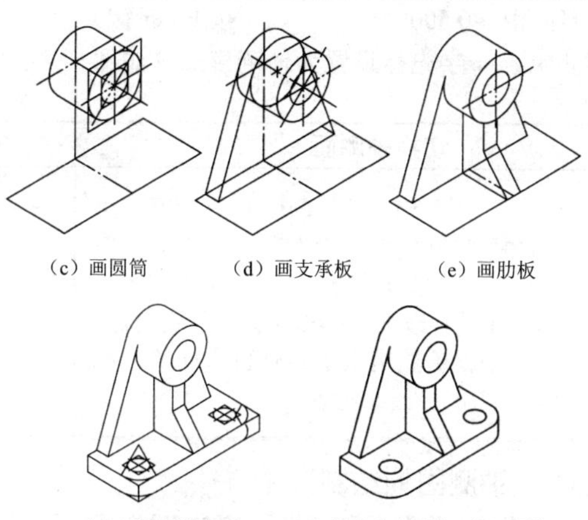
（c）画圆筒　（d）画支承板　（e）画肋板
（f）画底板和圆孔　（g）擦去多余图线，加深图线
图 3-9　轴承座的正等轴测图</td>
</tr>
</table>

2.6　计算机绘制正等轴测图

2.6.1　设置轴测模式

<table>
<tr><th>轴测面、轴测轴、轴间角</th><th>图示</th></tr>
<tr>
<td>在轴测图中，平行于坐标平面的面的投影称为轴测面，与 X-Y 坐标平面平行的面的投影称为顶轴测面；与 X-Z 坐标平面平行的面的投影称为右轴测面；与 Y-Z 坐标平面平行的面的投影称为左轴测面：坐标轴的投影称为轴测轴；轴测轴之间的夹角称为轴间角。轴测面、轴测轴和轴间角如图 3-10 所示。AutoCAD 系统环境提供了绘制正等轴测图的辅助工具，这就是轴测图绘制模式，简称轴测模式</td>
<td>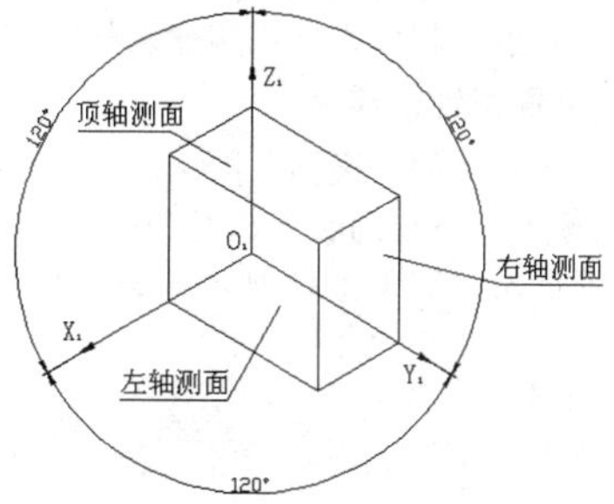

图 3-10　轴测轴、轴测面和轴间角</td>
</tr>
<tr><th>轴测模式设置</th><th>图示</th></tr>
<tr>
<td>1．使用“草图设置”对话框。
右击状态栏上的“对象捕捉”按钮，弹出快捷菜单，选取“设置”命令，弹出“草图设置”对话框，如图 3-11 所示。在“捕捉和栅格”选项卡的“捕捉类型”区域中，选中“等轴测捕捉”单选按钮，单击“确定”按钮，这时十字光标变成如图 3-12 所示的样子。
2．使用 SNAP 命令的 Style 选项。
键入 SNAP 命令，命令提示如下：
命令: snap
指定捕捉间距或 [开(ON)/关(OFF)/样式(S)/类型(T)] <0.5000>: s（使用“样式”选项）
输入捕捉栅格类型 [标准(S)/等轴测(I)] <I>: i（指定样式为等轴测）</td>
<td>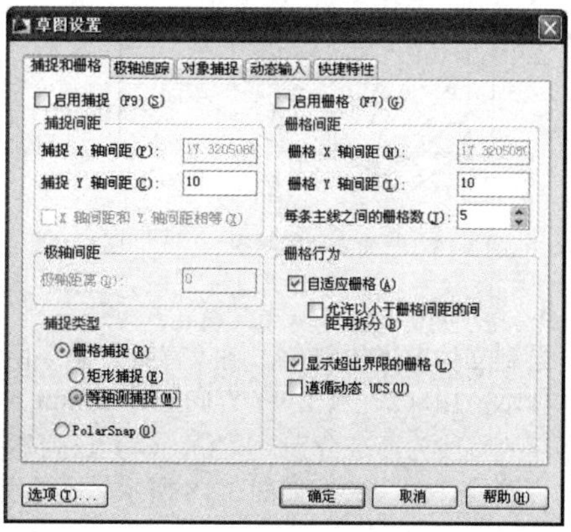

图 3-11　“草图设置”对话框</td>
</tr>
</table>

<table>
<tr><td>指定垂直间距 <0.5000>: （按 Enter 键）
命令结束后，十字光标设置为轴测模式，如图 3-12 所示</td><td></td></tr>
<tr><td>切换轴测面</td><td>图示</td></tr>
<tr><td>在轴测模式下，用 F5 键或按 Ctrl+E 组合键，可按“左轴测面”“顶轴测面”“右轴测面”的顺序循环切换。应注意的是轴测模式仅仅是改变了光标显示状态，并没有改变 AutoCAD 的系统坐标，此时 X 和 Y 坐标仍然是水平和垂直方向的，如图 3-12 所示</td><td>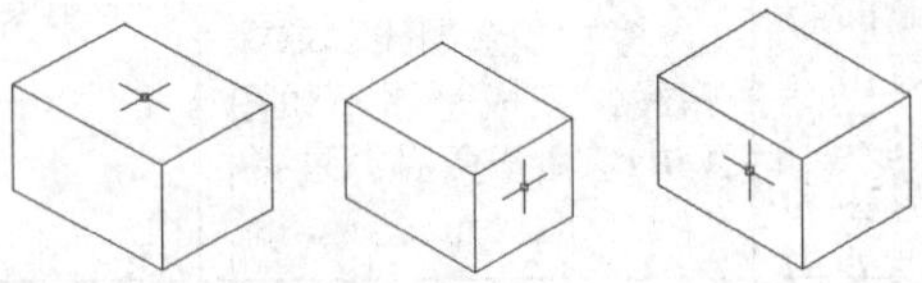
图 3-12　轴测模式的不同轴测面</td></tr>
</table>

2.6.2　轴测图的绘制

<table>
<tr><td colspan="2">在轴测模式下打开正交模式，可以用“直线”命令绘制与相应的轴测轴平行的直线；对于一般位置直线，则可关闭正交模式，打开极轴追踪、对象捕捉及自动追踪，沿轴测轴方向测量获得该直线两个端点的轴测投影，然后相连即得一般位置直线的轴测图。
在设置轴测模式的同时，还应在“草图设置”对话框中设置极轴追踪增量角为 30°，并选中“用所有极轴角设置追踪”选项</td></tr>
<tr><td rowspan="2">1 平面立体轴测图的绘制</td><td>绘制如图 3-13 所示的平面立体轴测图</td></tr>
<tr><td>1．绘制长方体。
进入等轴测捕捉模式，打开正交模式，用“直线”命令绘制长方体。循环切换光标到相应的轴测面，并沿轴测轴方向直接输入长度，绘制的长方体如图 3-14 所示。
2．设置极轴追踪角。
右击状态栏的“极轴”按钮，弹出快捷菜单，选择“设置”选项，打开“草图设置”对话框；在“增量角”下拉列表中选择 30，在“对象捕捉追踪设置”区域中选中“用所有极轴角设置追踪”单选按钮，如图 3-15 所示。打开极轴追踪、自动捕捉和自动追踪功能。
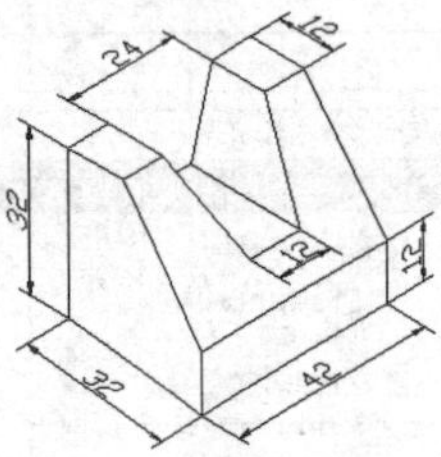

图 3-13　平面立体轴测图
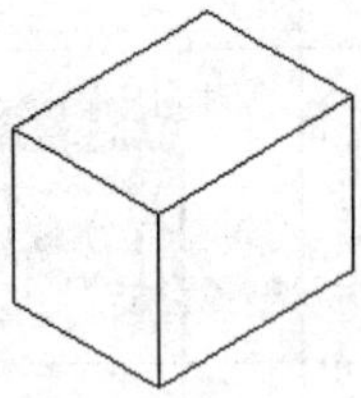
图 3-14　绘制长方体
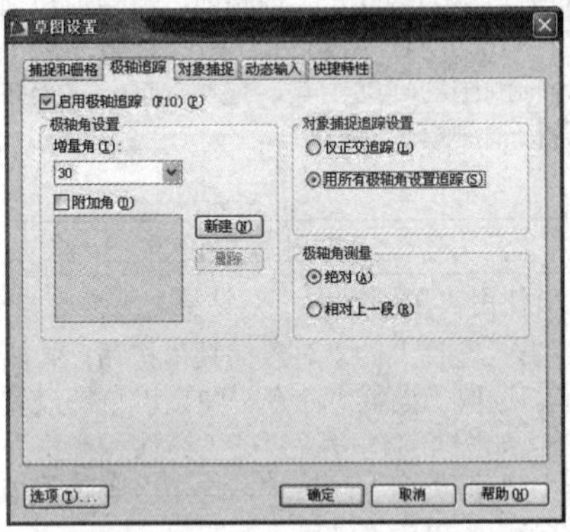

图 3-15 设置极轴追踪角
3．绘制斜角。
绘制立体前方的斜角，用“直线”命令由（1）点沿 330°方向延伸 12mm 至（3）点，如图 3-16 所示；由（2）点沿 90°方向延伸 12mm 至（4）点，结果如图 3-17 所示。
用“直线”命令分别过（3）、（4）点画顶面和前端面上的交线（3）（5）、（4）（6），过（5）、（6）点画线（5）（6），如图 3-18 所示。用修剪和删除命令去掉多余线条，结果如图 3-19 所示。
4．绘制缺口。
由（1）点沿 30°方向延伸 9mm 至（7）点，画线段（7）（8），用同样方法画线段（9）（10），再</td></tr>
</table>

由（1）点向下延伸 17mm 至（11）点，沿 330°方向画线（11）（12），由（12）点沿 30°方向画线（12）（13）、（13）（14），由（14）点沿 120°方向画线至与（11）点沿 30°方向追踪的交点（15），连线（8）（13）、（10）（14）、（9）（15）、（15）（11），如图 3-20 所示。

用“修剪”和“删除”命令去掉多余线条，结果如图 3-21 所示。

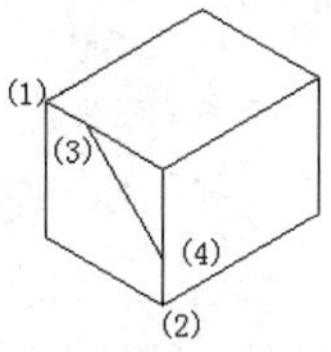

图 3-16　延伸追踪点

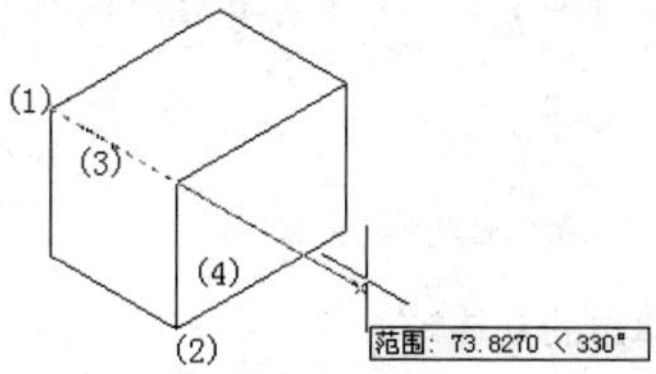

图 3-17　绘制斜线

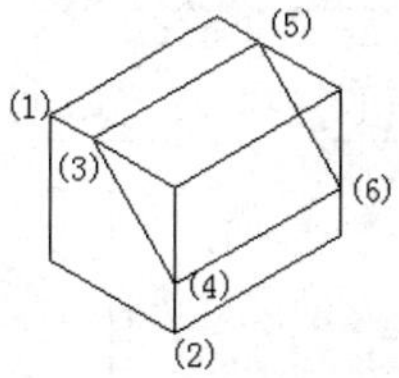

图 3-18　绘制顶面及前面的交线

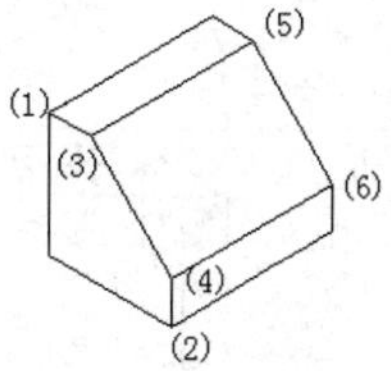

图 3-19　修剪整理结果

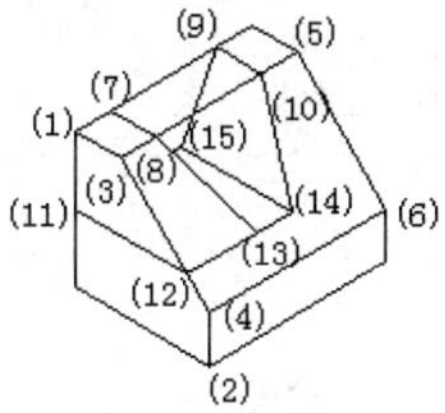

图 3-20　绘制缺口

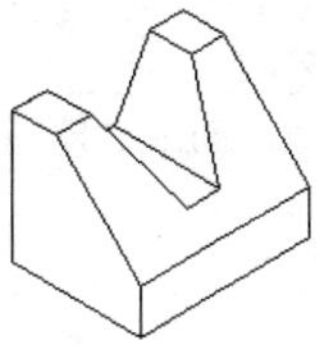

图 3-21　完成全图

注意：在绘制平面立体的轴测图时，用“直线”命令绘制与轴测轴平行的边，平行线不能使用“偏移”命令，可以用“复制”命令，对称结构不能使用“镜像”命令。绘制斜线时，常用极轴追踪方法连接直线的两端点

2 曲面立体轴测图的绘制

1．圆的轴测图。

圆的轴测图是椭圆，当平行于不同的轴测面时，投影的椭圆长、短轴的位置将是不同的，如图 3-22 所示。

绘制如图 3-22 所示的轴测图。

（1）设置轴测模式。

（2）设定当前轴测面。

（3）调用“椭圆”命令。

单击 图标或键入 ELLIPSE 命令，命令提示如下：

命令:_ellipse

指定椭圆轴的端点或[圆弧(A)/中心点(C)/等轴测圆(I)]:输入“I”　　（设置轴测模式）

指定等轴测圆的圆心:　　（指定圆心位置）

指定等轴测圆的半径或[直径(D)]:　　（输入圆的半径）

2．圆柱体。

画两端面的椭圆，如图 3-23（a）所示，画轮廓线，是从象限点到象限点，而不是从切点到切点，如图 3-23（b）所示。修剪掉不可见的部分，如图 3-23（c）所示。

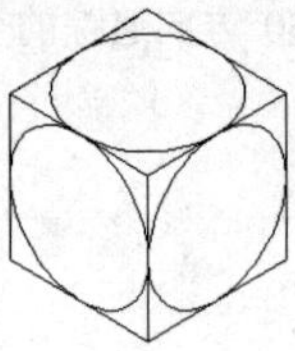

图 3-22　圆的轴测图

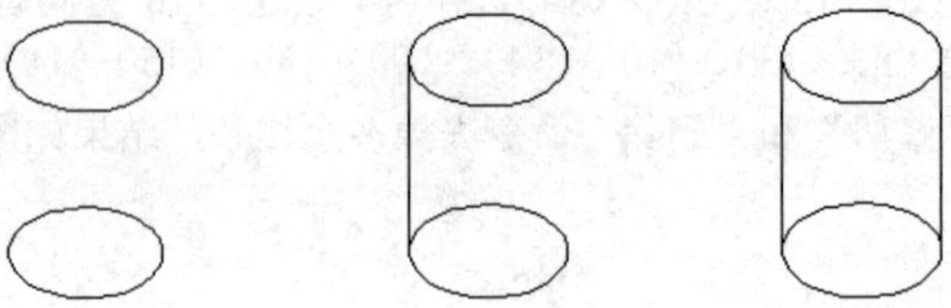

（a）绘制椭圆　（b）绘制轮廓线　（c）修剪完成全图

图 3-23　圆柱轴测图的画法

3．带圆角的立体。

用“椭圆”命令绘制出圆的轴测投影，如图 3-24（a）所示；利用“修剪”命令修剪多余的部分，画出轮廓线，结果如图 3-24（b）所示。

（a）绘制圆的轴测投影　（b）完成全图

图 3-24　圆角轴测图的画法

3 组合体轴测图的绘制

绘制如图 3-25 所示的组合体的轴测图。

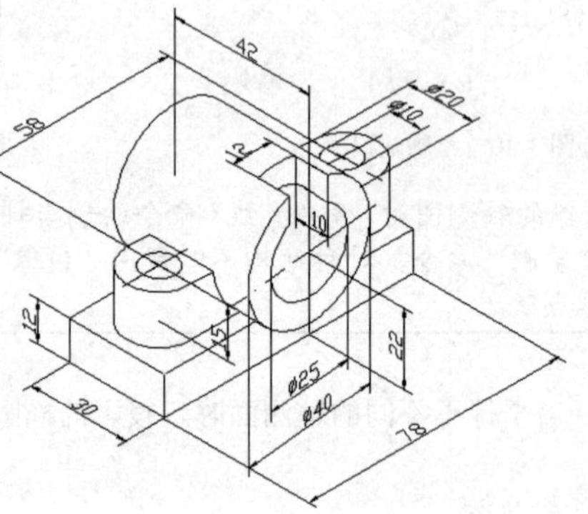

图 3-25　组合体轴测图

1．设置轴测模式，极轴追踪增量角为 30°。

2．用“直线”命令绘制长方体底板，如图 3-26 所示。

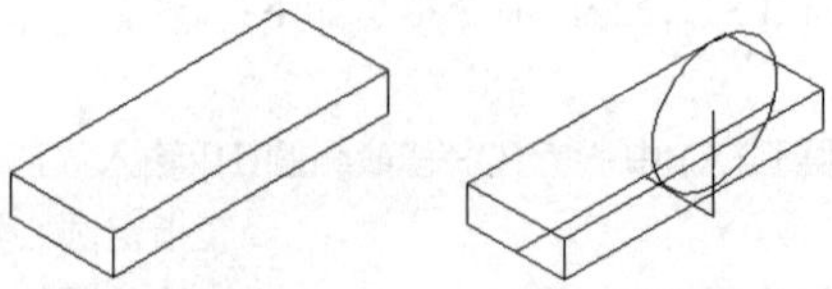

图 3-26　绘制长方体底板和 $\phi40$ 的轴测圆

3．绘制长方体底板上的 $\phi40$ 的轴测圆，如图 3-26 所示。

4．绘制圆柱筒及上方的槽，如图 3-27 所示。

5．修剪整理后如图 3-28 所示。

6．绘制左、右凸台，结果如图 3-29 所示。

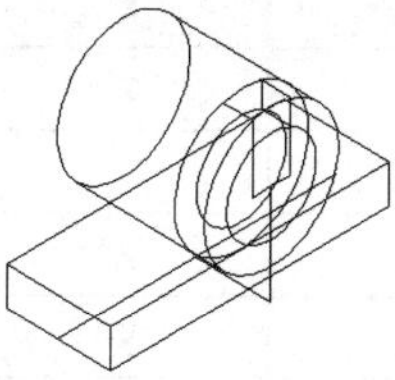

图 3-27　绘制圆柱筒及上方的槽

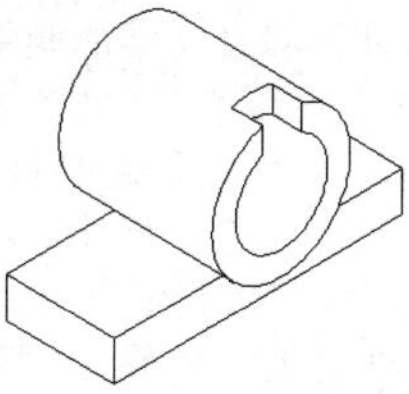

图 3-28　修剪后的结果

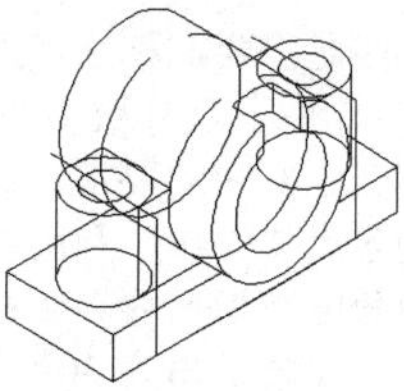

图 3-29　绘制左右凸台

7．用“修剪”和“删除”命令剪去多余及不可见的图线，结果如图 3-30 所示。

8．画中心线，结果如图 3-31 所示。

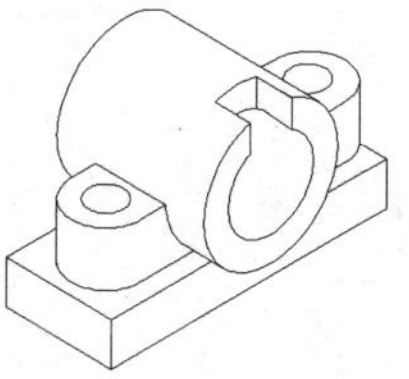

图 3-30　修剪结果

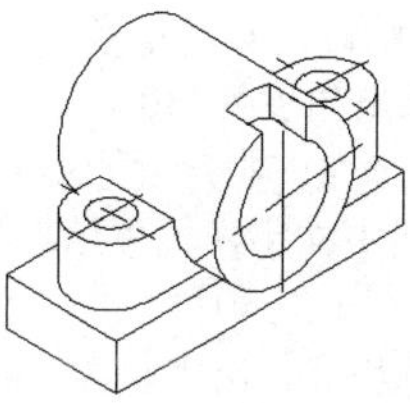

图 3-31　完成全图

绘制轴测图时应注意以下几点：

（1）只能在当前轴测面上绘图。绘制立体不同方位的表面时，必须注意轴测面的切换。

（2）注意使用正交模式。

（3）只能沿轴测轴方向测量作图

2.6.3　轴测图的标注

<table>
<tr><th>轴测图上文字的标注</th><th>图示</th></tr>
<tr><td>
轴测面上的文字应沿轴测轴方向排列，且文字的倾斜方向与另一轴测轴平行。在轴测图上书写文字时应控制两个角度：一是文字的旋转角度；二是文字的倾斜角度。两个角度对文本效果的影响如图 3-32 所示。
文字的倾斜角度是由文字样式决定的，在轴测图中，文字有两种倾斜角度：30°和–30°，因此要建立两个文字样式，以备输入文字时选择。
文本的旋转角度是在输入文本时确定的。如果是单行文字输入，则在命令提示中指定文字的旋转角度时输入旋转角度；如果是用多行文字输入，文字格式编辑对话框的命令行提示如下：
指定第一角点:（先指定第一角点）
指定对角点或 [高度(H)/对正(J)/行距(L)/旋转(R)/样式(S)/宽度(W)/栏(C)]:（指定对角点时，在命令行中输入 R，按 Enter 键，然后输入相应的旋转角度）
</td><td>
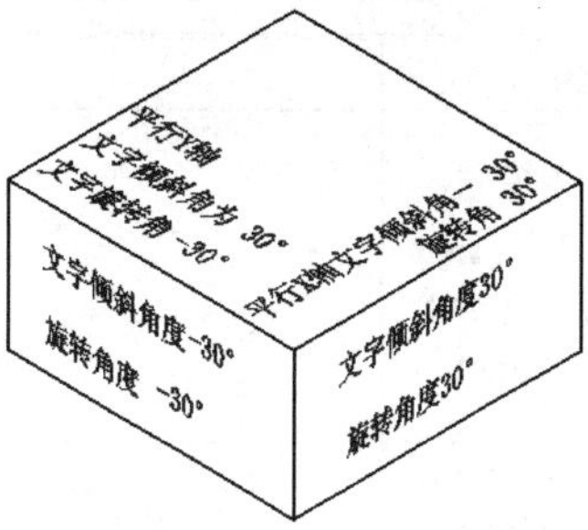

图 3-32　轴测图中的文字旋转和倾斜角度
注意：
1. 文字倾斜角度是相对倾斜角度为 0 时而言的，逆时针时为“–”，顺时针时为“+”；文本旋转角度是相对 AutoCAD 系统的 X 坐标而言的，逆时针时为“+”，顺时针时为“–”。
2. 文本书写时可先按正常文本书写，再在对象的“特性”窗口中修改文字样式和旋转角度
</td></tr>
</table>

轴测图尺寸的标注

标注轴测图的尺寸时，其尺寸界线应沿轴测轴方向倾斜，尺寸数字方向也应与相应的轴测轴方向一致。而用基本尺寸标注命令标注的尺寸，其尺寸界线及尺寸数字总是与尺寸线垂直。因此需要在标注尺寸后，调整尺寸界线及文字的倾斜角度。轴测图上尺寸数字的倾斜角度（文字倾斜角度）见表 3-1。依照表 3-1 中的要求，标注完轴测图尺寸后，需要对轴测图中的各尺寸界线，利用编辑标注命令进行倾斜，尺寸界线的倾斜角度是指尺寸界线相对 X 轴的夹角，与轴测轴 X 平行的尺寸界线倾斜角为 30°，与轴测轴 Y 平行的尺寸界线倾斜角度是–30°，与轴测轴 Z 平行的尺寸界线倾斜角度是 90°

表 3-1 轴测图尺寸数字的倾斜角度

尺寸所属轴测面	尺寸线平行轴测轴	文字倾斜角度/（°）
右	X	30
左	Z	30
顶	Y	30
右	Z	–30
左	Y	–30
顶	X	–30

标注轴测图尺寸

标注如图 3-33 所示的轴测图尺寸。

1. 建立两种文字样式，样式名称分别是“30”和“–30”。“30”样式中设定倾斜角度为 30°；“–30”样式中设定倾斜角度为–30°。

2. 新建尺寸样式名分别为 CCYSl 和 CCYS2。CCYS1 样式中文字样式采用“30”，CCYS2 中文字样式采用“–30”。

3. 选择 CCYS1 尺寸样式，用“对齐”命令（ ）标注尺寸 40、35、50；选择 CCYS2 尺寸样式，用“对齐”命令（ ）标注尺寸 60、30、25，如图 3-34 所示。

4. 用“编辑标注”命令（ ）的“倾斜”选项修改尺寸界线的倾斜角度，使尺寸界线的方向与轴测轴的方向一致。其中 50、25 的倾斜角度为 30°，40、60 的倾斜角度为–30°，30、35 的倾斜角度为 90°，如图 3-33 所示

图示

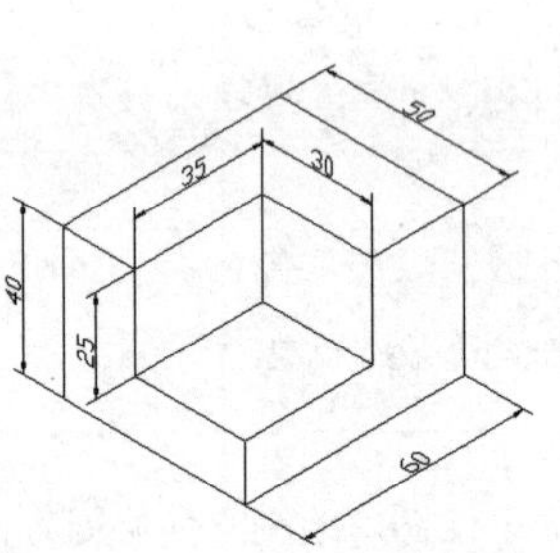

图 3-33 标注轴测图尺寸

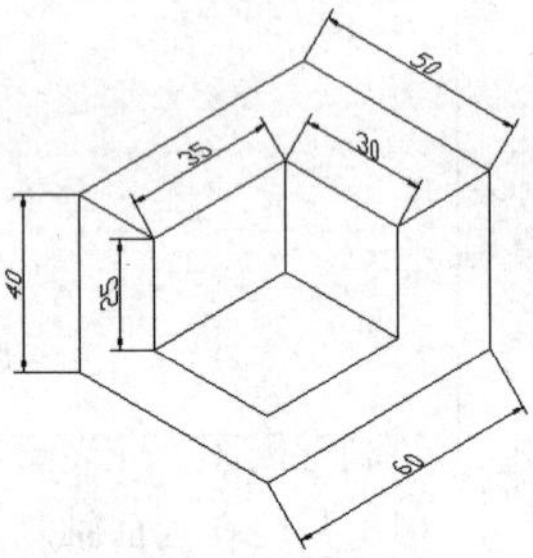

图 3-34 轴测图尺寸标注

2.6.4 绘制图 3-35 所示的正等轴测图

步骤

1. 设置轴测模式。在命令行输入 snap 按 Enter 键，在命令行输入 s 按 Enter 键，输入 i 按 Enter 键，或将鼠标指针放在状态栏的“捕捉”按钮上右击，在打开的“草图设置”对话框中，设置如图 3-36 所示。在轴测模式下用 F5 键或按 Ctrl+E 组合键可切换等轴测面

图示

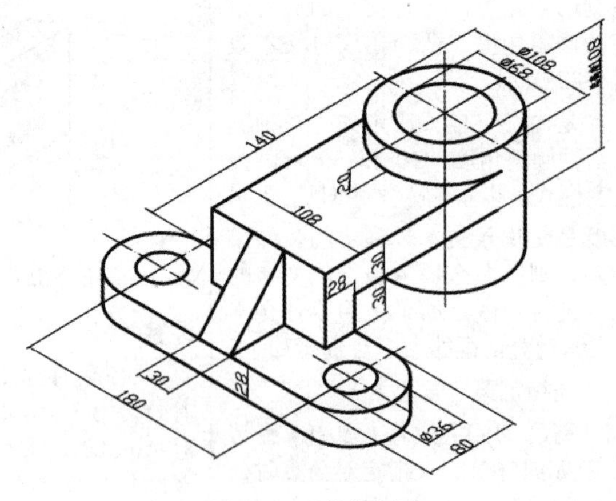

图 3-35 正等轴测图

<table>
<tr>
<td>2. 设置极轴追踪角。右击状态栏内“极轴”按钮，选择“设置”命令，在打开的“草图设置”对话框中，设置如图 3-37 所示</td>
<td>

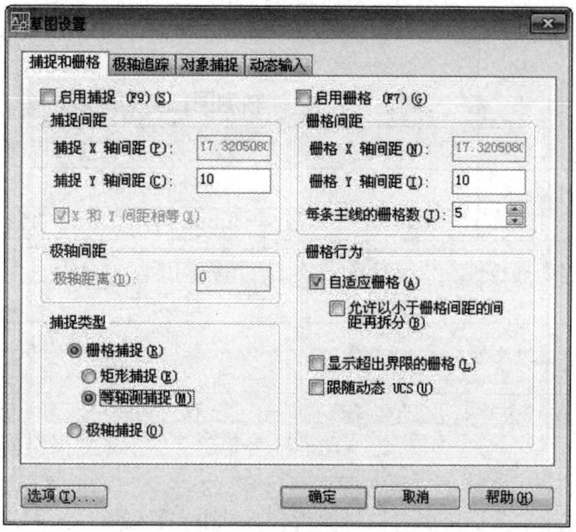

图 3-36　“草图设置”对话框

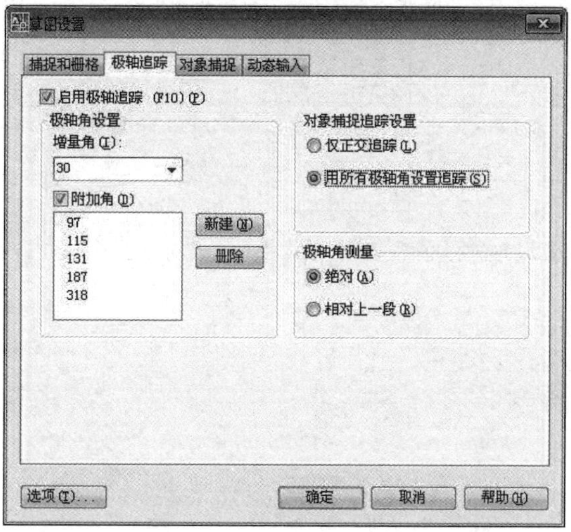

图 3-37　“极轴追踪”选项卡

</td>
</tr>
<tr>
<td colspan="2">3．设置图层。
执行“格式”→“图层”命令，新建粗实线层（蓝色、线宽 0.5）、细实线层（红色、线宽 0.25）、中心线层（蓝色、线宽 0.25）</td>
</tr>
<tr>
<td colspan="2">4．执行“视图”→“缩放”→“全部”命令</td>
</tr>
<tr>
<td colspan="2">5．将粗实线层设为当前层，打开正交模式，按 F5 键切换轴测面画如图 3-35 所示的正等轴测图（具体画图步骤见 AutoCAD 绘制机械工程图样识绘教材）</td>
</tr>
</table>

任务实施

轴测图任务实施表

<table>
<tr><td>情　境</td><td colspan="8"></td></tr>
<tr><td>学习任务</td><td colspan="6"></td><td>完成时间</td><td></td></tr>
<tr><td>任务完成人</td><td>学习小组</td><td></td><td>组长</td><td></td><td>成员</td><td colspan="3"></td></tr>
<tr><td colspan="9">应用获得的知识和技能，根据任务载体主、俯视图的尺寸，用手工和 AutoCAD 绘制正等轴测图，并标注尺寸</td></tr>
<tr><td colspan="9"></td></tr>
</table>

考核评价

轴测图过程考核评价表

<table>
<tr><td>情　境</td><td colspan="9"></td></tr>
<tr><td>学习任务</td><td colspan="5"></td><td>完成时间</td><td colspan="3"></td></tr>
<tr><td>任务
完成人</td><td>学习小组</td><td></td><td>组长</td><td></td><td>成员</td><td colspan="4"></td></tr>
<tr><td rowspan="2">评价项目</td><td rowspan="2">评价内容</td><td rowspan="2" colspan="5">评价标准</td><td colspan="3">得分</td></tr>
<tr><td>自评</td><td>互评（组内互评，取平均分）</td><td>教师评价</td></tr>
<tr><td rowspan="2">知识目标
（40%）</td><td>自主学习</td><td colspan="5">通过自主学习，对知识的理解、掌握及接受新知识的能力
□优（10）□良（8）□中（6）□差（4）</td><td></td><td></td><td></td></tr>
<tr><td>课堂学习</td><td colspan="5">通过课堂学习，对知识的理解、掌握及接受新知识的能力
□优（30）□良（26）□中（22）□差（18）</td><td></td><td></td><td></td></tr>
<tr><td rowspan="2">能力目标
（40%）</td><td>轴测图任务实施表</td><td colspan="5">□优（10）□良（8）□中（6）□差（4）</td><td></td><td></td><td></td></tr>
<tr><td>任务跟踪训练</td><td colspan="5">□优（30）□良（26）□中（22）□差（18）</td><td></td><td></td><td></td></tr>
<tr><td rowspan="3">思政目标
（20%）</td><td>团结协作、沟通能力</td><td colspan="5">相互沟通、交流、协作、互帮互学，具备良好的群体意识
□优（5）□良（3）□中（2）□差（1）</td><td></td><td></td><td></td></tr>
<tr><td>培养学生为人民服务，方便他人的思想</td><td colspan="5">□优（10）□良（8）□中（6）□差（4）</td><td></td><td></td><td></td></tr>
<tr><td>遵守学校规章制度（纪律、出勤、卫生）</td><td colspan="5">□优（5）□良（4）□中（3）□差（2）</td><td></td><td></td><td></td></tr>
<tr><td colspan="4">总分（自评 25%+互评 25%+教师评价 50%）</td><td colspan="3"></td><td></td><td></td><td></td></tr>
</table>

学习情境 4　机械图样识绘

学习目标

知识目标：掌握标准件、常用件的特点、应用及画法；掌握零件图的技术要求和零件常见的工艺结构，掌握轴套类、盘盖类、叉架类、箱体类零件图的识绘；掌握装配图的技术要求和装配体的工艺结构，掌握装配图的识绘；掌握计算机绘制零件图、装配图的方法和步骤。

能力目标：能够熟练绘制标准件、常用件；能够熟练识绘轴套类、盘盖类、叉架类、箱体类零件图；能够熟练识绘中等复杂程度的装配图；能够应用计算机绘制零件图和装配图。

思政目标：培养学生的职业规范、精益求精的工匠精神；培养学生的法律法规、标准化意识；培养学生的团结协作、雷锋精神和社会责任感。

子学习情境 4.1　标准件、常用件

情境导入

标准件、常用件的工作任务单

<table>
<tr><td>情　境</td><td colspan="6">机械图样识绘</td></tr>
<tr><td>学习任务</td><td colspan="4">子学习情境 4.1：标准件、常用件</td><td>完成时间</td><td></td></tr>
<tr><td>任务完成人</td><td>学习小组</td><td></td><td>组长</td><td></td><td>成员</td><td></td></tr>
<tr><td>任务要求</td><td colspan="6">掌握：①螺纹连接的原理和规定画法；②键和销连接的原理和规定画法；③齿轮的传动原理和规定画法；④滚动轴承的类型和画法</td></tr>
<tr><td>任务载体和资讯</td><td colspan="3">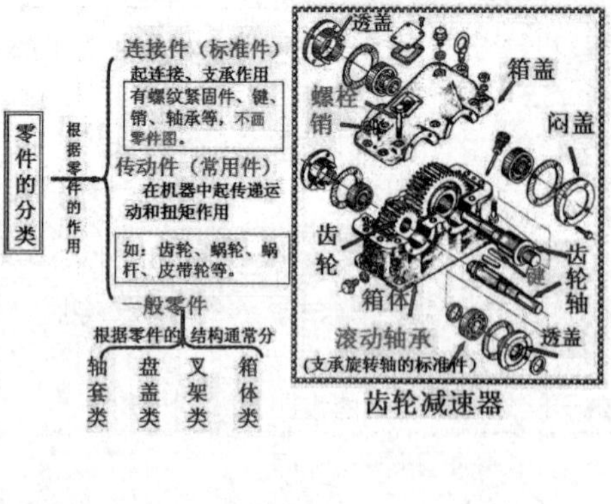
</td><td colspan="3">要求：绘制任务载体所示的螺栓连接、啮合齿轮（尺寸从图中选取，在教材的标准件、常用件任务实施表中完成）。
资讯：
1. 螺纹及螺纹连接件：螺纹的形成，螺纹五要素，螺纹的分类，螺纹的规定画法，螺纹紧固件和连接件的用途及规定画法，螺纹标注。
2. 键和销连接：键的分类，键的连接原理，键连接的画法，销的分类，销的连接原理，销连接的画法。
3. 齿轮啮合：齿轮的分类及作用，齿轮的规定画法。</td></tr>
</table>

	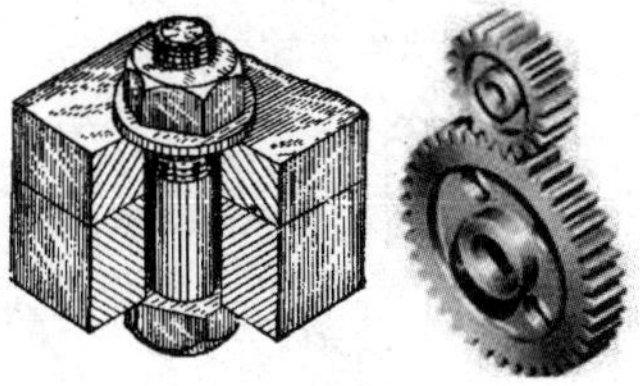	4. 滚动轴承：滚动轴承的类型、代号及规定画法
完成任务注意点	①正确绘制标准件和常用件；②正确进行标注和标记；③学会查阅标准	

知识链接

1　螺纹的基本要素（思政元素：雷锋精神）

螺纹的基本要素

1.1　螺纹的形成和基本要素

螺纹的形成	1. 在圆柱表面或圆锥表面上，沿着螺旋线形成的具有相同断面的连续凸起和沟槽。 2. 在圆柱面上形成的螺纹为圆柱螺纹；在圆锥面上形成的螺纹为圆锥螺纹。 3. 在工件外表面上加工出的螺纹称为外螺纹；在工件内表面上加工出的螺纹称为内螺纹，如图 4-1 所示	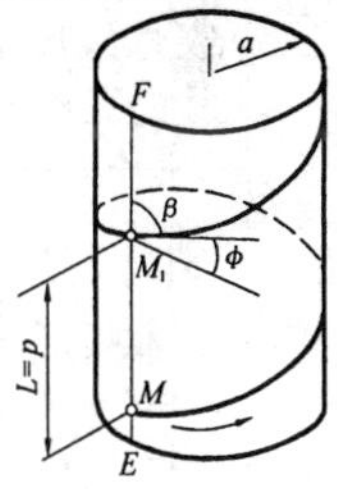 图 4-1　螺纹的形成
螺纹的加工	1. 在车床上车削内、外螺纹，如图 4-2 所示。 2. 也可碾压螺纹。 3. 还可用丝锥和板牙等手工工具加工螺纹	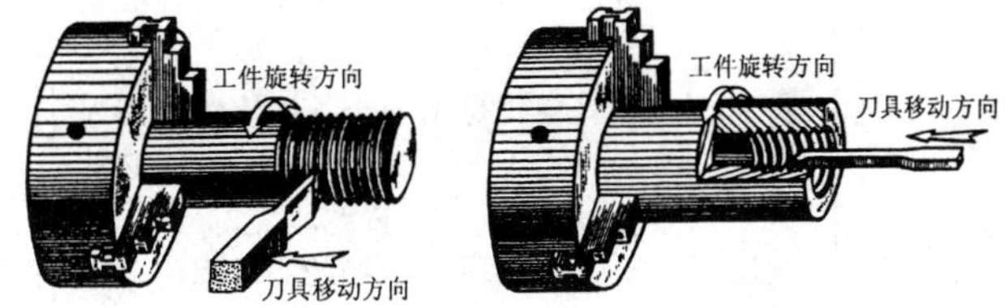 图 4-2　螺纹的加工
螺纹各部分的名称（图 4-3）	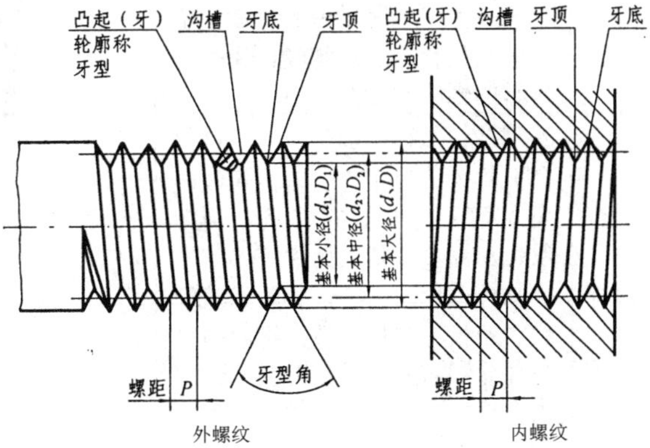 图 4-3　螺纹各部分的名称	

<table>
<tr>
<td rowspan="7">螺纹的基本要素
螺纹的牙型、大径、螺距、线数和旋向称为螺纹五要素，只有五要素相同的内、外螺纹才能互相旋合。
在螺纹的诸要素中，牙型、大径和螺距是决定螺纹结构规格最基本的要素，称为螺纹三要素。
凡螺纹三要素符合国家标准的螺纹，称为标准螺纹；牙型不符合国家标准的螺纹，称为非标准螺纹</td>
<td>牙型（图 4-4）</td>
<td>1．牙型是指在通过螺纹轴线的剖面上，螺纹的轮廓形状。
2．相邻两牙侧面间的夹角称为牙型角。
3．常见的螺纹类型有三角形、梯形和锯齿形等</td>
<td colspan="2">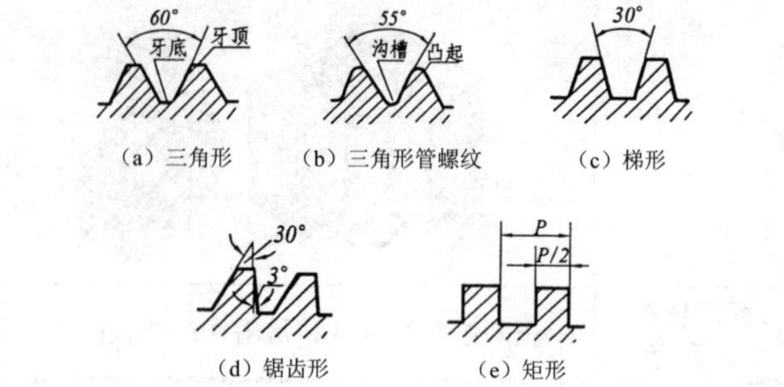

（a）三角形　（b）三角形管螺纹　（c）梯形
（d）锯齿形　（e）矩形
图 4-4　螺纹的牙型</td>
</tr>
<tr>
<td rowspan="3">直径（图 4-3）
普通螺纹大径的基本尺寸称为公称直径，是代表螺纹尺寸的直径</td>
<td>大径</td>
<td colspan="2">1．是指和外螺纹的牙顶、内螺纹的牙底相重合的假想柱面或锥面的直径。
2．外螺纹的大径用 d 表示，内螺纹的大径用 D 表示</td>
</tr>
<tr>
<td>小径</td>
<td colspan="2">1．是指和外螺纹的牙底、内螺纹的牙顶相重合的假想柱面或锥面的直径。
2．外螺纹的小径用 d_1 表示，内螺纹的小径用 D_1 表示</td>
</tr>
<tr>
<td>中径</td>
<td colspan="2">1．在大径和小径之间，设想有一柱面（或锥面），在其轴剖面内，素线上的牙宽和槽宽相等，则该假想柱面的直径称为中径。
2．外螺纹的中径用 d_2 表示，内螺纹的中径用 D_2 表示</td>
</tr>
<tr>
<td>线数（图 4-5）</td>
<td colspan="2">1. 线数是指形成螺纹的螺旋线的条数。
2．有单线（沿一条螺旋线形成）和多线螺纹（沿两条或两条以上在轴向等距离分布的螺旋线所形成）之分</td>
<td>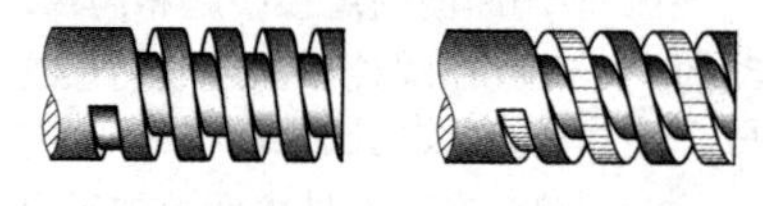
（a）单线螺纹　（b）双线螺纹
图 4-5　螺纹的线数</td>
</tr>
<tr>
<td>螺距和导程（图 4-6）</td>
<td colspan="2">1. 螺距是指相邻两牙在中径线上对应两点间的轴向距离。
2. 导程是指同一条螺旋线上相邻两牙在中径线上对应两点间的轴向距离。
3．线数 n、螺距 P、导程 S 之间的关系为 $S=nP$</td>
<td>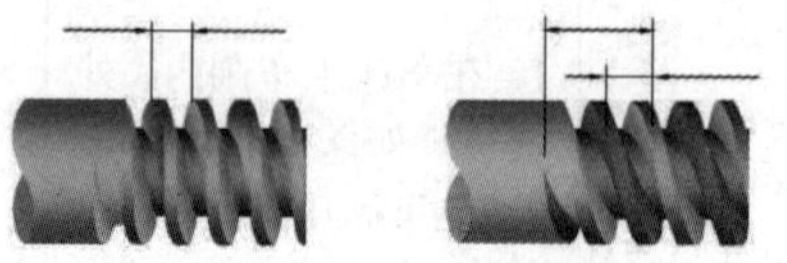
（a）单线螺纹：$P=S$　（b）多线螺纹：$P=S/n$
图 4-6　螺纹的螺距和导程</td>
</tr>
<tr>
<td>旋向（图 4-7）</td>
<td colspan="2">1. 沿轴线方向看，顺时针方向旋转的螺纹称为右旋螺纹，逆时针旋转的螺纹称为左旋螺纹。
2．判断螺纹的旋向
（1）将外螺纹垂直放置，螺纹的可见部分为左低右高是右旋螺纹；左高右低是左旋螺纹。
（2）伸出左、右手，将螺纹的轴线和四指方向呈一致，螺纹的可见部分和右手大拇指方向一致的为右旋；和左手大拇指方向一致的为左旋</td>
<td>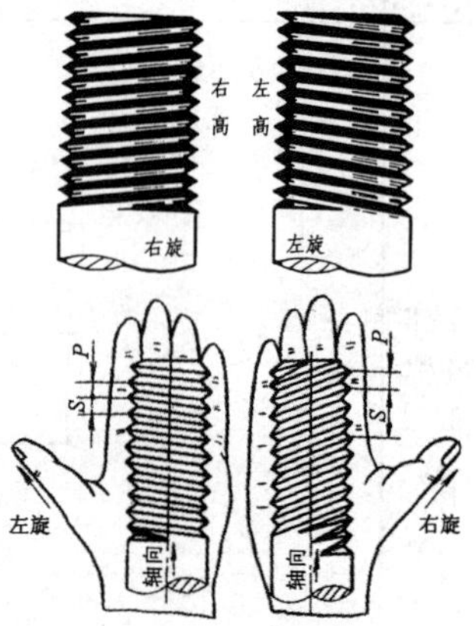

图 4-7　螺纹的旋向</td>
</tr>
</table>

螺纹的种类	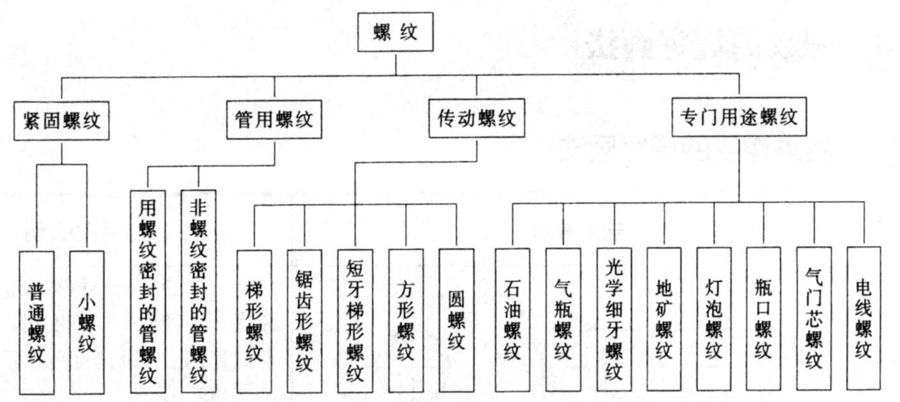

1.2　常用标准螺纹的种类、标记和标注（思政元素：标准化意识）

<table>
<tr><th colspan="3">螺纹类别</th><th>特征代号</th><th>牙型</th><th>标注示例</th><th>说明</th></tr>
<tr><td rowspan="2">连接和紧固用螺纹</td><td colspan="2">粗牙普通螺纹</td><td rowspan="2">M</td><td rowspan="2">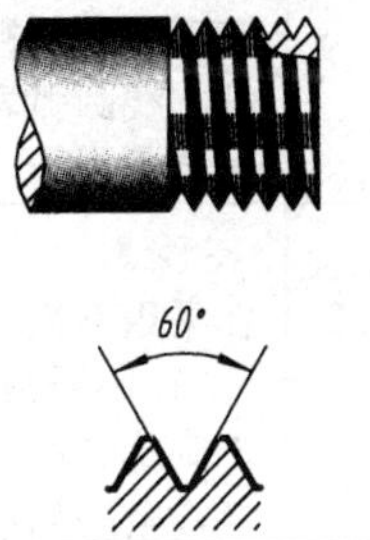</td><td>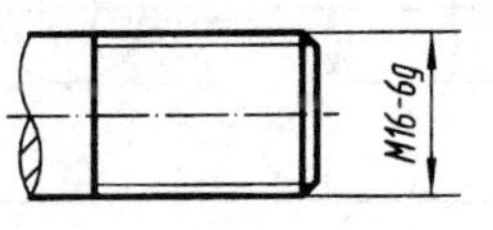</td><td>粗牙普通外螺纹，公称直径 16，右旋；中径和顶径的公差带代号为 6g；中等旋合长度</td></tr>
<tr><td colspan="2">细牙普通螺纹</td><td>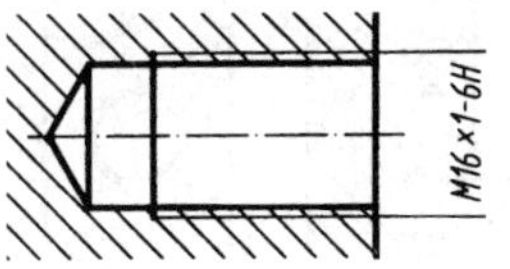</td><td>细牙普通内螺纹，公称直径 16，螺距 1，右旋；中径和顶径的公差带代号为 6H；中等旋合长度</td></tr>
<tr><td rowspan="4">常用螺纹</td><td colspan="2">非螺纹密封的管螺纹</td><td>G</td><td rowspan="4">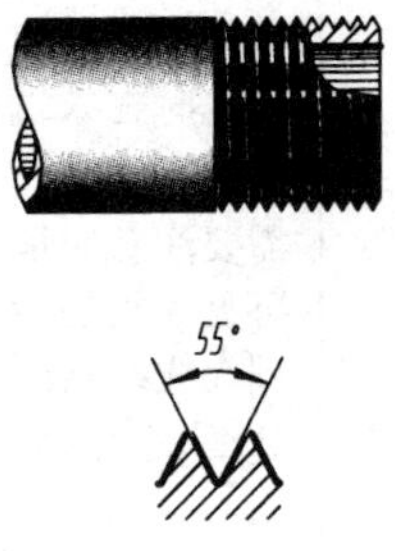</td><td>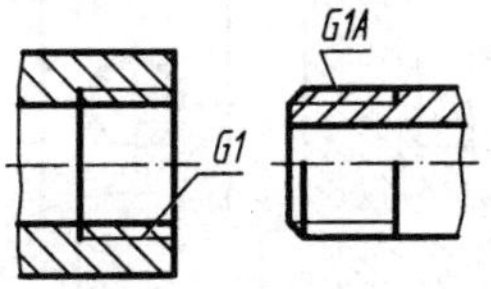</td><td>非螺纹密封的圆柱管螺纹，螺纹特征代号为 G；尺寸代号为 1；外螺纹公差等级为 A</td></tr>
<tr><td rowspan="3">用螺纹密封的管螺纹</td><td>圆锥内螺纹</td><td>R_C</td><td rowspan="3">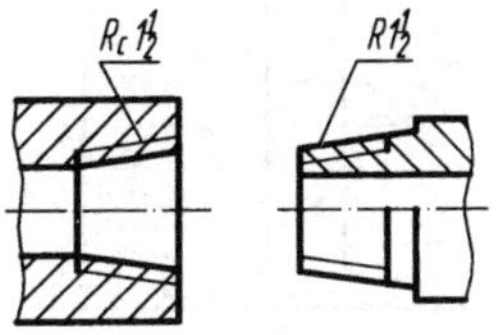</td><td rowspan="3">用螺纹密封的管螺纹，用螺纹密封的圆锥内螺纹，特征代号为 R_C；用螺纹密封的圆锥外螺纹，特征代号为 R；尺寸代号为 $1\frac{1}{2}$</td></tr>
<tr><td>圆柱内螺纹</td><td>R_P</td></tr>
<tr><td>圆锥外螺纹</td><td>R</td></tr>
<tr><td>传动螺纹</td><td colspan="2">梯形螺纹</td><td>Tr</td><td>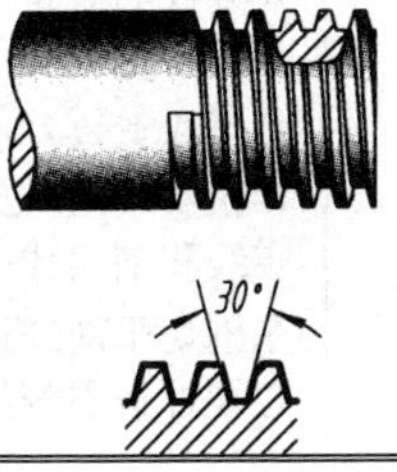</td><td>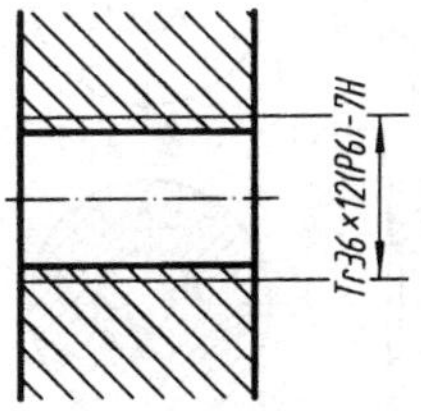</td><td>梯形螺纹，公称直径 36，双线螺纹；导程 12；螺距 6；右旋；中径和顶径的公差带代号为 7H；中等旋合长度</td></tr>
</table>

2 螺纹的规定画法

螺纹的规定画法

2.1 内外螺纹的规定画法

类型	规定画法	画法说明
外螺纹	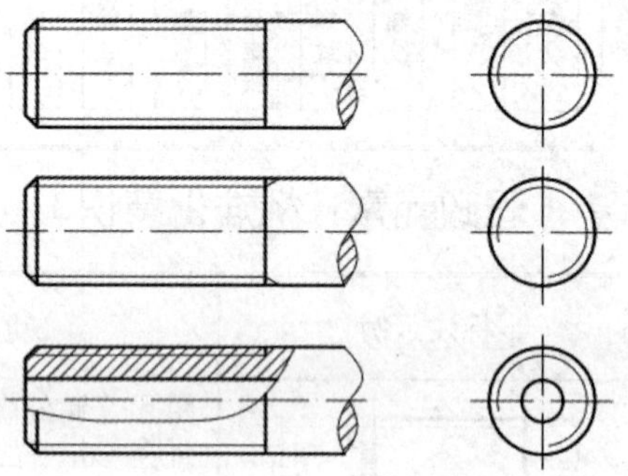	牙顶（大径）——粗实线。 牙底（小径）——细实线。 非圆视图上，画出倒角，牙底的细实线画入倒角。 螺纹终止线—粗实线。 螺尾部分一般不画，若需表示，用与轴线成 30°的细实线画出。 在比例画法中，螺纹的小径可按大径的 0.85 倍绘制。 在反映圆的视图上，小径用大约 3/4 圆的细实线圆弧表示，大径用粗实线圆表示，倒角圆不画
内螺纹	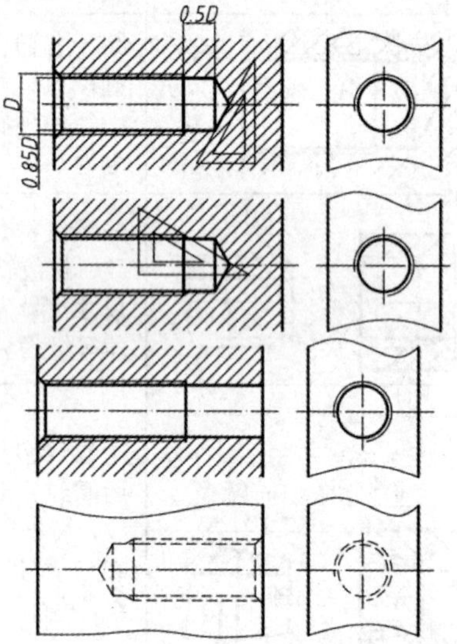	在采用剖视图或断面图时，内螺纹的牙顶（小径）用粗实线表示，牙底（大径）用细实线表示。 在反映圆的视图上，大径用约 3/4 圆的细实线圆弧表示，小径用粗实线圆表示，倒角圆不画。 若为盲孔，采用比例画法时，终止线到孔的末端的距离可按 0.5 倍的大径绘制，钻孔时在末端形成的锥面的锥角按 120°绘制。 需要注意的是，剖面线应画到粗实线。不可见螺纹的所有图线（除轴线外），均用细虚线绘制。 其余要求同外螺纹
螺纹旋合	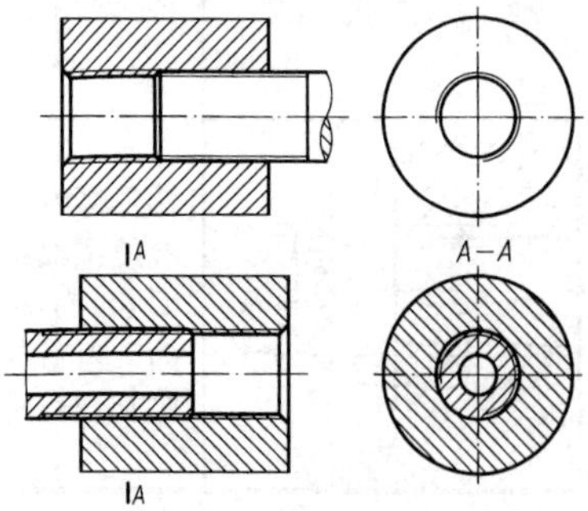	在剖视图中，内、外螺纹的旋合部分应按外螺纹的规定画法绘制，其余不重合的部分按各自原有的规定画法绘制。 必须注意，表示内、外螺纹大径的细实线和粗实线，以及表示内、外螺纹小径的粗实线和细实线应分别对齐。 在剖切平面通过螺纹轴线的剖视图中，实心螺杆按不剖绘制

3　常用螺纹紧固件及连接件

常用螺纹紧固件及连接件

3.1　常用的螺纹连接件及标注

常用的螺纹连接件有螺栓、双头螺柱、螺钉、螺母、垫圈等，如图4-8所示。它们的类型和结构形式多样，但大多已标准化，通称标准件	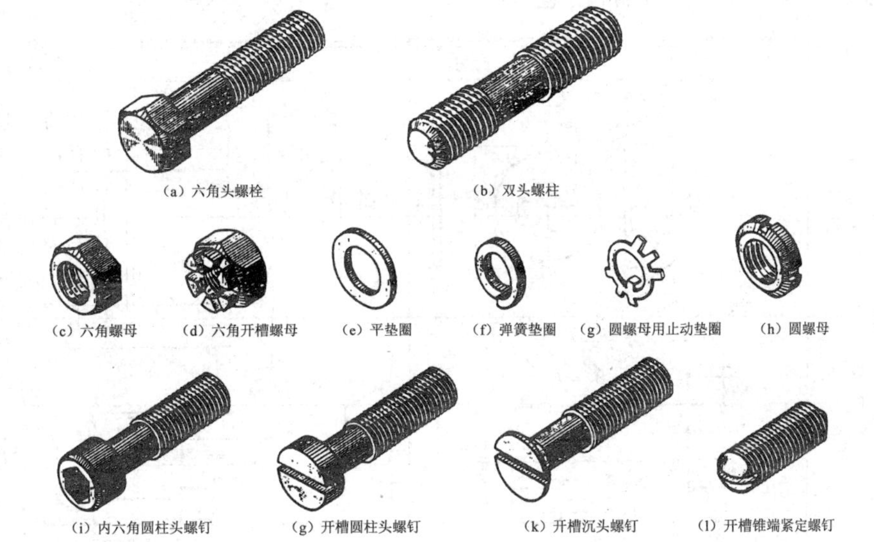 图4-8　常用的螺纹连接件			
常用螺纹连接件的标注	名称	轴测图	画法及规格标注	简化标记示例及说明
	六角头螺栓	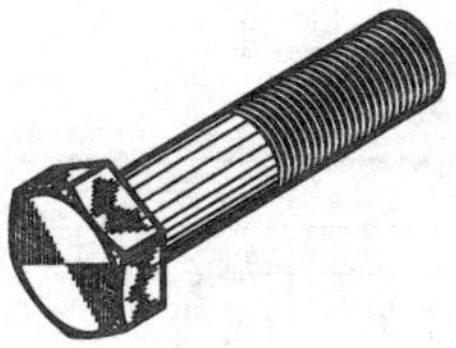	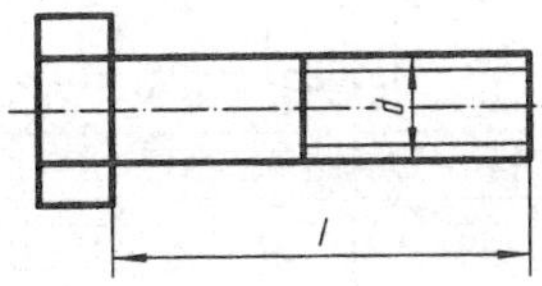	螺栓 GB/T 5780 M12×80 （或）GB/T 5780 M12×80 螺纹规格 d=M12、公称长度 l=80、性能等级为8.8级、表面氧化、杆身半螺纹、产品等级为C级的六角头螺栓
	双头螺柱	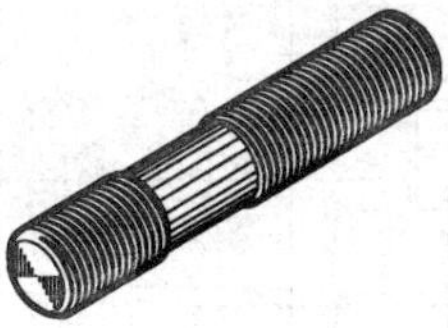	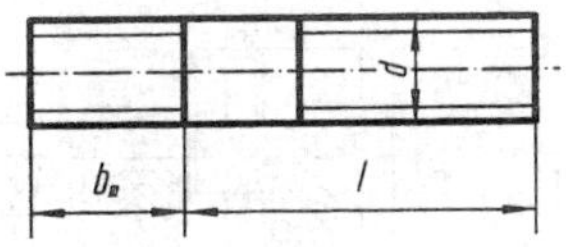	螺柱 GB/T 899 M12×60 （或）GB/T 899 M12×60 螺栓两端均为粗牙普通螺纹、螺纹规格 d=M12、l=60、性能等级为4.8级、不经表面处理、B型（B省略不标）、b_m=1.5d 的双头螺柱
	螺钉		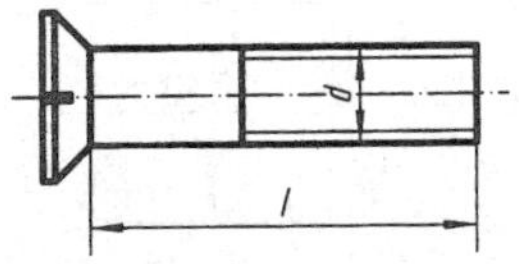	螺钉 GB/T 68 M8×30 （或）GB/T 68 M8×30 螺纹规格 d=M8、公称长度 l=30、性能等级为4.8级、不经表面处理的开槽沉头螺钉
	六角螺母		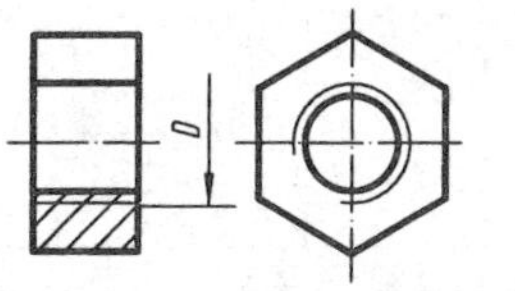	螺母 GB/T 41 M12 （或）GB/T 41 M12 螺纹规格 D=M12、性能等级为5级、不经表面处理、产品等级为C级的六角螺母

<table>
<tr><td></td><td>垫圈</td><td></td><td>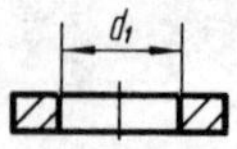</td><td>垫圈 GB/T 97.1 12
（或）GB/T 97.1 12
标准系列、规格 12、性能等级为 140HV 级、不经表面处理、产品等级为 A 级的平垫圈</td></tr>
</table>

3.2 常用螺纹连接件的画法

<table>
<tr><th>类型</th><th>图示</th><th>注意事项</th><th>适用范围</th></tr>
<tr><td>螺母和垫圈的比例画法</td><td>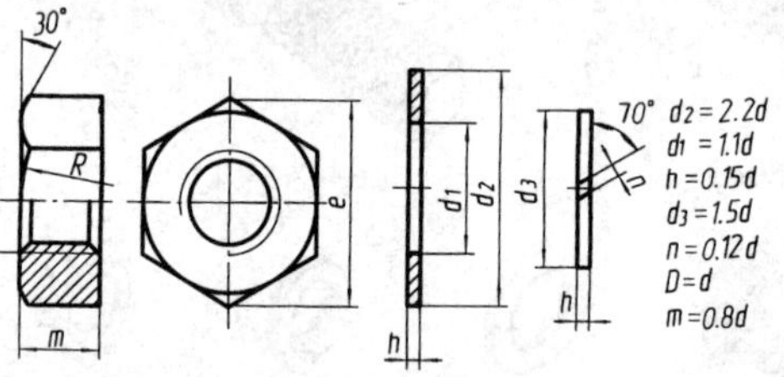</td><td colspan="2">紧固件一般采用比例画法绘制，即以螺栓上螺纹的公称直径（大径 d）为基准，其余各部分的结构尺寸均按与公称直径成一定比例关系绘制</td></tr>
<tr><td>螺栓的比例画法</td><td>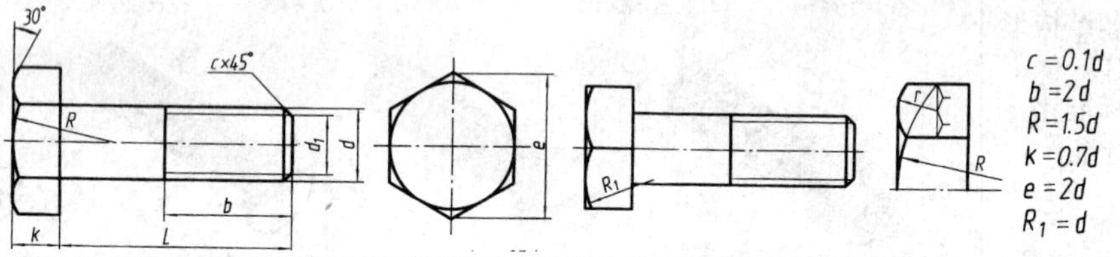</td><td colspan="2"></td></tr>
<tr><td>螺钉头部的比例画法</td><td>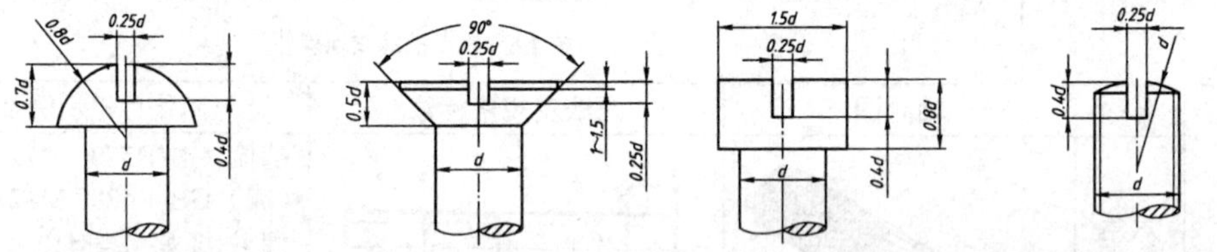</td><td colspan="2"></td></tr>
<tr><td>螺栓连接</td><td>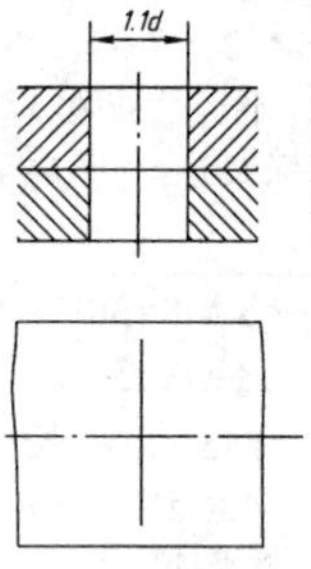
（a）连接的两个零件的三视图
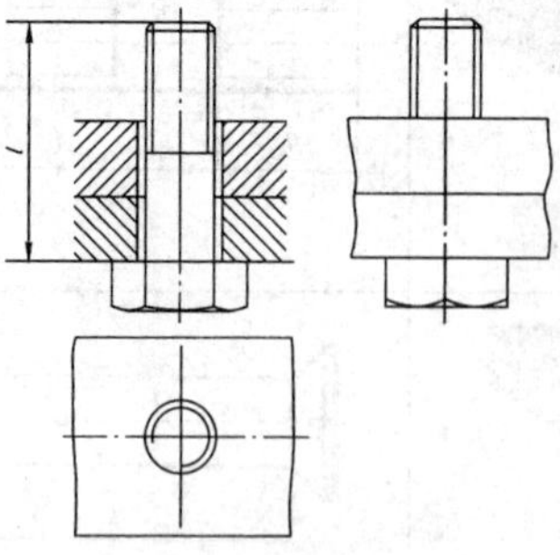
（b）螺栓连接画图步骤一</td><td>1. 两零件接触表面画一条线，不接触表面画两条线。
2. 两零件邻接时，不同零件的剖面线方向应相反，或者方向一致，间隔不等。同一零件在各视图中的剖面线方向和间隔应保持一致。
3. 对于紧固件和实心零件（如</td><td>1. 螺栓连接适用于连接不太厚的并且能钻成通孔的两个零件，或需要经常拆卸的场合。可以在被连接零件两边同时装配。
2. 连接时螺栓穿过两零件上的光孔，加上垫圈，最后用螺母紧固。垫圈用来增加支承面积和防止拧紧</td></tr>
</table>

	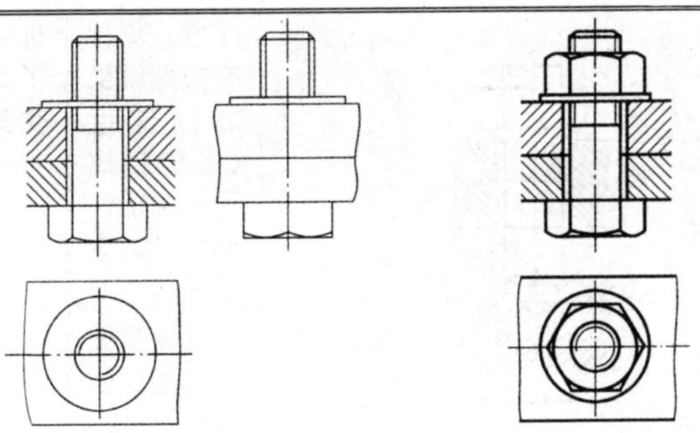 （c）螺栓连接画图步骤二　（d）螺栓连接画图步骤三 螺栓连接的画图步骤 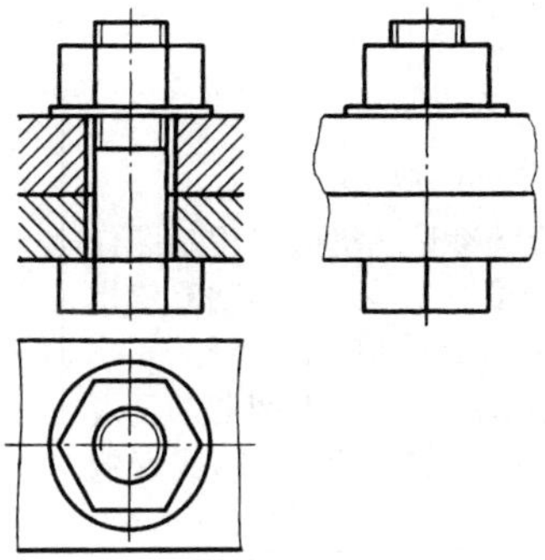 螺栓连接的简化画法	螺钉、螺栓、螺母、垫圈、键、销、球及轴等），若剖切平面通过它们的轴线时，这些零件都按不剖绘制，仍画外形；需要时，可采用局部剖视	螺母时损伤被连接零件表面。被连接零件的通孔直径应略大于螺纹公称直径 *d*，具体大小可根据装配要求查国家有关标准
螺柱连接	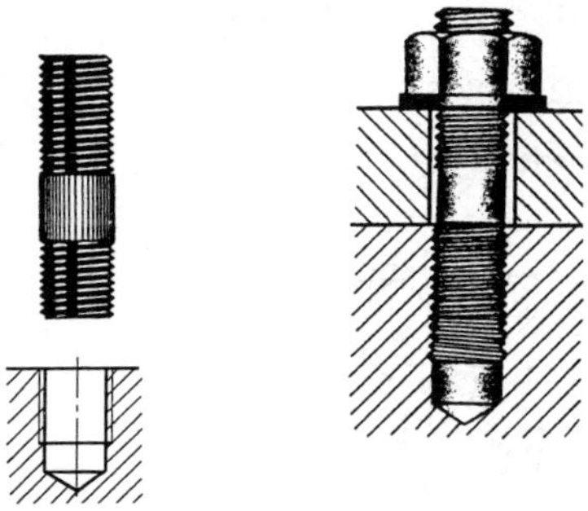 （a）双头螺柱连接示意图	1.旋入端的螺纹终止线应与结合面平齐，以示拧紧。 2.结合面以上部位的画法与螺栓连接相同。 3.螺纹底孔末端应画出钻头钻孔留下的角度。螺纹孔一般不攻到孔底，丝锥末端有引锥，为无效螺纹。 4.装配图中，不穿通的螺纹孔可不画出钻孔	双头螺柱连接用于被连接件之一厚度较大或不允许钻通孔，或由于结构上的原因不能用螺栓连接，以及因拆卸频繁不宜使用螺钉连接的场合。双头螺柱的两端均加工有螺纹，一端全部旋入被连接件的螺孔内，且一般不再旋出，另一端穿过被连接件的光孔，加上垫圈，用螺

	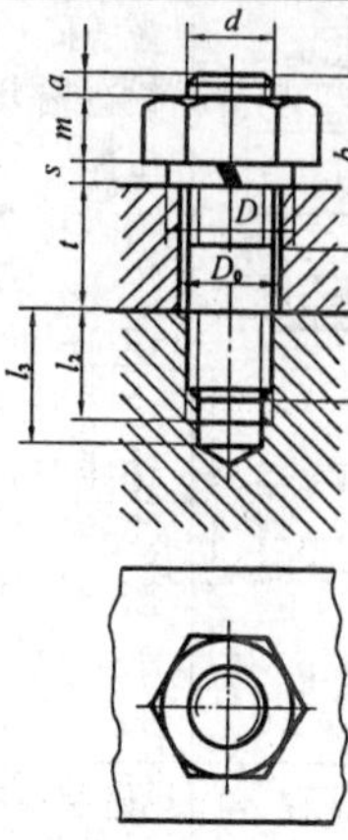（b）比例画法 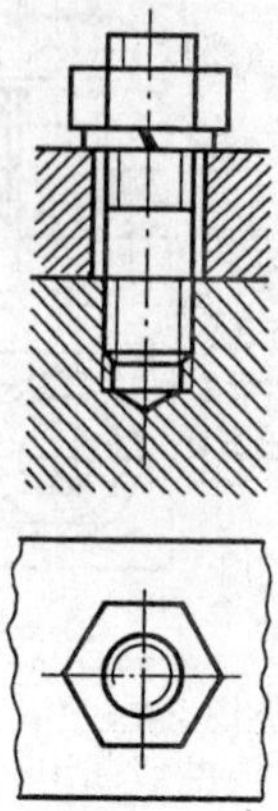（c）简化画法 螺柱的公称长度可按下式估算： $$L \geqslant \delta+0.15d+0.8d+(0.2\sim0.3)d$$ 根据上式得出的估算值，对照有关手册（参见《机械工程制图任务跟踪训练》附表 2-2）中螺柱的标准长度系列，选取与估算值相近的标准长度值作为 L 值。双头螺柱的标记见附表 2-2。 双头螺柱连接的比例画法和螺栓连接基本相同，如上图所示。双头螺柱旋入端长度 b_m 要根据被连接件的材料而定（钢或青铜 $b_m=d$；铸铁 $b_m=1.25d$、$b_m=1.5d$；铝合金 $b_m=2d$）	深度，仅按有效螺纹部分的深度（不包括螺尾）画出，如图（b）所示。 5. 弹簧垫圈也可用比例画法绘出，垫圈开槽方向与水平方向成左斜 70°左右	母紧固，为了防松可加弹簧垫圈
螺钉连接（螺钉连接按其用途可分为连接螺钉连接和紧定螺钉连接）	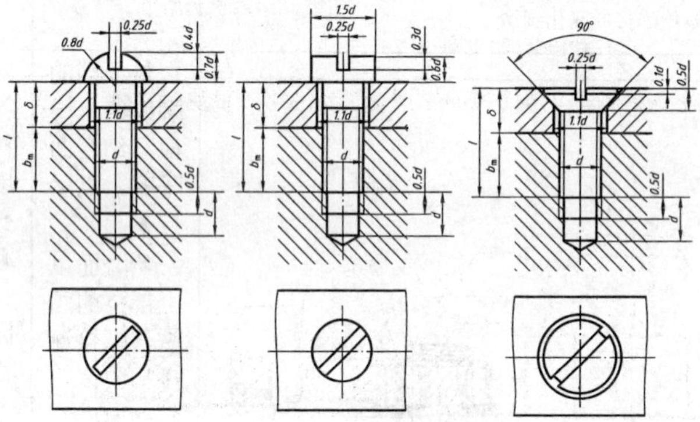螺钉连接的比例画法 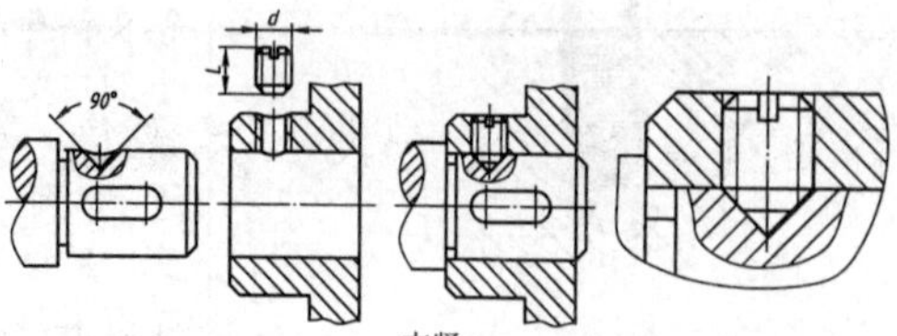支紧 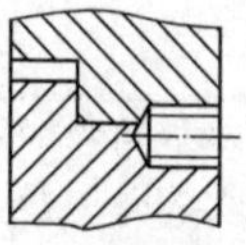骑缝 紧定螺钉连接	1. 螺钉连接的比例画法，其旋入端与螺柱相同，被连接板孔部分画法与螺栓相同。 2. 螺钉的头部结构有圆柱头和沉头等。比例画法画图时要注意螺钉头部起子槽的画法，它在主、俯视图中不符合投影关系，在俯视图中要与圆的对称中心线成 45°倾斜	连接螺钉与双头螺柱连接的运用场合有些相似，螺钉连接不用螺母，直接将螺钉拧入机件的螺孔，一般用于受力不大，不需经常拆装的场合，被连接零件中，一个加工出螺孔，其余零件都加工出通孔或沉孔。 紧定螺钉连接主要用于固定两零件的相对位置，常见的有支紧和骑缝两种形式

4　螺纹的标注

螺纹的标注

4.1　螺纹的标注方法和注意事项

<table>
<tr><th>螺纹类型</th><th>标注方法</th><th>注意事项</th></tr>
<tr><td>普通螺纹（公称直径以毫米为单位的螺纹，如普通螺纹、梯形螺纹等，直接标注在大径的尺寸线上或其引出线上）</td><td>螺纹特征代号 公称直径×螺距－中径公差带代号 顶径公差带代号－旋合长度代号－旋向代号</td><td>1．普通螺纹的牙型代号为 M，有粗牙和细牙之分，粗牙螺纹的螺距可省略不注。
2．中径和顶径的公差带代号相同时，只标注一次。
3．右旋螺纹可不注旋向代号，左旋螺纹旋向代号为 LH。
4．旋合长度为中型（N）时不注，长型用 L 表示，短型用 S 表示</td></tr>
<tr><td rowspan="2">管螺纹（一律标注在引出线上，引出线应由大径处或螺纹对称中心处引出）</td><td>密封管螺纹代号：螺纹特征代号 尺寸代号（并非公称直径）－旋向代号</td><td>1．螺纹特征代号：R_C 表示圆锥内螺纹，R_p 表示圆柱内螺纹，R 表示圆锥外螺纹。
2．尺寸代号：用 1/2、3/4、1 等表示</td></tr>
<tr><td>非密封管螺纹代号：螺纹特征代号 尺寸代号（并非公称直径）公差等级代号－旋向代号</td><td>1．螺纹特征代号：用 G 表示，表示圆柱螺纹。
2．尺寸代号：用 1/2、3/4、1 等表示。
3．螺纹公差等级代号：对外螺纹分 A、B 两级标记；因为内螺纹公差等级只有一种，所以不加标记</td></tr>
</table>

4.2　螺纹的标注示例

<table>
<tr><th colspan="3">螺纹种类</th><th colspan="2">螺纹特征代号</th><th>标注示例</th><th>标注的含义</th></tr>
<tr><td rowspan="6">连接螺纹</td><td colspan="2" rowspan="2">普通螺纹</td><td>粗牙</td><td rowspan="2">M</td><td></td><td>粗牙普通螺纹，公称直径为 20mm，螺距为 2.5mm，右旋，中径公差带代号为 5g，顶径公差带代号为 6g，旋合长度为 40mm</td></tr>
<tr><td>细牙</td><td>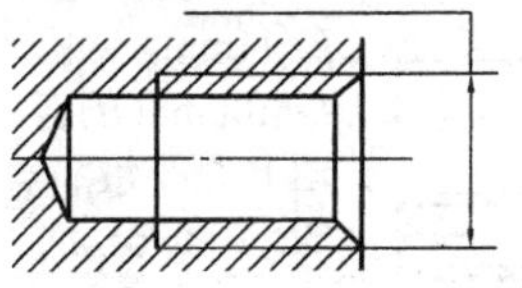</td><td>细牙普通螺纹，公称直径为 24mm，螺距为 1mm，左旋，中径和顶径的公差带代号为 6H，短旋合长度</td></tr>
<tr><td rowspan="4">管螺纹</td><td>非螺纹密封的管螺纹</td><td colspan="2">G</td><td>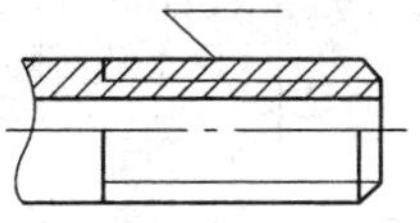</td><td>非螺纹密封的管螺纹，尺寸代号为 3/4，公差等级为 A</td></tr>
<tr><td rowspan="3">用螺纹密封的管螺纹</td><td>圆锥外螺纹</td><td>R</td><td rowspan="3">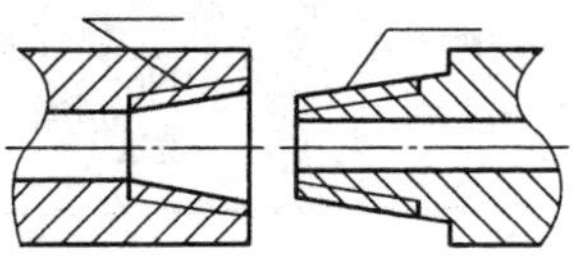</td><td rowspan="3">用螺纹密封的管螺纹，尺寸代号为 3/4，内、外均为圆锥螺纹</td></tr>
<tr><td>圆锥内螺纹</td><td>R_C</td></tr>
<tr><td>圆柱内螺纹</td><td>R_p</td></tr>
</table>

连接螺纹	管螺纹	用螺纹密封的管螺纹	60°圆锥管螺纹	NPT	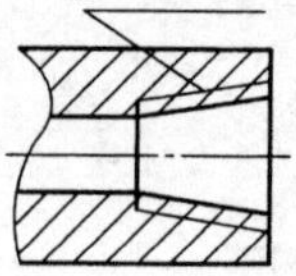	60°圆锥管螺纹，尺寸代号 1/8，左旋
传动螺纹	梯形螺纹		Tr		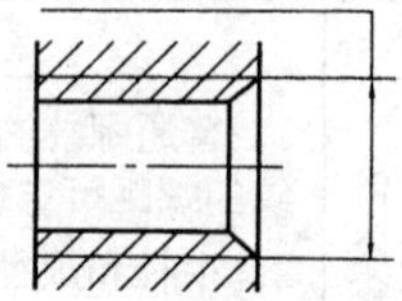	梯形螺纹，公称直径为 40mm，导程为 14mm，螺距为 7mm，双线，右旋，中径和顶径的公差带代号为 7H，中等旋合长度
	锯齿形螺纹		B			锯齿形螺纹，公称直径为 32mm，单线，螺距为 6mm，左旋，中径和顶径的公差带代号为 7e，中等旋合长度

5 键和销连接

键和销连接

5.1 键

名称	型式	实体	图示	标记示例	画法
普通型平键	A型		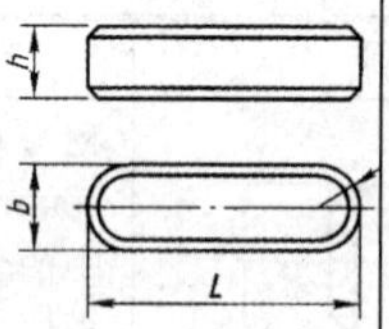	b=18mm，h=11mm，L=100mm 的普通 A 型平键：GB/T 1096—2003 键 18×11×100	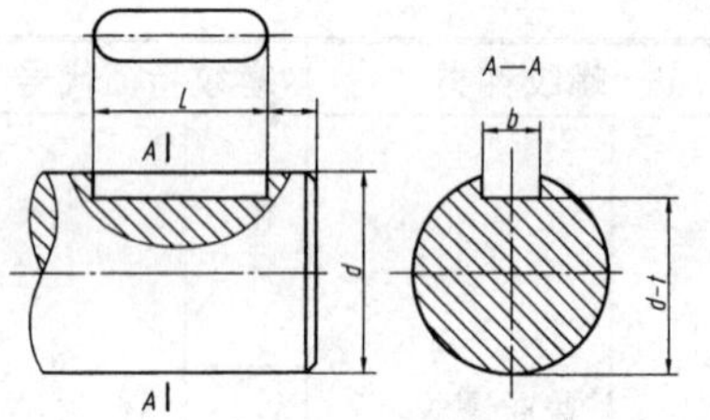
	B型	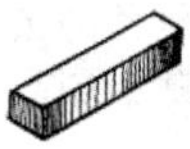	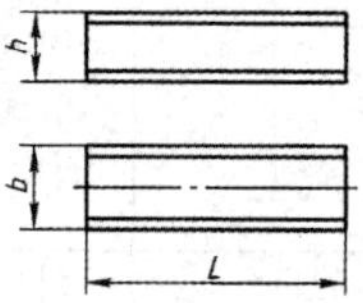	b=18mm，h=11mm，L=100mm 的普通 B 型平键：GB/T 1096—2003 键 B18×11×100（B 不能省略）	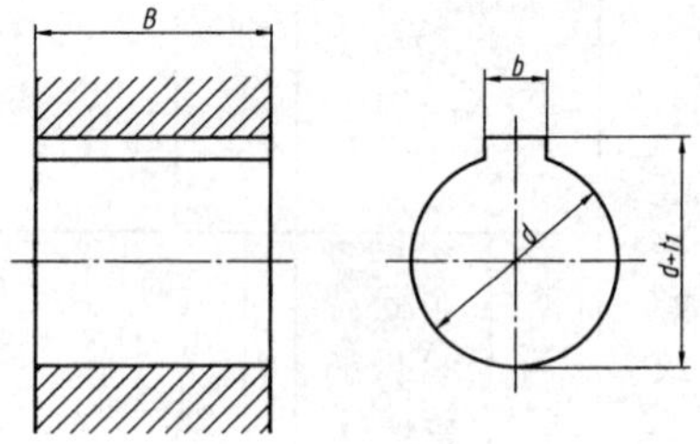
	C型	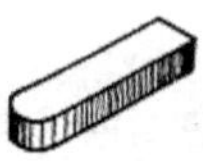	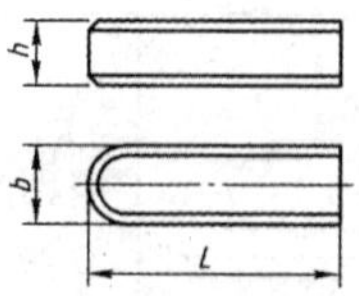	b=18mm，h=11mm，L=100mm 的普通 C 型平键：GB/T 1096—2003 键 C18×11×100（C 不能省略）	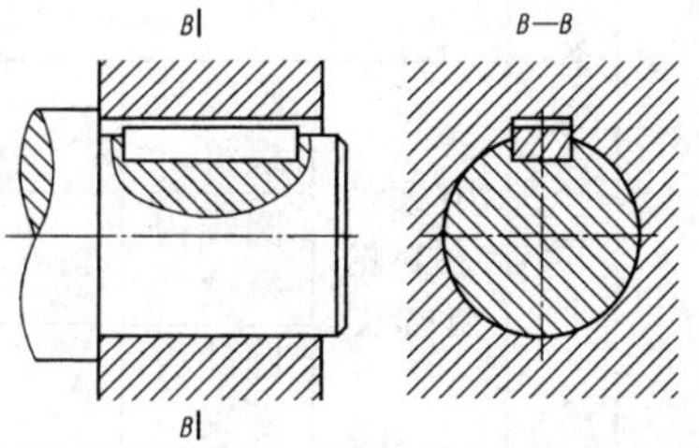

半圆键		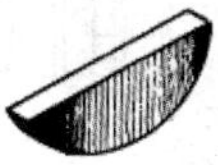	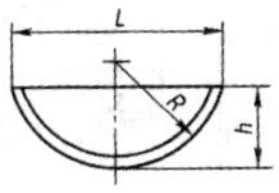	b=6mm，h=10mm，R=25mm，L=24.5mm 的半圆键：GB/T 1099.1—2003　键 6×10×25	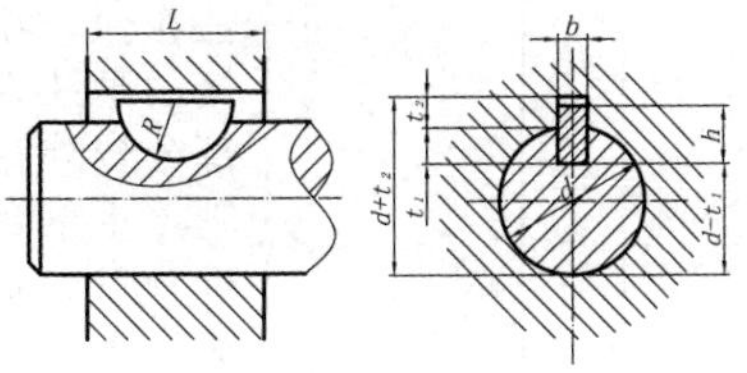
钩头楔键			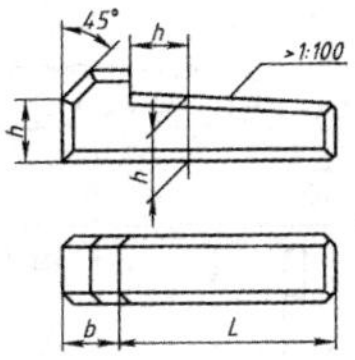	b=18mm，h=11mm，L=100mm 的钩头型楔键：GB/T 1565—2003　键 18×100	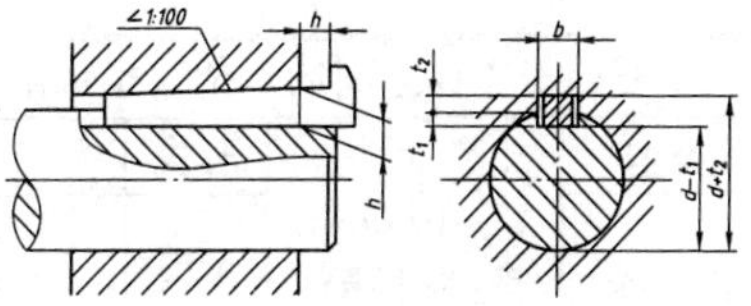
花键（当传递的载荷较大时，需采用花键连接，有矩形花键、梯形花键、三角形花键、渐开线花键等）	外花键		外花键的画法和螺纹相似，大径用粗实线绘制，小径用细实线绘制，但是，大小径的终止线用细实线表示，键尾用与轴线成 30° 的细实线表示。当采用剖视时，若剖切平面平行于键齿剖切，键齿按不剖绘制，且大小径均采用粗实线画出。在反映圆的视图上，小径用细实线圆表示	可采用一般尺寸标注法和代号标注法两种。一般尺寸标注法应标注出大径 D、小径 d、键宽 b（及齿数 N）、工作长度 L；用代号标注时，指引线应从大径引出，代号组成为类型符号　键数×小径　小径公差带代号×大径　大径公差带代号×键宽　键宽公差带代号	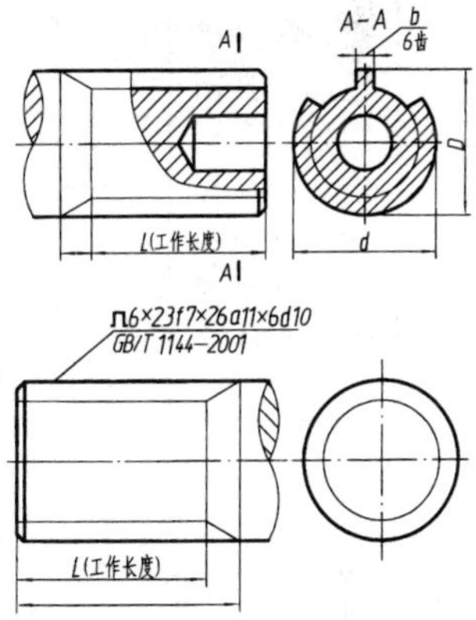
	内花键		内花键的画法和外花键相似。只是表示公差带的偏差代号用大写字母表示。当采用剖视时，若平行于键齿剖切，键齿按不剖绘制，且大、小径均用粗实线绘制。在反映圆的视图上，大径用细实线绘制	内花键的标注和外花键相似。只是表示公差带的偏差代号用大写字母表示	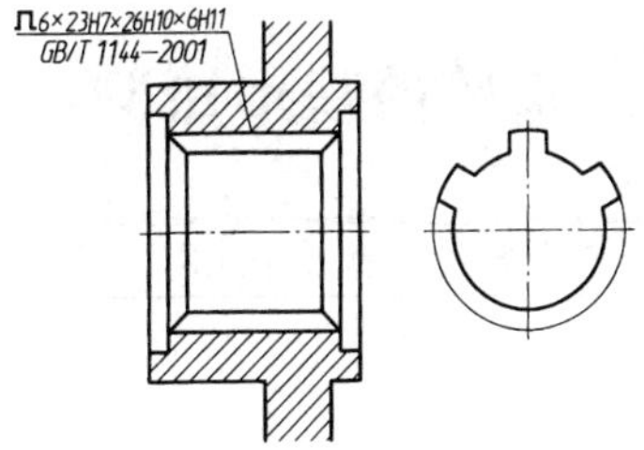

	花键连接		与螺纹连接的画法相似，花键连接的画法为公共部分按外花键绘制，不重合部分按各自的规定画法绘制		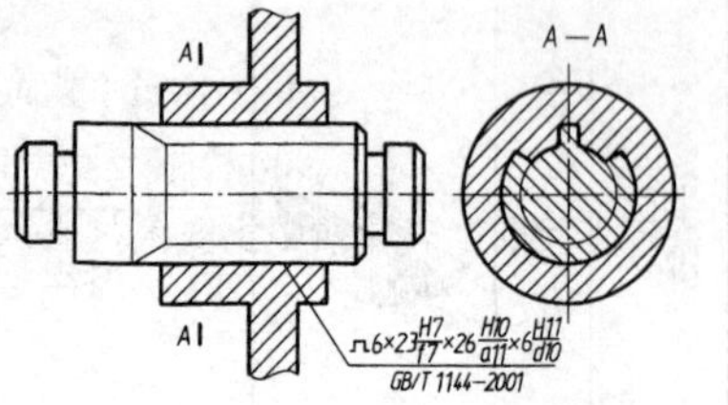

5.2 销连接

销主要用于零件之间的定位，也可用于零件之间的连接，但只能传递不大的扭矩				
类型		形式	图示	标记示例
圆柱销	1．国标代号：圆柱销、圆锥销分别有A型、B型，开口销无此项。 2．公称直径：圆锥销的公称直径指小端直径，开口销的公称直径指销孔直径	A型 B型	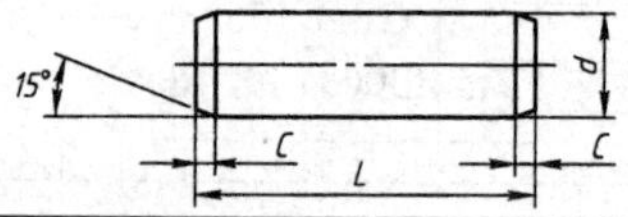	直径 d=5mm，长度 L=20mm，A型圆柱销： 销 GB/T 199.2—2000 5×20
圆锥销		A型 B型	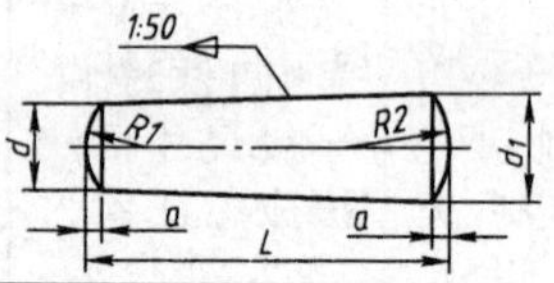	直径 d=10mm，长度 L=100mm， A型圆锥销： 销 GB/T 117—2000 10×100
开口销				公称直径 d=3mm， 长度 L=20mm，开口销： 销 GB/T 91—2000 3×20
销连接的画法	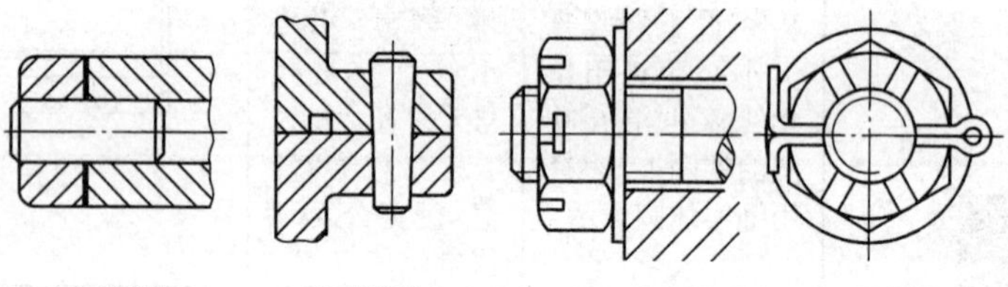 （a）圆柱销 （b）圆锥销 （c）开口销			

6 齿轮的基本知识

齿轮的基本知识

齿轮的作用	齿轮是应用非常广泛的传动件，用以传递动力和运动，并具有改变转速和转向的作用
齿轮的结构	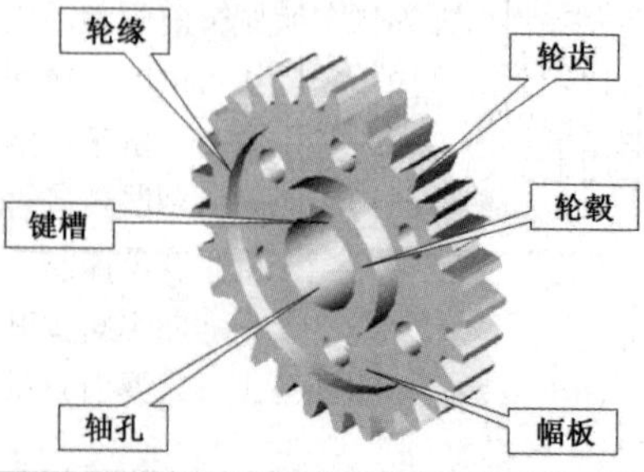

<table>
<tr><th colspan="6">常见的齿轮传动形式</th></tr>
<tr><th colspan="3">圆柱齿轮传动</th><th>圆锥齿轮</th><th>蜗轮蜗杆</th><th>齿轮齿条</th></tr>
<tr><td rowspan="3">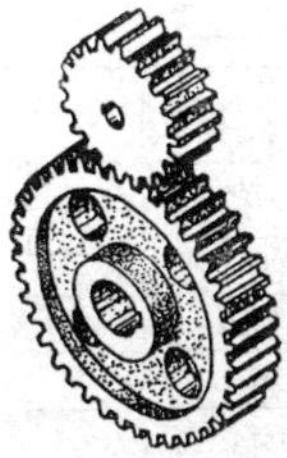
用于两平行轴之间的传动</td><td>人字齿轮</td><td></td><td rowspan="3">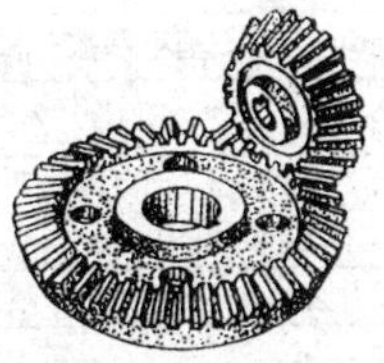
用于两相交轴之间的传动</td><td rowspan="3">
用于两交错轴之间的传动</td><td rowspan="3">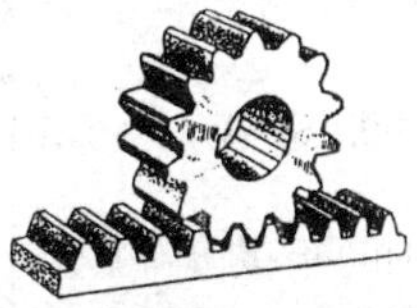
实现转动和移动的转化</td></tr>
<tr><td>斜齿轮</td><td></td></tr>
<tr><td>直齿轮</td><td>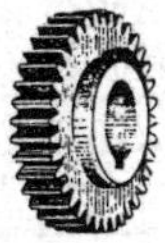</td></tr>
<tr><td colspan="2">直齿圆柱齿轮各部分名称和尺寸关系</td><td colspan="4">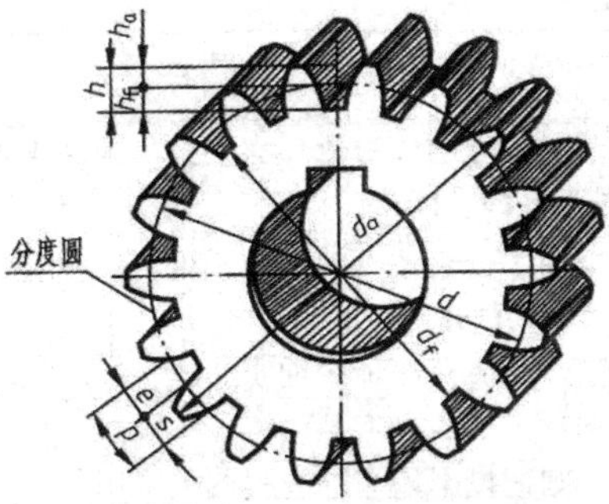

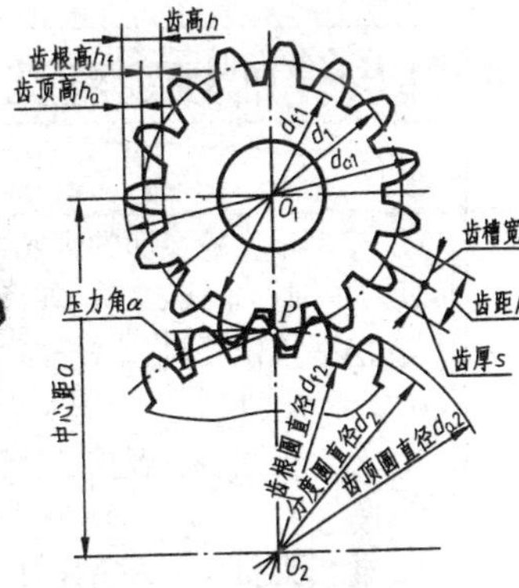
</td></tr>
<tr><td colspan="2">齿数 z</td><td colspan="4">轮齿的个数，它是齿轮计算的主要参数之一</td></tr>
<tr><td colspan="2">齿顶圆直径 d_a</td><td colspan="4">通过齿轮各齿顶端的圆，称为齿顶圆，其直径称为齿顶圆直径</td></tr>
<tr><td colspan="2">齿根圆直径 d_f</td><td colspan="4">通过齿轮各齿槽根部的圆，称为齿根圆，其直径称为齿根圆直径</td></tr>
<tr><td colspan="2">分度圆直径 d</td><td colspan="4">分度圆是齿轮上的一个假想圆，是齿轮设计和加工时计算尺寸的基准圆。标准齿轮在分度圆上齿槽宽 e 与齿厚 s 相等，即 $e=s$ 所在的那个圆称为分度圆，其直径称为分度圆直径</td></tr>
<tr><td colspan="2">节圆直径 d'</td><td colspan="4">两齿轮啮合时，位于连心 O_1O_2 上的两齿廓接触点 P，称为节点。分别以 O_1、O_2 为圆心，O_1P、O_2P 为半径所作的两相切的圆称为节圆，其直径称为节圆直径。正确安装的标准齿轮 $d'=d$</td></tr>
<tr><td colspan="2">齿距 p、齿厚 s、齿槽宽 e</td><td colspan="4">在分度圆上，相邻两齿廓对应点之间的弧长为齿距，同一轮齿两侧齿廓间的弧长称为齿厚，同一齿槽两侧齿廓间的弧长称为槽宽。在标准齿轮的分度圆上 $e=s$，$p=s+e$</td></tr>
<tr><td colspan="2">齿高 h、齿顶高 h_a、齿根高 h_f</td><td colspan="4">轮齿在齿顶圆与齿根圆之间的径向距离为齿高；齿顶圆与分度圆之间的径向距离为齿顶高；分度圆与齿根圆之间的径向距离为齿根高</td></tr>
<tr><td colspan="2">模数 m</td><td colspan="4">由于齿轮的分度圆周长等于 $zp=\pi d$，则 $d=zp/\pi$，为计算方便，将 p/π 称为模数 m，则 $d=mz$。模数是设计、制造齿轮的重要参数。模数的数值已标准化</td></tr>
</table>

<table>
<tr><td>啮合角 α'、压力角 α</td><td>一对齿轮啮合时，在节点处，两啮合齿轮齿廓曲线的公法线与两节圆的公切线所夹的锐角，称为啮合角；一对齿轮啮合时，在分度圆上啮合点的法线方向与切线方向所夹的锐角称为压力角，我国采用的压力角一般为20°。一对标准安装的标准齿轮，其啮合角等于压力角。一对齿轮啮合时，模数和压力角必须相等</td></tr>
<tr><td>中心距 a</td><td>两啮合齿轮轴线之间的距离，称为中心距</td></tr>
<tr><td>标准齿轮</td><td>模数、压力角都是标准值的齿轮</td></tr>
<tr><td>标准直齿圆柱齿轮各部分尺寸计算公式</td><td>
基本参数：模数 m、齿数 z
<table>
<tr><th>名　称</th><th>代　号</th><th>公　式</th></tr>
<tr><td>齿顶高</td><td>h_a</td><td>$h_a = m$</td></tr>
<tr><td>齿根高</td><td>h_f</td><td>$h_f = 1.25m$</td></tr>
<tr><td>全齿高</td><td>h</td><td>$h = 2.25m$</td></tr>
<tr><td>分度圆直径</td><td>d</td><td>$d = mz$</td></tr>
<tr><td>齿顶圆直径</td><td>d_a</td><td>$d_a = d + 2h_a = m(z+2)$</td></tr>
<tr><td>齿根圆直径</td><td>d_f</td><td>$d_f = d - 2h_f = m(z-2.5)$</td></tr>
<tr><td>齿距</td><td>p</td><td>$p = \pi m$</td></tr>
<tr><td>分度圆齿厚</td><td>s</td><td>$s = \pi m/2$</td></tr>
<tr><td>中心距</td><td>a</td><td>$a = (d_1 + d_2)/2 = m(z_1 + z_2)/2$</td></tr>
</table>
</td></tr>
</table>

7 圆柱齿轮的规定画法

齿轮的规定画法

<table>
<tr><td>单个齿轮的画法</td><td>
1．在表示齿轮端面的视图中，齿顶圆用粗实线表示，齿根圆用细实线表示或省略不画，分度圆用细点画线表示，如图 4-9（a）所示。
2．另一视图一般画成全剖视图，轮齿按不剖处理。用粗实线表示齿顶线和齿根线，用细点画线表示分度线，如图 4-9（b）所示。
3．另一视图若不画成剖视图，则齿根线画成细实线或省略不画，如图 4-9（a）、（c）、（d）所示。
4．轮齿为斜齿、人字齿时，则在投影为非圆的视图上，用三条与齿线方向一致的细实线表示，如图 4-9（c）、（d）所示
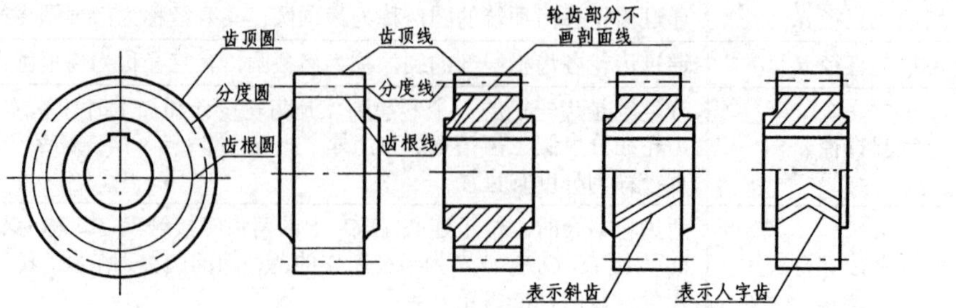

（a）画成主（端面视图）、左视图　（b）画成全剖视图　（c）投影为非圆视图的斜齿轮画法　（d）投影为非圆视图的人字齿轮画法
图 4-9　单个齿轮的画法
</td></tr>
<tr><td>齿轮零件图的画法</td><td>在零件图中，轮齿部分的径向尺寸仅标注出分度圆直径和齿顶圆直径即可。轮齿部分的轴向尺寸仅标注齿宽和倒角。其他参数，如模数、齿数等，可在位于图纸的右上角的参数表中给出，如图 4-10 所示</td></tr>
</table>

<table>
<tr>
<td></td>
<td>
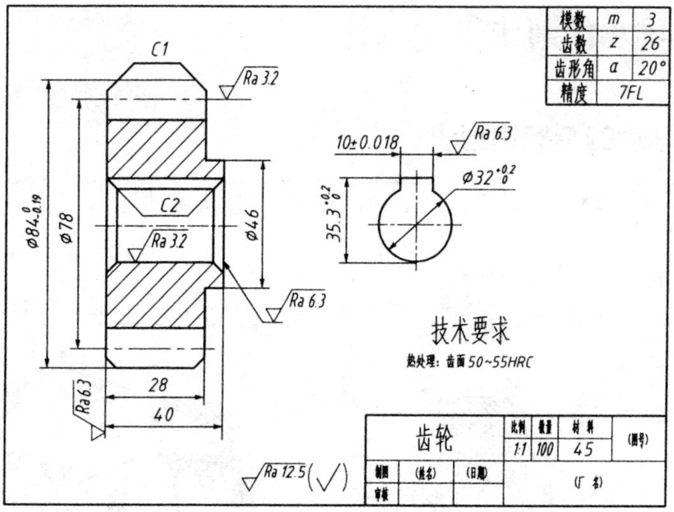

图 4-10　齿轮的零件图
</td>
</tr>
<tr>
<td>两齿轮啮合的画法</td>
<td>
1．在剖视图中，当剖切平面通过两啮合齿轮的轴线时，在啮合区内，两节线（分度线）重合画成细点画线，除其中一个齿轮的齿顶线被遮挡住用细虚线绘制或省略不画外，其余齿根线、齿顶线一律规定用粗实线绘制，齿顶线和齿根线之间的缝隙为 0.25m（m 为模数），如图 4-11（a）所示。
2．在端面视图中，两个节圆（分度圆）相切，用细点画线绘制；两个齿轮在啮合区的齿顶圆用粗实线绘制或省略不画，如图 4-11（b）、（c）所示。
3．在外形视图中，啮合区的节线以粗实线绘制，如图 4-11（d）所示。
4．若为斜齿或人字齿啮合的齿轮，其投影为圆的视图画法与直齿轮啮合画法一样，非圆视图画法如图 4-11（d）所示。
5．齿轮除轮齿部分外，其余结构均按其真实结构投影绘制。

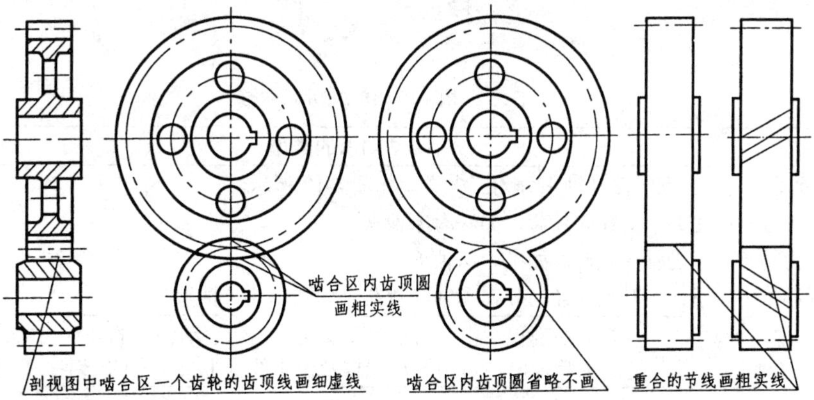

（a）啮合齿轮的剖视图画法　（b）啮合齿轮的端面视图画法一　（c）啮合齿轮的端面视图画法二　（d）斜齿轮或人字齿轮啮合的视图画法

图 4-11　两齿轮啮合的画法
</td>
</tr>
</table>

8 滚动轴承的画法

滚动轴承的画法

8.1 滚动轴承的结构和画法

滚动轴承是一种支承转动轴的组件，它具有摩擦小、结构紧凑的优点，已被广泛使用在机器中，滚动轴承是标准件	
滚动轴承的结构（图 4-12）	滚动轴承一般由外圈（与机座孔相配合）、内圈（与轴配合）、滚动体（装在内圈和外圈之间的滚道中）、保持架（用来把滚动体均匀隔离开）组成

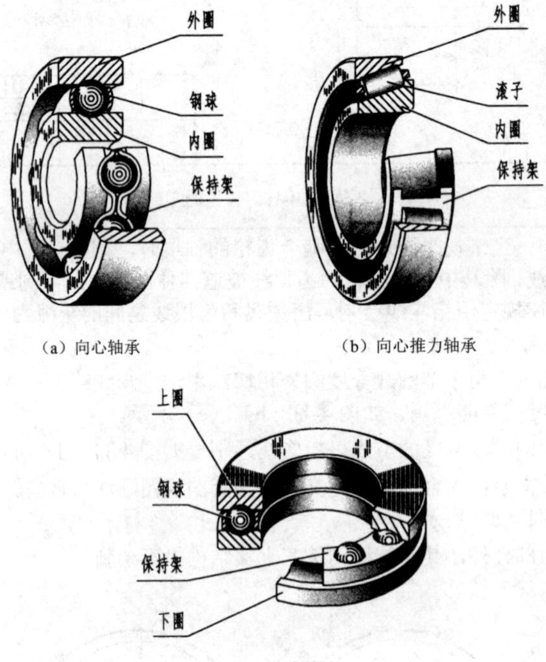

（a）向心轴承　（b）向心推力轴承　（c）推力轴承

图 4-12　滚动轴承的结构

滚动轴承的类型

按可承受载荷的方向，滚动轴承分为三大类，如图 4-12 所示。

1．向心轴承：主要承受径向载荷，如深沟球轴承。

2．推力轴承：承受轴向载荷，如推力球轴承。

3．向心推力轴承：同时承受径向载荷和轴向载荷，如圆锥滚子轴承

<table>
<tr><td rowspan="3">滚动轴承的画法</td><td rowspan="2">简化画法</td><td>通用画法</td><td>在剖视图中，当不需要确切地表示滚动轴承的外形轮廓、载荷特征、结构特征时，可用矩形线框及位于线框中央正立的十字形符号表示滚动轴承</td></tr>
<tr><td>特征画法</td><td>在剖视图中，如需较形象地表示滚动轴承的结构特征，可在矩形线框内画出其结构要素符号表示滚动轴承</td></tr>
<tr><td colspan="2">规定画法</td><td>必要时，在滚动轴承的产品图样、产品样本和产品标准中，采用规定画法表示滚动轴承。采用规定画法绘制滚动轴承的剖视图时，轴承的滚动体不画剖面线，其内外座圈可画方向和间隔相同的剖面线；滚动轴承的倒角省略不画。规定画法一般绘制在轴的一侧，另一侧按通用画法绘制；在不致引起误解时，内外座圈的剖面线也允许省略不画</td></tr>
</table>

	名称和标准号	查表主要数据	画法：简化法：通用画法	画法：简化法：特征画法	画法：规定画法	装配示意图
滚动轴承的通用画法、特征画法和规定画法	深沟球轴承（GB/T 276－1994）	*D* *d* *B*	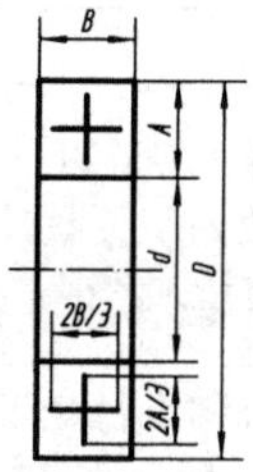	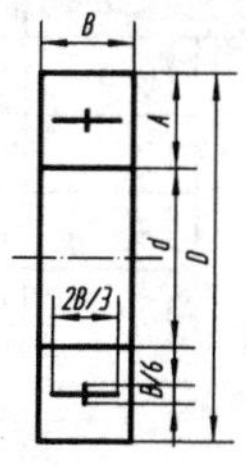	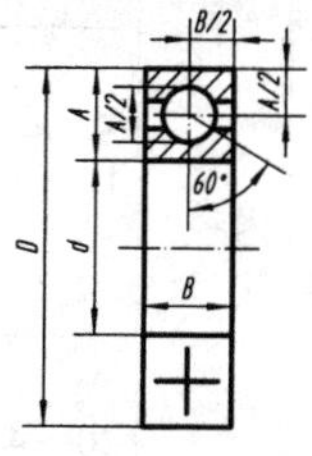	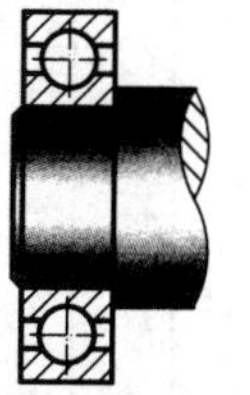
	圆锥滚子轴承（GB/T 297－1994）	*D* *d* *B* *T* *C*		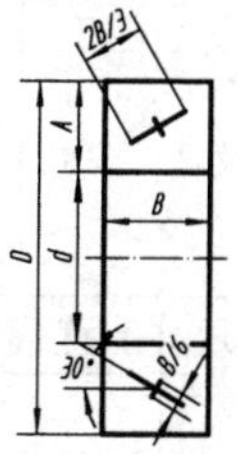	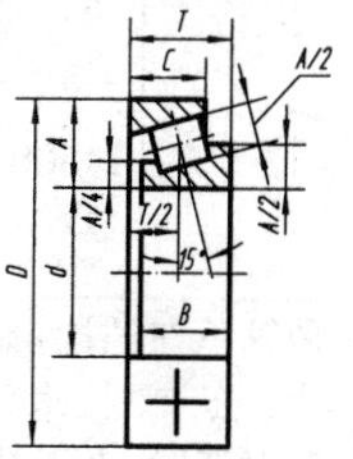	
	推力球轴承（GB/T 301－1995）	*D* *d* *T*		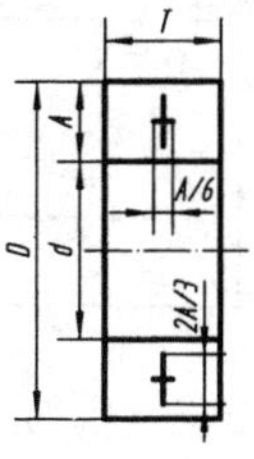	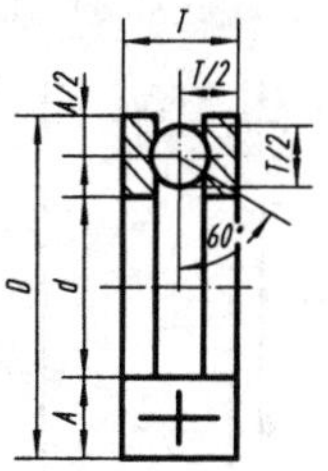	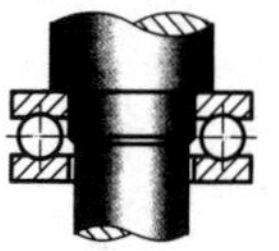

8.2　滚动轴承的代号

<table>
<tr><td rowspan="7">滚动轴承的代号</td><td rowspan="7">基本代号</td><td rowspan="7">基本代号表示轴承的基本类型、结构和尺寸，是轴承代号的基础。由轴承类型代号、尺寸系列代号和内径代号构成。在基本代号</td><td rowspan="3">轴承类型代号</td><td colspan="14">滚动轴承类型代号用数字或字母表示</td></tr>
<tr><td>代号</td><td>0</td><td>1</td><td colspan="2">2</td><td>3</td><td>4</td><td>5</td><td>6</td><td>7</td><td>8</td><td>N</td><td>U</td><td>QJ</td></tr>
<tr><td>轴承类型</td><td>双列角接触球轴承</td><td>调心轴承</td><td>推力调心滚子轴承</td><td>调心滚子轴承</td><td>圆锥滚子轴承</td><td>双列深沟球轴承</td><td>推力球轴承</td><td>深沟球轴承</td><td>角接触球轴承</td><td>推力圆柱滚子轴承</td><td>圆柱滚子轴承</td><td>外球面球轴承</td><td>四点接触球轴承</td></tr>
<tr><td>尺寸系列代号</td><td colspan="14">尺寸系列代号包括滚动轴承的宽（高）度系列代号和直径系列代号两部分，用两位阿拉伯数字表示，它的主要作用是区别内径相同而宽度和外径不同的滚动轴承。具体代号需查阅相关的国家标准</td></tr>
<tr><td rowspan="3">内径代号</td><td colspan="14">内径代号表示滚动轴承的公称直径，一般用两位阿拉伯数字表示</td></tr>
<tr><td colspan="4">轴承公称直径/mm</td><td colspan="5">内径代号</td><td colspan="5">示例</td></tr>
<tr><td colspan="4">0.6～10（非整数）</td><td colspan="5">用公称直径毫米数直接表示，在其与尺寸系列代号之间用“/”分开</td><td colspan="5">深沟球轴承 618/2.5
d=2.5</td></tr>
</table>

<table>
<tr><td rowspan="9">滚动轴承的代号</td><td rowspan="7">基本代号</td><td rowspan="7">中，当轴承类型代号为字母时，则该字母与后面表示尺寸系列代号的数字之间空半个汉字</td><td rowspan="7">内径代号</td><td colspan="2">1～9（整数）</td><td>用公称直径毫米数直接表示，对深沟及角接触球轴承 7、8、9 直径系列，内径与尺寸系列代号之间用“/”分开</td><td>深沟球轴承 625 d=5
深沟球轴承 618/5 d=5</td></tr>
<tr><td rowspan="4">10～17</td><td>10</td><td>00</td><td>深沟球轴承 6200 d=10</td></tr>
<tr><td>12</td><td>01</td><td>深沟球轴承 6201 d=12</td></tr>
<tr><td>15</td><td>02</td><td>深沟球轴承 6202 d=15</td></tr>
<tr><td>17</td><td>03</td><td>深沟球轴承 6203 d=17</td></tr>
<tr><td colspan="2">20～450
（22、28、32 除外）</td><td>公称内径除以 5 的商数，商数为个位数，需要在商数左边加“0”，如 08</td><td>圆锥滚子轴承 30308
d=40
深沟球轴承 6215
d=75</td></tr>
<tr><td colspan="2">≥500 以及 22、28、32</td><td>用公称直径毫米数直接表示，但与尺寸系列代号之间用“/”分开</td><td>调心滚子轴承 230/500
d=500
深沟球轴承 62/22 d=22</td></tr>
<tr><td>前置代号</td><td colspan="2" rowspan="2">是轴承在结构形状、尺寸、公差、技术要求等有改变时，在基本代号左右添加的补充代号</td><td colspan="4">前置代号置于基本代号左边，用数字（或加字母）表示</td></tr>
<tr><td>后置代号</td><td colspan="4">后置代号置于基本代号右边，用字母（或加数字）表示</td></tr>
<tr><td>标注示例</td><td colspan="3">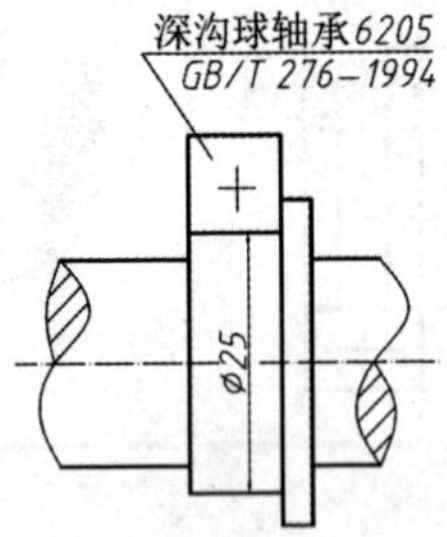
</td><td colspan="4">6 2 0 5
内径代号：内径尺寸 d=5×5=25mm
尺寸系列代号（02）：宽度系列代号 0 省略，直径系列代号为 2
轴承类型代号：深沟球轴承</td></tr>
</table>

任务实施

标准件、常用件的任务实施表

<table>
<tr><td>情　境</td><td colspan="7"></td></tr>
<tr><td>学习任务</td><td colspan="5"></td><td>完成时间</td><td></td></tr>
<tr><td>任务完成人</td><td>学习小组</td><td></td><td>组长</td><td></td><td>成员</td><td colspan="2"></td></tr>
<tr><td colspan="8">应用获得的知识和技能，绘制任务载体所示的螺栓连接、啮合齿轮，尺寸从图中量取</td></tr>
<tr><td colspan="8"></td></tr>
</table>

考核评价

标准件、常用件的过程考核评价表

情　境					
学习任务			完成时间		
任务完成人	学习小组		组长		成员
评价项目	评价内容	评价标准	得分：自评	得分：互评（组内互评，取平均分）	得分：教师评价
知识目标（40%）	自主学习	通过自主学习，对知识的理解、掌握及接受新知识的能力 □优（10）□良（8）□中（6）□差（4）			
	课堂学习	通过课堂学习，对知识的理解、掌握及接受新知识的能力 □优（30）□良（26）□中（22）□差（18）			
能力目标（40%）	标准件、常用件的任务实施表	□优（10）□良（8）□中（6）□差（4）			
	任务跟踪训练	□优（30）□良（26）□中（22）□差（18）			
思政目标（20%）	团结协作、沟通能力	相互沟通、交流、协作、互帮互学，具备良好的群体意识 □优（5）□良（3）□中（2）□差（1）			
	雷锋精神、标准化意识	□优（10）□良（8）□中（6）□差（4）			
	遵守学校规章制度（纪律、出勤、卫生）	□优（5）□良（4）□中（3）□差（2）			
总分（自评 25%+互评 25%+教师评价 50%）					

子学习情境 4.2　零件图的识绘

情境导入

零件图的识绘工作任务单

<table>
<tr><td>情　境</td><td colspan="6">机械图样识绘</td></tr>
<tr><td>学习任务</td><td colspan="4">子学习情境 4.2：零件图的识绘</td><td>完成时间</td><td></td></tr>
<tr><td>任务完成人</td><td>学习小组</td><td></td><td>组长</td><td></td><td>成员</td><td></td></tr>
<tr><td>任务要求</td><td colspan="6">掌握：①零件图的技术要求；②零件常见的工艺结构；③轴套类、盘盖类、叉架类、箱体类零件图的识绘；④计算机绘制零件图</td></tr>
<tr><td>任务载体和资讯</td><td colspan="5">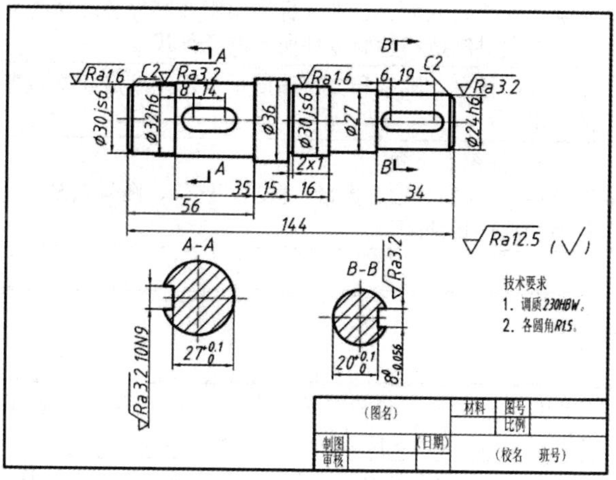

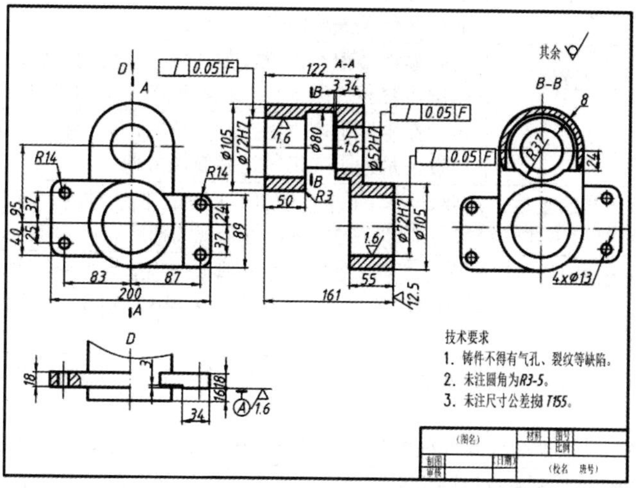
</td><td>要求：手工绘制任务载体轴的零件图，在计算机上用 AutoCAD 绘制任务载体支架的零件图（轴的零件图在教材的零件图的识绘任务实施表中完成）。
资讯：
1．零件图的技术要求。
2．零件常见的工艺结构。
3．零件图的尺寸标注。
4．轴套类零件的识绘。
5．盘盖类零件的识绘。
6．叉架类零件的识绘。
7．箱体类零件的识绘。
8．计算机绘制零件图</td></tr>
<tr><td>完成任务注意点</td><td colspan="6">①极限与配合的基本知识、应用及查阅；②表面结构要求、公差的正确标注；③零件常见的工艺结构；④计算机绘制零件图、装配图的方法和步骤；⑤布局要均匀</td></tr>
</table>

知识链接

1 零件图的技术要求

零件图的作用、内容及视图选择

1.1 零件图的作用、内容

<table>
<tr><td>零件图的作用</td><td colspan="2">1. 零件是机械制造的单元体，是组成机器的最小单元。
2. 零件图是表达零件结构形状、尺寸和技术要求的图样；是制造和检验零件的依据；是组织生产的重要技术文件。它反映设计者的设计意图，表达机器或部件对零件的要求</td></tr>
<tr><td rowspan="4">零件图的内容</td><td>1. 一组视图</td><td>用一组恰当的视图、剖视图、断面图和局部放大图等表达方法，完整、清晰地表达出零件的结构和形状</td></tr>
<tr><td>2. 全部尺寸</td><td>正确、完整、清晰、合理地标注出组成零件各形体的大小及其相对位置的尺寸，即提供制造和检验零件所需的全部尺寸</td></tr>
<tr><td>3. 技术要求</td><td>用规定的代号、数字和文字简明地表示出制造和检验零件时在技术上应达到的要求</td></tr>
<tr><td>4. 标题栏</td><td>1. 在零件图右下角。
2. 写明零件的名称、数量、材料、比例、图号以及设计、制图、校核人员的签名和绘图日期等</td></tr>
<tr><td>图示</td><td colspan="2">见任务载体图</td></tr>
</table>

1.2 零件图的表达

<table>
<tr><td rowspan="12">选择表达方案的步骤</td><td colspan="3">1. 对零件进行结构分析和形体分析，分清主要结构和次要结构，并了解其功用及加工方法，以便确切地表达零件的结构形状，反映零件的设计和工艺要求</td></tr>
<tr><td rowspan="3">2. 依据零件的形状特点选择主视图</td><td>1. 特征原则</td><td>能充分反映主要零件的结构形状特征，将组成零件的各形体之间的相互位置表达清楚</td></tr>
<tr><td>2. 工作位置原则</td><td>反映零件装配在机器或部件中工作时的位置。按工作位置选取主视图，容易想象零件在机器或部件中的作用</td></tr>
<tr><td>3. 加工位置原则</td><td>零件在主要工序中加工时的位置，即零件在机床上加工时的装夹位置，是为了加工制造者看图方便</td></tr>
<tr><td rowspan="4">3. 确定若干基本视图表示零件的主要结构</td><td colspan="2">1. 所选择的表达方法要恰当，每个视图都有明确的表达目的。对零件的内部形状与外部形状、主体形状与局部形状的表达，每个视图都应有所侧重</td></tr>
<tr><td colspan="2">2. 所选视图的数量要恰当，应尽量减少细虚线或恰当运用少量细虚线，在完整、清晰地表达零件内、外结构形状的前提下，不出现多余视图，尽量减少图形个数，以便于画图和看图</td></tr>
<tr><td colspan="2">3. 对于表达同一内容的视图，应拟出几种表达方案进行比较，以确定一种较好的表达方案</td></tr>
<tr><td colspan="2">4. 采用局部视图或斜剖视图时，应尽可能按投影关系配置在有关视图附近</td></tr>
<tr><td colspan="3">4. 适当增加一些辅助视图或将已确定视图做一些修改，用局部视图、局部放大图、断面图等表示其余结构</td></tr>
<tr><td colspan="2" rowspan="3">5. 检查、分析，调整、修改</td><td>1. 表达是否完全</td></tr>
<tr><td>2. 表达是否清楚</td></tr>
<tr><td>3. 表达是否确切</td></tr>
</table>

<table>
<tr><td rowspan="3">案例</td><td>问题：如图 4-13 所示为载重汽车转向器壳体视图的两种表达方案，分析哪一种方案好</td></tr>
<tr><td>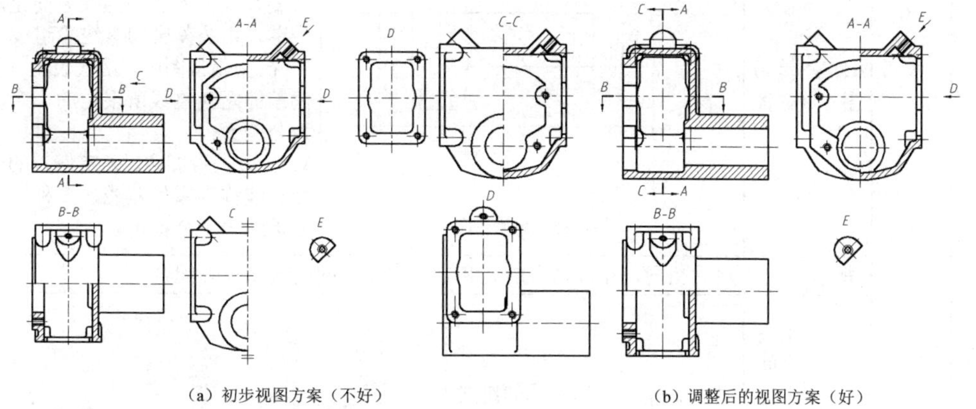
（a）初步视图方案（不好）　　（b）调整后的视图方案（好）
图 4-13　选择表达方案</td></tr>
<tr><td>分析：由图 4-13 可知，调整后的视图方案要比初步视图方案好。因为图 4-13（b）中的图形变得简单，更加完整清楚地表达了载重汽车转向器壳体的内部、外部结构，易于读懂</td></tr>
</table>

1.3　极限与配合（思政元素：团结协作）

<table>
<tr><td rowspan="2">互换性</td><td colspan="2">概念</td><td colspan="3">在一批相同的零件中任取一个，不需修配便可装到机器上并能满足使用要求的性质，称为互换性</td></tr>
<tr><td colspan="2">保证零件具有互换性的措施</td><td colspan="3">由设计者确定合理的配合要求和尺寸公差大小</td></tr>
<tr><td rowspan="8">公差与配合</td><td rowspan="8">名称（图 4-14）</td><td colspan="4">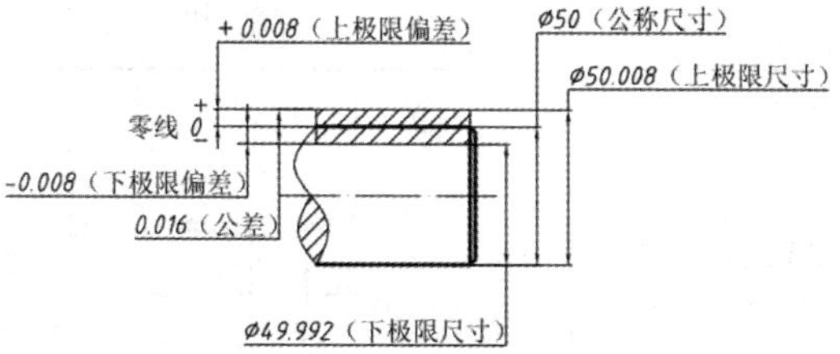

极限与配合一　极限与配合二
图 4-14　基本概念</td></tr>
<tr><td>1．公称尺寸</td><td colspan="3">是指设计时给定的尺寸</td></tr>
<tr><td>2．实际尺寸</td><td colspan="3">是指零件制成后，通过测量获得的某一孔（轴）的尺寸。孔（轴）可以是圆柱形内、外表面，也可以是由两个平行平面或切面形成的包容面、被包容面。如键槽和键宽度的两个侧面，即分别为内表面和外表面</td></tr>
<tr><td rowspan="2">3．极限尺寸</td><td rowspan="2">是指一个孔或轴允许实际尺寸变化的两个界限值</td><td>上极限尺寸</td><td>孔或轴允许实际尺寸的最大值</td></tr>
<tr><td>下极限尺寸</td><td>孔或轴允许实际尺寸的最小值</td></tr>
<tr><td rowspan="2">4．偏差</td><td rowspan="2">某一尺寸（实际尺寸、极限尺寸等）减其公称尺寸所得的代数差</td><td>上极限偏差</td><td>上极限尺寸减其公称尺寸所得的代数差</td></tr>
<tr><td>下极限偏差</td><td>下极限尺寸减其公称尺寸所得的代数差</td></tr>
<tr><td>5．尺寸公差（简称“公差”）</td><td colspan="3">上极限尺寸减下极限尺寸之差，或上极限偏差减下极限偏差之差。公差是尺寸允许的变动量，恒为正值。
公差用于限制尺寸误差，它是尺寸精度的一种度量。公差越小，零件的精度越高，实际尺寸的允许变动量也越小；反之，公差越大，尺寸的精度越低</td></tr>
</table>

		6. 公差带图（图4-15）	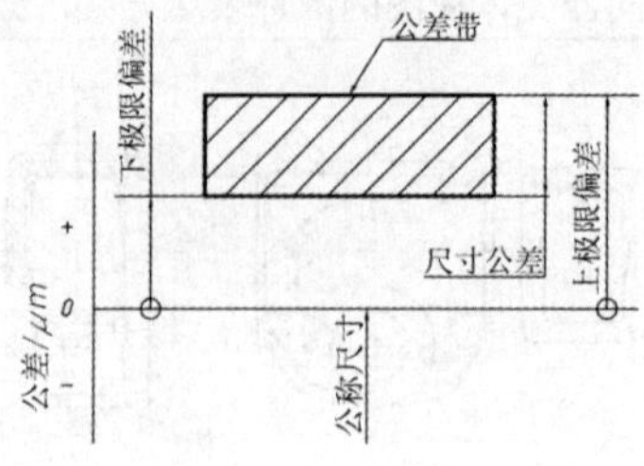 图4-15 公差带图		1. 在公差分析中，常把公称尺寸、极限偏差及公差之间的关系简化成公差带图，由公差带和零线等组成。 2. 在公差带图中，由代表上、下极限偏差的两条直线所限定的一个区域称为公差带。 3. 在公差带图中，确定偏差的一条基准直线称为零偏差线，简称零线。通常零线表示公称尺寸
公差与配合	配合	概念	公称尺寸相同，相互结合的孔和轴公差带之间的关系称为配合		
		配合类型	间隙配合	具有间隙（包括最小间隙等于零）的配合（图4-16）	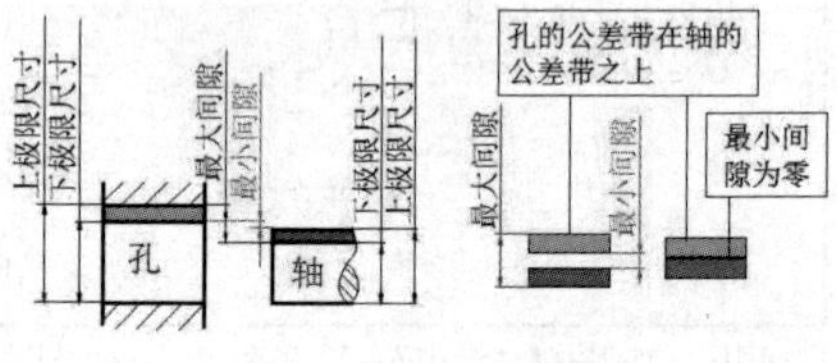 图4-16 间隙配合
			过盈配合	具有过盈（包括最小过盈等于零）的配合（图4-17）	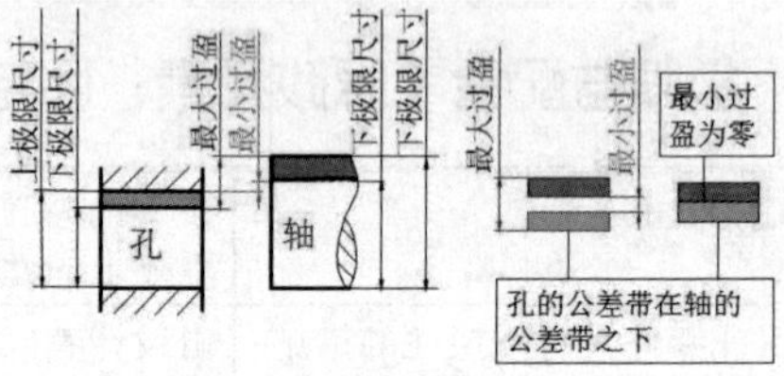 图4-17 过盈配合
			过渡配合	可能具有间隙或过盈的配合（图4-18）	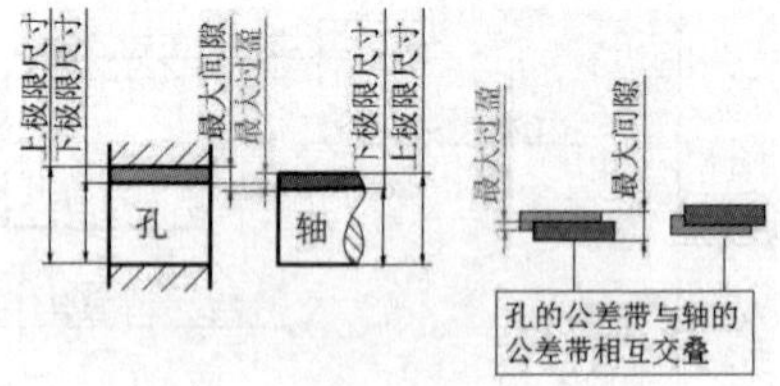 图4-18 过渡配合
	标准公差和基本偏差	标准公差	标准公差确定公差带的大小（宽度）（图4-19）	国家标准规定的标准公差分为20个等级，表示为IT01、IT0、IT1、…、IT18。 其中IT01公差值最小，尺寸精度最高；从IT0到IT18，数字越大，公差值越大，尺寸精度越低	
		基本偏差	基本偏差确定公差带（距零线）的位置（图4-19）	极限偏差中靠近零线的那个偏差规定为基本偏差。国家标准对孔和轴分别规定了28种基本偏差，用拉丁字母表示，大写字母表示孔，小写字母表示轴	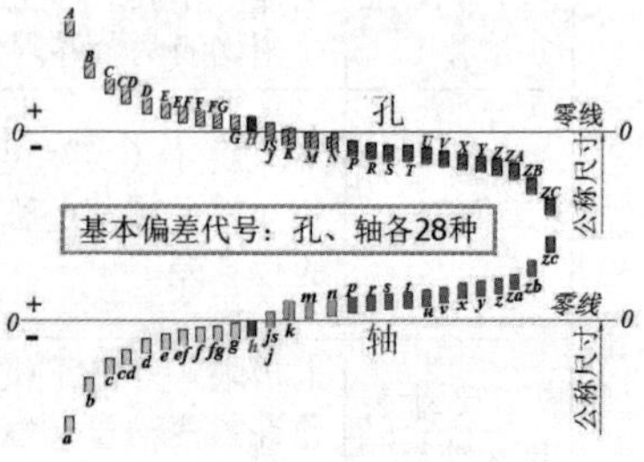 图4-19 基本偏差

<table>
<tr><td rowspan="9"></td><td rowspan="2">基准制</td><td>基孔制配合</td><td colspan="2">是指基本偏差为一定的孔的公差带，与不同基本偏差轴的公差带形成各种配合的一种制度。
基孔制中选择基本偏差为 H，即下偏差为 0 的孔为基准孔。
由于轴比孔易于加工，因此应优先选用基孔制配合</td></tr>
<tr><td>基轴制配合</td><td colspan="2">是指基本偏差为一定的轴的公差带，与不同基本偏差孔的公差带形成各种配合的一种制度。
基轴制中选择基本偏差为 h，即上偏差为 0 的轴为基准轴。
基轴制仅用于具有明显经济效益或不适合采用基孔制的场合</td></tr>
<tr><td rowspan="7">选用</td><td>基准制的选择</td><td colspan="2">1．优先采用基孔制。
2．与标准件配合时，基准制的选用应依标准件而定。
3．选用优先公差带和优先配合。
4．选用孔的公差等级比轴低一级。
5．基轴制的应用场合：①轴为冷拉标准轴；②多件配合</td></tr>
<tr><td rowspan="4">公差等级的选择</td><td>1．选择公差等级的实质</td><td>要具体解决机械零件使用要求与制造工艺及生产成本之间的矛盾，即在保证使用要求的前提下，考虑工艺的可能性与经济性</td></tr>
<tr><td rowspan="2">2．公差等级的选择原则</td><td>总体原则：在满足使用要求的前提下，尽可能选择较大的公差等级</td></tr>
<tr><td>具体选择要求：
（1）联系工艺。
（2）联系配合。
（3）联系有关零部件</td></tr>
<tr><td>3．工程实际中常用的配合精度</td><td>工程实际中常用的配合精度为 IT5～IT12，其中 IT5～IT7 为高级精度，IT8～IT10 为中等精度，IT11～IT12 为低级精度</td></tr>
<tr><td rowspan="2">配合的选择</td><td colspan="2">1．配合类别的选择</td></tr>
<tr><td colspan="2">2．非基准件基本偏差代号的选择</td></tr>
<tr><td rowspan="6">公差与配合</td><td rowspan="6">公差与配合的标注</td><td rowspan="3">零件图的标注</td><td>1．标注公差带代号，如图 4-20（a）所示</td><td rowspan="3">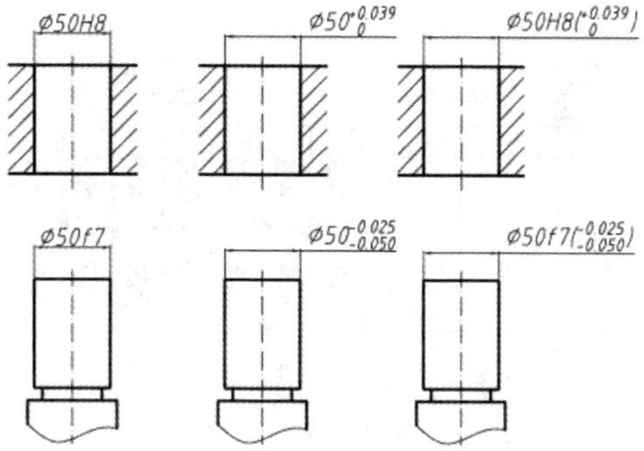
（a）标注公差带代号　（b）标注极限偏差数值　（c）同时标注公差带代号和极限偏差数值
图 4-20　公差与配合在零件图的标注</td></tr>
<tr><td>2．标注极限偏差数值，如图 4-20（b）所示</td></tr>
<tr><td>3．同时标注公差带代号和极限偏差数值，如图 4-20（c）所示</td></tr>
<tr><td rowspan="3">装配图的标注</td><td colspan="2">1．公称尺寸 $\frac{\text{孔的公差带代号}}{\text{轴的公差带代号}}$
或：公称尺寸孔的公差带代号/轴的公差带代号，如图 4-21（a）所示</td></tr>
<tr><td colspan="2">2．公称尺寸 $\frac{\text{孔的极限偏差}}{\text{轴的极限偏差}}$，如图 4-21（b）所示</td></tr>
<tr><td colspan="2">3．公称尺寸 $\frac{\text{孔的公差带代号（孔的极限偏差）}}{\text{轴的公差带代号（轴的极限偏差）}}$，如图 4-21（c）所示</td></tr>
</table>

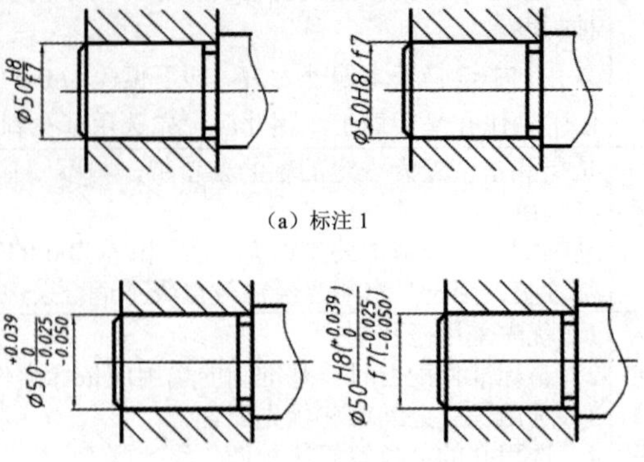

（a）标注 1

（b）标注 2　　（c）标注 3

图 4-21　公差与配合在装配图的标注

一般、常用和优先的孔公差带	一般、常用和优先的轴公差带

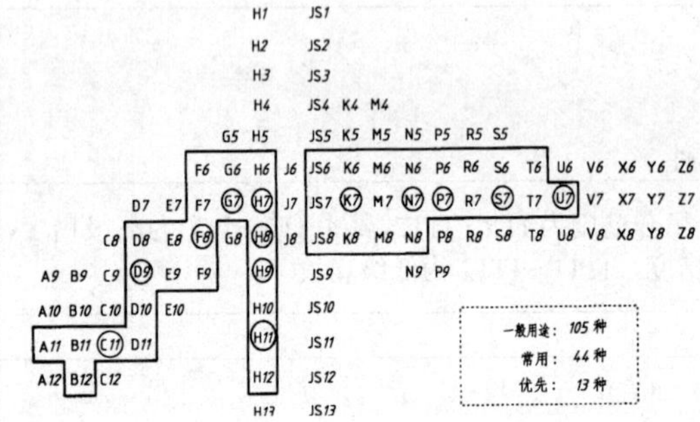

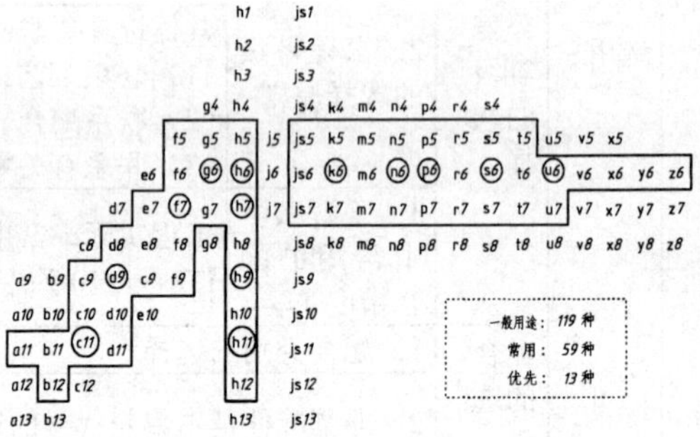

基孔制优先和常用配合

基准孔	a	b	c	d	e	f	g	h	js	k	m	n	p	r	s	t	u	v	x	y	z
	间隙配合								过渡配合				过盈配合								
H7						H7/f6	H7/g6	H7/h6	H7/js6	H7/k6	H7/m6	H7/n6	H7/p6	H7/r6	H7/s6	H7/t6	H7/u6	H7/v6	H7/x6	H7/y6	H7/z6
H8					H8/c7	H8/f7	H8/g7	H8/h7	H8/js7	H8/k7	H8/m7	H8/n7	H8/p7	H8/r7	H8/s7	H8/t7	H8/u7				
				H8/d8	H8/e8	H8/f8		H8/h8													
H9			H9/c9	H9/d9	H9/e9	H9/f9		H9/h9													
H10			H10/c10	H10/d10				H10/h10													
H11	H11/a11	H11/b11	H11/c11	H11/d11				H11/h11													
H12		H12/b12						H12/h12													

（表头“轴”横跨 a 至 z 各列。）

注：1. $\frac{H6}{n5}$、$\frac{H7}{p6}$在基本尺寸小于或等于 3mm 和$\frac{H8}{r7}$在小于或等于 100mm 时，为过渡配合。

2. 标注◢的配合为优先配合。

基轴制优先和常用配合	孔																				
基准轴	A	B	C	D	E	F	G	H	JS	K	M	N	P	R	S	T	U	V	X	Y	Z
	间隙配合								过渡配合			过盈配合									
h5						F6/h5	G6/h5	H6/h5	JS6/h5	K6/h5	M6/h5	N6/h5	P6/h5	R6/h5	S6/h5	T6/h5					
h6						F7/h6	G7/h6	H7/h6	JS7/h6	K7/h6	M7/h6	N7/h6	P7/h6	R7/h6	S7/h6	T7/h6	U7/h6				
h7					E8/h7	F8/h7		H8/h7	JS8/h7	K8/h7	M8/h7	N8/h7									
h8				D8/h8	F8/h8	F8/h8		H8/h8													
h9				D9/h9	E9/h9	F9/h9		H9/h9													
h10				D10/h10				H10/h10													
h11	A11/h11	B11/h11	C11/h11	D11/h11				H11/h11													
h12		B12/h12						H12/h12													

注：标注◤◢的配合为优先配合。

表面结构要求

1.4　表面结构要求

1.4.1　表面结构要求的概念、图形符号及标注

表面粗糙度轮廓	概念（图 4-22）	零件在加工过程中，由于受到机床、刀具、工件系统的振动，以及刀具形状、切屑分裂时的塑性变形等因素影响，表面不可能绝对光滑。 零件表面上这种具有较小间距的峰谷所组成的微观几何形状特征称为表面轮廓。 表面轮廓分为原始轮廓（*P*）、粗糙度轮廓（*R*）、波纹度轮廓（*W*）。表面粗糙度轮廓如图 4-22 所示	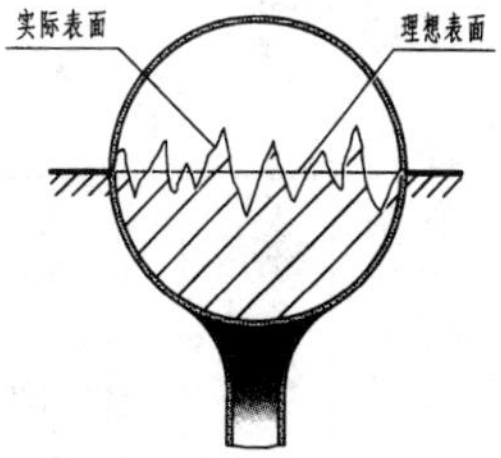 图 4-22　表面粗糙度轮廓
	影响	表面粗糙度轮廓对零件的配合性质、耐磨性、强度、抗腐蚀性、密封性、外观要求等影响很大，它直接影响着机器的使用性能和寿命。 表面质量要求越高（即表面粗糙度轮廓数值越小），零件表面越光滑，其加工成本越高。因此，在满足使用的条件下，应合理地选用表面粗糙度轮廓值。 一般情况下，凡零件上有配合要求或有相对运动的表面，表面粗糙度轮廓参数值要小	
表面轮廓的评定参数	1. 评定轮廓的算术平均偏差（表面粗糙度轮廓）	1. 在一个取样长度内，纵坐标 $Z(x)$绝对值的算术平均值称为评定轮廓的算术平均偏差。即： $$Ra = \frac{1}{l}\int_0^l \lvert Z(x) \rvert \mathrm{d}x$$ 2. Ra 是目前生产中评定零件表面质量的主要参数，常用的标准 Ra 的数值有：50、25、12.5、6.3、3.2、1.6、0.8、0.4（μm）	

<table>
<tr><td></td><td>2. 轮廓最大高度 Rz</td><td colspan="2">在取样长度 lr 内，轮廓的峰顶线和轮廓谷底线之间的距离。峰顶线和谷底线平行于中线且分别通过轮廓最高点和最低点。Rp 为轮廓最大峰高，Rv 为轮廓最大谷深
$Rz = Rp + Rv$</td></tr>
<tr><td rowspan="3">表面轮廓数值的选择</td><td>基本原则</td><td colspan="2">在满足功能要求的前提下，尽量选择较大的表面轮廓参数值，以减小加工困难，降低生产成本</td></tr>
<tr><td>具体要求</td><td colspan="2">1．同一零件上，工作表面轮廓值小于非工作表面。
2．摩擦表面轮廓值小于非摩擦表面。
3．运动速度高、单位面积压力大，以及受交变应力作用的钢质零件圆角、沟槽处应有较小的轮廓值。
4．配合性质要求高的配合表面，如小间隙的配合表面，受重载荷作用的过盈配合表面，都应有较小的表面轮廓值。
5．尺寸精度要求越高，参数值应取得越小。
6．要求密封、耐腐蚀或具有装饰性的表面，参数值要小</td></tr>
<tr><td>一般 Ra 取值情况</td><td colspan="2">1．对于配合表面 Ra 值取 3.2～0.8，公差等级高的 Ra 取较小值。
2．对于接触面 Ra 值取 6.3～3.2，如零件的定位底面 Ra 可取 3.2，一般端面可取 6.3 等。
3．对于需加工的自由表面（不与其他零件接触的表面）Ra 值可取 25～12.5，如螺栓孔等</td></tr>
</table>

表面结构的图形符号

1. 表面结构的图形符号附加标注的尺寸要求

名称	图形符号	含义
基本图形符号		表示表面可用任何方法获得，当不加注粗糙度参数值或有关说明时，仅适用于简化代号标注
扩展图形符号		在基本图形符号上加一小圆，表示表面是用不去除材料方法获得的
扩展图形符号		在基本图形符号上加一短划，表示表面是用去除材料方法获得的，如车、铣、磨等机械加工
完整图形符号	 允许用任何工艺 不去除材料 去除材料	在上述三个符号的长边上均可加一横线，以便注写对表面结构特征的补充信息

画图形符号的尺寸：

数字与字母高度	2.5	3.5	5	7	10
符号的线宽	0.25	0.35	0.5	0.7	1
高度 H_1	3.5	5	7	10	14
高度 H_2	7.5	10.5	15	21	30

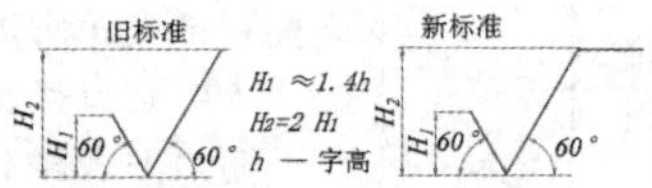

2. 在技术报告或合同等文本中用文字表达上面的图形符号

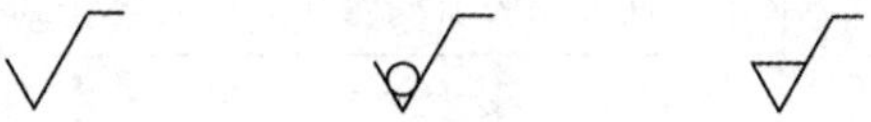

允许用任何工艺 APA　不去除材料 NMR　去除材料 MRR

3. 对某个图形中封闭轮廓的各表面有相同的表面结构要求时，如右图所示。图中的标注指该封闭图形周围的 6 个表面有相同的表面结构要求，不包括前后两个表面

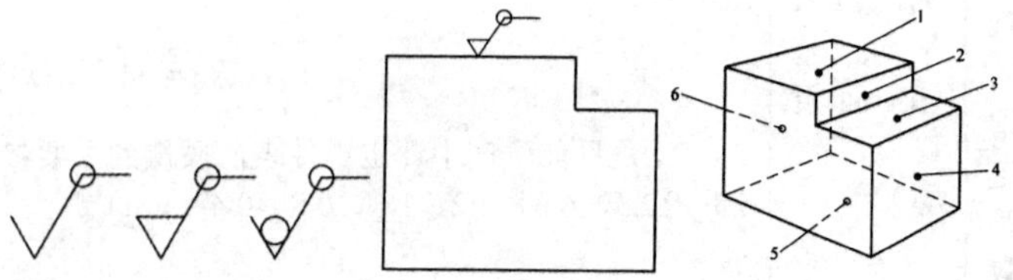

<table>
<tr><td>表面结构完整图形符号的组成（图 4-23）</td><td>位置 a：注写第一个表面结构要求（即表面轮廓数值，常用表面粗糙度轮廓值）。
位置 b：注写第二个表面结构要求。
位置 c：注写指定的加工方法，如车、磨、镀等。
位置 d：注写要求的表面纹理方向，如“=（平行）”、“×（交叉）”等。
位置 e：注写要求的加工余量，以 mm 为单位</td><td>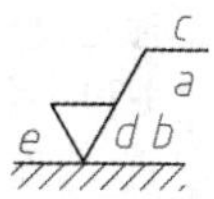

图 4-23 表面结构完整图形符号</td></tr>
<tr><td colspan="3">常见的加工纹理方向符号请查阅资料</td></tr>
</table>

1.4.2 表面结构要求的标注

<table>
<tr><td rowspan="4">表面结构符号、代号的标注位置和方法</td><td colspan="2">1．在参数代号和极限值之间需插入空格</td></tr>
<tr><td colspan="2">2．表面结构要求对每一表面一般只注一次，并尽可能注在相应的尺寸及其公差的同一视图上。除非另有说明，所标注的表面结构要求是对完工零件表面的要求</td></tr>
<tr><td colspan="2">3．表面结构要求的注写和读取方向与尺寸的注写和读取方向一致。表面结构要求可标注在轮廓线、尺寸界线或它们的延长线上，其符号应由材料外指向材料接触表面（图 4-24）。必要时，表面结构要求也可用带箭头或黑点的指引线引出标注（图 4-25）
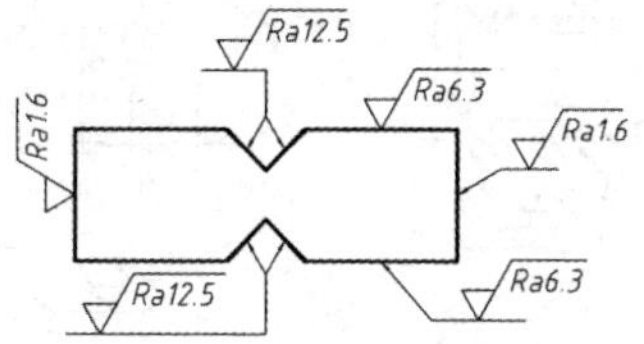

图 4-24 表面结构要求在轮廓线上的标注
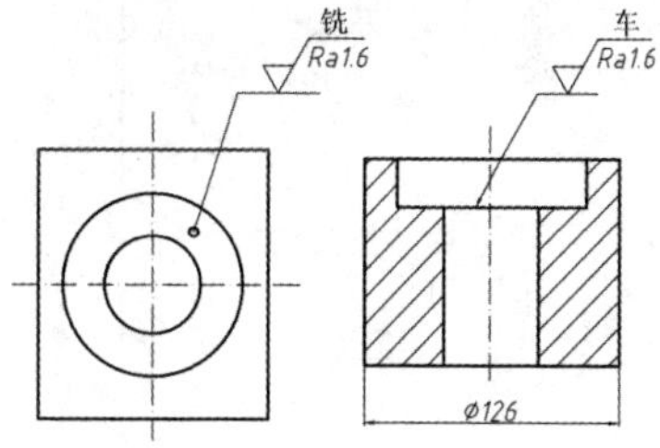

图 4-25 用指引线引出标注的表面结构要求</td></tr>
<tr><td>4．在不致引起误解时，表面结构要求可以标注在给定的尺寸线上所标尺寸的后面（图 4-26）
5．表面结构要求可标注在形位公差框格的上方（图 4-27）
6．不同位置的表面的标注方式（图 4-28）
7．底面和右侧面的标注，需通过指引线引出（图 4-24）
8．圆柱和棱柱表面的表面结构要求只标注一次（图 4-29）。如果每个棱柱表面有不同的表面要求，则应分别单独标注［图 4-30（a）］
9．如同一表面有不同的表面结构要求，需用细实线画出分界，并标注出相应的表面结构要求［图 4-30（b）］</td><td>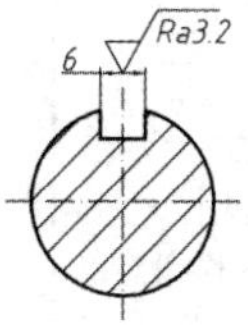

图 4-26 表面结构要求标注在尺寸线上
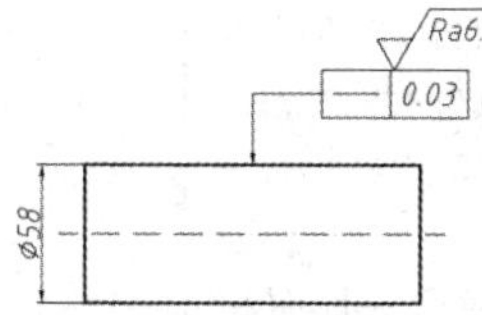

图 4-27 表面结构要求标注在形位公差框的上方
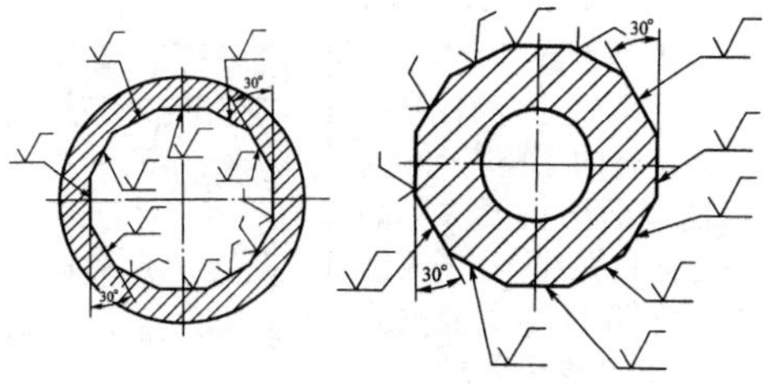

图 4-28 不同位置的表面的标注方式</td></tr>
</table>

	10．螺纹表面结构要求，标注在尺寸线的延长线上[图4-30（c）] 11．齿轮表面的结构要求，标注在分度线上（图4-31）	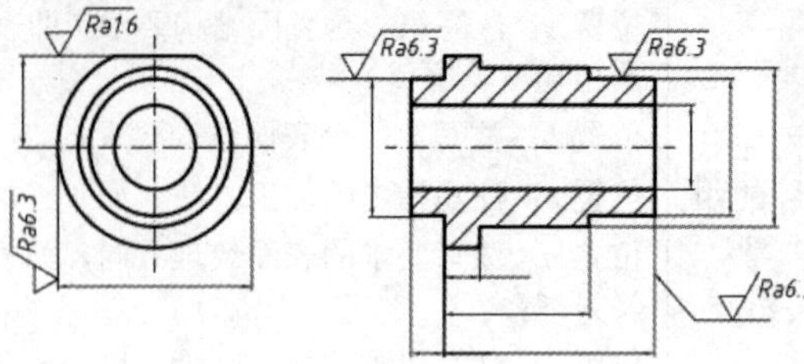 图4-29　表面结构要求在圆柱表面的标注 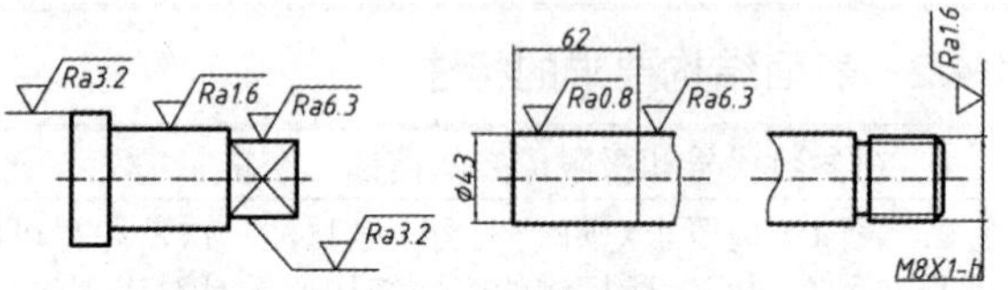 （a）单独标注　（b）同一表面不同的表面结构要求标注　（c）螺纹表面结构要求标注 图4-30　表面结构要求标注 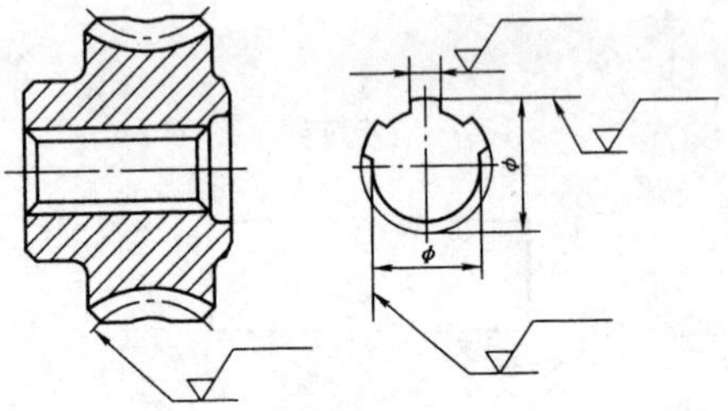 图4-31　齿轮表面的结构要求标注
表面结构要求的简化注法	1．当零件的多数表面有相同的表面结构要求时，可在图样的标题栏附近统一标注，并在圆括号内给出无任何其他标注的基本图形符号（以表示图上已标注的内容），或在圆括号内给出图中已标出的几个不同的表面结构要求，这两种注法代替了旧标准的“其余”的注法（图4-32）。 2．当零件的全部表面有相同的表面结构要求时，可在图样的标题栏附近统一标注表面结构要求(图4-33)。 3．当图形周围空间有限时，可用带字母的完整符号，对有相同表面结构要求的表面进行简化标注，在图形或标题栏附近以等式的方式标注具体的结构要求（图4-34）。	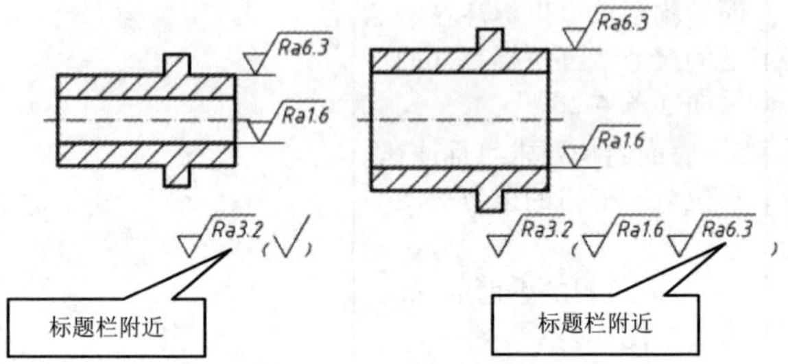 图4-32　零件的多数表面有相同的表面结构要求标注 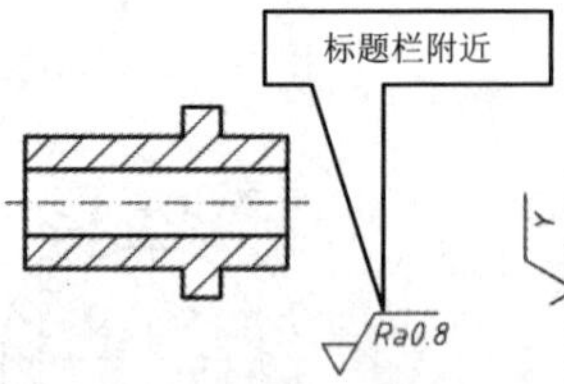 图4-33　当零件的全部表面有相同的表面结构要求标注 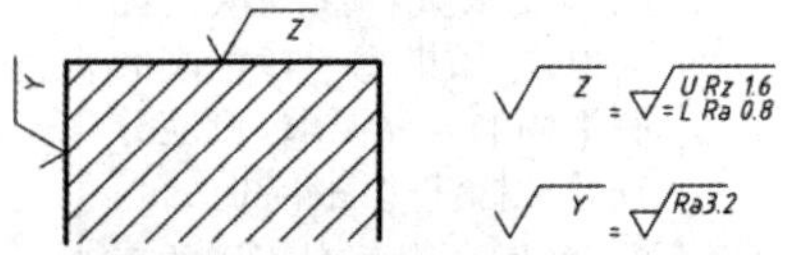 图4-34　相同表面结构要求的简化标注

4. 图 3-34 中的简化标注形式，也可变换为如图 4-35 所示的只用表面结构符号的简化注法。

5. 由多种不同工艺方法得到的同一表面，当需要明确每种工艺方法的表面结构要求时，用图 4-36 所示的标注。

6. 键槽、倒角等工艺结构的表面结构要求的注法（图 4-37）。

7. 轮齿等重复要素的表面结构要求，只需标注一次（图 4-31）。

8. 零件上不连续的同一表面，用细实线连接后，可只标注一次表面结构要求（图 4-38）

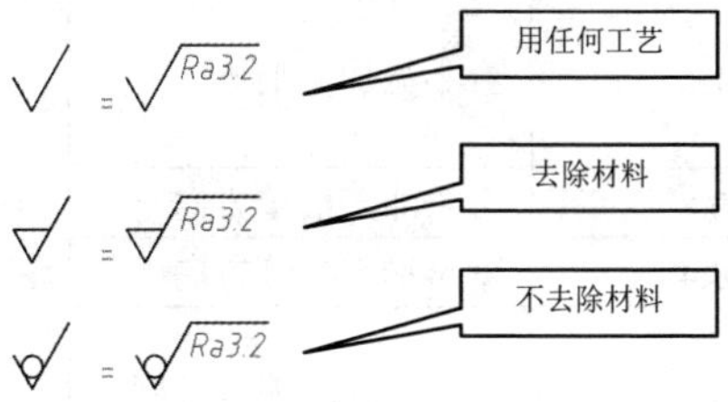

图 4-35　只用表面结构符号的简化注法

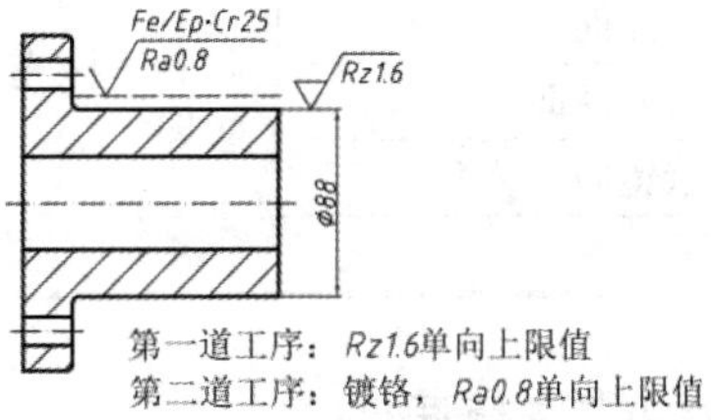

图 4-36　明确每种工艺方法的表面结构要求标注

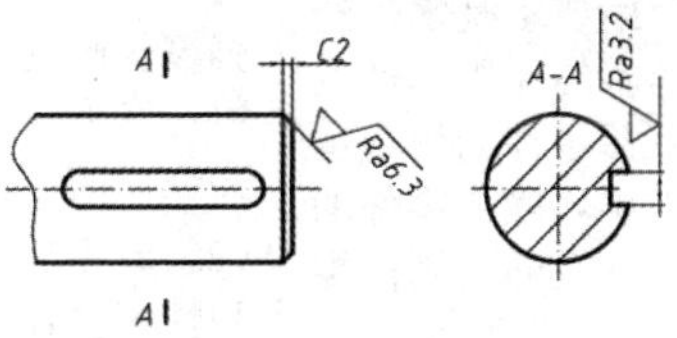

图 4-37　键槽、倒角等工艺结构的表面结构要求标注

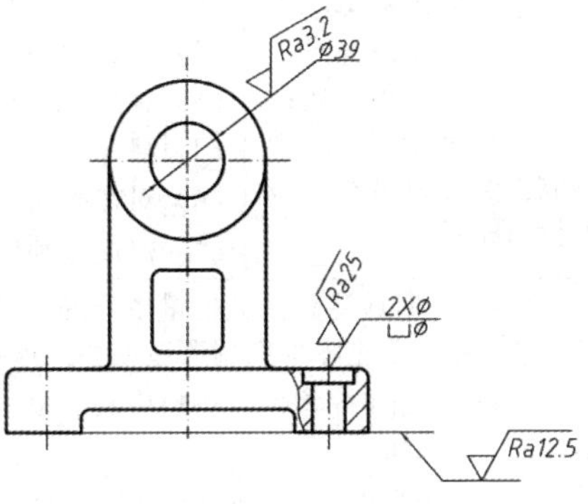

图 4-38　零件上不连续的同一表面表面结构要求标注

1.4.3　表面粗糙度轮廓值及相应的加工方法应用举例

Ra（　m）	表面特征	主要加工方法	应用举例
50～100	明显可见刀痕	粗车、粗铣、粗刨、钻、粗纹锉刀和粗砂轮加工	为粗糙度最低的加工面，一般很少应用
25	可见刀痕		
12.5	微见刀痕	粗车、刨、立铣、平铣、钻	不接触表面，不重要的接触面，如螺钉孔、倒角、机座底面等
6.3	可见加工痕迹	精车、精铣、精刨、铰、镗、粗磨等	没有相对运动的零件接触面，如箱、盖、套筒要求紧贴的表面、键
3.2	微见加工痕迹		

1.6	看不见加工痕迹		和键槽工作表面；相对运动速度不高的接触面，如支架孔、衬套、带轮轴孔的工作表面
0.8	可辨加工痕迹方向	精车、精铰、精拉、精镗、精磨等	要求很好配合的接触面，如与滚动轴承配合的表面、锥销孔等；相对运动速度较高的接触面，如滑动轴承的配合表面、齿轮轮齿的工作表面等
0.4	微辨加工痕迹方向		
0.2	不可辨加工痕迹方向		
0.1	暗光泽面	研磨、抛光、超级精细研磨等	精密量具的表面，极重要零件的摩擦面，如汽缸的内表面、精密机床的主轴颈、坐标镗床的主轴颈等
0.05	亮光泽面		
0.025	镜状光泽面		
0.012	雾状镜面		
0.006	镜面		

1.5 零件材料的选择原则

零件材料的选择原则	使用要求	满足使用要求是零件选材最基本的原则。使用要求包括零件的受载情况和工作环境；零件的尺寸与重量的限制；零件的重要性程度等。 受载情况是指所受载荷的大小和应力种类；工作环境是指工作温度、周围介质及摩擦性质；重要性程度指零件失效造成人身、机械和环境的影响程度	（1）若零件尺寸取决于强度，且尺寸和重量又受到限制，应选用强度较高的材料；承受静应力的零件，宜选用屈服极限较高的材料；在变应力下工作的零件，应选用疲劳强度较高的材料；受冲击载荷的零件，应选用韧性好的材料。 （2）若零件尺寸取决于刚度，且尺寸和重量又受到限制，应选用弹性模量较大的材料。 （3）若零件尺寸取决于接触强度，应选用可进行表面强化处理的材料。 （4）对易磨损的零件（如蜗轮），应选用耐磨性较好的材料。 （5）对在滑动摩擦下工作的零件（如滑动轴承），应选用减磨性好的材料。 （6）对在高温下工作的零件，应选用耐热性材料。 （7）对在腐蚀性介质中工作的零件，应选用耐腐蚀性材料
	工艺要求	1．毛坯选择时应注意：大批量生产的大型零件应用铸造毛坯；小量生产的大型零件应用焊接毛坯；中、小型零件应用锻造毛坯；形状复杂的零件应用铸造毛坯。 2．需要机械加工的零件，材料应具有良好的切削性能（易断屑、加工表面光滑、刀具磨损小等）。 3．需要热处理的零件，所选材料应有良好的热处理性能和易加工性	
	经济要求	在机械零件的成本中，材料费用占30%以上，有的甚至达到50%，因此，为了最经济地制造零件，不仅要考虑原材料的价格，还要考虑零件的制造费用	（1）在达到使用要求的前提下，应尽可能选用价格低廉的材料。 （2）采用高强度铸铁（如球墨铸铁）来代替钢材，用工程塑料和粉末冶金材料代替有色金属材料。 （3）采用热处理（包括化学热处理）或表面强化（如喷丸、滚压）等工艺，充分发挥材料潜在的力学性能。 （4）合理采用表面镀层等方法（如镀铬、镀铜、喷涂减磨层、发黑、发蓝等），以减少和延缓腐蚀或磨损的速度，延长零件的使用寿命。 （5）采用组合式零件结构，不同部位采用不同材料，各尽其用，如蜗轮的齿圈用青铜，以利于减磨，轮芯用铸铁，利用价廉的优点

1.6 几何公差

几何公差

1.6.1 几何公差的概念和画法

<table>
<tr><td colspan="9">机械加工后的零件，由于机床夹具、刀具及工艺操作水平等因素的影响，零件的尺寸和形状及表面质量均不能做到完全理想而会出现加工误差。加工误差包括尺寸误差、表面粗糙度轮廓、相互位置误差（如阶梯轴的轴线不在一条直线）、几何形状误差（两个相互平行的平面加工后不平行等）。几何误差所允许的最大变动量为几何公差</td></tr>
<tr><td rowspan="4">几何公差的项目及定义</td><td>形状公差</td><td colspan="4">零件上被测要素的实际形状对其理想形状的变动量称为形状误差，形状误差的最大允许值称为形状公差</td><td colspan="3" rowspan="4">对一般零件来说，它的形状、位置、方向、跳动公差，可由尺寸公差、加工机床的精度等加以保证。而对精度较高的零件，则根据设计要求，需在零件图上注出有关的形状、位置、方向、跳动公差</td></tr>
<tr><td>位置公差</td><td colspan="4">零件上被测要素的实际位置对其理想位置的变动量称为位置误差，位置误差的最大允许值称为位置公差</td></tr>
<tr><td>方向公差</td><td colspan="4">零件上被测要素的实际方向对其理想方向的变动量称为方向误差，方向误差的最大允许值称为方向公差</td></tr>
<tr><td>跳动公差</td><td colspan="4">零件上被测要素的实际跳动对其理想跳动的变动量称为跳动误差，跳动误差的最大允许值称为跳动公差</td></tr>
<tr><td rowspan="14">几何公差的几何特征符号</td><td>公差类型</td><td>几何特征</td><td>符号</td><td>有无基准</td><td>公差类型</td><td>几何特征</td><td>符号</td><td>有无基准</td></tr>
<tr><td rowspan="6">形状公差（单一实际要素的形状所允许的变动全量）</td><td>直线度</td><td>—</td><td>无</td><td rowspan="6">位置公差（关联实际要素对基准在位置上所允许的变动全量）</td><td>位置度</td><td>⌖</td><td>有或无</td></tr>
<tr><td>平面度</td><td>▱</td><td>无</td><td>同心度（用于中心点）</td><td>◎</td><td>有</td></tr>
<tr><td>圆度</td><td>○</td><td>无</td><td>同轴度（用于轴线）</td><td>◎</td><td>有</td></tr>
<tr><td>圆柱度</td><td>⌭</td><td>无</td><td>对称度</td><td>⌯</td><td>有</td></tr>
<tr><td>线轮廓度</td><td>⌒</td><td>无</td><td>线轮廓度</td><td>⌒</td><td>有</td></tr>
<tr><td>面轮廓度</td><td>⌓</td><td>无</td><td>面轮廓度</td><td>⌓</td><td>有</td></tr>
<tr><td rowspan="5">方向公差（关联实际要素对基准在方向上所允许的变动全量）</td><td>平行度</td><td>∥</td><td>有</td><td rowspan="5">跳动公差（关联实际要素绕基准回转一周或连续回转时所允许的量大跳动量）</td><td rowspan="4">圆跳动</td><td rowspan="4">↗</td><td rowspan="4">有</td></tr>
<tr><td>垂直度</td><td>⊥</td><td>有</td></tr>
<tr><td>倾斜度</td><td>∠</td><td>有</td></tr>
<tr><td>线轮廓度</td><td>⌒</td><td>有</td></tr>
<tr><td>面轮廓度</td><td>⌓</td><td>有</td><td>全跳动</td><td>⌰</td><td>有</td></tr>
</table>

<table>
<tr><td rowspan="8">几何公差的附加符号</td><td>说明</td><td>符号</td><td>说明</td><td>符号</td></tr>
<tr><td>被测要素</td><td>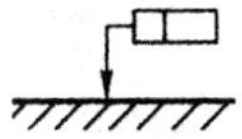</td><td>延伸公差带</td><td>Ⓟ</td></tr>
<tr><td>基准要素</td><td>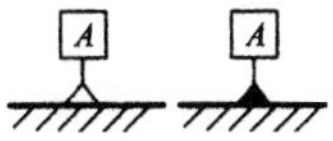</td><td>自由状态条件（非刚性零件）</td><td>Ⓕ</td></tr>
<tr><td rowspan="2">基准目标</td><td rowspan="2">$\phi 2$ / A1（圆内）</td><td>全周（轮廓）</td><td>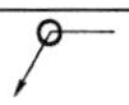</td></tr>
<tr><td>公共公差带</td><td>CZ</td></tr>
<tr><td>理论正确尺寸</td><td>[50]</td><td>小径</td><td>LD</td></tr>
<tr><td>包容要求</td><td>Ⓔ</td><td>大径</td><td>MD</td></tr>
</table>

	最大实体要求	Ⓜ	中径、节径	*PD*
	最小实体要求	Ⓛ	线素	*LE*
	可逆要求	Ⓡ	不凸起	*NC*
			任意横截面	*ACS*

几何公差的画法

几何公差框格的画法和尺寸

特征	推荐尺寸						
框格高度 *H*	5	7	10	14	20	28	40
字母高度 *h*	2.5	3.5	5	7	10	14	20
直径 *D*	10	14	20	28	40	56	80
线条宽度	0.25	0.35	0.5	0.7	1	1.4	2

几何公差框格画法

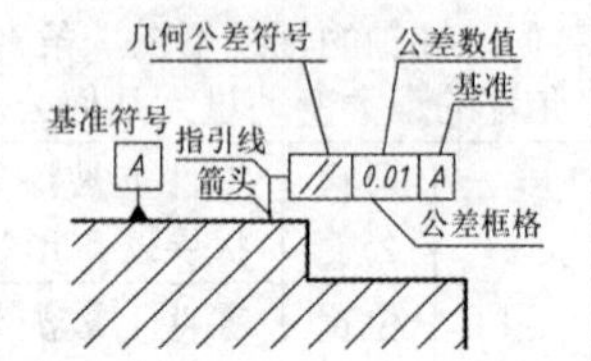

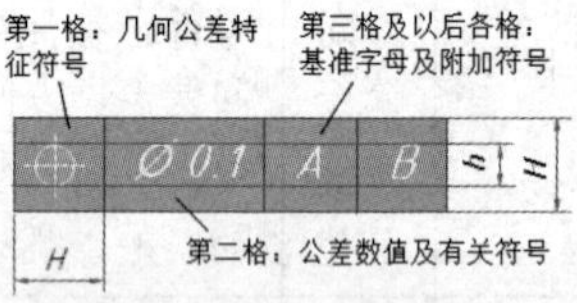

基准符号的画法[图(a)]

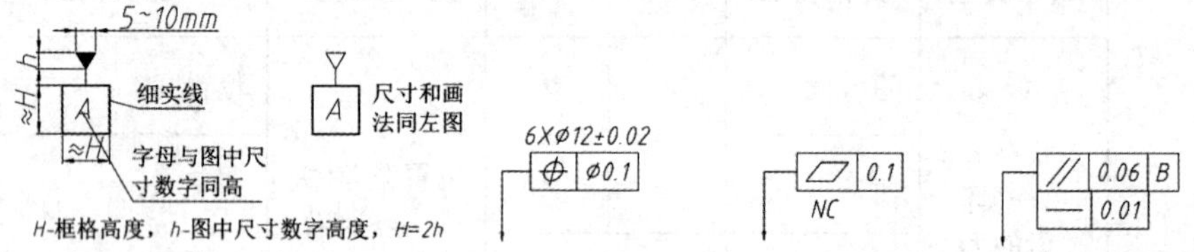

（a）基准符号的画法 （b）某项公差应用于几个相同要素 （c）限制被测要素在公差带内的形状 （d）对某个要素给出几种几何特征的公差

用一个字母表示单个基准或用几个字母表示基准体系或公共基准。

当某项公差应用于几个相同要素时，应在公差框格的上方被测要素的尺寸之前注明要素的个数，并在两者之间加上符号“×”，如图（b）所示。

如果需要限制被测要素在公差带内的形状，应在公差框格的下方注明，如图（c）所示。

如果对某个要素给出几种几何特征的公差，可将一个公差框格放在另一个的下方，如图（d）所示

1.6.2 要素、被测要素和基准要素

被测要素

1．用带箭头的指引线将公差框格与被测要素相连。被测要素为轮廓线或表面时，将箭头指到要素的轮廓线、表面或它们的延长线上，指引线的箭头应与尺寸线的箭头明显地错开，如图 4-39（a）所示。当指向实际表面（表面形状的投影）时，箭头可指在带点的参考线上，而该点指在实际表面上，如图 4-39（b）所示

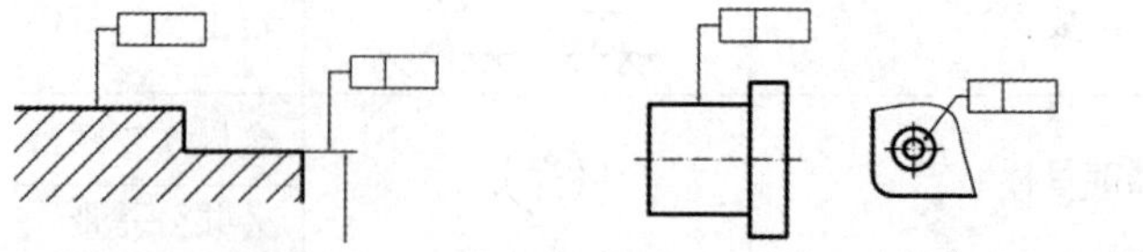

（a）被测要素为轮廓线或表面 （b）指向实际表面箭头指在带点的参考线上

图 4-39 用带箭头的指引线将公差框格与被测要素相连

<table>
<tr>
<td rowspan="4">要素：是指零件上的特定部位的点、线或面。这些要素可以是组成要素（例如圆柱体的外表面），也可以是导出要素（例如中心线或中心面）。
被测要素：是指给出了几何公差的要素。
基准要素：是指用来确定被测要素的方向或位置的要素</td>
<td rowspan="4">被测要素</td>
<td colspan="2">2．当被测要素是轴线、中心平面或由带尺寸要素确定的点时，带箭头的指引线应与该要素尺寸线的箭头对齐，指引线箭头所指方向是公差带的宽度方向或直径方向，如图 4-40 所示
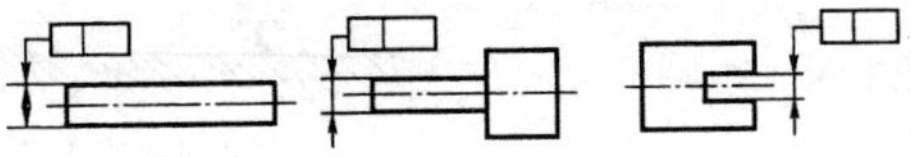
图 4-40　当被测要素是轴线、中心平面或由带尺寸要素确定的点</td>
</tr>
<tr>
<td colspan="2">3．被测要素为圆锥体轴线时，指引线应与圆锥体的直径尺寸线（大端或小端）对齐，如图 4-41（a）所示。如果直径尺寸线不能明显地区别圆锥体和圆柱体，则应在圆锥体里画出空白尺寸线，并将指引线的箭头与空白尺寸线对齐，如图 4-41（b）所示。如果锥体是使用角度尺寸标注，则指引线的箭头应对着角度尺寸线，如图 4-41（c）所示
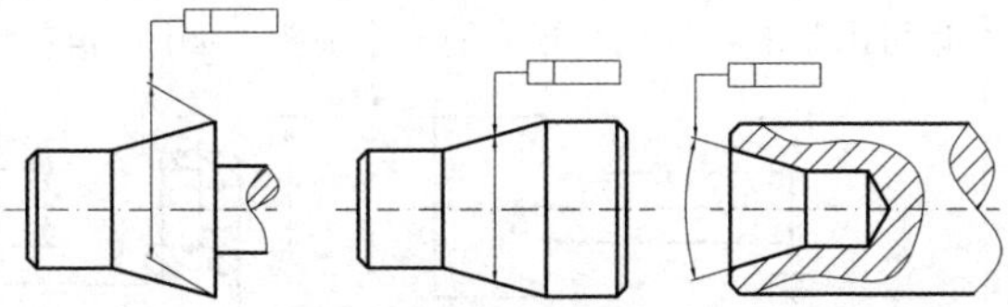
（a）锥体轴线　（b）锥体轴线　（c）锥孔轴线
图 4-41　被测要素为圆锥体轴线</td>
</tr>
<tr>
<td colspan="2">4．当被测要素为螺纹中径时，在图样中画出中径，指引线箭头应与中径尺寸线对齐，如图 4-42（a）所示。如果图样中未画出中径，指引线箭头可与螺纹尺寸线对齐，如图 4-42（b）所示，但其被测要素仍为螺纹中径轴线。当被测要素不是螺纹中径时，则应在框格下面附加说明。若被测要素是螺纹大径轴线，则应用 MD 表示，如图 4-42（c）所示。若被测要素是螺纹小径轴线，则应用 LD 表示，如图 4-42（d）所示
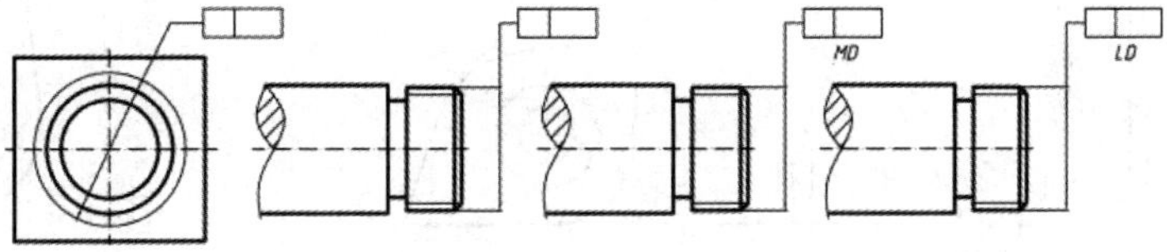

（a）中径轴线　（b）中径轴线　（c）大径轴线　（d）小径轴线
图 4-42　当被测要素为螺纹中径</td>
</tr>
<tr>
<td>5．当同一被测要素有多项形位公差要求，且标注方法又一致时，可以将这些框格绘制在一起，只画一条指引线，如图 4-43 所示
6．多个被测要素有相同的形位公差要求时，可以从框格引出的指引线上画出多个指引箭头，并分别指向各被测要素，如图 4-44 所示</td>
<td>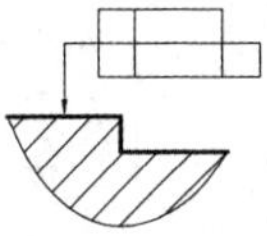
图 4-43　当同一被测要素有多项形位公差要求
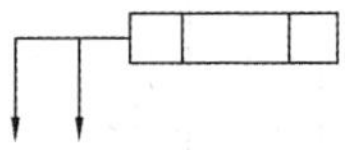
图 4-44　多个被测要素有相同的形位公差要求</td>
</tr>
</table>

基准要素

1．相对于被测要素的基准要素，由基准字母表示，字母标注在基准方格内，用一条细实线与一个涂黑或空白的三角形（两种形式同等含义）相连，形成基准符号。表示基准的字母还应按基准优先次序标注在公差框格内，如图 4-45 所示

图 4-45　基准要素

2．当基准要素为轮廓线或轮廓面时，基准符号标注在要素的轮廓线、表面或它们的延长线上。基准符号与尺寸线明显错开，如图 4-46 所示

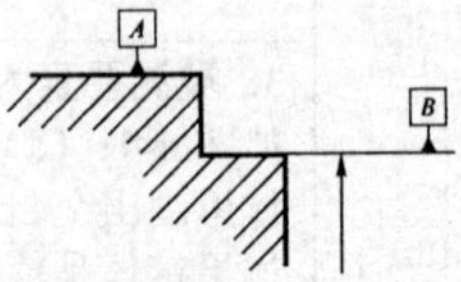

图 4-46　基准要素为轮廓线或轮廓面

3．当基准要素是尺寸要素确定的轴线、中心平面或中心线时，基准符号对准尺寸线，也可由基准符号代替相应的一个箭头，如图 4-47 所示

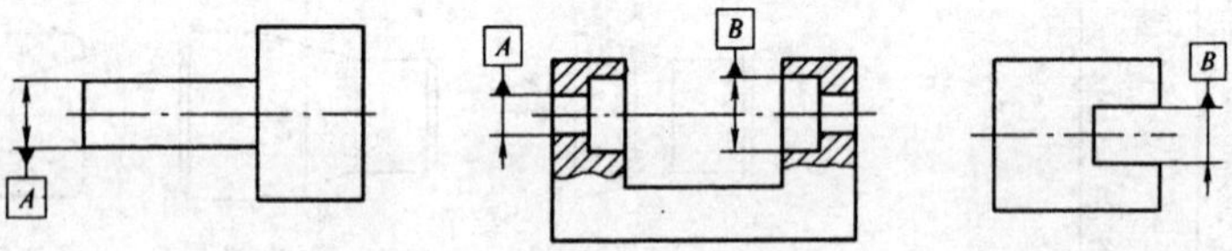

（a）基准要素是轴线　（b）基准要素是中心平面　（c）基准要素是中心线

图 4-47　基准符号对准尺寸线

4．基准符号也可标注在用圆点从轮廓表面引出的基准线上，如图 4-48 所示。

5．基准符号中的基准方格不能斜放，必要时基准方格与黑色三角间的连线可用折线，如图 4-49 所示。

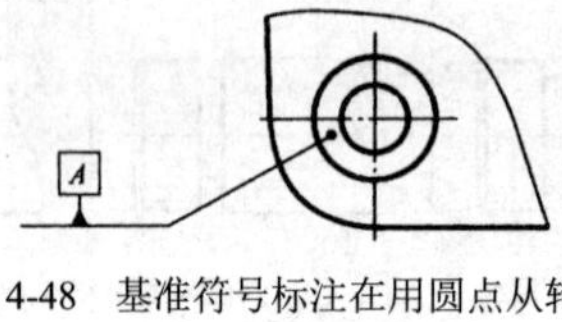

图 4-48　基准符号标注在用圆点从轮廓表面引出的基准线上

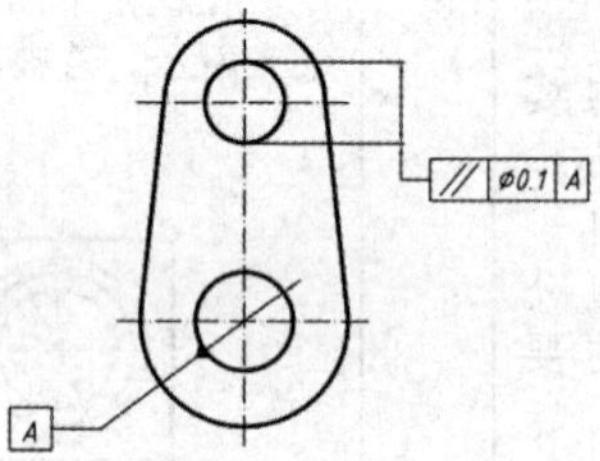

图 4-49　基准符号中的基准方格不能斜放

6．由两个要素组成的公共基准，在公差框格中标注成用横线隔开的两个大写字母，如图 4-50 中所示的标注 $A-B$。

7．在由两个或三个要素组成的基准体系中，公差框格中标注的代表基准的大写字母，应按基准的优先次序从左到右分别注写在各格中，如图 4-51 所示。

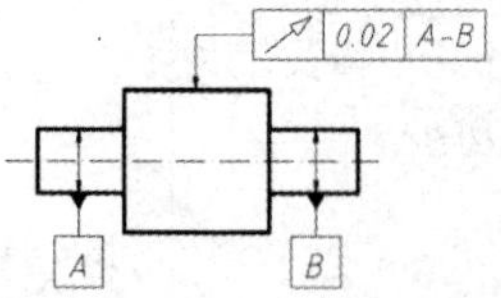

图 4-50　由两个要素组成的公共基准

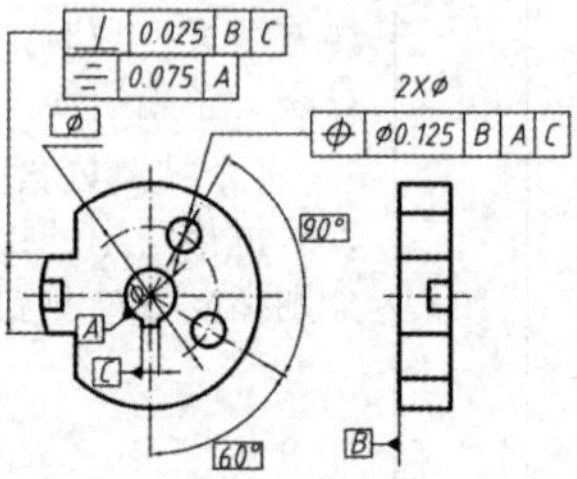

图 4-51　由两个或三个要素组成的基准体系

1.6.3 几何公差的公差带定义和标注示例

<table>
<tr><th>名称</th><th>标注示例</th><th>公差带形状</th></tr>
<tr><td>平面度</td><td>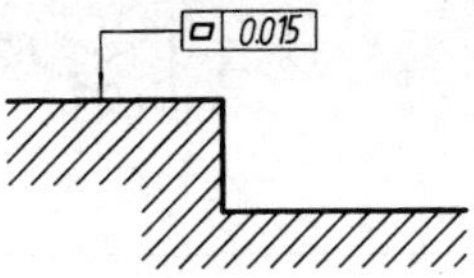</td><td></td></tr>
<tr><td>直线度</td><td>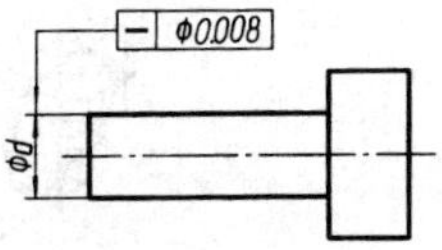</td><td>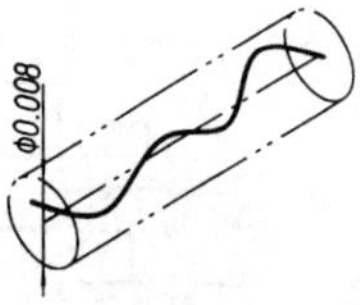</td></tr>
<tr><td>圆柱度</td><td>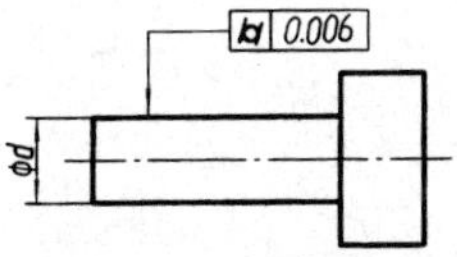</td><td>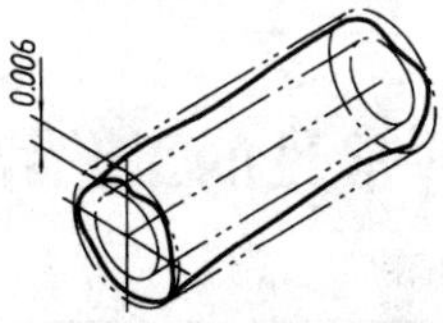</td></tr>
<tr><td>圆度</td><td>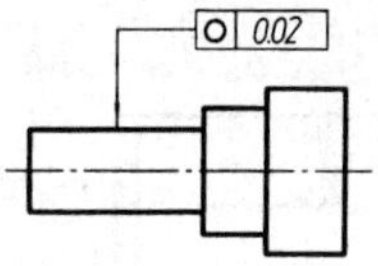</td><td>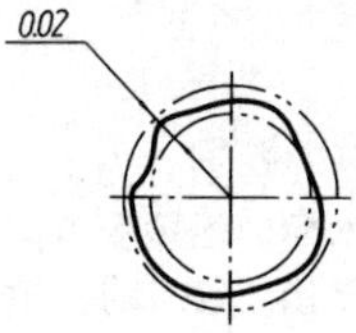</td></tr>
<tr><td rowspan="2">平行度</td><td>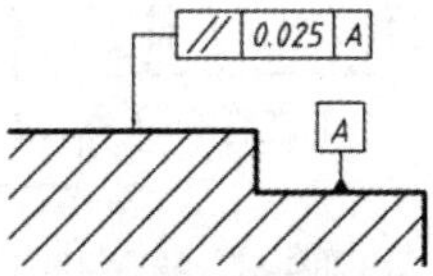</td><td>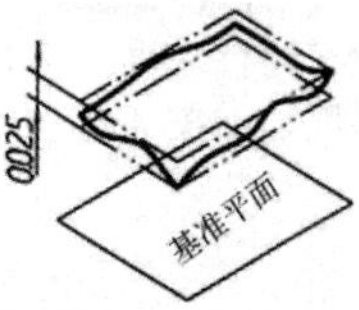</td></tr>
<tr><td>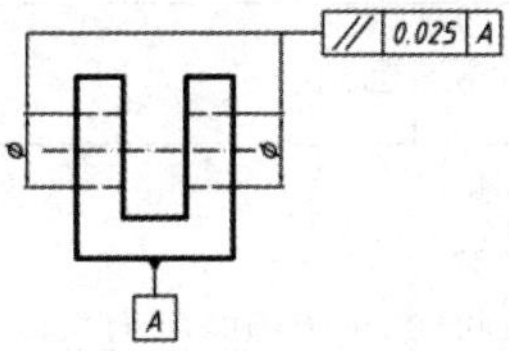</td><td>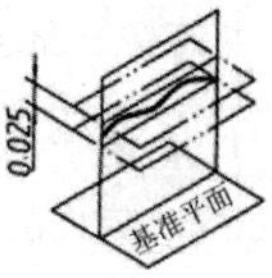</td></tr>
<tr><td>对称度</td><td>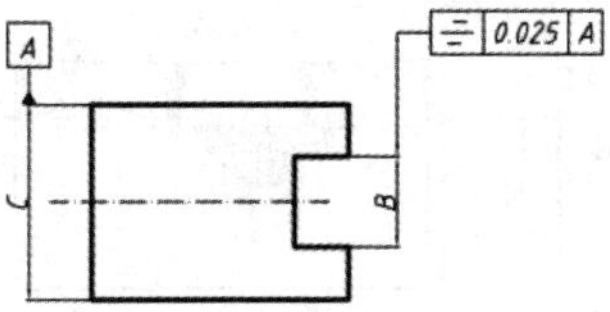</td><td></td></tr>
<tr><td>垂直度</td><td>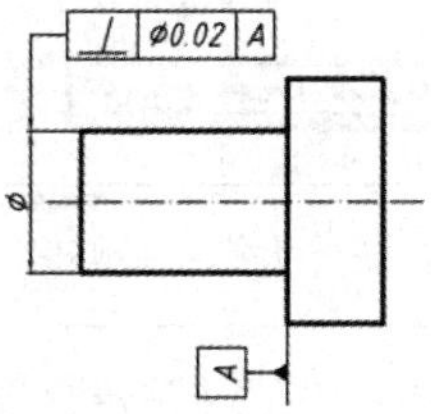</td><td>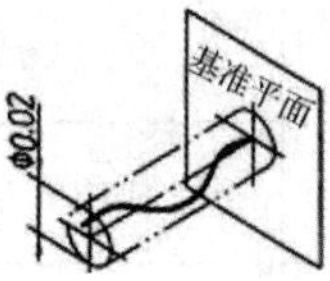</td></tr>
</table>

同轴度	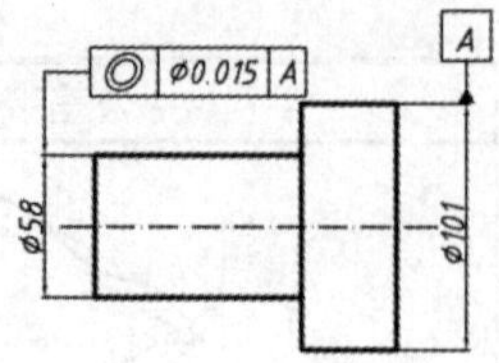	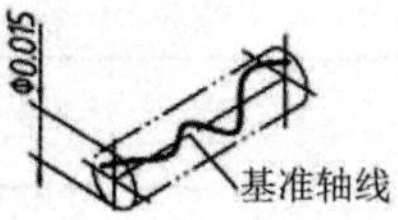
圆跳动	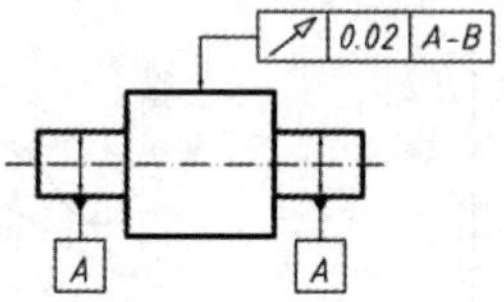	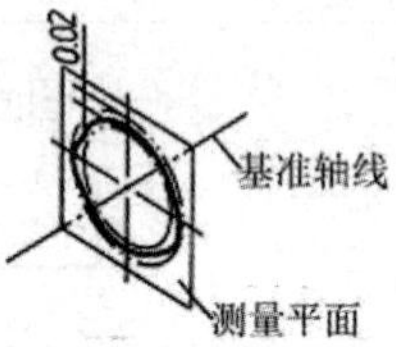

2 零件常见的工艺结构

零件常见的工艺结构

<table>
<tr><td rowspan="6">铸造零件的工艺结构</td><td>铸造斜度</td><td>铸件在造型时为了便于取出木模，沿脱模方向的表面做出 1:20 的拔模斜度（≈3°），浇铸后这一斜度留在铸件表面，称为铸造斜度，如图 4-52 所示</td><td>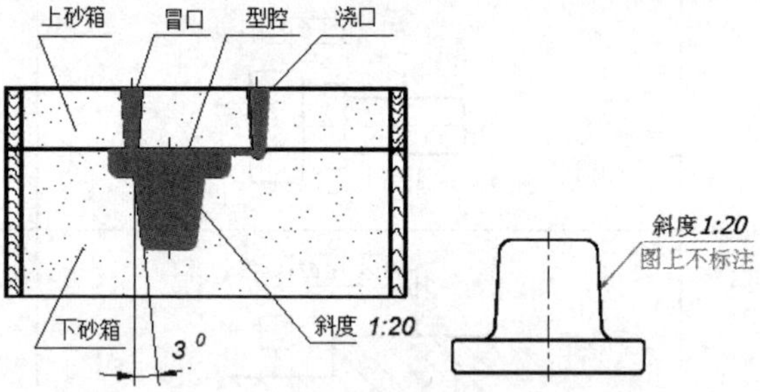
图 4-52　铸造斜度</td></tr>
<tr><td rowspan="5">铸造圆角</td><td>概念</td><td>铸件表面连接或转弯处的过渡圆角称为铸造圆角</td></tr>
<tr><td>作用</td><td>1．便于拔模。
2．防止浇铸金属溶液时冲坏砂型。
3．防止铸件冷却时产生缩孔或裂纹，同时防止脱模时砂型落砂</td></tr>
<tr><td>图示</td><td>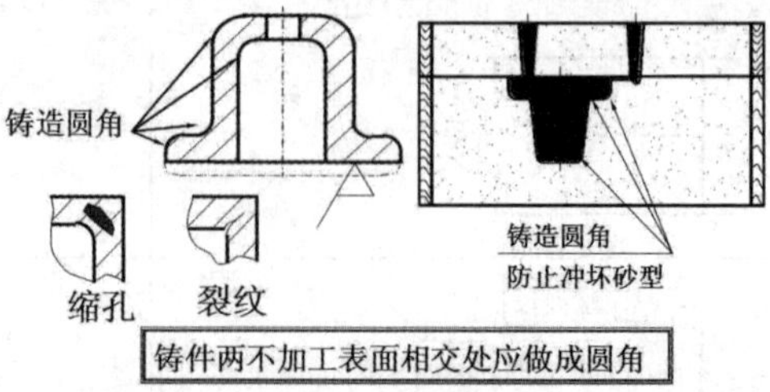</td></tr>
<tr><td>大小</td><td>铸造圆角的半径必须与铸件的壁厚相适应，壁厚大则半径亦大，一般 R=2～5mm</td></tr>
<tr><td>标注</td><td>铸造圆角的半径尺寸集中标注在技术要求中，如：“未注铸造圆角 R3～5”</td></tr>
</table>

<table>
<tr><td rowspan="3"></td><td></td><td>画法</td><td colspan="2">1．两相交的铸造面，其转角处画成圆角，如图 4-53 所示。
2．两相交的面，若有一个面经过切削加工，则其转角处画成尖角，如图 4-53 所示</td><td>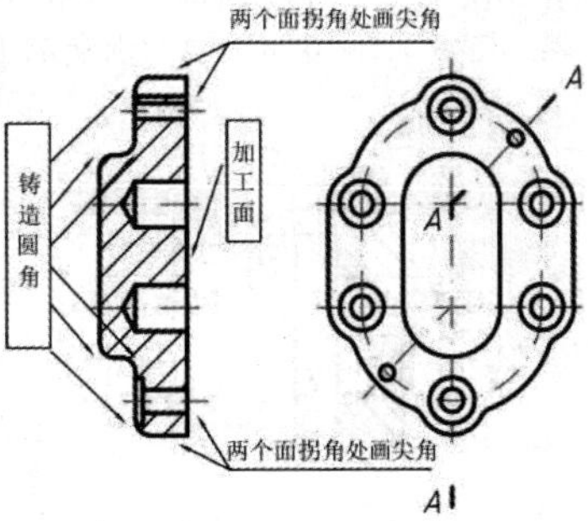
图 4-53　两相交的铸造面转角处画成圆角</td></tr>
<tr><td>铸件壁厚</td><td colspan="3">为防止铸件冷却时产生缩孔或裂纹，铸件壁厚应保持大致相等或逐渐变化，如图 4-54 所示</td><td>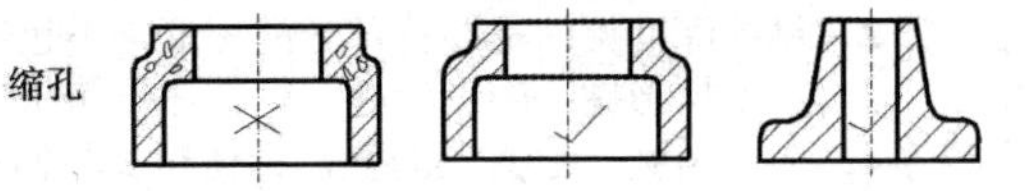
（a）壁厚不均匀　（b）壁厚均匀　（c）壁厚逐渐过渡
图 4-54　铸件壁厚</td></tr>
<tr><td>过渡线</td><td colspan="2">1．铸件的两相交表面由于铸造圆角的存在，在理论上其表面不存在交线，为了区分不同表面，相贯以过渡线的形式画出（即用细实线按两相交表面无圆角时画出，但与铸造圆角留有间隙）。
2．用细实线绘制</td><td>（1）两正交不等径圆柱相交过渡线，如图 4-55 所示。
（2）两等直径圆柱相交过渡线，如图 4-56 所示。
（3）平面与平面、平面与曲面过渡线（细实线），如图 4-57 所示</td><td>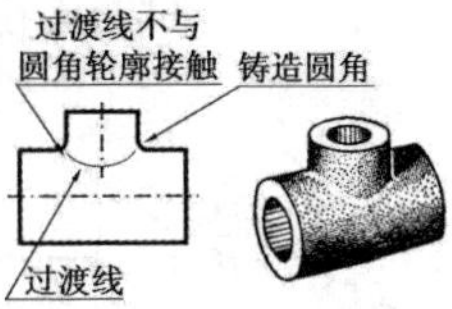
图 4-55　两正交不等径圆柱相交过渡线
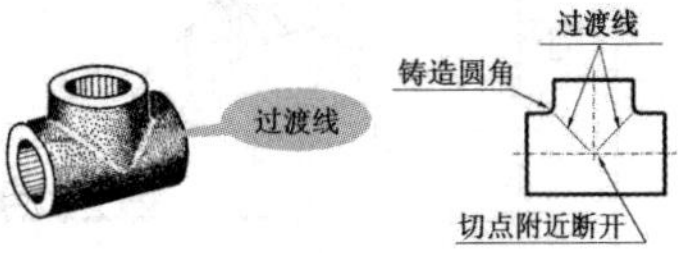
图 4-56　两等直径圆柱相交过渡线
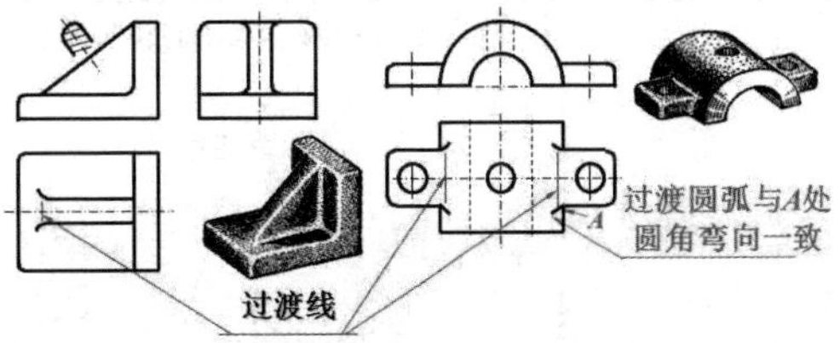
图 4-57　过渡线</td></tr>
<tr><td>零件加工面的常见工艺结构</td><td>倒角和倒圆</td><td colspan="4">1．为了去除零件加工表面的毛刺、锐边和便于装配，在轴或孔的端部一般加工出与水平方向成 45°（一般用 C 表示）、30°、60°的倒角。如图 4-58 所示。
2．为了避免阶梯轴轴肩的根部因应力集中而产生裂纹，在轴肩处加工成圆角过渡，称为倒圆，如图 4-58 所示
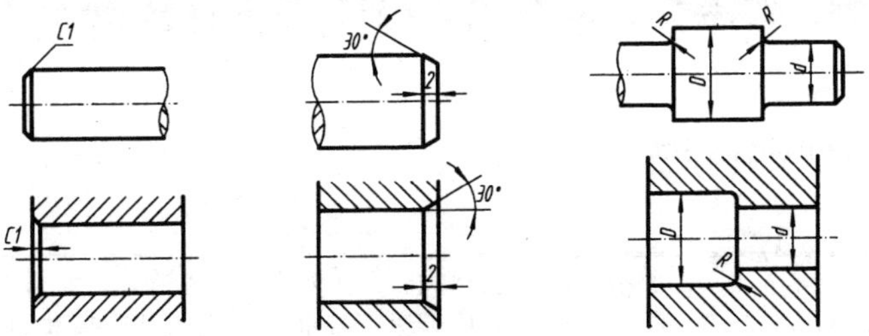
（a）45°倒角注法　（b）非 45°倒角注法　（c）倒圆注法
图 4-58　倒角和倒圆</td></tr>
</table>

	退刀槽和砂轮越程槽	零件在切削加工中（特别是在车螺纹和磨削中），为了便于退出刀具或使被加工表面完全加工，常常在零件的待加工面的末端加工出退刀槽或砂轮越程槽，如图 4-59 所示 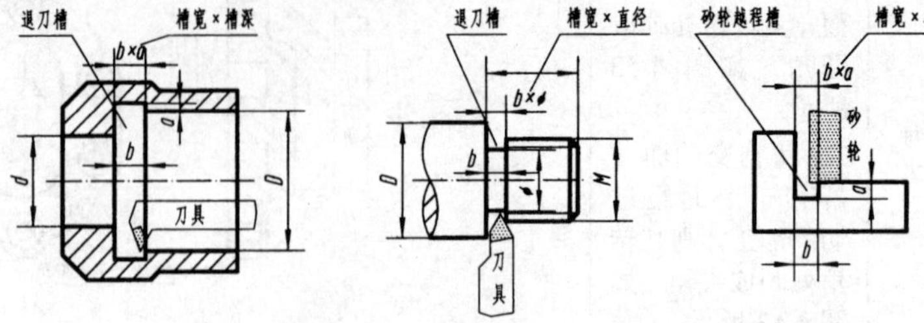 图 4-59　退刀槽或砂轮越程槽
	钻孔结构	1．用钻头钻盲孔时，在底部有一个 120°的锥角。 2．钻孔深度指的是圆柱部分的深度，不包括锥角。 3．在阶梯形钻孔的过渡处，也存在锥角 120°的圆台。 4．对于斜孔、曲面上的孔，为使钻头与钻孔端面垂直，应制成与钻头垂直的凸台或凹坑，如图 4-60 所示 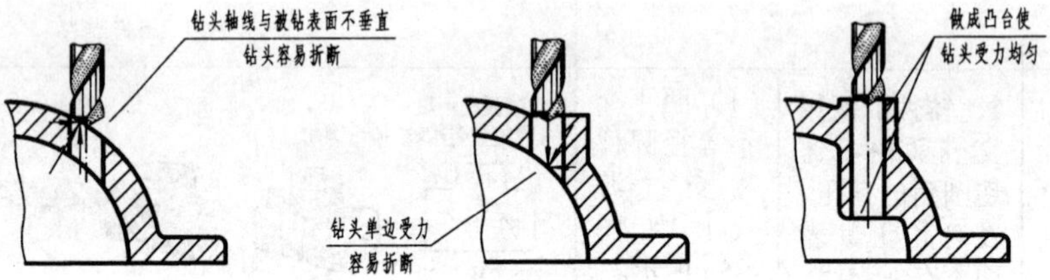 （a）不合理　（b）不合理　（c）合理 图 4-60　钻孔结构
	凸台和凹坑	为使配合面接触良好，并减少切削加工面积，应将接触部位制成凸台或凹坑等结构，如图 4-61 所示 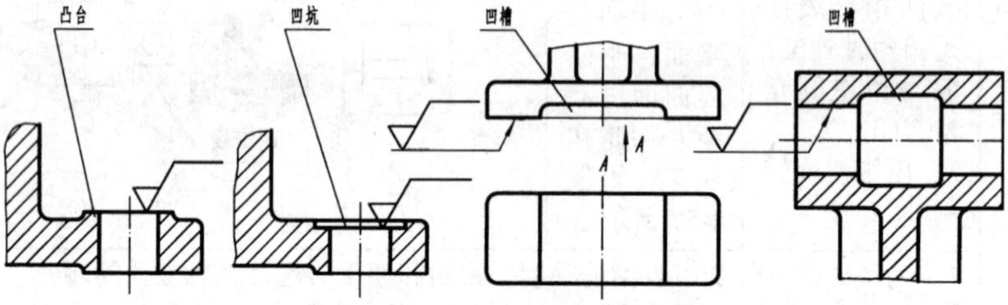 图 4-61　凸台和凹坑

3　轴套类、盘盖类、叉架类、箱体类零件图的识绘（思政元素：精益求精）

零件图的尺寸标注

3.1　零件图的尺寸标注

零件图中标注的尺寸是加工和检验零		设计基准	根据零件的结构、设计要求，用以确定该零件在机器中的位置所依据的点、线、面称为设计基准。常见的设计基准如下： 1．零件上主要回转结构的轴线。 2．零件结构的对称中心面。

<table>
<tr><td rowspan="8">件的重要依据。除了应符合尺寸标注中正确、完整和清晰的基本要求外，还必须满足合理的要求。尺寸标注的合理是指所注的尺寸既要满足设计要求，又要满足加工、测量和检验等制造工艺的要求。要做到合理标注尺寸，需要较多的机械设计和机械制造方面的知识</td><td rowspan="8">零件图的尺寸基准</td><td>设计基准</td><td>3．零件的重要支承面、装配面及两零件重要的结合面。
4．零件的主要加工面。
5．零件的安装面</td></tr>
<tr><td>工艺基准</td><td>1．根据零件加工制造、测量和检验等工艺要求所选定的一些点、线、面称为工艺基准。
2．工艺基准一般为零件在机床上加工时装夹位置或测量零件尺寸时所利用的点、线、面</td></tr>
<tr><td>主要基准与辅助基准</td><td>1．任何一个零件都有长、宽、高三个方向（或轴向、径向两个方向）的尺寸，每个方向的尺寸至少有一个基准，这三个基准就是主要基准，主要基准一般为设计基准。
2．为了便于加工和测量，通常还附加一些尺寸基准，称为辅助基准。辅助基准必须有尺寸与主要基准相联系。辅助基准可以是设计基准或工艺基准，一般为工艺基准</td></tr>
<tr><td>基准重合原则</td><td>1．工艺基准与设计基准重合时，主要基准与设计基准和工艺基准重合；辅助基准可以是设计基准或工艺基准，以减少尺寸误差，保证产品质量。
2．工艺基准与设计基准不重合时，主要尺寸基准要与设计基准重合。如图4-62中底面是设计基准，加工时又是工艺基准
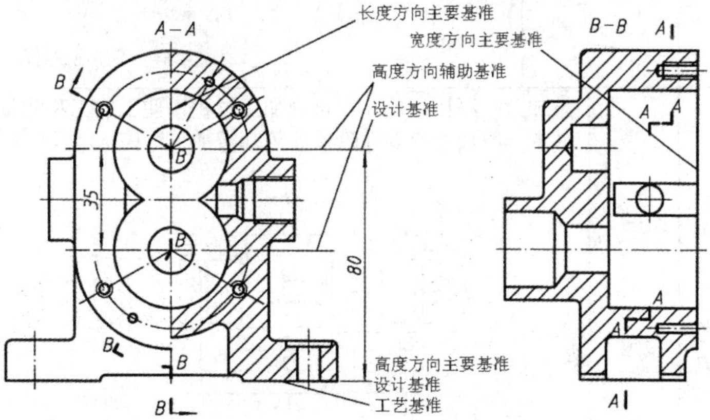

图4-62　基准重合原则</td></tr>
</table>

3.2　零件图中标注尺寸的注意事项

<table>
<tr><td colspan="3">1．非功能尺寸一般是用来保证零件的结构强度，确定零件形状，控制零件重量的一些尺寸。
2．非功能尺寸不影响产品的工作性能，也不影响零件间的配合性质和精度。
3．非功能尺寸可以从工艺基准出发标注，以满足工艺要求，并应考虑加工顺序和测量方便</td></tr>
<tr><td>考虑设计要求</td><td>1．零件的重要尺寸要直接标注（图4-63）</td><td>（1）影响零件工作性能、精度和装配技术要求的重要尺寸，称为功能尺寸（规格性能尺寸、配合尺寸、安装尺寸、定位的尺寸）。
（2）功能尺寸必须从设计基准出发直接注出，以保证加工时达到设计要求，避免尺寸之间的换算，以保证产品质量</td></tr>
</table>

考虑设计要求		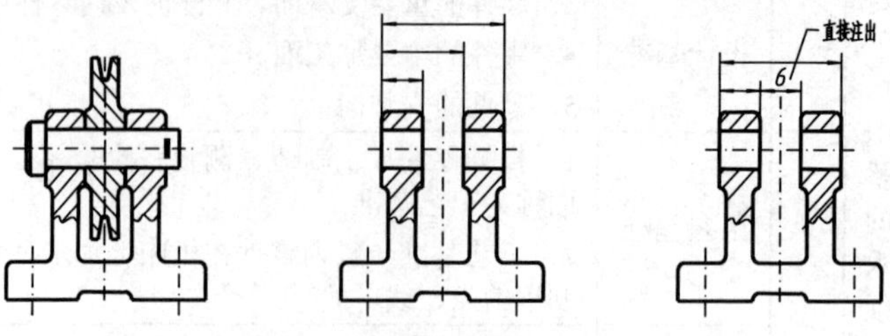 图 4-63 零件的重要尺寸要直接标注
	2．不能注成封闭尺寸链	封闭的尺寸链是指首尾相接，形成一个封闭圈的一组尺寸。图 4-64（a）中注成封闭尺寸链，尺寸 *A* 将受到 *B*、*C* 的影响而难于保证。正确的标注如图 4-64（b）所示，将不重要的尺寸 *B* 去掉，*A* 不受尺寸 *C* 的影响 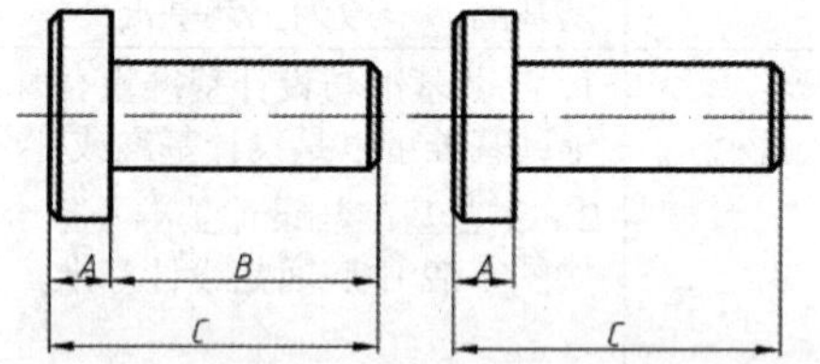 （a）错误 （b）正确 图 4-64 不能注成封闭尺寸链
考虑工艺要求	按加工顺序标注尺寸	按加工顺序标注尺寸，符合加工过程，便于加工和测量，从而保证工艺要求。轴套类零件的一般尺寸或零件阶梯孔等都按加工顺序标注尺寸，如图 4-65 所示 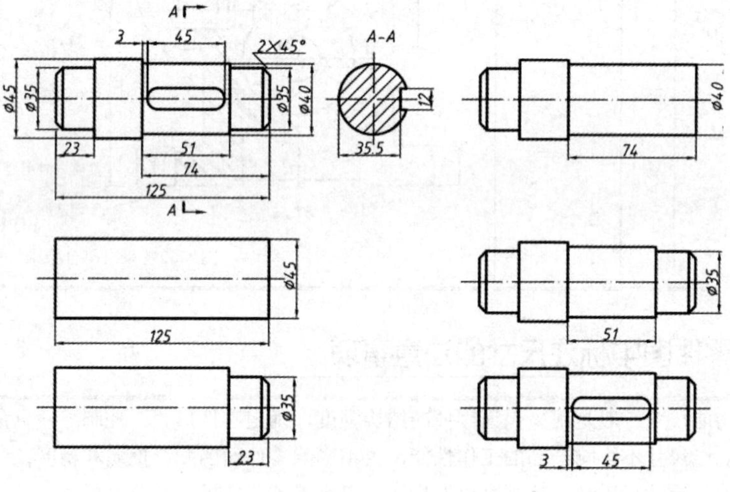 图 4-65 按加工顺序标注尺寸
	考虑测量方便标注尺寸	1．在没有结构或其他特殊要求时，标注尺寸时应考虑测量和检验的方便。 2．同时尽量做到使用普通量具就能测量，以减少专用量具的设计和制造。如图 4-66 所示

		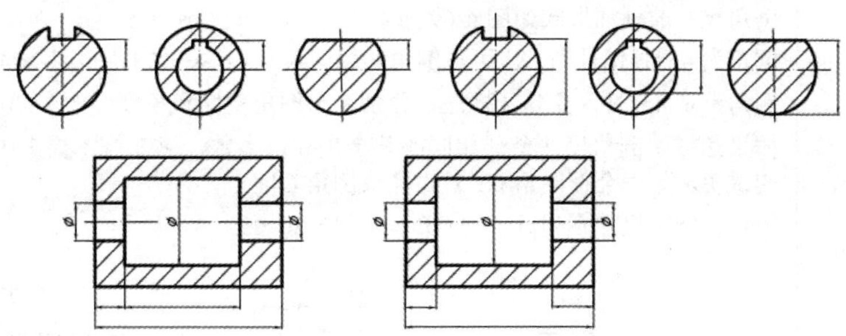 （a）不便于测量　　（b）便于测量 图 4-66　考虑测量方便标注尺寸
	长圆孔的尺寸标注	机件上的长圆孔或凸台，由于作用和加工方法不同，而有不同的尺寸注法，如图 4-67 所示。 1．一般情况下，如键槽、散热孔以及在薄板零件上冲压出的加强肋等，采用第一种注法。 2．当长圆孔装入螺栓时，中心距就是允许螺栓变动的距离，也是钻孔的定位尺寸，此时采用第二种注法。 3．在特殊情况下，可采用特殊注法，此时宽度 8 与半径 *R*4 不认为是相互重复尺寸 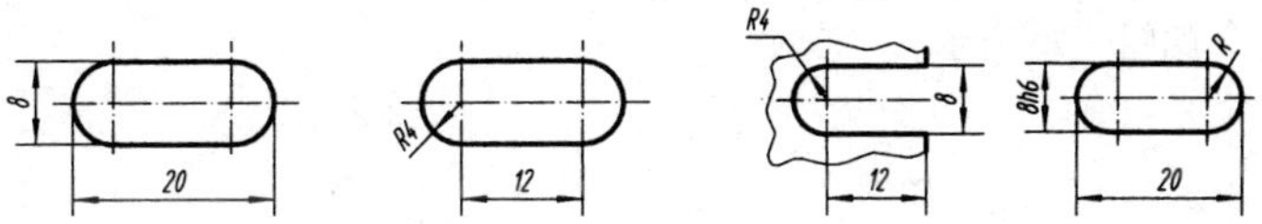 （a）第一种注法　（b）第二种注法　（c）特殊注法 图 4-67　长圆孔的尺寸标注
	注意考虑毛坯面与加工面之间的尺寸联系	在铸造或锻造零件上标注尺寸时，应注意同一方向的加工表面只应有一个以非加工面作基准标注的尺寸。如图 4-68（a）所示壳体，图中所指两个非加工面，已由铸造或锻造工序完成。加工底面时，不能同时保证尺寸 8 和 21，所以图 4-68（a）的注法是错误的。如果按图 4-68（b）的标注，加工底面时，先保证尺寸 8，然后再加工顶面，显然也不能同时保证尺寸 35 和 14，这种注法也不行。图 4-68（c）的注法正确，因为尺寸 13 已由毛坯制造时完成，先按尺寸 8 加工底面，然后按尺寸 35 加工顶面，所以能保证要求 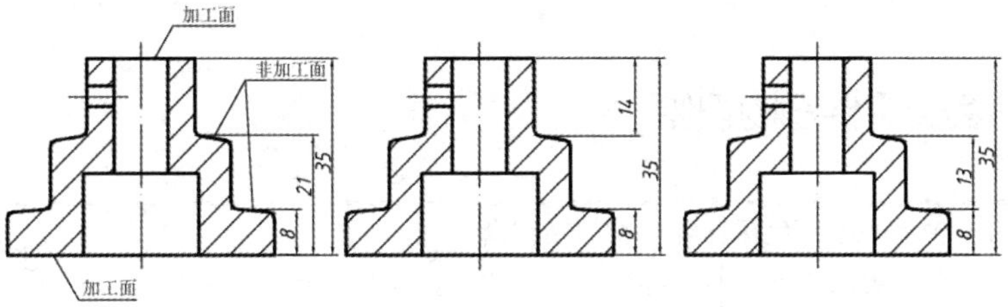 （a）错误　（b）错误　（c）正确 图 4-68　在铸造或锻造零件上标注尺寸

3.3　零件上常见结构的尺寸标注

圆角尺寸的标注	铸件上的圆角或切削加工的不重要圆角，可在技术要求中或图样空白处用文字说明。 当圆角的尺寸全部相同时，可写明“全部圆角 *R*×”。 若某个圆角尺寸占多数，这些圆角的尺寸不必一一标注，可统一写明“未注尺寸的铸造圆角为 *R*×”或“未注圆角为 *R*×”

<table>
<tr><td>倒角尺寸标注</td><td>倒角尺寸的标注形式如图 4-69 所示。
倒角为 45°时代号为 C，可与倒角的轴向尺寸连注，如 C1 或者 1×45°。
倒角不是 45°时，要分开标注，分别注出倒角宽度和角度，如 2×30°。
如果图样中倒角尺寸全部相同或某个尺寸占多数，可在技术要求中或图样空白处进行总的说明，如“全部倒角 C1.5”“其余倒角 C1”。
倒角、倒圆尺寸系列可查阅 GB 6403.4－86

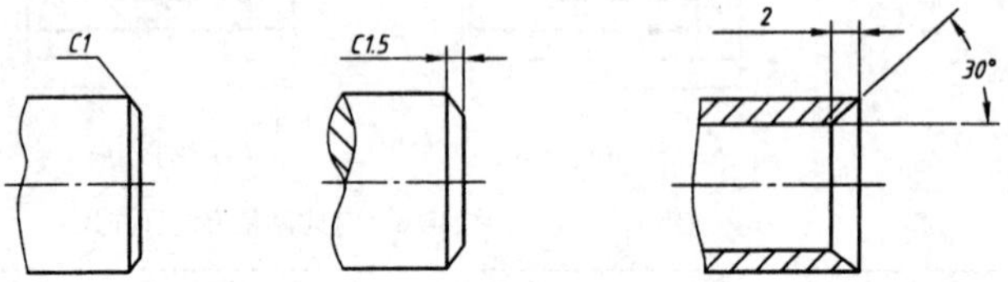

图 4-69　倒角尺寸标注</td></tr>
<tr><td>螺纹退刀槽和砂轮越程槽的尺寸标注</td><td>螺纹退刀槽和砂轮越程槽一般可按“槽宽×直径”或“槽宽×槽深”的形式标注。
退刀槽宽度应直接注出，这样标注便于选择切槽刀。
在图样上，螺纹退刀槽和砂轮越程槽常常用局部放大图表示，其尺寸数值可查零件手册，如图 4-70 所示

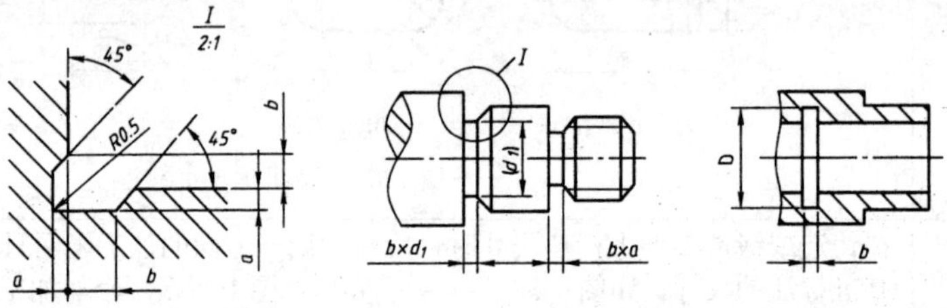

图 4-70　螺纹退刀槽和砂轮越程槽的尺寸标注</td></tr>
<tr><td>常见孔的尺寸标注</td><td>见机械零件设计手册</td></tr>
</table>

3.4　轴套类零件图的识绘

轴套类零件图的识绘

<table>
<tr><td>简介</td><td>1．轴套类零件包括各种用途的轴和套。
2．轴主要用来支承传动零件（如带轮、齿轮等）和传递动力。
3．套一般装在轴上或机体孔中，起轴向定位、支承、导向、保护传动零件或连接等作用。
4．常见零件：各种轴、丝杠、套筒、衬套等</td></tr>
<tr><td>结构工艺特点</td><td>1．轴的主体多数是由几段直径不同的圆柱、圆锥体组成的，构成阶梯状。
2．轴上加工有键槽、螺纹、挡圈槽、倒角、退刀槽、中心孔等结构。
3．为了传递动力，轴上装有齿轮、带轮等，利用键来连接，因此在轴上开有键槽。
4．为了防止齿轮轴向窜动，装有弹簧挡圈，故加工出挡圈槽。
5．为便于轴上各零件的安装，在轴端车有倒角。
6．轴的中心孔是供加工时装夹和定位用的。
7．这些局部结构主要是为了满足设计要求和工艺要求，主要在车床、磨床上加工，如图 4-71 所示</td></tr>
</table>

	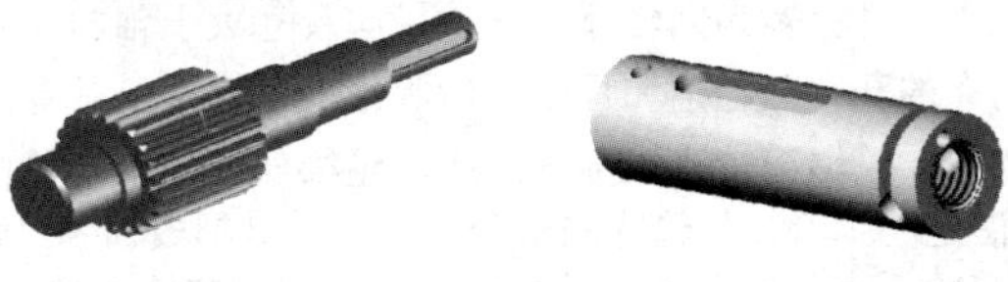 图 4-71　轴套类零件
表达方法	1．为了加工时看图方便，轴类零件的主视图按加工位置选择，一般将轴线水平放置。垂直轴线方向作为主视图的投射方向，使它符合车削和磨削的加工位置。在主视图上，清楚地反映了阶梯轴的各段形状及相对位置，也反映了轴上各种局部结构的轴向位置。 2．轴上的局部结构，一般采用断面、局部剖视、局部放大图、局部视图来表达。用移出断面反映键槽的深度，用局部放大图表达挡圈槽的结构。 3．关于套类零件，主要结构仍由回转体组成，与轴类零件的不同之处在于套类零件是空心的。因此主视图多采用轴线水平放置的全剖视表示
尺寸标注	1．轴的径向尺寸基准是轴线，可标注出各段轴的直径。 2．轴向尺寸基准常选择重要的端面及轴肩
技术要求	1．有配合要求的表面，其表面结构参数值较小；无配合要求表面的表面结构参数值较大。 2．有配合要求的轴颈尺寸公差等级较高、公差较小；无配合要求的轴颈尺寸公差等级较低，或不需标注。 3．有配合要求的轴颈和重要的端面应有几何公差的要求
应用	读图 4-72 所示轴的零件图 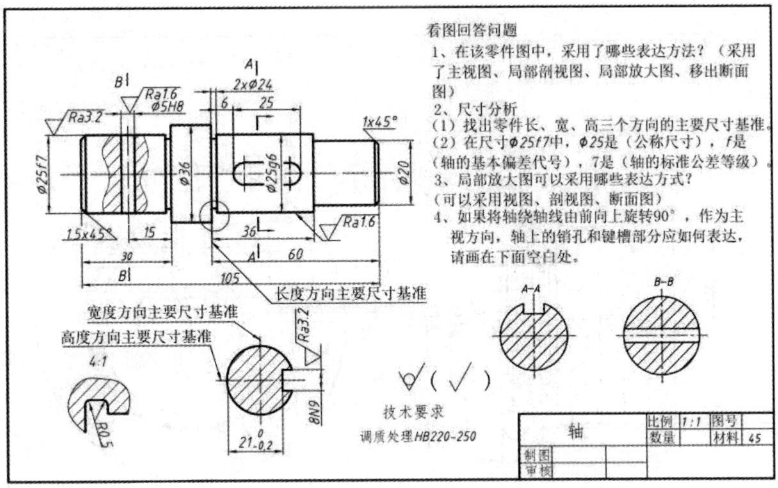 图 4-72　轴的零件图

3.5　盘盖类零件图的识绘

盘盖类零件图的识绘

简介	1．盘盖类零件包括各种用途的轮和盘盖零件，其毛坯多为铸件或锻件。 2．轮一般用键、销与轴连接，用以传递动力和扭矩。 3．盘盖主要起支承、轴向定位以及密封等作用。 4．轮类零件常见有手轮、带轮、链轮、齿轮、蜗轮、飞轮等，盘盖类零件有圆、方等各种形状的法兰盘、端盖等

<table>
<tr><td>结构
工艺
特点</td><td>1．盘盖类零件主体部分多为回转体，一般径向尺寸大于轴向尺寸。
2．其上常有均布的孔、肋、槽和耳板、齿等结构，透盖上常有密封槽。
3．轮一般由轮毂、轮辐和轮缘三部分组成，轮缘部分加工有轮槽或轮齿等结构，与外界相连传递动力。轮辐是连接轮毂与轮缘的部分，轮辐可以制成辐条、辐板两种形式，为了减轻质量和便于装卸，在辐板上常带有孔。较小的轮也可制成实体（辐板）式。
4．工艺特点：主要在车床或磨床上加工。常见的盘盖类零件外形如图 4-73 所示

(a) 手轮　(b) 齿轮　(c) 泵盖
图 4-73　盘盖类零件</td></tr>
<tr><td>表达
方法</td><td>1．根据盘盖类零件的结构特点，主要加工表面以车削为主，因此在表达这类零件时，其主视图经常是将轴线水平放置，并做全剖视，在主视图中清楚地反映了透盖的局部凹槽、内侧的沟槽，同时也表达了透盖的厚度。
2．其他视图一般还需要一个左视图，在图 4-74 所示的左视图中，表达了透盖的圆形凸缘和四个均匀分布的孔。
3．对结构复杂的盘盖类零件，还常用移出断面图或局部放大图表示某些局部结构
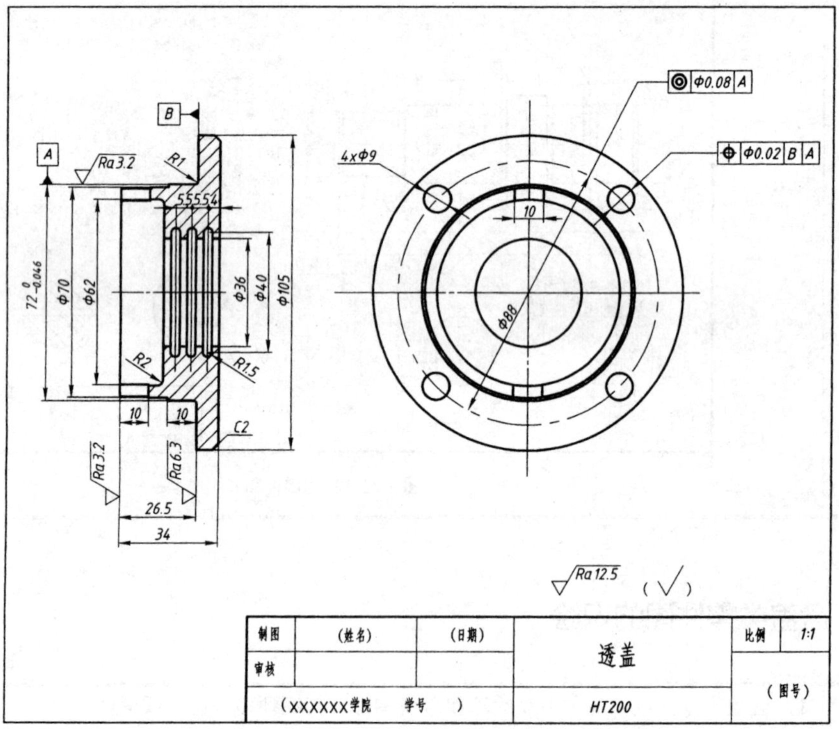

图 4-74　透盖零件图</td></tr>
<tr><td>尺寸
标注</td><td>盘盖类零件在标注尺寸时，通常选用通过轴孔的轴线作为径向主要尺寸基准，长度方向的主要尺寸基准，常选用主要的端面。在图 4-74 中，透盖主视图选择右端面为长度方向的主要尺寸基准，透盖回转体的轴线为径向主要尺寸，透盖凸缘的左端面为辅助尺寸基准</td></tr>
</table>

技术要求	1．有配合的内、外表面和起轴向定位作用的端面粗糙度参数值较小。 2．配合的孔和轴的尺寸公差较小。 3．与其他运动零件相接触的表面应有平行度、垂直度的要求
应用	识读图 4-75 齿轮的零件图。 1．齿轮是由不同直径的回转体组成的，直径远大于厚度，属于盘盖类零件。 2．主视图的位置为工作位置，采用全剖视图，表达了齿轮的键槽和轴孔的结构，齿轮的轮齿按不剖绘制，齿轮轴线水平放置。齿轮按直齿圆柱齿轮的规定画法绘制。左视图采用了局部视图，表达了齿轮键槽和轴孔的尺寸，如图 4-75 所示。 3．齿轮的左端面为轴向尺寸基准，轴线为径向尺寸基准，尺寸标注如图 4-75 所示。 4．齿轮的左端面、键槽的侧面、轴孔有表面质量要求及尺寸公差要求；齿轮的右端面和轮齿有表面质量要求；齿轮的左右端面有几何公差要求，如图 4-75 所示

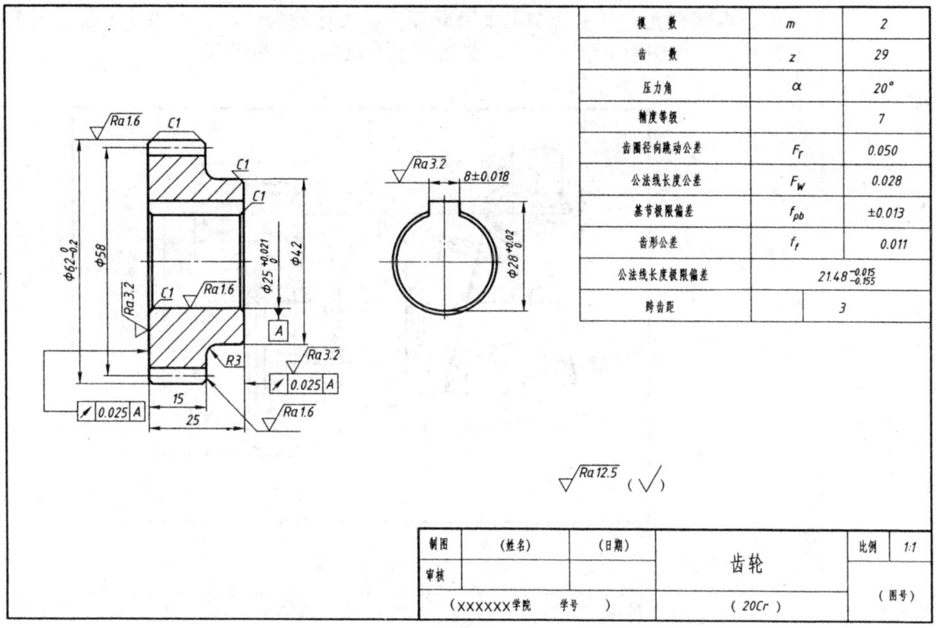

图 4-75　齿轮零件图

3.6　叉架类零件图的识绘

叉架类零件图的识绘

简介	1．叉架类零件包括各种用途的拨叉和支架零件。 2．拨叉零件主要用在机床、内燃机等各种机器的操纵机构上，为运动件，通常起传动、连接、调节或制动等作用。支架零件通常起支承、连接等作用
结构工艺特点	1．叉架类零件一般都是铸件或锻件毛坯，毛坯形状不规则，外形较复杂，根据这类零件的作用，可将其结构看成由三个部分组成：工作部分、支撑安装部分、连接部分。 2．常有弯曲或倾斜结构，并带有肋板、轴孔、耳板、底板等结构，局部结构常有油槽、油孔、螺孔、沉孔等。 3．工艺特点：多工序，无主要工艺。常见叉架类零件外形如图 4-76 所示

<table>
<tr><td></td><td>

（a）托脚　（b）支架　（c）脚踏座

图 4-76　叉架类零件
</td></tr>
<tr><td>表达方法</td><td>
1．由于叉架类零件加工工序较多，其加工位置经常变化，因此选主视图时，主要考虑零件的形状特征和工作位置。
2．叉架类零件常需要两个或两个以上的基本视图，为了表达零件上的弯曲或倾斜结构，还要选用斜视图、单一斜剖切面剖切的全剖视图、断面和局部视图等表达方法。
3．画图时，一般把零件主要轮廓放成垂直或水平位置，如图 4-77 所示。拨叉的套筒凸出部分内部有孔，在主视图上采用局部剖视表达较为合适，并用移出断面表示肋板的断面形状。左视图着重表示套筒、叉的形状和肋板结构的宽度

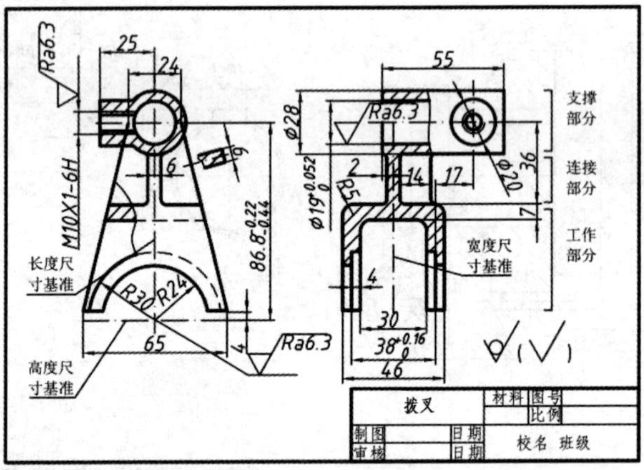

图 4-77　拨叉零件图
</td></tr>
<tr><td>尺寸标注</td><td>在标注叉架类零件的尺寸时，通常用安装基准面或零件的对称面作为尺寸基准</td></tr>
<tr><td>技术要求</td><td>叉架类零件的工作部分或支撑部分的孔、槽、叉、端面等需经过加工，并有严格的技术要求，其余部分没有什么特殊要求</td></tr>
<tr><td>应用</td><td>
识读图 4-78 托架零件图。
1．托架由两个基本形体通过连接部分连接而成。左侧是矩形板，其上有凸台和圆孔；右侧是圆筒，其上有带圆孔的凸台；连接部分是凹字形肋板。
2．以托架的工作位置为主视图的位置，表达了托架的整体结构；局部剖视图分别表达了左侧矩形板孔的内部结构和右侧圆筒的内部结构；俯视图采用基本视图表达了左侧矩形板外形特征和右侧圆筒外形结构；左视图反映了托架的连接部分凹字形肋板的厚度，以及连接部分和左侧矩形板和右侧圆筒的截交线；移出断面表达了凹字形肋板的结构形状；局部视图表达了圆筒侧面凸台和圆孔的形状特征。
3．长度方向的主要尺寸基准是 $\phi 35H8$ 的中心线；高度方向的主要尺寸基准是圆筒的底面，圆筒的顶面是高度方向的辅助尺寸基准；宽度方向的主要尺寸基准是托架的前后方向的对称平面。尺寸标注如图 4-78 所示。
4．支撑部分、运动配合面及安装面有较严格的尺寸公差、几何公差和表面质量要求，如图 4-78 所示
</td></tr>
</table>

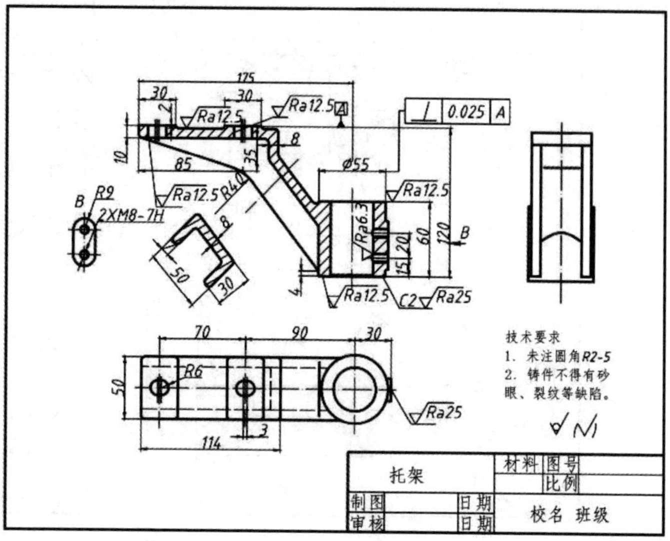

图 4-78　托架零件图

3.7　箱体类零件图的识绘

箱体类零件图的识绘

简介	1．箱体类零件主要用于支承、容纳其他零件以及定位和密封等，如各种箱体、壳体、泵体等。 2．这类零件多是机器或部件的主体件
结构工艺特点	1．箱体类零件一般为铸件，其结构形状复杂，尤其是内腔。 2．此类零件多有带安装孔的底板，上面常有凹坑或凸台结构，支承孔处常设有加厚凸台或加强肋，表面过渡线较多。 3．工艺特点：多工序，各工序被夹持的位置也不同。常见箱体类零件外形如图 4-79 所示  （a）传动箱　（b）减速器的箱座　（c）泵体 图 4-79　箱体类零件
表达方法	1．箱体类零件形状复杂，加工工序较多，加工位置不尽相同，但箱体在机器中的工作位置是固定的。因此，箱体的主视图常常按工作位置及形状特征来选择，为了清晰地表达内部结构，常采用剖视的方法。 2．图 4-80 是传动器箱体的零件图，采用三个基本视图。主视图采用全剖视，重点表达其内部结构；左视图内外兼顾，采用半剖视，并用局部剖视表达底板上安装孔的结构；而 *A-A* 剖视既表达了底板的形状，又反映了连接支承部分的断面形状，显然比画出俯视图的表达效果要好

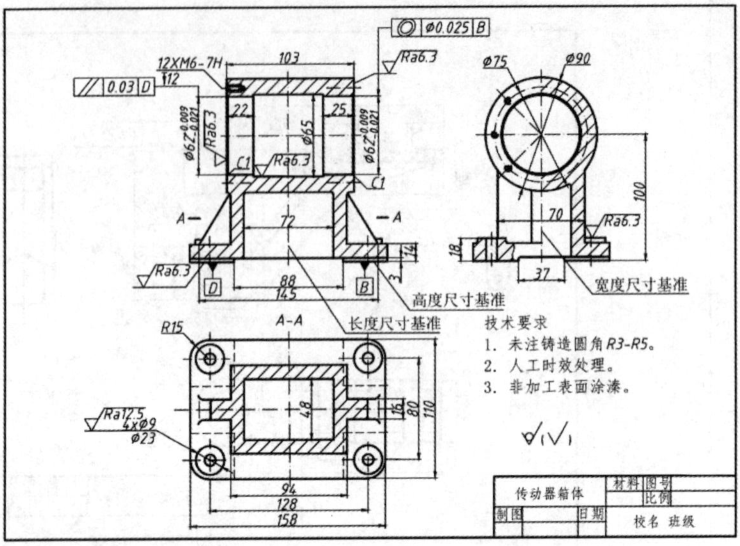

图 4-80　传动器箱体零件图

尺寸标注

1．在标注箱体类零件时常选用设计轴线、对称面、重要端面和重要安装面作为尺寸基准。
2．对于箱体上需加工的部分，应尽可能按便于加工和检验的要求标注尺寸

技术要求

重要的箱体孔和重要的表面，表面粗糙度轮廓参数值较小，并有尺寸公差和形位公差的要求

应用

识读图 4-81 泵体的零件图

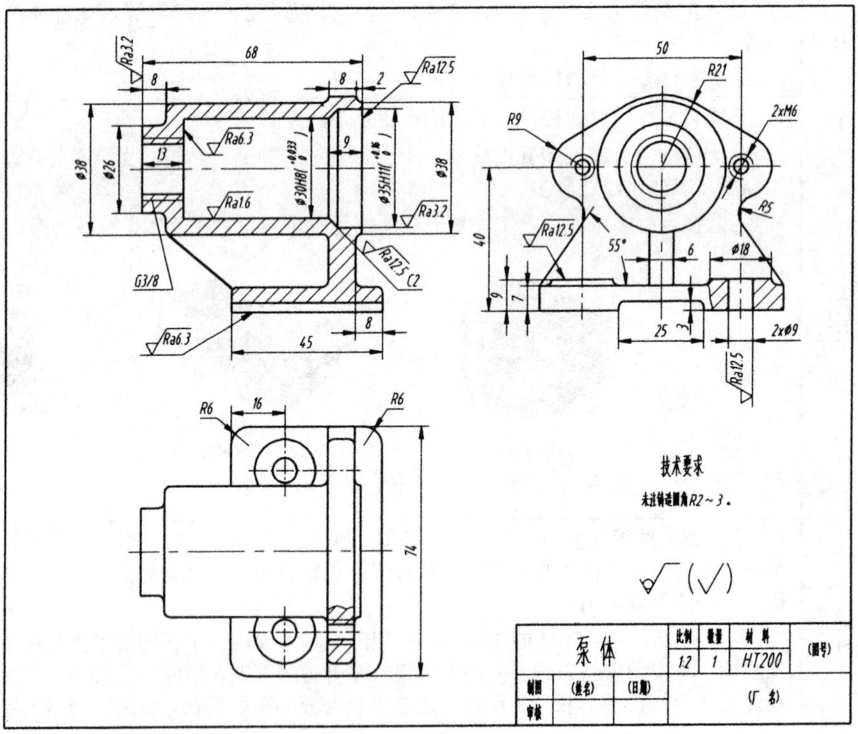

图 4-81　泵体零件图

	1．在图 4-81 中表达泵体的零件图用了全剖的主视图、左视图加局部剖、俯视图加局部剖。 2．长、宽、高三个方向的主要基准分别是右端面、前后对称面、底板下底面，泵体零件的定形尺寸和定位尺寸如图 4-81 所示。 3．零件上 *M*6 的螺孔有 2 个，ϕ9 的光孔有 2 个，宽度方向的定位尺寸是 50。 4．代号 *G*3/8 是指非螺纹密封的管螺纹。 5．零件上尺寸精度及表面结构要求最高的表面是ϕ30*H*8 孔，其尺寸公差是 0.033，*Ra* 值是 1.6

4　计算机绘制零件图

要求	1．按尺寸 1:1 抄画图 4-82 所示的零件图（绘图单位、图层、文字样式、标注样式（见子学习情境 1.3 计算机绘制样板图和产品平面图形中的 4.1 绘制样板图）。 2．抄注尺寸及技术要求。 3．视图布局要恰当。 4．将零件图均匀布置在图框内，并存在一个文件中，然后存盘。

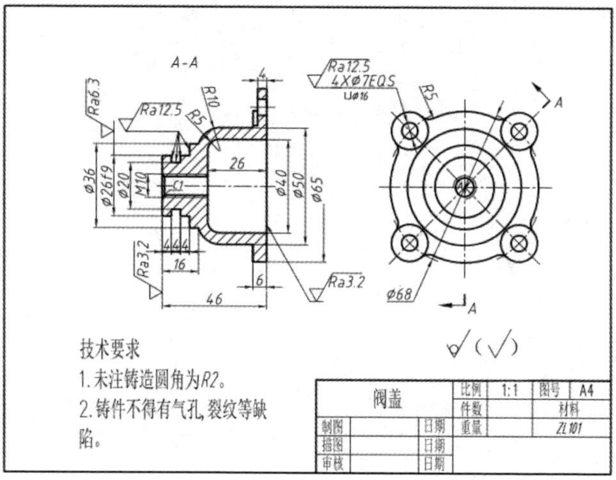

图 4-82　阀盖零件图

步骤	1．设置绘图单位。 2．设置图幅。 3．执行“视图”→“缩放”→“全部”命令。 4．设置图层。 5．设置文字样式。 6．设置尺寸标注样式。 7．绘制图幅线、图框、标题栏并输入标题栏所需的文字。 8．画主、左视图的作图基准线。 9．由特征视图全剖的主视图开始，由三等关系画出主、左视图。 10．标注尺寸，标注剖视图，注写技术要求。 11．填写标题栏。 12．检查、完成计算机绘制零件图

任务实施

零件图的识绘任务实施表

<table>
<tr><td>情　境</td><td colspan="7"></td></tr>
<tr><td>学习任务</td><td colspan="5"></td><td>完成时间</td><td></td></tr>
<tr><td>任务完成人</td><td>学习小组</td><td></td><td>组长</td><td></td><td>成员</td><td colspan="2"></td></tr>
<tr><td colspan="8">应用获得的知识和技能，手工绘制任务载体轴的零件图</td></tr>
<tr><td colspan="8"></td></tr>
</table>

考核评价

零件图的识绘过程考核评价表

<table>
<tr><td>情　境</td><td colspan="8"></td></tr>
<tr><td>学习任务</td><td colspan="5"></td><td>完成时间</td><td colspan="2"></td></tr>
<tr><td>任务完成人</td><td>学习小组</td><td></td><td>组长</td><td></td><td>成员</td><td colspan="3"></td></tr>
<tr><td rowspan="2">评价项目</td><td rowspan="2">评价内容</td><td rowspan="2" colspan="4">评价标准</td><td colspan="3">得分</td></tr>
<tr><td>自评</td><td>互评（组内互评，取平均分）</td><td>教师评价</td></tr>
<tr><td rowspan="2">知识目标（40%）</td><td>自主学习</td><td colspan="4">通过自主学习，对知识的理解、掌握及接受新知识的能力
□优（10）□良（8）□中（6）□差（4）</td><td></td><td></td><td></td></tr>
<tr><td>课堂学习</td><td colspan="4">通过课堂学习，对知识的理解、掌握及接受新知识的能力
□优（30）□良（26）□中（22）□差（18）</td><td></td><td></td><td></td></tr>
<tr><td rowspan="2">能力目标（40%）</td><td>零件图的识绘任务实施表</td><td colspan="4">□优（10）□良（8）□中（6）□差（4）</td><td></td><td></td><td></td></tr>
<tr><td>任务跟踪训练</td><td colspan="4">□优（30）□良（26）□中（22）□差（18）</td><td></td><td></td><td></td></tr>
<tr><td rowspan="2">思政目标（20%）</td><td>团结协作，精益求精</td><td colspan="4">□优（10）□良（8）□中（6）□差（4）</td><td></td><td></td><td></td></tr>
<tr><td>遵守学校规章制度（纪律、出勤、卫生）</td><td colspan="4">□优（10）□良（8）□中（6）□差（4）</td><td></td><td></td><td></td></tr>
<tr><td colspan="4">总分（自评 25%+互评 25%+教师评价 50%）</td><td colspan="2"></td><td></td><td></td><td></td></tr>
</table>

子学习情境 4.3　装配图的识绘

情境导入

装配图的识绘工作任务单

<table>
<tr><td>情　境</td><td colspan="6">机械图样识绘</td></tr>
<tr><td>学习任务</td><td colspan="4">子学习情境 4.3：装配图的识绘</td><td>完成时间</td><td></td></tr>
<tr><td>任务完成人</td><td>学习小组</td><td></td><td>组长</td><td></td><td>成员</td><td></td></tr>
<tr><td>任务要求</td><td colspan="6">掌握：①装配图的技术要求；②装配体的工艺结构；③装配图的识绘</td></tr>
<tr><td>任务载体和资讯</td><td colspan="5">
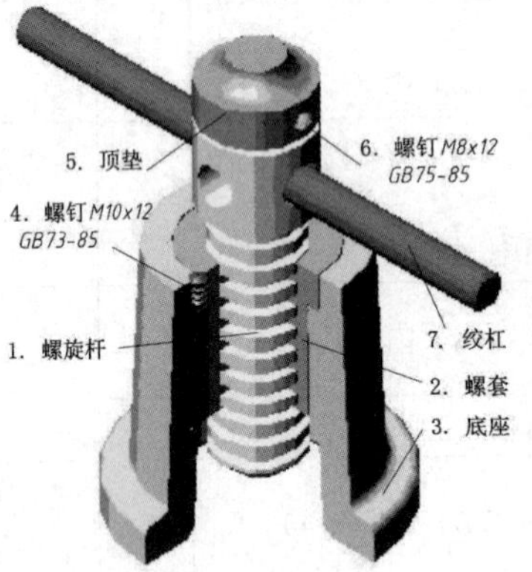

千斤顶工作原理
如图示：工作时，绞杠 7 穿在螺旋杆 1 顶部的孔中，旋动绞杠 7，螺旋杆 1 在螺套 2 中靠螺纹作上、下移动，顶垫 5 上的重物则随之而升、降。螺套 2 镶在底座 3 里，并用螺钉 4 定位，磨损后便于更换修配。螺旋杆 1 的球面形顶部，套一个顶垫 5，靠螺钉 4 与螺旋杆 1 连接而不固定，既可防止顶垫 5 随螺旋杆 1 一起旋转又不至脱落。
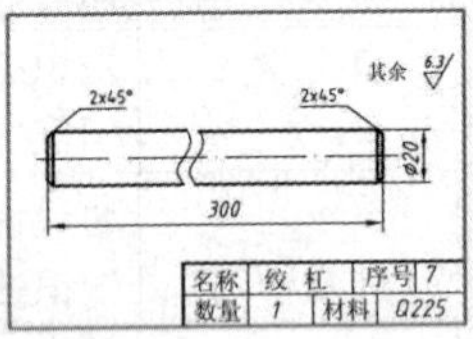

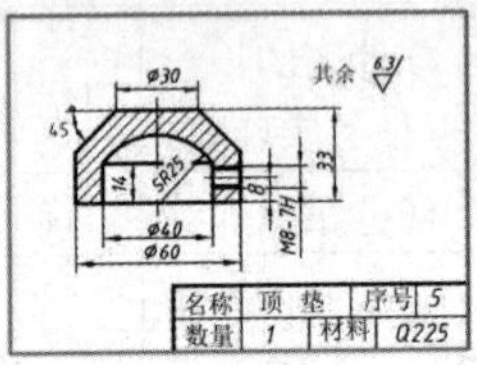

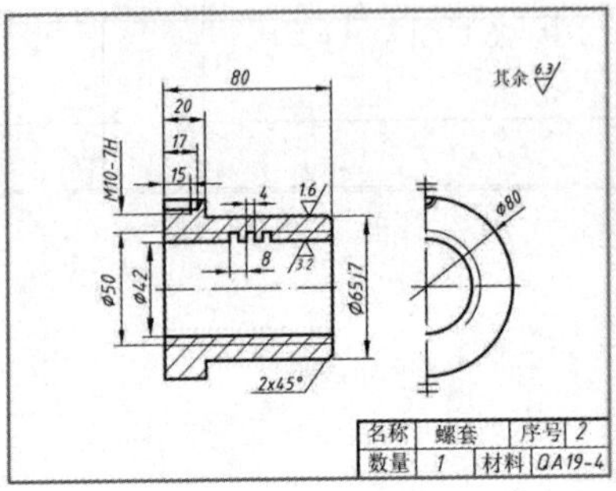

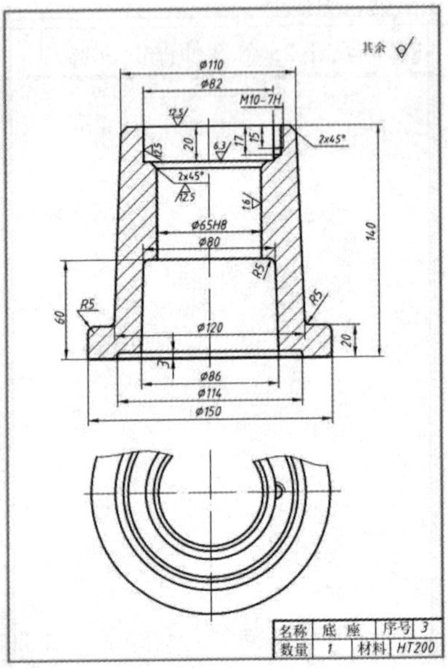

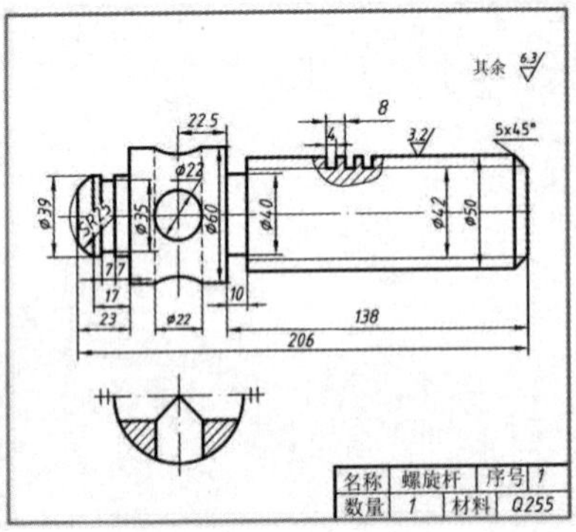

</td><td>要求：
手工绘制任务载体的装配图（在教材的装配图的识绘任务实施表中完成）。
资讯：
1. 装配图的内容和作用。
2. 装配图的视图选择和表达。
3. 装配图的尺寸标注。
4. 装配图的技术要求。
5. 装配图的零件序号和明细栏。</td></tr>
</table>

	一、绘制装配图的说明及绘图步骤： 1. 经分析部件的工作原理，确定装配图采用一个全剖的主视图来表达，应当注意的是绞杠、螺旋杆属于杆类实心件，所以这两个零件按不剖绘制。 2. 螺旋杆和螺套旋合处为方牙螺纹（特殊螺纹），画装配图时需要用局部剖视来表达，其放大图如下图。 3. 图幅为 A3 图纸竖放，画图比例采用 1:1。 4. 画图顺序：先画主装配线（先画主体零件底座，再按顺序画主装配线上的其他零件，依次为螺套、螺旋杆、绞杠、顶垫），最后画两处螺钉连接。 5. 尺寸标注： 总体尺寸：总长（宽）、总高 配合尺寸：$\phi 65H8/j7$ 连接尺寸：见下图 其他尺寸：底座外径 6. 技术要求： 1）本产品的顶举高度 50mm。 2）螺套、底座之螺孔在装配时加工。 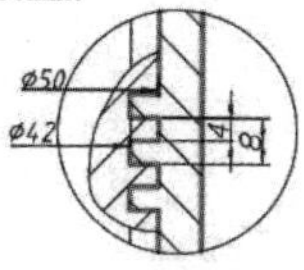 螺旋杆、螺套连接局部放大图 二、标准件及装配放大图： 4 号件：螺钉 GB/T 73—85 M10×12 如下图所示。 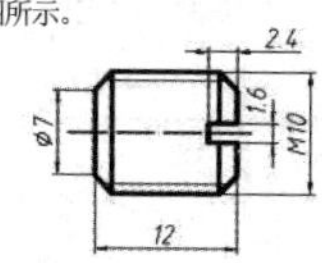 6 号件：螺钉 GB/T 75—85 M8×12 如下图所示。 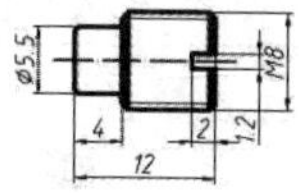 4 号件：螺钉 GB/T 73—85 M10×12 装配处的局部放大图（图中螺钉采用了简化画法）。 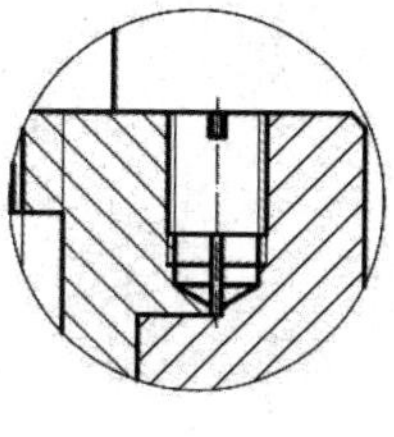 6 号件：螺钉 GB/T 75—85 M8×12 装配处的局部放大图（图中螺钉采用了简化画法）。 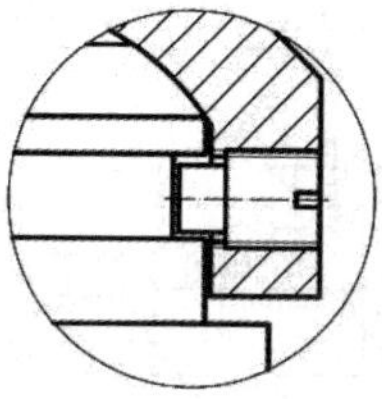	6. 装配体的工艺结构。 7. 装配图的绘制。 8. 装配图的识读
完成任务注意点	①装配图的视图选择和表达；②装配图的尺寸标注；③装配体的工艺结构；④装配图的识绘方法和步骤；⑤布局要均匀	

知识链接

1　装配图的技术要求（思政元素：职业规范）

装配图的作用、内容

1.1　装配图的作用、内容

1. 表示机器或部件各组成部分的连接、结构形状，工作原理，性能要求和各零件的装配关系等的图样，称为装配图。 2. 装配图是表达机器或部件的设计思想，工程人员了解机器或部件的结构、进行技术交流的重要技术文件。 3. 是进行机器或部件的生产准备，制定装配工艺规程，进行装配、检验、安装与维修的重要技术依据		
装配图的作用	1. 进行机器或部件设计时，一般先根据设计要求画出装配图，以表达机器或部件的结构形状、工作原理、装配关系、传动路线和技术要求等，然后再根据装配图绘制零件图。 2. 在生产制造时，需以装配图为依据，按装配关系和技术要求，进行零件生产并装配成机器或部件，然后进行检验和调试。 3. 在机器或部件使用、维修时，通过装配图了解机器或部件的构造、工作原理、使用性能、传动路线和操作方法等	
装配图的内容	一组视图	1. 用来表达各组成零件的相互位置、装配关系、传动路线、结构形状。 2. 用来表达机器或部件的工作原理和结构特点等
	必要的尺寸	包括部件或机器的规格（性能）尺寸、零件之间的配合尺寸、外形尺寸、部件或机器的安装尺寸和其他重要尺寸等
	技术要求	用来说明部件或机器的性能、装配、安装、检验和运转，一般用文字写出
	零部件序号和明细栏	1. 为了便于看图和生产管理，在装配图中必须对每种零件进行编号，并在标题栏上方按编号顺序绘制成零件明细栏。

		2．明细栏中要按编号填写零件的名称、材料、数量以及标准件的规格尺寸等
	标题栏	装配图标题栏的内容包括机器或部件的名称、图号、比例及设计、制图、校核人员的签名等
	图示	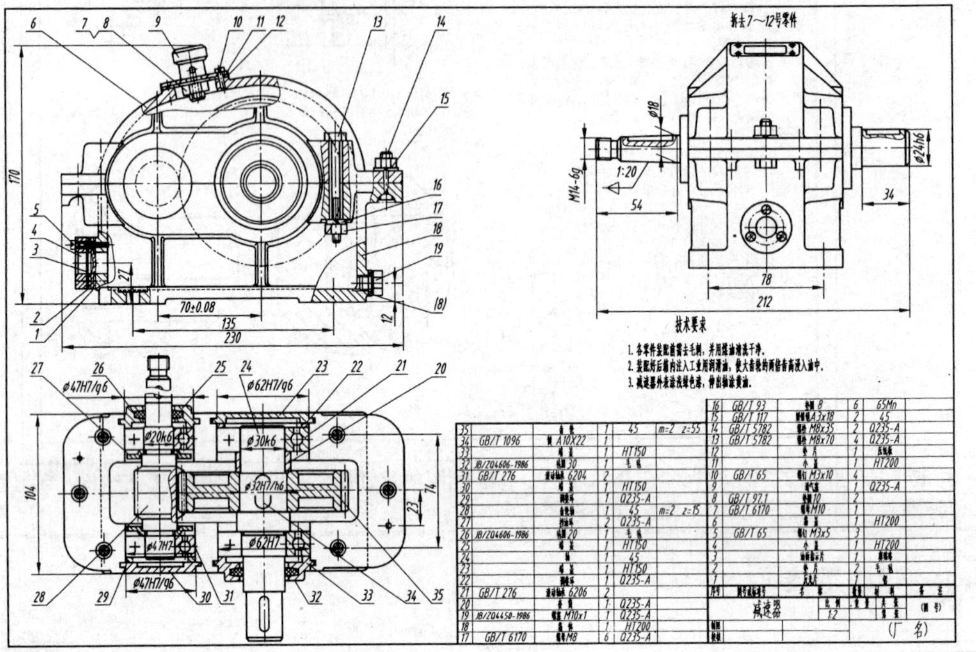

1.2 装配图的尺寸标注和技术要求

装配图的尺寸标注	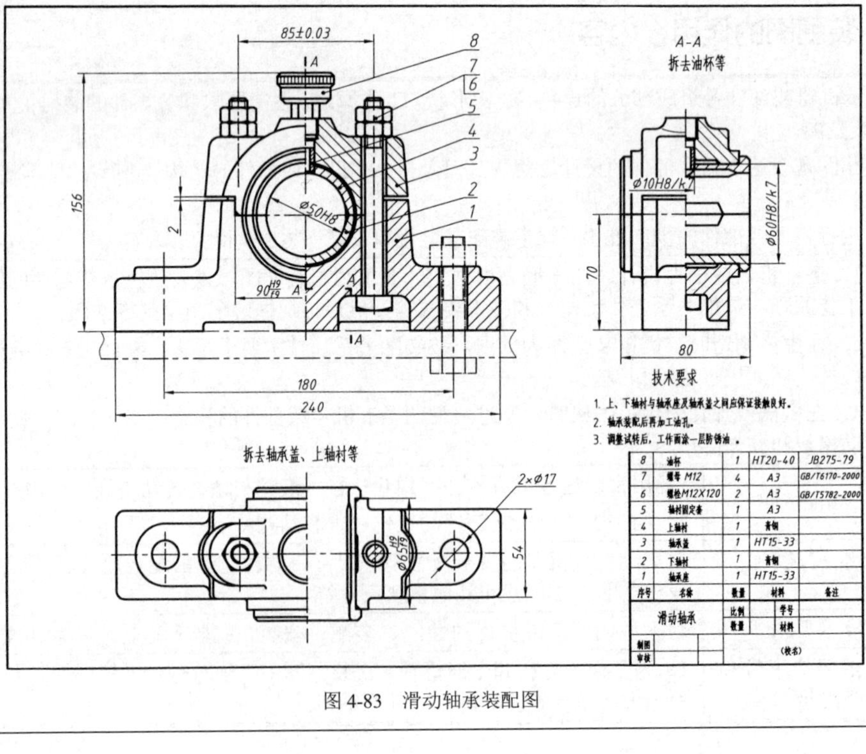 图 4-83　滑动轴承装配图

<table>
<tr><td rowspan="5"></td><td rowspan="5">尺寸类型</td><td>性能规格尺寸</td><td>性能（规格）尺寸是指表示机器或部件的规格和工作性能的尺寸，这些尺寸在设计时已经确定，也是设计、了解和选用该机器或部件的依据，如图 4-83 中滑动轴承的轴孔直径 $\phi 50H8$</td><td rowspan="5">在一张装配图上上述五种尺寸不一定同时存在，一个尺寸有时也可能包含几种尺寸含义。应根据机器或部件的具体情况和装配图的作用具体分析，从而合理地标注出装配图的尺寸</td></tr>
<tr><td>装配尺寸</td><td>1．保证有关零件间配合性质的尺寸。
2．保证零件间相对位置的尺寸。
3．装配时进行加工的尺寸。如图 4-83 中轴承座与下轴衬间的配合尺寸 $\phi 60H8/k7$、轴承盖和轴承座的配合尺寸 $\phi 90H9/f9$ 和中心高 70 等</td></tr>
<tr><td>安装尺寸</td><td>机器或部件安装到基础或其他部件上时所需的尺寸叫作安装尺寸，如图 4-83 中的轴承座安装孔直径 $2\times\phi 17$ 和两孔中心距 180</td></tr>
<tr><td>外形尺寸</td><td>外形尺寸表示机器或部件外形轮廓的大小，即总长、总宽和总高。它是机器或部件在包装运输、安装和厂房设计等时不可缺少的数据，如图 4-83 中滑动轴承的外形尺寸，总长 240、总宽 80 和总高 156。根据机器外形尺寸，可推算机器或部件在包装、运输、安装时所占的空间</td></tr>
<tr><td>其他重要尺寸</td><td>其他重要尺寸指根据装配体的特点和需要必须标注的尺寸，如图 4-83 中重要的配合尺寸 $\phi 10H8/k7$、$\phi 65H9/f9$，重要零件间的定位尺寸 85 ± 0.03，主要零件的尺寸 54 等。还有在设计中经过计算而确定的尺寸，如运动零件的极限位置尺寸</td></tr>
<tr><td rowspan="2">装配图中的技术要求</td><td>简介</td><td colspan="3">1．装配图上的技术要求主要是针对机器或部件的工作性能、装配及检验要求、调试要求及使用与维护要求提出的，不同的机器或部件具有不同的技术要求，具体内容根据装配体的具体需要来确定。
2．技术要求一般用文字写在明细栏上方或图样下方的空白处，如果内容很多，也可另外编写成技术文件作为图纸的附件</td></tr>
<tr><td>一般内容</td><td colspan="3">1．对机器或部件在装配、调试和检验时的具体要求，例如，有的表面需装配后加工，有的孔需要将有关零件装好后配作等
2．关于机器或部件装配后应达到的性能指标方面的要求。
3．安装、运输以及使用方面的要求，如对装配体的维护、保养方面的要求及操作使用时应注意的事项等</td></tr>
</table>

1.3　装配图的零件序号和明细栏

<table>
<tr><td rowspan="4">编写零件序号的规定</td><td>目的</td><td>装配图的图形一般较复杂，包含的零件种类和数目也较多，为了便于在设计和生产过程中查阅有关零件，在装配图中必须对每个零件进行编号</td></tr>
<tr><td>序号的一般规定</td><td>1．装配图中每种零、部件都必须编写序号。同一装配图中相同的零部件只编写一个序号，且一般只注一次。
2．零部件的序号应与明细栏中的序号一致。
3．同一装配图中编写序号的形式应一致</td></tr>
<tr><td>编号方法</td><td>序号由点、指引线、横线（或圆圈）和序号数字组成。指引线、横线用细实线画出。指引线相互不交错，当指引线通过剖面线区域时应与剖面线斜交，避免与剖面线平行，指引线可以画成折线，但只可曲折一次。序号数字比装配图的尺寸数字大一号或大两号；如直接将序号写在指引线附近，序号的字高比该装配图中所注尺寸的数字高度大两号。应注意的是，同一装配图中编写序号的形式应一致</td></tr>
<tr><td>零件序号的填写</td><td>零件序号应填写在指引线一端的横线上（或圆圈内），指引线的另一端应自所指零件的可见轮廓内引出，并在末端画一圆点。当所指部分内不宜画圆点（零件很薄或剖面涂黑）时，可在指引线一端画箭头指向该部分的轮廓，如图 4-84 中单个指引线的画法</td></tr>
</table>

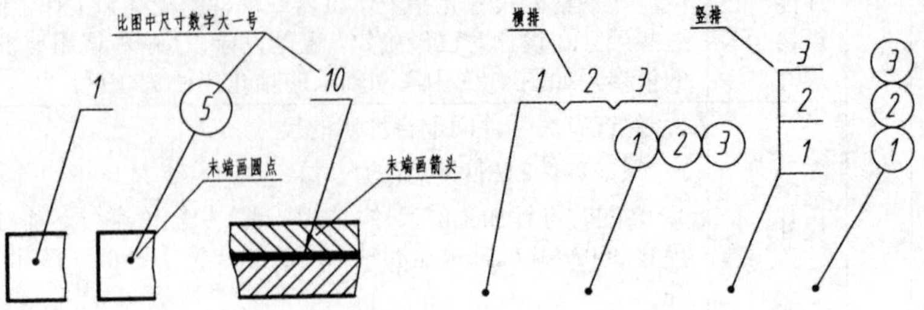

(a) 单个指引线的画法　　(b) 公共指引线的画法

图 4-84　零件序号的规定

序号编写的顺序	零、部件序号应沿水平或垂直方向按顺时针（或逆时针）方向顺次排列整齐，并尽可能均匀分布，如图 4-83 所示
标准件、紧固件的编号	同一组紧固件可采用公共指引线画法；标准部件（如油杯、滚动轴承等）在图中被当成一个部件，只编写一个序号，如图 4-83 所示

明细栏

1．明细栏是机器或部件中全部零部件的详细目录，它画在标题栏的上方，当标题栏上方位置不够时，也可续在标题栏的左方。

2．明细栏的边框竖线为粗实线，其余均为细实线。

3．当装配图中的零、部件较多位置不够时，可作为装配图的续页按 A4 幅面单独绘制出明细栏。若一页不够，可连续加页。其格式和要求参看国标 GB 10609.2－89。

4．当同一图样代号的装配图有两张或更多的图纸时，明细栏应放在第一张装配图上。

5．国家标准分别规定了标题栏和明细栏的统一格式。明细栏直接画在装配图中时，明细栏中的序号应按自下而上的顺序填写，以便发现有漏编的零件时，可继续向上填补。如果是单独附页的明细栏，序号应按自上而下的顺序填写。明细栏中“名称”一栏填写零部件名称。各工厂企业有时也有各自的标题栏、明细栏格式，本课程推荐的装配图作业格式的标题栏和明细栏如图 4-85 所示。

6．明细栏中的序号应与装配图上的编号一致，即一一对应。

7．“代号”栏用来注写图样中相应组成部分的图样代号或标准号。

8．“备注”栏中，一般填写该项的附加说明或其他有关内容。如分区代号、常用件的主要参数，如齿轮的模数、齿数，弹簧的内径或外径、簧丝直径、有效圈数、自由长度等。

9．螺栓、螺母、垫圈、键、销等标准件，将标准代号填入“代号”栏内，标准件的国标号应填写在“备注”一栏中，其余规格尺寸等填在“名称”栏内，如图 4-85 所示

装配图的尺寸标注和明细栏

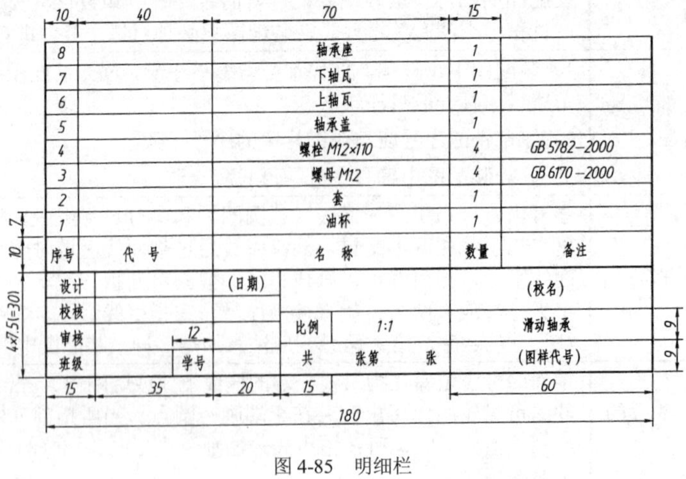

图 4-85　明细栏

2　装配体的工艺结构

装配体的工艺结构

<table>
<tr>
<td rowspan="4">零件间的接触面</td>
<td rowspan="4">为了避免装配时不同的表面互相发生干涉，两零件之间在同一个方向上，一般只宜有一对接触面，否则会给加工和装配带来困难</td>
<td>1. 轴肩端面与孔端面相配合的接触结构，如图 4-86 所示</td>
<td>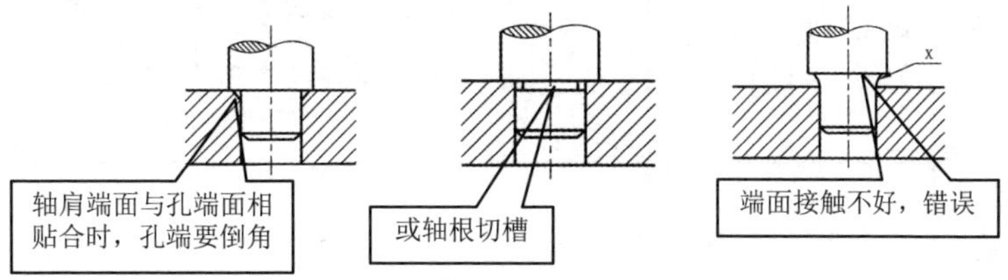

图 4-86　轴肩端面与孔端面相配合的接触结构</td>
</tr>
<tr>
<td>2. 轴与锥孔配合的接触结构，如图 4-87 所示</td>
<td>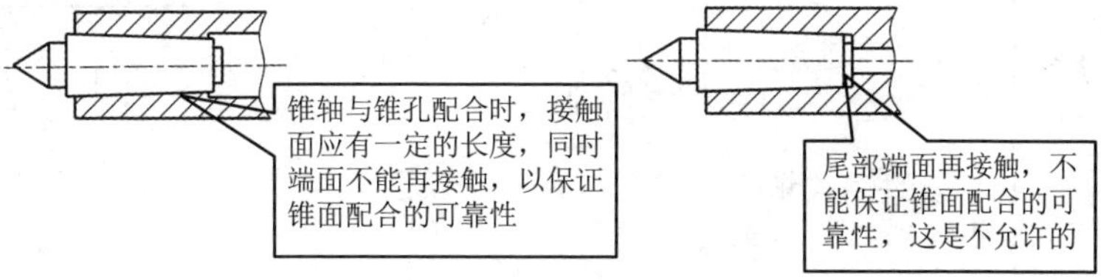

（a）正确　（b）错误
图 4-87　轴与锥孔配合的接触结构</td>
</tr>
<tr>
<td>3. 两零件接触时，在同一方向上接触面只能有一对，如图 4-88 所示</td>
<td>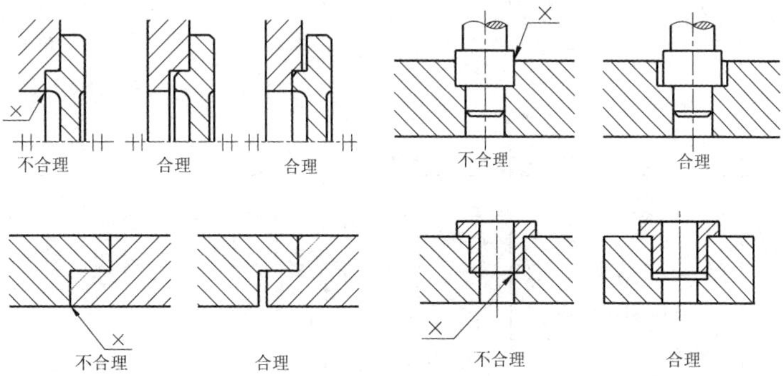

图 4-88　两零件接触时在同一方向上接触面只能有一对</td>
</tr>
<tr>
<td>4. 装配结构中的油封与轴颈接触的结构，如图 4-89 所示</td>
<td>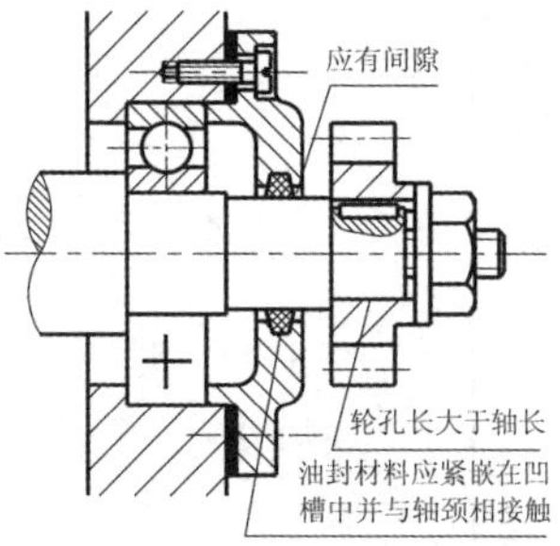

图 4-89　装配结构中的油封与轴颈接触的结构</td>
</tr>
</table>

并紧、定位及锁紧结构	轴上零件不允许轴向移动时，应有并紧或定位结构，以防止运动时轴上零件产生轴向移动而发生事故。如图 4-90 所示	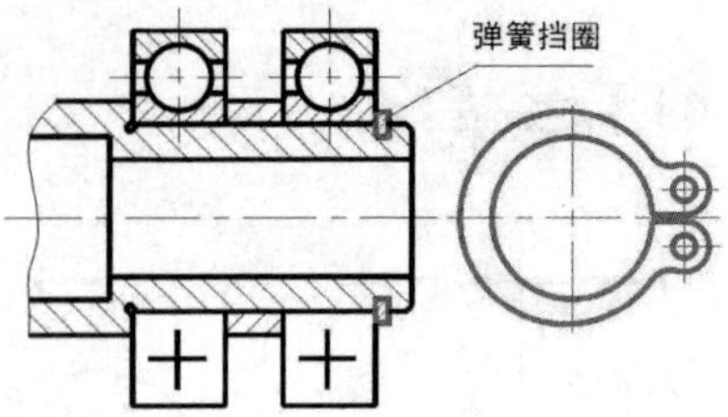 图 4-90　并紧或定位结构
	常见的螺纹锁紧装置，如图 4-91 所示	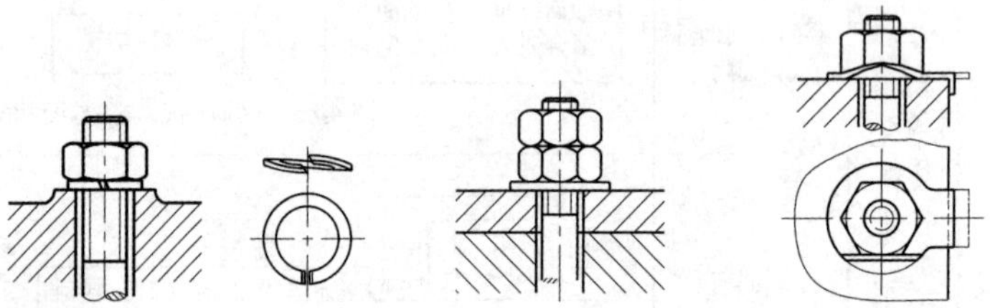 (a) 弹簧垫圈锁紧　(b) 双螺母锁紧　(c) 止动垫片锁紧 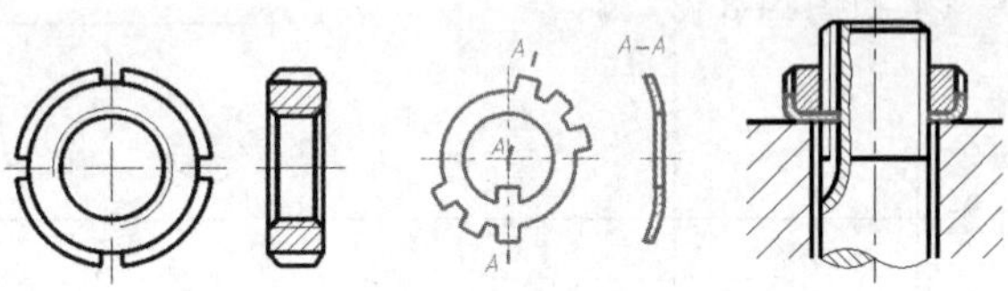 圆螺母　止动垫圈　锁紧螺母 (d) 止动垫圈锁紧圆螺母装置 图 4-91　常见的螺纹锁紧装置
便于装拆的结构	轴承拆装的合理结构，如图 4-92 所示	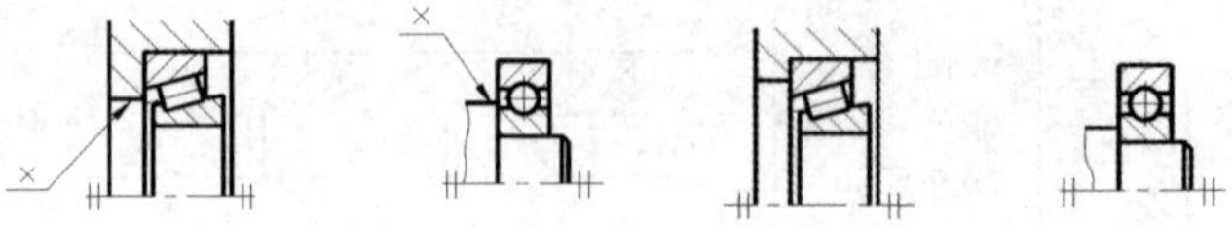 (a) 不合理　(b) 不合理　(c) 合理　(d) 合理 图 4-92　轴承拆装的合理结构
	衬套的拆卸结构，如图 4-93 所示	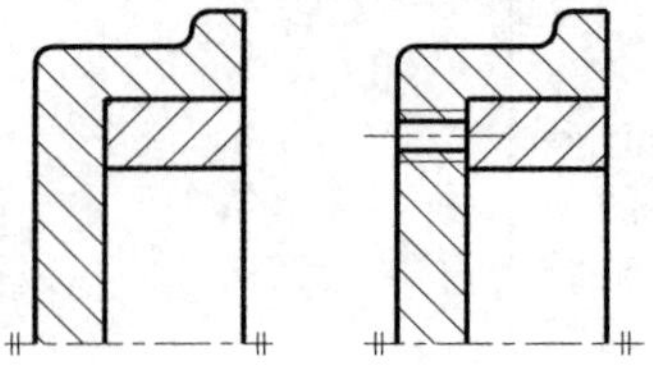 (a) 不能拆卸　(b) 能拆卸 图 4-93　衬套的拆卸结构

	留足零件的装拆空间，如图 4-94 所示	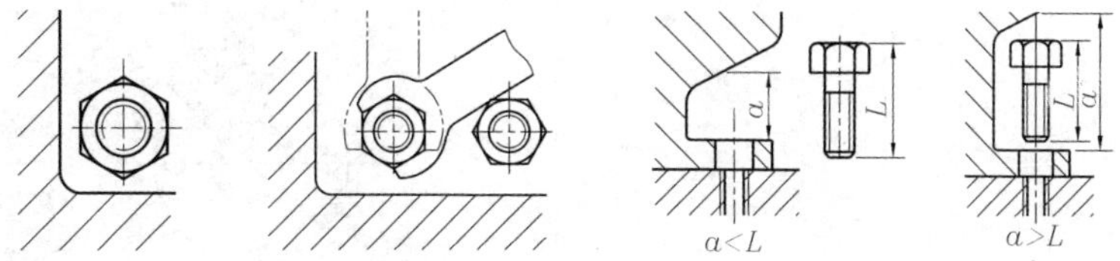 （a）不能拆卸　（b）能拆卸　（c）不能拆卸　（d）能拆卸 图 4-94　留足零件的装拆空间

3　装配图的识绘

装配图的绘制一

装配图的绘制二

3.1　装配图的绘制（思政元素：法律法规意识）

3.1.1　装配图的视图表达

装配图的视图表达	装配图和零件图一样，也是按正投影的原理、方法和《机械制图》国家标准的有关规定绘制的。零件图的表达方法（视图、剖视图、断面图等）及视图选用原则，一般都适用于装配图。但由于装配图与零件图表达对象的重点及在生产中所使用的范围有所不同，因而国家标准对装配图在表达方法上还有一些专门规定	
	装配图的规定画法如图 4-95 所示	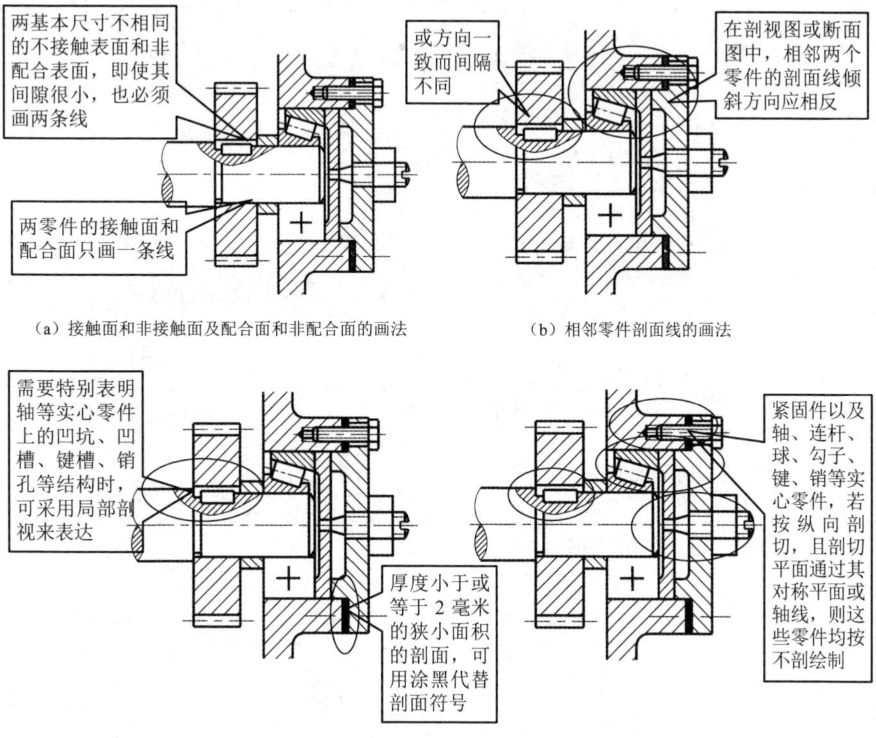 （a）接触面和非接触面及配合面和非配合面的画法　（b）相邻零件剖面线的画法 （c）局部剖视的表达和涂黑代替剖面符号　（d）紧固件及轴、连杆、球、勾子、键、销等实心零件的纵剖画法 图 4-95　装配图的规定画法

<table>
<tr>
<td rowspan="3">装配图的视图表达</td>
<td rowspan="3">装配图的特殊表达方法</td>
<td>1．拆卸画法如图 4-96 所示。拆卸画法的拆卸范围比较灵活，可以将某些零件全拆，也可以将某些零件半拆。半拆时以对称线为界，类似于半剖。还可以将某些零件局部拆卸，此时，以波浪线分界，类似于局部剖。采用拆卸画法的视图需加以说明时，可标注“拆去××零件”等字样</td>
<td>
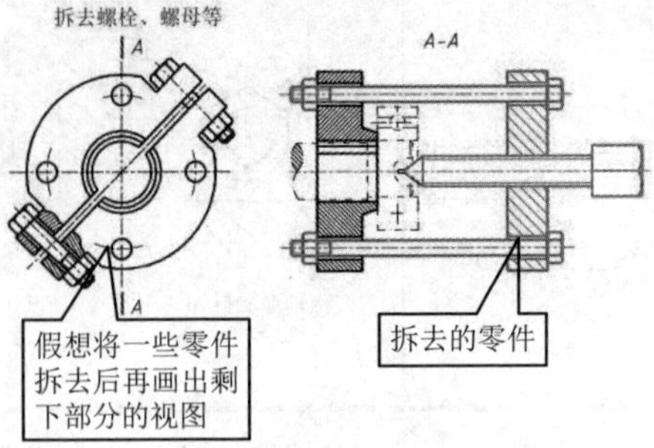

（a）拆卸画法案例 1
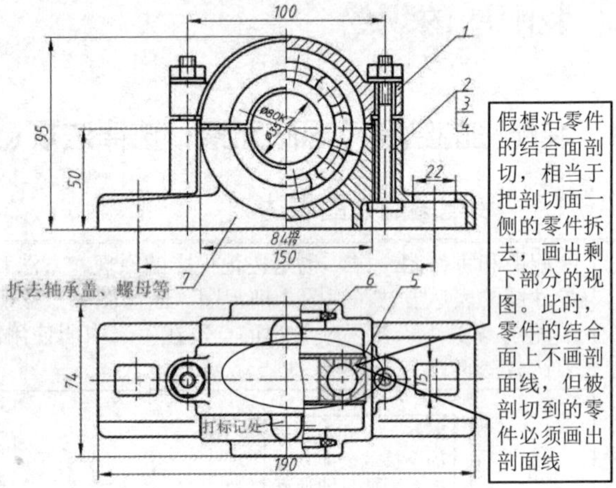

（b）拆卸画法案例 2
图 4-96　拆卸画法
</td>
</tr>
<tr>
<td>2. 单独表达个别零件。当个别零件在装配图中未表达清楚而又需要表达时，可单独画出该零件的视图，并在零件视图上方注出该零件的名称或编号，其标注方法与局部视图类似，如图 4-97 所示</td>
<td>
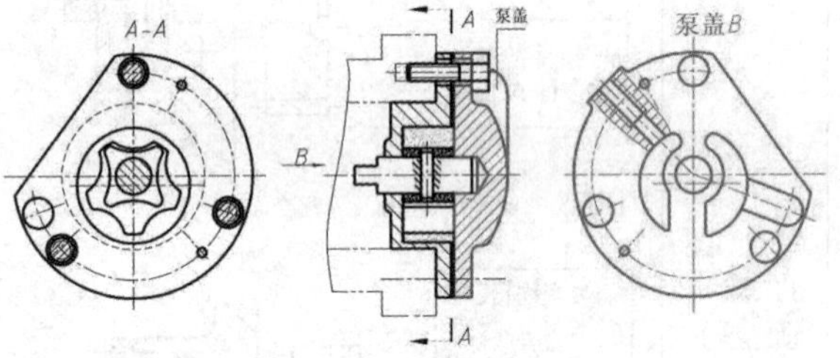

（a）拆卸剖视画法　（b）假想画法　（c）零件单独表示法
图 4-97　单独表达个别零件
</td>
</tr>
<tr>
<td colspan="2">假想画法如图 4-98 所示
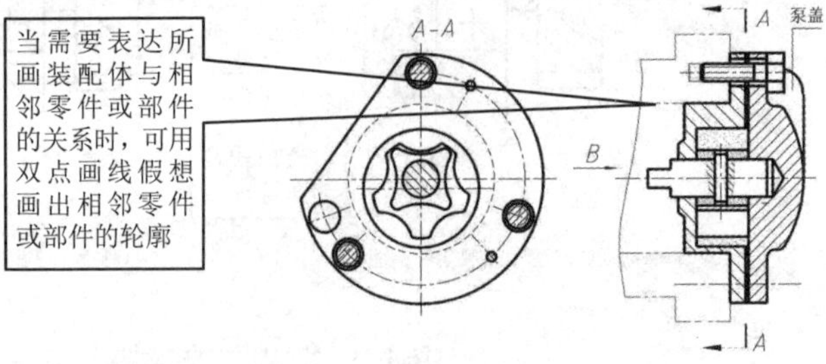

（a）假想画法案例 1
</td>
</tr>
</table>

装配图的视图表达

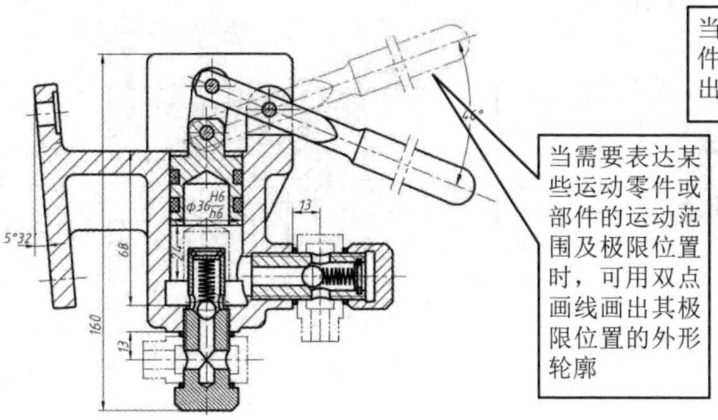

（b）假想画法案例 2

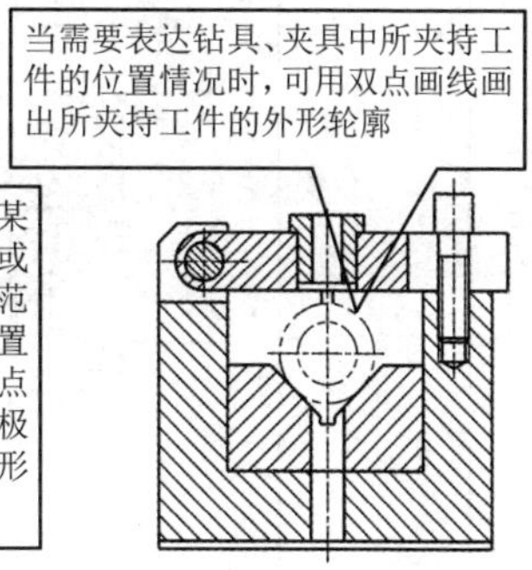

（c）假想画法案例 3

图 4-98　假想画法

展开画法如图 4-99 所示

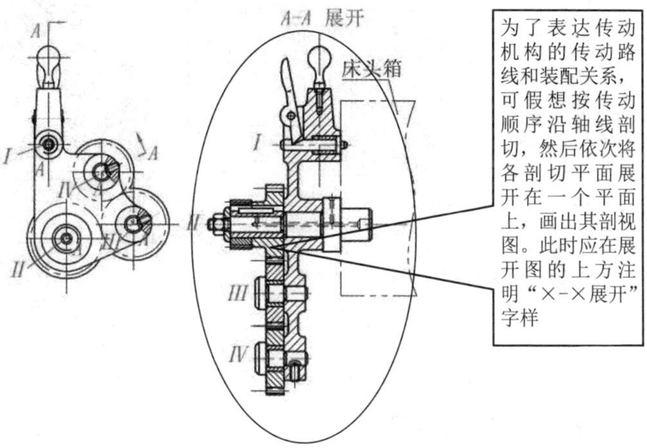

图 4-99　展开画法

夸大画法如图 4-100 所示

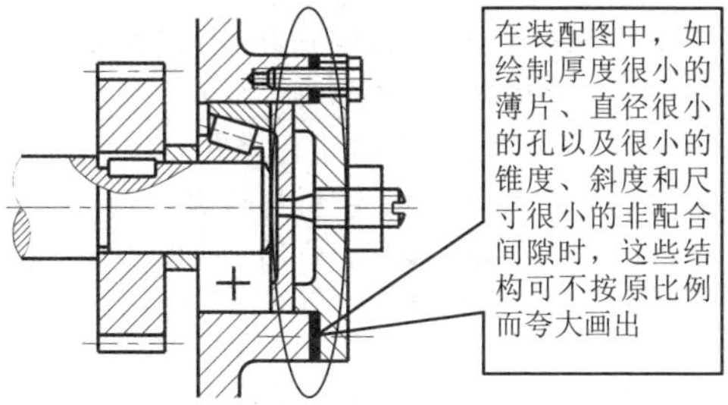

图 4-100　夸大画法

装配图的视图表达

简化画法如图 4-101 所示

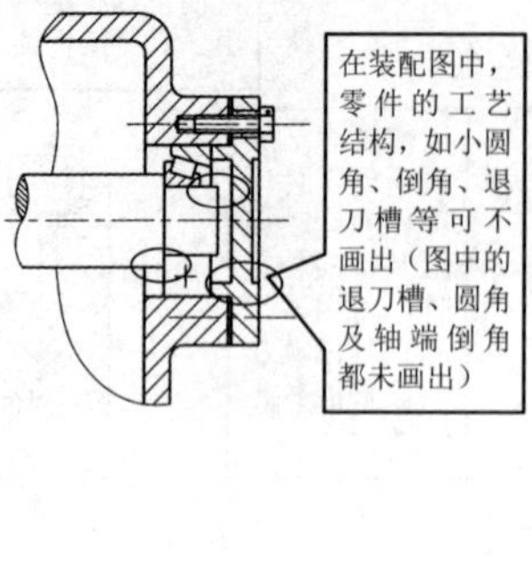

（a）装配图中零件的工艺结构画法

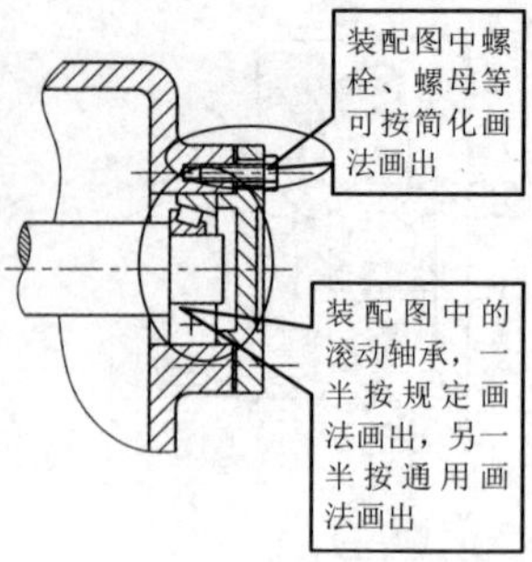

（b）装配图中螺栓、螺母、滚动轴承等的画法

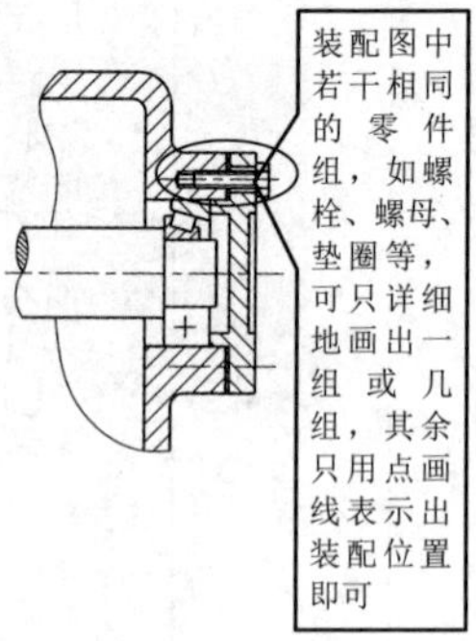

（c）装配图中若干相同的零件组的画法

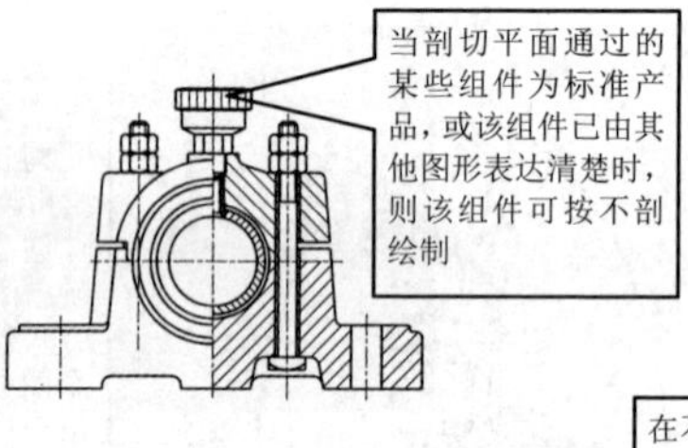

（d）剖切面通过某些表达清楚的标准组件时按不剖绘制

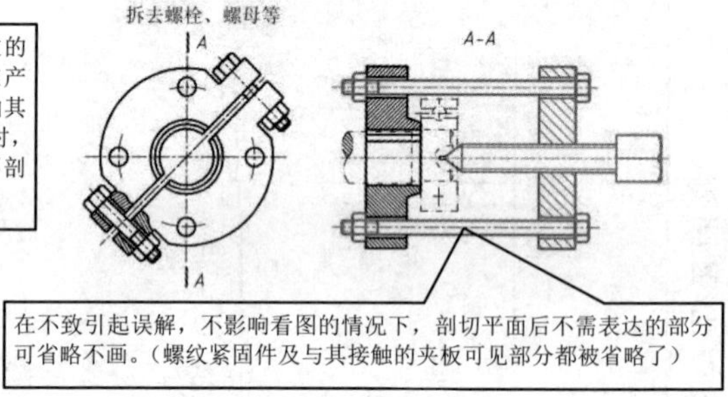

（e）不致引起误解不影响看图时剖切面后不需表达的部分省略不画

图 4-101 简化画法

3.1.2 装配图的视图选择

装配图的视图选择	视图选择的要求	完全	部件的功用、工作原理、装配关系及安装关系等内容表达要完全
		正确	视图、剖视图、规定画法及装配关系等的表示方法要正确，符合国标规定
		清楚	读图时清楚易懂
	选择装配图的表达方案的步骤（图 4-102）		装配图表达的重点是部件的整体结构，特别要把部件中零件的相对位置、连接方法、装配关系表达清楚，以便分析其传动路线、工作原理、操纵方式等。因此，在选择表达方案时，应按上述基本要求进行
			1．对所要表达的部件进行分析。 了解装配体的用途，分析其结构、工作原理、传动路线、各零件在装配体中的作用及零件间的连接关系及配合性质（在图 4-102 中调压阀的主要作用是调控出口的气体或液体压力。图中螺杆 9 与螺母 8、阀盖 4 旋合后，抵住压板 6，压紧弹簧 5，进而压住阀瓣 2，堵住左右 $\phi30$ 孔连接口，当右 $\phi30$ 孔流入气/液压力超过规定值时，阀瓣 2 被顶起，使左右 $\phi30$ 孔连通，这样可保持出口压力正常。调整弹簧 5 的压缩量，可调整系统压力允许值。可见调压阀主要靠弹簧 5、螺母 8、螺杆 9、阀瓣 2 工作，这些件的动作方向在它们的轴线上。这条线也是该装配体的装配主干线。应把这条线清晰地表达出来）
			2．确定主视图。 一般应选择符合部件工作位置的方位，把反映主要或较多装配关系的投影方向作为主视图的投影方向。因为主视图是部件表达方案的核心，应能清楚地反映主要装配线上各零件的相对位置、装配关系、工作原理及装配体的形状特征（很显然，调压阀主视图方

向应垂直于内腔各孔的轴线，而且应采用全剖视图。这样既符合工作位置，又把各零件的位置、装配关系表达清楚，很容易分析出其工作原理。为了在主视图上尽量多地反映零件的结构及其连接关系，可把未在剖切面上的结构假想置于剖切面上剖开，但不要影响表达的清晰性。图 4-102 中紧定螺钉 7 和阀体 1 下方的两个小孔的表达就遵循了这一点）

3．确定其他视图。

主视图没有表达而又必须表达的部分，或表达不够完整、清晰的部分可选用其他视图补充说明（图 4-102 中的俯视图和两个局部视图均补充表达了阀的结构形状和安装尺寸，使装配体的表达完整清晰，便于读图。调压阀的标题栏、明细栏如图 4-103 所示）。复杂装配图上其他视图的选择，也是紧紧围绕着部件上几条装配线进行的

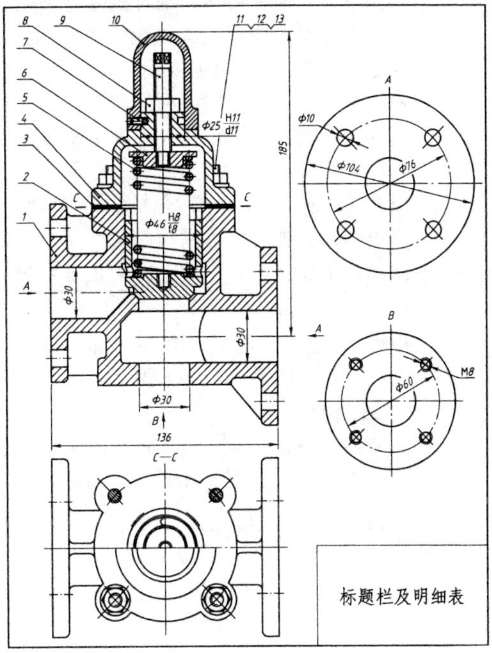

图 4-102　调压阀装配图

4．对表达方案进行调整。

对已确定的方案进行调整。在调整时要注意以下两点：

（1）分清主次，合理安排。一个部件可能有多条装配线，在表达时一定要分清主次，把主要装配线表示在基本视图上。对于次要的装配线如果不能兼顾，可以表示在单独的剖视图或局部剖视图上。每个视图或剖视图所表达的内容应该有明确的目的。

（2）注意联系，便于读图。所谓联系是指在工作原理或装配关系方面的联系。为了读图方便，在视图表达上要防止过于分散的表达方案，尽量把一个完整的装配关系表示在一个或几个相邻的视图上

序号	名称	数量	材料	单件（质量）	总计（质量）	备注
13	垫圈 $d8$	4	Q235A			GB/T 68—2000
12	螺母 M8	4	A235A			GB/T 6170—2000
11	双头螺柱 M8×35	4	A235A			GB/T 898—1988
10	罩子	1	HT150			
9	螺杆 M10	1	Q235A			
8	螺母 M10	1	Q235A			GB/T 6170—2000
7	紧定螺钉 M5×10	1	Q235A			GB/T 75—1985
6	压板	1	HT150			
5	弹簧	1	65Mn			
4	阀盖	1	HT150			
3	垫片	1	纸板			
2	阀瓣	1	HT150			
1	阀体	1	HT150			

标记	处数	分区	更改文件号	签名	年月日				
设计			标准化			阶段标记	质量	比例	调压阀
审核									
工艺			批准			共　张　第　张			

图 4-103　调压阀的标题栏和明细栏

3.1.3 画装配图的方法和步骤

<table>
<tr><td>画装配图的方法</td><td>画装配图的方法有直接画法和拼装画法（用于计算机绘制，先画出部件的各零件图，然后进行拼装）。
直接画法是根据视图表达方案及部件的大小和复杂程度，选取适当的比例和图幅，进行布图，布图时，要留有写零、部件的序号、明细栏、标题栏，尺寸标注和技术要求的位置。
画装配图时，应先画各视图的主要轴线（装配干线）、对称中心线和作图基准线（某些零件的底面和端面）。由主视图开始，几个视图按三等关系和投影规律配合进行。画剖视图时，以装配干线为准，由内向外逐个画出各零件，也可由外向内画，以方便画图而定。
由内向外画，是从部件内部的主要装配干线画起，由内向外扩展，被遮挡住的不可见轮廓线可以不画出。
由外向内画，是从主要零件主体开始画起，逐次向内画出各个零件，符合装配顺序便于画图。
采用由内向外或由外向内画装配图，应根据部件或机器的结构而灵活确定，不论采用哪种方法画，都要保证各零件之间的正确定位和各视图间、零件间的正确的投影关系</td></tr>
<tr><td>画装配图的步骤（以滑动轴承为例说明用直接法画装配图的步骤）</td><td>1．确定图幅。
根据部件的大小、视图数量，确定画图的比例、图幅大小，画出图框，留出标题栏、明细栏的位置，如图 4-104（a）所示。
2．布置视图。
画各视图的主要基准线，并在各视图之间留有适当间隔，以便标注尺寸、进行零件编号和注写技术要求，如图 4-104（b）所示。
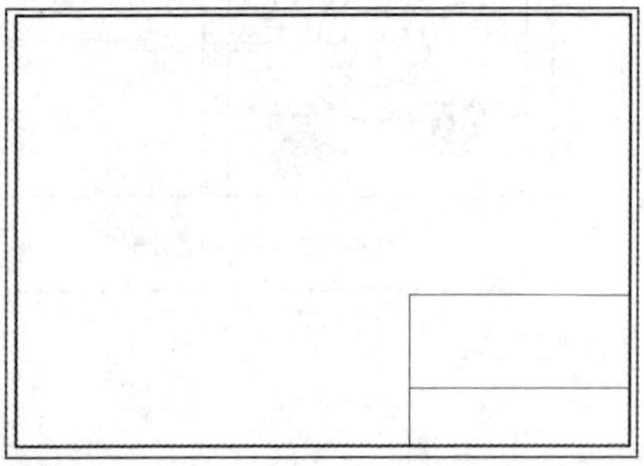
图 4-104（a）确定图幅
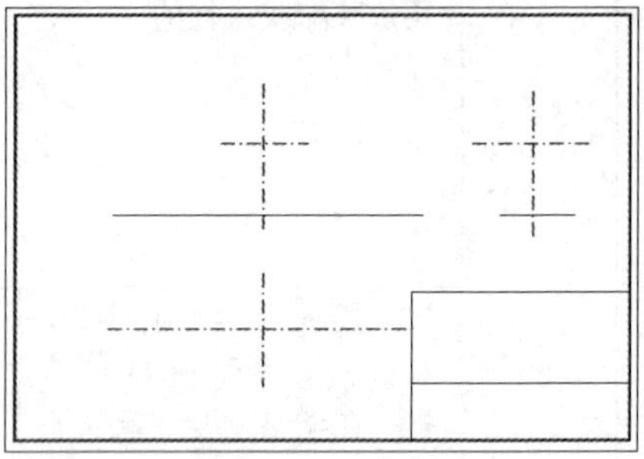
图 4-104（b）布置视图
3．画主要装配干线。
（1）轴承座如图 4-104（c）所示。
（2）下轴衬如图 4-104（d）所示。
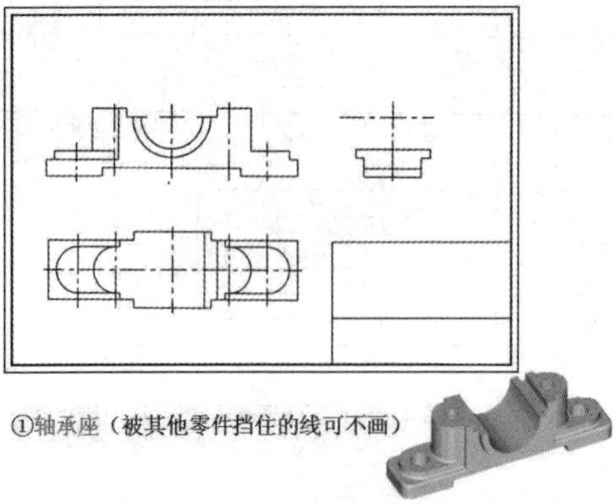

图 4-104（c）轴承座
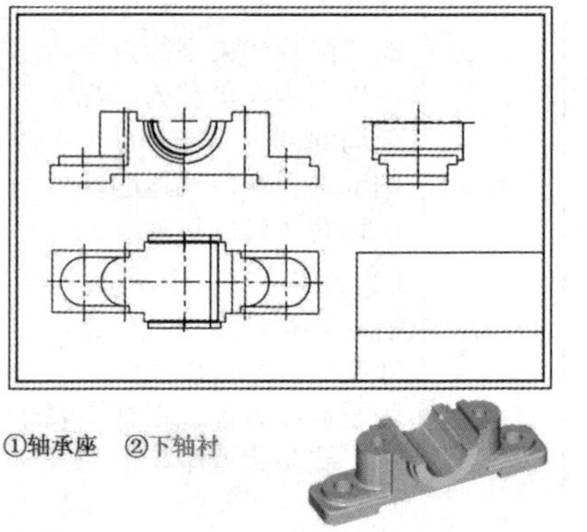

图 4-104（d）下轴衬</td></tr>
</table>

（3）上轴衬如图 4-104（e）所示。

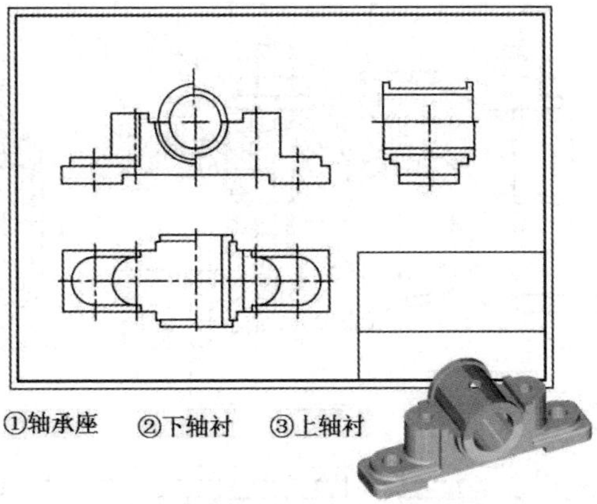

图 4-104（e）上轴衬

（4）轴承盖如图 4-104（f）所示。

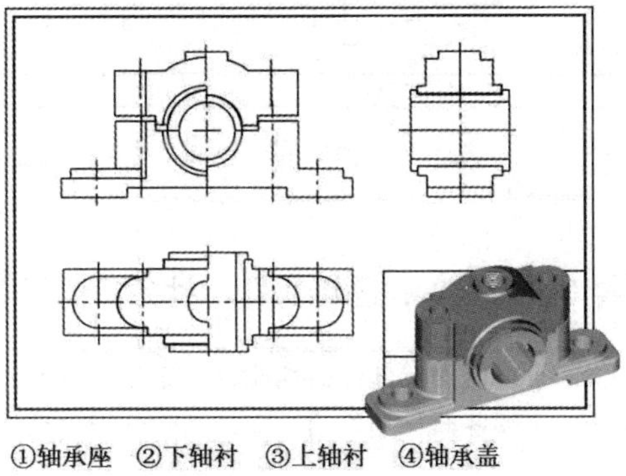

图 4-104（f）轴承盖

4．画其他装配线及细部结构。画销套、螺柱连接等，如图 4-104（g）所示。

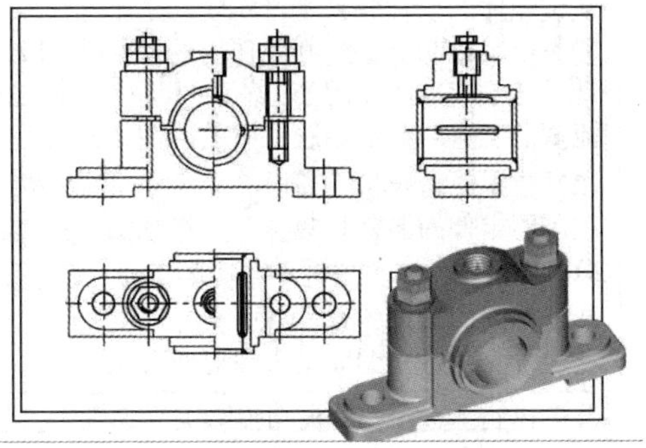

图 4-104（g）画销套、螺柱连接等

5．完成装配图。

检查无误后加深图线，画剖面线，标注尺寸，对零件进行编号，填写明细栏、标题栏、技术要求等，完成装配图，如图 4-105 所示

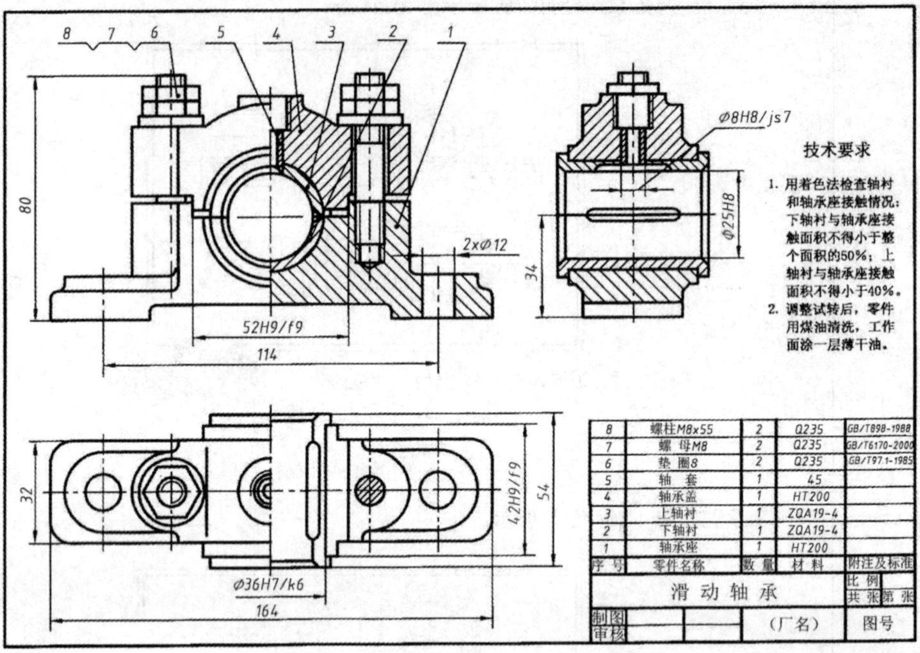

图 4-105　完成的滑动轴承装配图

3.2　装配图的识读（思政元素：团结协作、社会责任感）

装配图的识读

读装配图的目的和要求		1．了解机器或部件的性能、用途和工作原理。 2．了解各零件的作用、零件间的装配关系、相对位置、拆卸顺序和连接固定方式。 3．了解各零件的主要结构形状。 4．了解机器或部件的尺寸和技术要求
读装配图的方法和步骤	1．概括了解	(1) 看标题栏并参阅有关资料，了解部件的名称、绘图比例、用途和使用性能。从装配体的名称联系生产实践，往往可以知道装配体的大致用途。例如，阀一般是用来控制流量起开关作用的；虎钳一般是用来夹持工件的；减速器是在传动系统中起减速作用的；各种泵是在气压、液压或润滑系统中产生一定压力和流量的装置。通过标题栏中的绘图比例，可大致确定装配体的大小。 (2) 看零件编号和明细栏，了解零件的名称、数量和它在图中的位置。从明细栏了解零件的名称和数量，并在视图中找出相应零件所在的位置。 (3) 分析视图，弄清各个视图的名称、所采用的表达方法和所表达的主要内容及视图间的投影关系。浏览所有视图、尺寸和技术要求，初步了解该装配图的表达方法及各视图间的大致对应关系，对装配体有一个初步印象
	2．分析视图，明确表达目的	首先找到主视图，再根据投影关系识别出其他视图，找出剖视图、断面图对应的剖切位置，识别出表达方法，从而明确各视图表达的意图和重点，为下一步深入看图做准备
	3．分析工作原理和各零件的装配关系	对于比较简单的装配体，可以直接对装配图进行分析；对于比较复杂的装配体，需要借助于说明书等技术资料来阅读图样。读图时，可先从反映工作原理、装配关系较明显的视图入手，抓住主要装配干线或传动路线，分析研究各相关零

<table>
<tr><td rowspan="3"></td><td></td><td>件间的连接方式和装配关系，判明固定件与运动件，搞清传动路线和工作原理。
（1）配合关系。可根据图中配合尺寸的配合代号，判别零件的配合制、配合种类及轴、孔的公差等级等。
（2）连接和固定方式。弄清零件之间用什么方式连接，零件是如何固定、定位的。
（3）密封装置。为了防止漏油及灰尘、水分进入装配体内影响传动，设有密封装置。
（4）装拆顺序。部件的结构应利于零件的装拆</td></tr>
<tr><td>4. 分析视图，看懂零件的结构形状</td><td>先看主要零件，再看次要零件。
（1）先看容易分离的零件，再看其他零件。
（2）先分离零件，再分析零件的结构形状，其步骤如下：
1）根据剖面线的方向和间隔的不同，及视图间的投影关系等区分形体。
2）看零件编号，分离零件。
3）看尺寸，综合考虑零件的功用、加工、装配等情况，确定零件的形状。
4）形状不能确定的部分，要根据零件的功用及结构常识确定</td></tr>
<tr><td>5. 归纳总结</td><td>在以上分析的基础上，还要对技术要求、尺寸等进行研究，并综合分析总体结构，从而全面了解该装配体</td></tr>
<tr><td rowspan="2">由装配图拆画零件图</td><td>步骤</td><td>1. 按读装配图的要求及方法，看懂部件的工作原理、装配关系和零件的结构形状。
2. 根据零件图视图表达的要求，确定各零件的视图表达方案。
3. 根据零件图的内容和画图要求，画出零件图</td></tr>
<tr><td>注意事项</td><td>拆画零件图应注意的问题：
1. 零件的视图表达方案应根据零件的结构形状确定，而不能盲目照抄装配图。
2. 在装配图中允许不画的零件的工艺结构，如倒角、圆角、退刀槽等，在零件图中应全部画出。
3. 零件的制造缺陷，如砂眼、气孔、刀痕等，以及由于长期使用所造成的磨损，在零件图中都不画出。
4. 零件图的尺寸，除在装配图中注出者外，其余尺寸都在图上按比例直接量取，并圆整。
5. 与标准件连接或配合的尺寸，如螺纹、倒角、退刀槽等要查标准注出。
6. 有配合要求的表面，要注出尺寸的公差带代号或偏差数值。
7. 根据零件各表面的作用和工作要求，注出表面粗糙度代号。
8. 根据零件在部件中的作用和加工条件，确定零件图的其他技术要求</td></tr>
<tr><td rowspan="2">应用</td><td colspan="2">1. 概括了解。
图 4-106 是球心阀装配图，从装配图视图及编号、标题栏、明细栏可以看出，该球心阀共由 12 种零件组成，其中标准件为双头螺柱 M12×25、法兰 4，其余为非标准件。
从球心阀名称可知，该部件在化工管道系统中用来控制液体流量大小，起开关控制作用</td></tr>
<tr><td colspan="2">2. 分析视图，明确表达目的。
由图 4-106 知，球心阀装配体用了三个基本视图表示。
（1）主视图：通过阀的两条装配干线作全剖视，绝大多数零件的位置及装配关系就可以基本上表达清楚。
（2）左视图：左视图采用了 A-A 阶梯剖视，左视图的左半部分表达出阀体接头中部断面形状及阀体接头与阀体的连接方式（四个双头螺柱连接）和连接部分的方形外形；左视图的右半部分表示出阀体 8 的断面形状及阀体与球心、阀杆的装配情况；左视图中还表示出阀体 8 右端法兰的圆形外形及法兰上安装孔的位置。
（3）俯视图：表示出整个球心阀俯视外形、A-A 阶梯剖的具体剖切位置、阀体与阀体接头的连接</td></tr>
</table>

方式及阀的开启与关闭时扳手的两个极限位置（阀体当扳手处于粗实线位置时为关闭状态，处于双点画线位置时为开启状态）

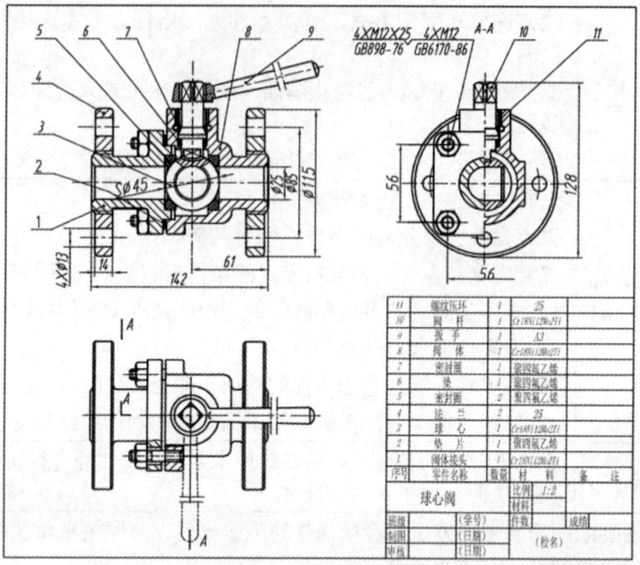

图 4-106　球心阀装配图

应用

3．分析工作原理和各零件的装配关系。

由阀体 8、球心 3 和阀体接头 1 构成该部件的主体，其中 ϕ25 孔轴线方向为主要装配干线。阀体 8 上部铅垂孔内安装了阀杆 10、密封圈 7、螺纹压环 11 等零件，阀杆 10 上部装有扳手 9，阀杆 10 下端嵌在球心 3 的凹槽内。球心及阀杆周围装有密封件。阀杆轴线方向为另一重要装配干线

4．分析视图，看懂零件的结构形状。

由图 4-106 可以看出，该装配体的主要零件为阀体接头 1、球心 3、密封圈 5、阀体 8、阀杆 10。其余零件为标准件或形状结构比较简单的零件，观察三个视图，即可将其形状结构和作用分析出来。下面对几个主要零件进行分析。

（1）阀体接头 1。结合主、左视图即可分析出该零件的结构形状及其作用为：左端外部为台阶圆柱结构，外部与法兰 4 用螺纹相连接。右端为方板结构，其上有四个螺纹孔，最右端有一小圆柱凸台，与阀体 8 左端台阶孔配合，起径向定位作用。右端的内台阶孔对密封圈 5 起径向定位作用。零件中心为 ϕ25mm 的通孔，是流体的通路，结构如图 4-107（a）所示。

（2）球心 3。从其名称和在主视图中的标注即可知该零件为直径 $S\phi$45mm 的球体，从主、左视图可分析出球心 3 上加工有直径为 ϕ25mm 的通孔，球心上方有一弧状方槽，与阀杆 10 的下端相结合。工作时球心的位置受阀杆位置控制，从而控制流体的流量，结构如图 4-107（b）所示。

（3）密封圈 5。根据装配体的结构，不难分析出它是截面如主视图所示的环形零件。从明细栏中可知其材料为聚四氟乙烯，该材料耐磨耐腐蚀，是良好的密封材料，结构如图 4-107（c）所示。

（4）阀体 8。其作用除了具有阀体接头 1 的作用外，还具有容纳球心、密封圈、阀杆、垫、螺纹压环等零件的重要作用，结构如图 4-107（d）所示。

（5）阀杆 10。把三个视图联系起来分析，可知该零件为台阶轴类零件。上端为四棱柱状结构，用来安装扳手。最下端为平行扁状结构，插入球心上方槽内，转动阀杆即可控制球心的位置，结构如图 4-107（e）所示。

由图 4-106 可知，球心阀的装配图标注了如下几类尺寸：

规格尺寸——ϕ25。

装配尺寸——61、56、$S\phi$45。

应用

安装尺寸——ϕ85、4×ϕ13、14、ϕ115。

外形尺寸——142、ϕ115、128。

当把球心阀的每个零件的结构形状都看清楚之后，将各个零件联系起来，便可想象出完整的结构形状，如图 4-108 所示

（a）阀体接头　（b）球心　（c）密封圈　（d）阀体　（e）阀杆

图 4-107　球心阀各零件的立体图

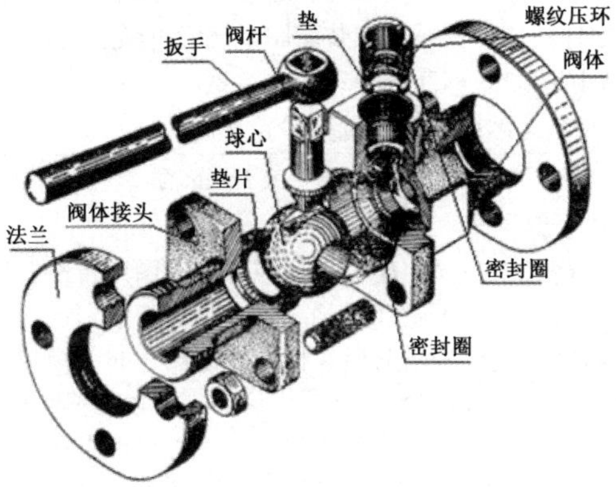

图 4-108　球心阀完整的结构形状

5．归纳总结。

（1）球心阀的安装及工作原理。用螺栓通过球心阀左右两端法兰上的孔，即可将其安装固定在管路上。在图 4-106 所示情况下，球心内孔的轴线与阀体及阀体接头内孔的轴线呈垂直相交状态。此时液体通路被球心阻塞，呈关闭断流状态。若转动扳手 9，通过扳手左端的方孔带动阀杆旋转，同时阀杆带动球心旋转，球心内孔与阀体内孔、阀体接头内孔逐渐接通。其接通程度处在变化之中，液体流量随之发生变化。当扳手旋转至 90°（图 4-106 中双点画线位置）时，球心内孔轴线与阀体内孔、阀体接头内孔轴线重合，此时，液体的阻力最小，流过阀的流量最大。

（2）球心阀的装配结构。球心阀的零件间的连接方式均为可拆连接。因该部件工作时不需要高速运转，故不需要润滑。由于液体容易泄漏，因此需要密封，球心处和阀杆处都进行了密封。

（3）球心阀的拆装顺序。拆卸时，可先拆下扳手 9、螺纹压环 11、阀杆 10 及密封件 6 和 7，然后拆下四个螺母 M12，即可将球心阀解体。装配时和上述顺序相反

4　计算机绘制装配图

	直接绘制装配图	1．按照传统的绘制装配图的顺序，依次绘制各组成零件在装配图中的投影。 2．考虑方便绘图和看图，在绘图时，应当将不同的零件绘制在不同的图层上，以便关闭或冻结某些图层，简化图面。 3．由于关闭或冻结图层上的图线无法编辑，因此在进行编辑操作以前，必须先打开，解冻相应的图层

<table>
<tr><td rowspan="2">计算机绘制装配图的方法</td><td>拼装法绘制装配图</td><td>1. 先绘制出零件图，再将每个零件图定义为图块，以插入图块的方法拼装装配图。
2. 拼装装配图的关键是恰当、合理地选择图块上的基点，修剪掉插入图块后被遮挡的图线</td></tr>
<tr><td>绘制装配图前的准备工作</td><td>1. 熟悉所绘制的机器或部件。装配图一般比较复杂，与手工绘图相同。绘图前要先思考，熟悉机器或部件的工作原理、零件的形状、连接关系等，为了准确定位基点而做准备。
2. 选择表达方案，即确定视图。一般是以部件的功用为线索，从装配干线入手，优先考虑和部件功用密切相关的主要装配干线，然后考虑次要装配干线，最后考虑连接、定位等方面的表达。
绘制装配图要以装配干线为单元进行拼装（如果装配图中有多条装配干线，先拼装主要装配干线，再拼装次要装配干线）。相应视图按投影规律一起进行绘制。同一装配干线上的零件，要按实际装配关系确定拼装顺序。
3. 对零件图的各视图、尺寸标注进行修剪整理，并将其定义为图块。
4. 分析零件的遮挡关系，在装配图中一般不画虚线。
5. 按装配图的要求标注尺寸和配合关系。
注意：选择插入图块时的定位点作为基点</td></tr>
<tr><td>计算机绘制装配图的步骤</td><td colspan="2">1. 设置图幅：执行“格式”→“图形界限”或 limits 命令。
2. 执行“视图”→“缩放”→“全部”命令。
3. 设置图层：执行“格式”→“图层”命令或单击“图层特性管理器”按钮，按需要设置图层的层名、颜色、线型、线宽，如图 4-109 所示。
4. 画图幅边界线：将细实线设为当前层。执行“绘图”→“矩形”命令或单击“矩形命令”按钮→在“命令行”输入 0,0，按 Enter 键→在“命令行”输入 420,297，按 Enter 键。
5. 画图框：将粗实线设为当前层。执行“绘图”→“矩形”命令或按单击“矩形命令”按钮→在“命令行”输入 25,5，按 Enter 键→在“命令行”输入@390,287，按 Enter 键。
6. 设置文字样式：执行“格式”→“文字样式”→“新建”命令，样式名取为“样式 1”，所有设置如图 4-110 所示。
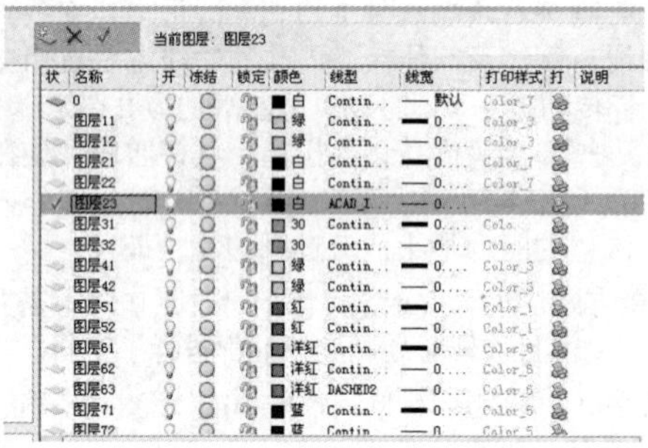
图 4-109 设置图层
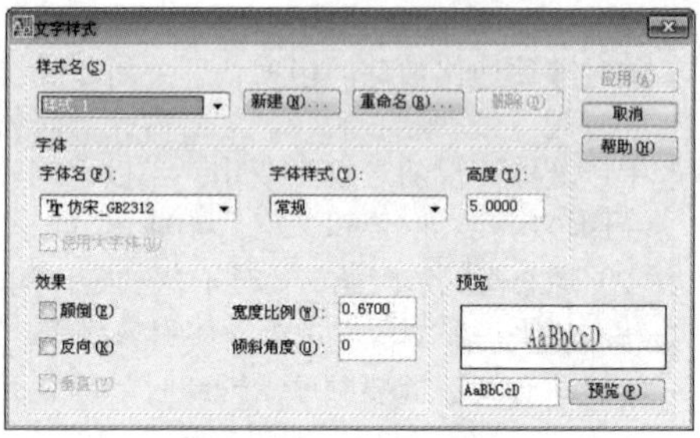
图 4-110 设置文字样式
7. 画标题栏、明细栏。
8. 执行“格式”→“标注样式”命令，分别设置箭头大小为 3.5，字高为 3.5，ISO 标准，调整选项设为文字，主单位精度设为 0，小数分隔符为句点。
9. 在图框右边分别画出各零件图（按装配顺序画），如图 4-111 所示。
10. 由零件图拼装装配图，执行“修改”→“旋转”命令或单击“旋转命令”按钮或执行“修改”→“移动”命令或单击“移动命令”按钮，将各零件图拼装成千斤顶的装配图，拼装时分别以 4-111 图所指引的点为基点。拼装完成，如图 4-112 所示。</td></tr>
</table>

计算机绘制装配图的步骤

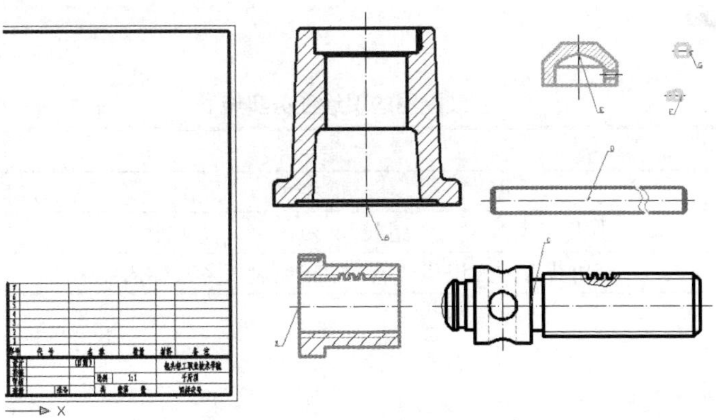

图 4-111　各零件图的基点

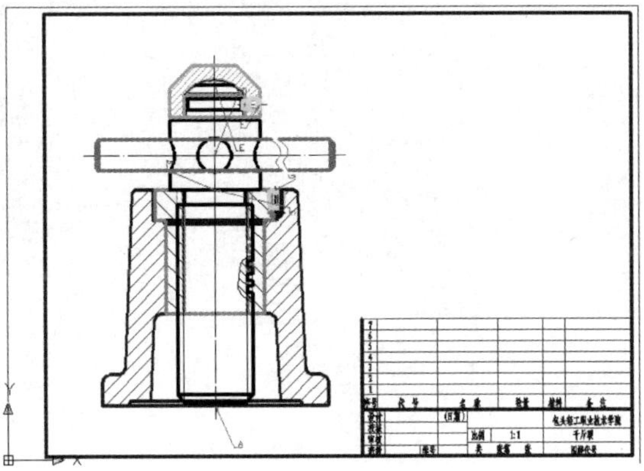

图 4-112　由零件图拼装的装配图

11．将各基点指引线删除。

12．修剪、删除装配图中被遮挡的图线。

13．编写零件序号，填写标题栏、明细栏。

14．标注尺寸。

15．填写技术要求，完成装配图，如图 4-113 所示

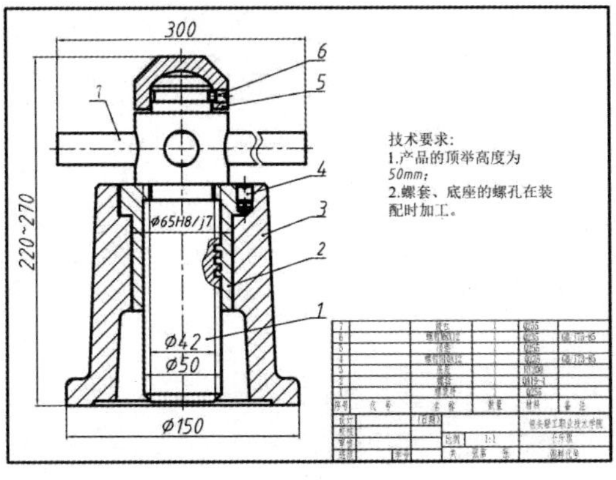

图 4-113　千斤顶装配图

任务实施

装配图的识绘任务实施表

<table>
<tr><td>情　境</td><td colspan="6"></td></tr>
<tr><td>学习任务</td><td colspan="4"></td><td>完成时间</td><td></td></tr>
<tr><td>任务完成人</td><td>学习小组</td><td></td><td>组长</td><td></td><td>成员</td><td></td></tr>
<tr><td colspan="7">应用获得的知识和技能，手工绘制任务载体的装配图</td></tr>
<tr><td colspan="7"></td></tr>
</table>

考核评价

装配图的识绘过程考核评价表

<table>
<tr><td>情　境</td><td colspan="5"></td></tr>
<tr><td>学习任务</td><td colspan="2"></td><td>完成时间</td><td colspan="2"></td></tr>
<tr><td>任务完成人</td><td>学习小组</td><td>　组长　　　成员</td><td colspan="3"></td></tr>
<tr><td rowspan="2">评价项目</td><td rowspan="2">评价内容</td><td rowspan="2">评价标准</td><td colspan="3">得分</td></tr>
<tr><td>自评</td><td>互评（组内互评，取平均分）</td><td>教师评价</td></tr>
<tr><td rowspan="2">知识目标（40%）</td><td>自主学习</td><td>通过自主学习，对知识的理解、掌握及接受新知识的能力
□优（10）□良（8）□中（6）□差（4）</td><td></td><td></td><td></td></tr>
<tr><td>课堂学习</td><td>通过课堂学习，对知识的理解、掌握及接受新知识的能力
□优（30）□良（26）□中（22）□差（18）</td><td></td><td></td><td></td></tr>
<tr><td rowspan="2">能力目标（40%）</td><td>装配图的识绘任务实施表</td><td>□优（10）□良（8）□中（6）□差（4）</td><td></td><td></td><td></td></tr>
<tr><td>任务跟踪训练</td><td>□优（30）□良（26）□中（22）□差（18）</td><td></td><td></td><td></td></tr>
<tr><td rowspan="2">思政目标（20%）</td><td>职业规范；法律法规意识；团结协作和社会责任感</td><td>□优（10）□良（8）□中（6）□差（4）</td><td></td><td></td><td></td></tr>
<tr><td>遵守学校规章制度（纪律、出勤、卫生）</td><td>□优（10）□良（8）□中（6）□差（4）</td><td></td><td></td><td></td></tr>
<tr><td colspan="3">总分（自评 25%+互评 25%+教师评价 50%）</td><td></td><td></td><td></td></tr>
</table>

参考文献

[1] 国家技术监督局．技术制图与机械制图[M]．北京：中国标准出版社，1996．
[2] 蒋知民，张洪鏸．怎样识读《机械制图》新标准[M]．北京：机械工业出版社，2009．
[3] 中华人民共和国国家质量监督检验检疫总局．中华人民共和国国家标准　机械制图[M]．北京：中国标准出版社，2004．
[4] 中华人民共和国国家质量监督检验检疫总局．中华人民共和国国家标准　机械制图图样画法　图线[M]．北京：中国标准出版社，2003．
[5] 中华人民共和国国家质量监督检验检疫总局．中华人民共和国国家标准　机械制图图样画法　剖视图和断面图[M]．北京：中国标准出版社，2003．
[6] 中华人民共和国劳动和社会保障部．国家职业标准：制图员[M]．北京：中国劳动社会保障出版社，2002．
[7] 劳动和社会保障部中国就业培训技术指导中心．制图员国家职业资格培训教程（高级）[M]．北京：中央广播电视大学出版社，2003．
[8] 胡建生．工程制图[M]．2 版．北京：化学工业出版社，2004．
[9] 梁德本，叶玉驹．机械制图手册[M]．3 版．北京：机械工业出版社，2002．
[10] 刘小年．机械制图[M]．北京：机械工业出版社，1999．
[11] 刘力．机械制图[M]．2 版．北京：高等教育出版社，2004．
[12] 何培英．机械制图速成教程[M]．北京：化学工业出版社，2011．
[13] 陈桂芳．机械零部件测绘[M]．北京：机械工业出版社，2010．
[14] 程广涵．机械识图[M]．北京：机械工业出版社，2010．
[15] 周明贵．机械制图与识图实例教程[M]．北京：化学工业出版社，2009．
[16] 熊放明．机械工人识图[M]．北京：化学工业出版社，2011．
[17] 胡胜．机械识图与绘图[M]．重庆：重庆大学出版社，2011．
[18] 马德成．零起点就业直通车：机械图样识读[M]．北京：化学工业出版社，2011．
[19] 吕扶才．焊工识图[M]．北京：化学工业出版社，2011．

读书笔记

《机械工程制图》教材各子学习
情境任务实施表参考答案

读书笔记